工业和信息化部“十二五”规划教材

FEIXINGQI JIEGOU LIXUE

飞行器结构力学

主编　文立华
编者　文立华　校金友　杨　茂
　　　郑晓亚　吴　斌　徐　超

西北工業大學出版社

【内容简介】 本书系统阐述了飞行器(包括飞机、火箭、卫星等)结构力学分析的基本理论和工程计算方法。全书共8章。其内容包括飞行器结构的分类和结构力学的发展,杆、板和薄壁元件的受力特点,飞行器典型结构的传力和计算模型的简化方法,结构的几何组成分析,静定薄壁结构的静力学分析方法,能量原理的基本概念和方法,飞行器结构的近似分析方法,超静定结构分析的力法和位移法基本原理,工程梁理论和结构稳定性的基本概念以及有限元方法的基本原理等。

本书既可作为航空航天专业本科教材,也可作为其他有关专业结构力学课程和航空航天专业教师及工程技术人员的参考用书。

图书在版编目(CIP)数据

飞行器结构力学/文立华主编.—西安:西北工业大学出版社,2015.8(2019.11重印)
ISBN 978-7-5612-4492-0

Ⅰ.①飞… Ⅱ.①文… Ⅲ.①飞行器—结构力学 Ⅳ.①V414

中国版本图书馆CIP数据核字(2015)第182183号

出版发行:西北工业大学出版社
通信地址:西安市友谊西路127号 邮编:710072
电 话:(029)88493844 88491757
网 址:www.nwpup.com
印 刷 者:兴平市博闻印务有限公司
开 本:787 mm×1 092 mm 1/16
印 张:16.125
字 数:392千字
版 次:2015年9月第1版 2019年11月第2次印刷
定 价:49.00元

前　言

飞行器结构力学主要是研究运载火箭、导弹、卫星等航天器结构的分析与计算方法、结构的合理承载形式等问题，是进行飞行器设计分析的理论基础。它通过一定的合理假设，将工程中真实的飞行器结构加以简化，用理想的受力系统代替实际结构，得到具有足够精度、满足工程计算要求的数学模型。在此基础上研究飞行器结构的组成是否合理，探讨在外载荷作用下结构内力、刚度的计算方法，确定结构的强度与稳定性等问题。

虽然飞行器结构力学的应用背景很强，但毕竟是结构分析计算方法的基础理论。随着结构力学学科的发展，新的结构分析方法在不断出现，飞行器的发展日新月异，也在不断呼唤新的结构分析方法。因此本书在突出工程应用背景的同时强调基础理论，力图使学生具有必要的基础知识以适应航空航天科学技术的发展。本书对传统的结构力学内容有所取舍，突出基本的力学概念和原理，从基本原理上阐明结构分析的方法与应用，为学生以后适应未来飞行器发展的要求打下扎实的基础。

全书共分8章。首先简要介绍了飞行器结构的分类和飞行器结构力学的发展，然后介绍了杆、板和薄壁元件等飞行器结构的基本元件的受力特点，阐述了飞行器典型结构的传力分析和计算模型的简化方法。在此基础上，介绍了结构的几何组成分析和静定薄壁结构的静力学分析与位移分析方法，并在阐述能量原理的基本概念和方法的基础上，介绍了飞行器结构的近似分析方法、超静定结构分析的方法和位移法的基本原理。随后介绍了飞行器结构分析中的工程梁理论和结构稳定性的基本概念。最后介绍了当前结构分析中的主流方法——有限元法的基本原理及其在结构分析中的应用。

本书第1，2，5章由文立华编写，第3，4章由文立华和郑晓亚编写，第6，7章由杨茂编写，第8章由校金友编写并完成全书统稿，吴斌和徐超参与全书大纲的编写和部分内容的修改。

承蒙北京航空航天大学向锦武教授和西北工业大学余旭东教授审阅了全稿，并且提出了许多宝贵的意见，在此表示衷心感谢。

在本书的编写过程中，得到了许多同行专家、教授的大力帮助，并参阅了相关的文献资料，在此向给予帮助的专家、教授和文献资料的作者一并致谢。

由于水平有限，书中难免有缺点和不足，恳请广大读者和专家批评指正。

编　者

2015年5月

目　　录

第1章　绪　　论

对于航空航天领域，飞行器结构大多是薄壁结构，薄壁结构力学构成飞行器结构力学的主要内容。飞行器结构力学是飞行器结构计算的理论基础。它研究飞行器在外载荷作用下，结构最合理的组成及计算方法。所谓最合理的结构是指，在满足设计中关于强度与刚度的基本要求下，同时在结构空间允许的情况下，具有最轻的重量。

为了达到以上目的，对飞行器结构设计者来说，必须较熟练地掌握结构力学的基本原理与方法。飞行器结构力学是飞行器设计的专业基础课程，具有很强的应用背景，为了明确学习目的和重点，有必要了解飞行器发展的历程、飞行器的主要组成部分、各部分的典型结构形式、使用的材料、所受的载荷以及飞行器设计的基本过程。在进行实际结构分析时，这部分知识也有助于结构分析师从工程问题中抽象出合理的力学模型，并在此基础上进行具体的力学分析。本章只对这些内容进行概括性的介绍，力求突出其中和力学分析相关的部分。

1.1　飞行器结构的组成与分类

1.1.1　飞机结构系统的主要组成

飞机结构系统由机身、机翼、尾翼、起落架、操纵机构等组成，如图 1.1.1 所示。

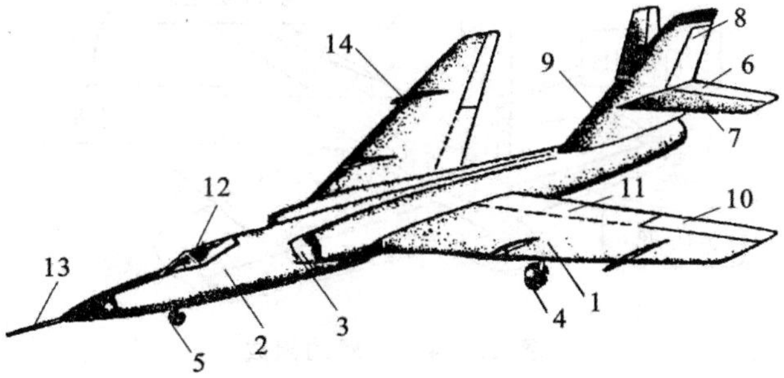

图 1.1.1　飞机主要组成部分

1—机翼；2—机身；3—进气口(发动机在机身内)；4—起落架主轮；5—起落架前轮；6—升降舵；7—水平安定面；8—方向舵；9—垂直安定面；10—副翼；11—襟翼；12—驾驶员座舱；13—空速管；14—翼刀

1. 机翼

机翼的功用主要是提供升力，与尾翼一起形成良好的稳定性和操纵性。另外，在机翼的内部可以装载燃油、设备、武器，在机翼上可以安装起落架、发动机、悬挂导弹、副油箱及其他外挂设备。

典型机翼的受力构件包括纵向(沿翼展方向)骨架、横向(沿气流方向或垂直于翼梁方向)骨架和蒙皮。纵向骨架有翼梁、纵墙和桁条，横向骨架有普通翼肋和加强翼肋，其整体布置如

图 1.1.2 所示。

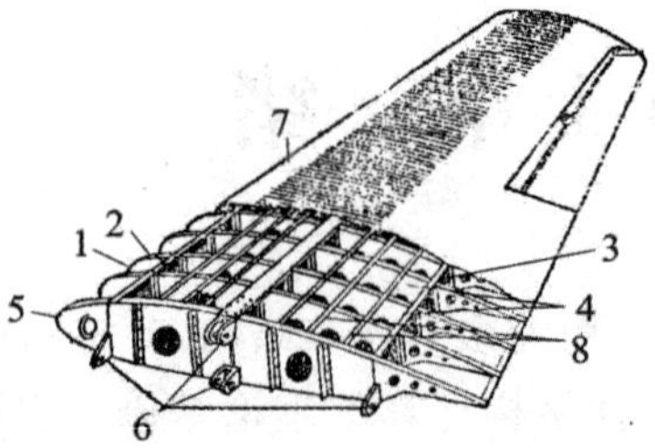

图 1.1.2　机翼典型结构构件

1—翼梁；2—前纵墙；3—后纵墙；4—普通翼肋；5—加强翼肋；6—对接接头；7—硬铝蒙皮；8—长桁

2. 机身

机身的作用是装载人员、货物、设备、燃油等物品，同时固定机翼、尾翼、起落架等部件与操纵机构，使之连成一个整体。机身可以分为若干段。典型机身的受力构件包括纵向（沿机身纵轴方向）元件——桁梁、桁条和垂直于机身纵轴的横向元件——隔框以及蒙皮，其典型结构如图 1.1.3 所示。

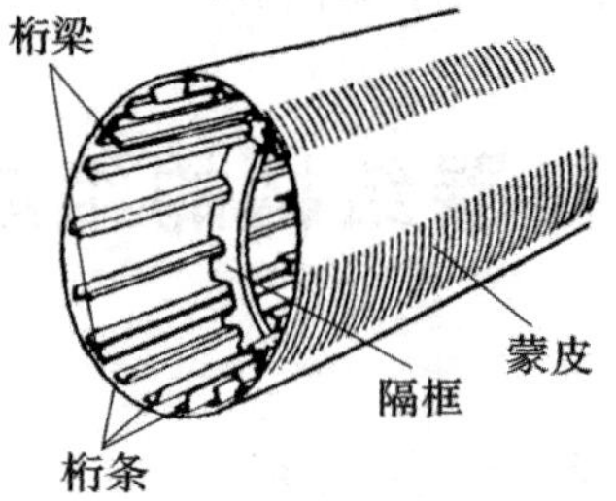

图 1.1.3　机身典型结构构件

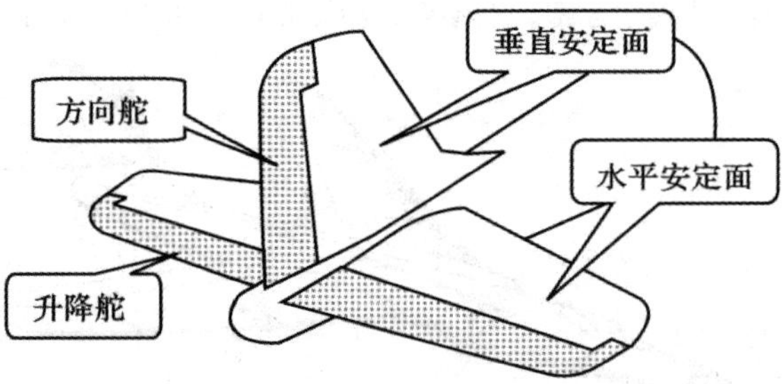

图 1.1.4　尾翼的组成

3. 尾翼

尾翼的主要功用是保证飞机的纵向和横向平衡，并使飞机在纵向和横向两方面具有必要的稳定性和操纵性。一般尾翼包括水平尾翼和垂直尾翼。通常低速飞机的尾翼都是分成可动的舵面和固定的安定面两部分，如图 1.1.4 所示。尾翼受力构件与机翼类似。

4. 起落架

飞机起落架的主要功用是提供飞机起飞、着陆、滑跑和地面或水面停放之用。它可以吸收着陆冲击能量，减小冲击载荷，改善滑行性能。

典型的起落架由受力结构、减震器、机轮、刹车装置和收放机构等部件组成。其受力结构形式有构架式、梁式(包括简单支柱式、撑杆支柱式、摇臂支柱式等)、桁架与梁混合式等。图 1.1.5 所示为一种撑杆支柱式起落架。

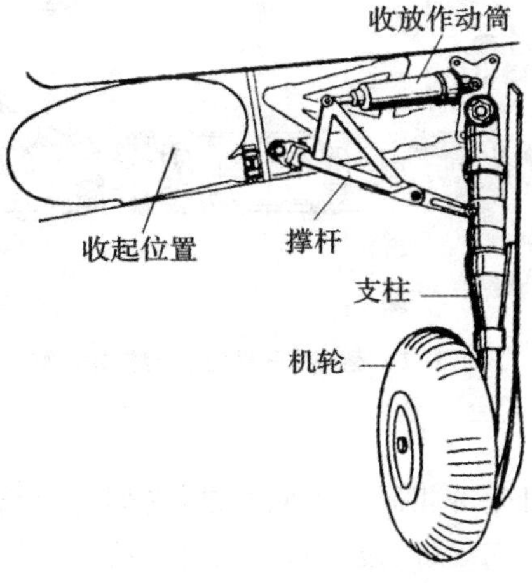

图 1.1.5　起落架的组成

1.1.2　导弹、火箭结构系统的主要组成

在不考虑助推器的情况下,导弹、火箭的受力结构系统主要由有效载荷舱(包括整流罩或弹头)、弹身或箭身(包括液体火箭发动机的贮箱)、翼面(包括稳定翼)、舵面和各种机构组成,如图 1.1.6 和图 1.1.7 所示。

1. 有效载荷舱

有效载荷随着导弹、火箭的种类不同,含义有所不同。例如,对于弹道式导弹,它是弹头;对于有翼式导弹,它是战斗部;对于运载火箭,它是人造地球卫星、载人飞船、空间探测器等;对于探空火箭,它是探测仪器、生物实验箭头等。对于运载火箭和探空火箭来讲,此舱一般还包括整流罩。有效载荷舱的功用是装载有效载荷,保证有效载荷要求的工作环境,承受内部装载的惯性力、气动力和气动加热引起的载荷。一般说来,有效载荷舱的承力结构主要是外部舱(壳)体和内部的安装骨架。对于运载火箭,主要承力结构是整流罩和罩内的安装固定装置(例如有效载荷适配器),也可以把整流罩作为箭身一部分。

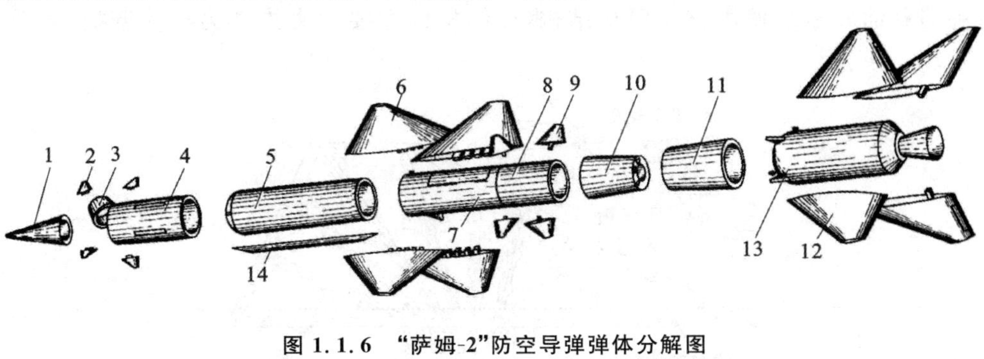

图 1.1.6　“萨姆-2”防空导弹弹体分解图

1—一舱;2—前翼;3—二甲舱;4—二乙舱;5—三舱;6—弹翼;7—四甲舱;8—四乙舱;9—舵面;10—五舱;11—六舱;12—稳定面;13—固体助推器;14—整流罩

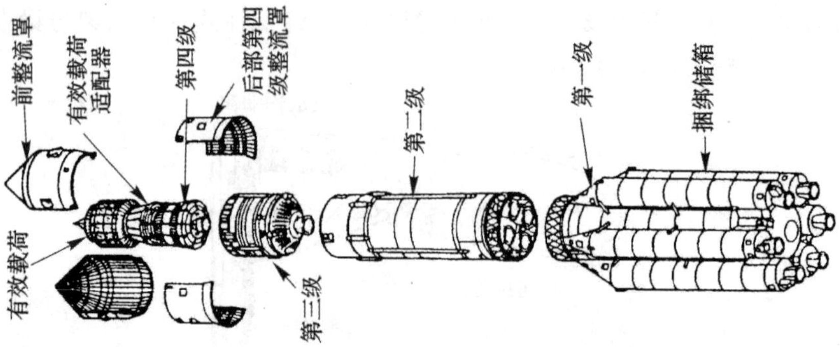

图 1.1.7　D-1-e 型“质子号”火箭结构分解示意图

2. 弹身或箭身

弹身或箭身的功用与机身基本相同。不同的是，它们的分离面较多，形成各种不同功能的舱段（包括火箭发动机贮箱、级间段、尾段等），其承力结构除采用机身的结构形式外，还采用加肋壳式整体结构、蜂窝夹层结构等，主要由壳体受力传力，如图 1.1.8 所示。

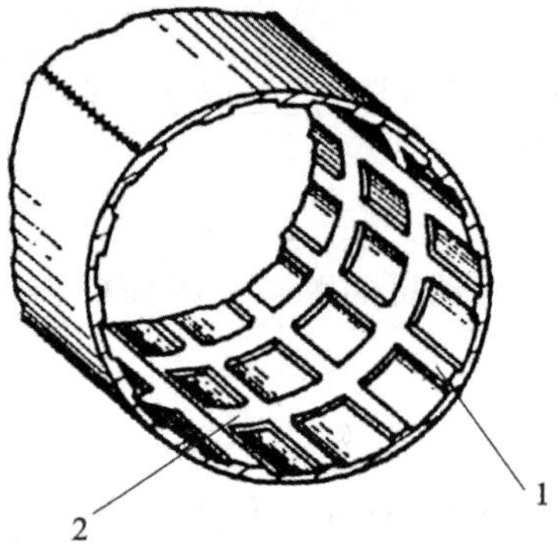

图 1.1.8　加肋壳式结构

1—纵向加强筋；2—横向加强框

3. 翼面

翼面包括主翼（弹翼）、尾翼、前翼、安定面及舵面等，它的功用主要是提供升力，形成良好的稳定性与操纵性。主要的结构形式和受力构件与机翼基本相同，但使用的结构形式较多。例如有翼导弹的翼面较多地使用整体壁板结构，该结构的主要承力构件为整体壁板，如图 1.1.9 所示。

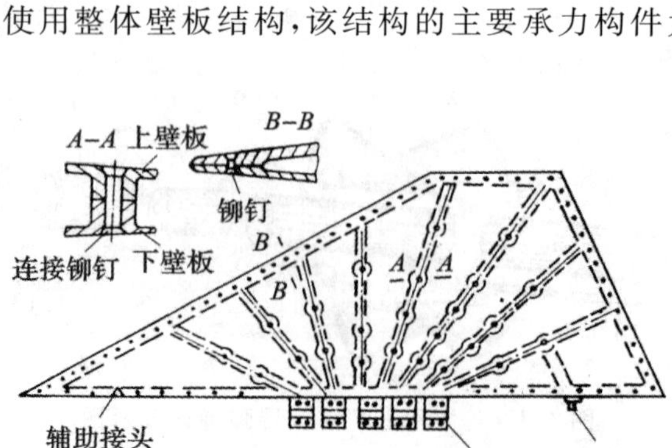

图 1.1.9　组合式整体结构翼面

4. 舵面

舵面是导弹、火箭的操纵面。通过操纵舵面转动，产生足够的气动力矩，用以保证导弹或火箭飞行的操纵性与稳定性。舵面的受力构件与飞机舵面基本相同，但应用较多的是整体实心板结构，气动载荷直接由整体实心板承受与传递。

1.1.3　航天器结构系统的主要组成

航天器由不同功能的若干分系统组成。这些系统一般可分为专用系统与保障系统两大类。专用系统用于直接执行特定的航天任务，例如通信卫星的转发器、通信天线等。各类航天器的保障系统一般包括结构系统、热控制系统、姿态和轨道控制系统、生命保障系统等。这里主要介绍结构系统的组成。

1. 人造卫星结构系统

根据卫星结构本身承受载荷的功能，可把卫星结构分为主结构(主承力结构)和次结构。主结构或称主承力结构，它是卫星结构中的“脊梁”。主结构与运载火箭对接，把载荷从运载火箭传递到航天器，构成载荷传递路径，主要承受发射时火箭推力传来的载荷。卫星主结构的主要结构形式有中心承力筒结构、杆系结构、箱形板式结构、壳体结构。另外，主结构也可包括卫星与运载火箭的对接段和卫星上的发动机支架。目前，多数卫星采用中心承力筒形式作为主结构，如图 1.1.10 所示。次结构是由上述主结构分支出来的卫星上其余各种结构，如各种仪器设备的安装结构和卫星外壳结构等。另外，次结构也包括展开式太阳电池阵结构和天线结构等。

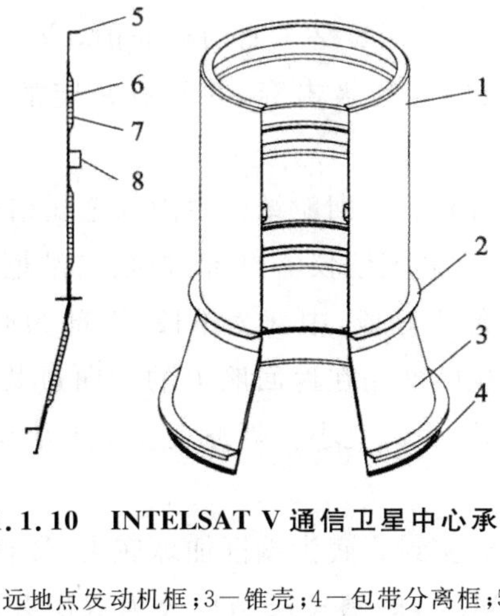

图 1.1.10　INTELSAT V 通信卫星中心承力筒

1—圆筒体；2—远地点发动机框；3—锥壳；4—包带分离框；5—天线支承框；
6—外面板；7—内面板；8—燃料储存箱支承框

图 1.1.10 所示的 INTELSAT V 通信卫星中心承力筒由一段直筒和一段锥筒组成，它们通过远地点发动机框连接在一起。筒体为不对称蜂窝夹层结构，碳纤维/环氧树脂复合材料面

板由高强碳纤维 T300 织布和高模量碳纤维混合铺成，芯材为铝蜂窝芯子。蜂窝夹层筒体与发动机框和包带分离框是通过胶黏剂胶接，并用铆钉辅助连接而成的。

2. 载人飞船结构系统

载人飞船一般由乘员返回座舱(返回舱)、轨道舱、服务舱、对接舱、应急救生装置、太阳翼(太阳能电池阵)等部分组成(见图 1.1.11)。

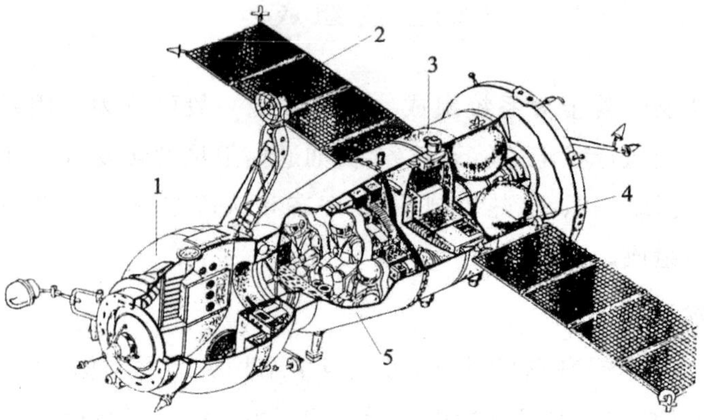

图 1.1.11　联盟号飞船舱内布局

1—轨道舱；2—太阳电池板；3—仪器舱；4—推进系统；5—返回舱

结构分系统的主要任务是为航天员提供密封的压力舱，为其他分系统提供安放各种仪器设备、流体管道和电缆等的适当空间和连接支架等。飞船返回舱结构还必须具有防护气动热的防热结构。飞船舱段结构有密封结构和非密封结构两大类。飞船的返回舱(座舱)、轨道舱等属密封结构。飞船的资源舱、推进舱和仪器舱等通常为非密封结构。与机身结构相似，受力元件主要是蒙皮、隔框和桁条等。返回舱是飞船的核心舱，应具有承受内部压力的结构强度，防护屏厚度应不致被微流星或空间垃圾击穿，并具有一定的辐射屏蔽能力，保护航天员的健康。

图 1.1.12 所示为联盟号返回舱，返回舱结构由内部金属结构和外部防热结构组成。内部金属结构为铝合金结构，用以承力和安装仪器设备，包括前端框和后端框、侧壁金属结构以及密封大底。侧壁金属结构的上部为球段，中部为锥段，下部为筒段，由蒙皮、隔框和桁条等组成。桁条主要用于承受发射救生时作用在返回舱上的轴向过载。桁条采用等强度设计，截面尺寸从前端框开始到球锥相切处，由大变小。隔框主要用来承受横向载荷以及内压和外压，保持返回舱口的气动力外形。

密封大底与侧壁密封连接。密封大底为端框加球底夹层结构。球底夹层为蜂窝式夹层结构，在改进的联盟-T 和联盟-TM 中，蜂窝夹层结构改为双层蒙皮，中间具有径向加强筋的结构形式。

密封大底上安装仪器设备。仪器设备固定在与端框焊成一体的主承力梁上。梁中间底部与内蒙皮之间有 100mm 的间隙，用软铝板冲成的“[”形框连接，使飞船着陆时，大底产生变形，减弱着陆冲击对安装在大底上的仪器设备的影响。

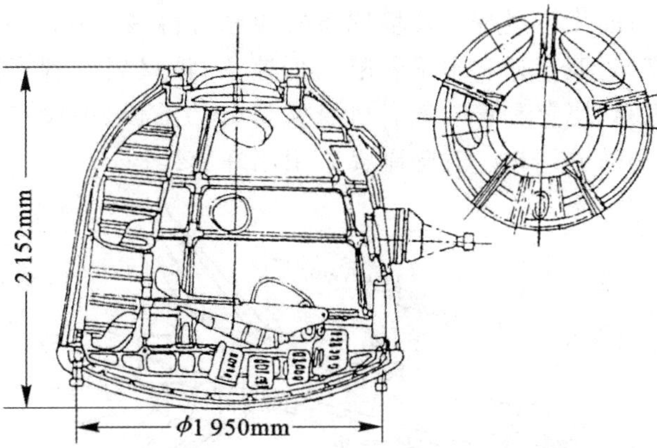

图 1.1.12　联盟号返回舱结构示意图

3. 航天飞机结构系统

航天飞机是一种可从空间轨道上整体返回，具有在指定机场跑道上着陆能力的、带翼的多次重复使用的载人或不载人的航天器。航天飞机可以将各种有效载荷(例如各种卫星等)直接送入近地轨道。航天飞机进入近地轨道的部分叫作轨道器。由于轨道器具有一般航天器所具有的各种分系统，所以它可以完成包括人造地球卫星、货运飞船、载人飞船甚至小型空间站等许多功能。它还可以完成一般航天器所没有的功能，如向近地轨道施放卫星，从轨道上捕捉、维修和回收卫星等。

各种航天飞机虽然总体方案有所不同，但是在构造原理上却是相似的。现在仅以美国的航天飞机为例进行介绍。美国的航天飞机主要由两个助推器、一个外挂贮箱和一个轨道器组成，如图 1.1.13 所示。

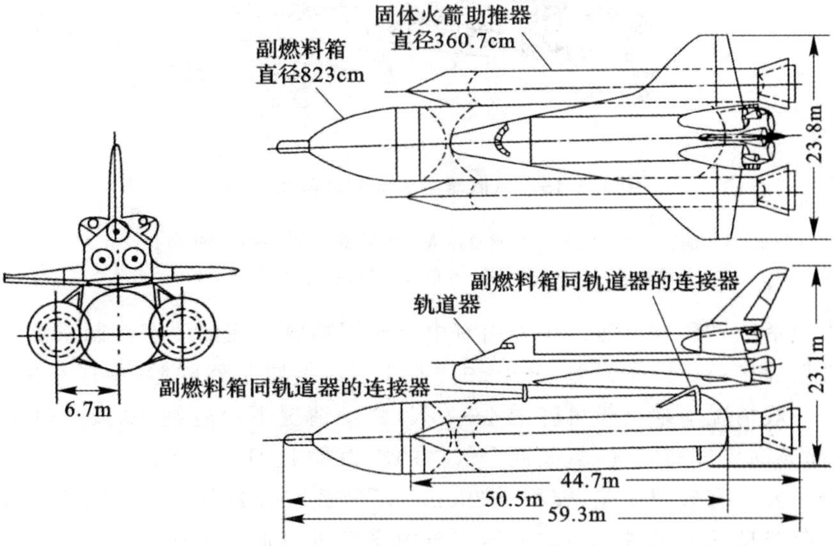

图 1.1.13　美国航天飞机总体外形图

轨道器(见图 1.1.14 和图 1.1.15)是航天飞机的核心部分，也是设计最困难和结构最复杂的组成部分。它所经历的飞行过程及环境比飞机要恶劣得多。它的气动外形既要适合于在大气中作高超声速、超声速、亚声速和水平着陆的低速飞行,又要有利于防护气动加热。轨道器从结构上分为机身、机翼、尾翼和着陆架。机身又可分为前段、中段和尾段3部分。结构形式大多为蒙皮骨架组成的薄壁结构。升降副翼采用铝蜂窝结构。

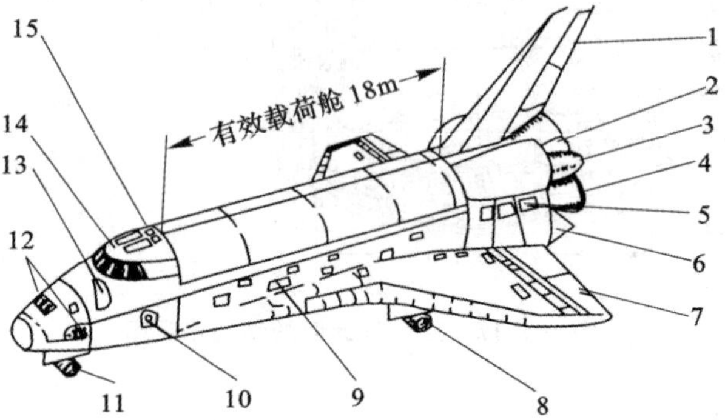

图 1.1.14　轨道器外形及主要部件的部位图

1—方向舵和减速板;2—轨道机动发动机;3—后部反作用控制发动机;4—主发动机;5—发射用脱落插头盖板;6—襟翼;7—升降副翼;8—主着陆架;9—有效载荷脱落插头盖板;10—侧舱口;11—头部着陆架;12—前部反作用控制发动机;13—恒星跟踪器盖;14—乘员舱;15—有效载荷观察窗

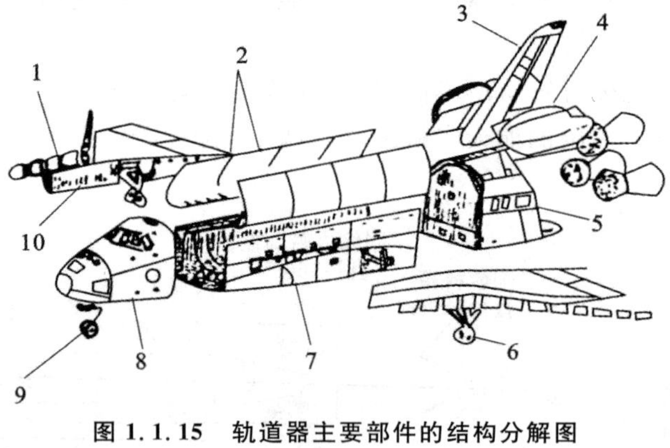

图 1.1.15　轨道器主要部件的结构分解图

1—前缘;2—货舱门;3—垂直尾翼;4—轨道机动系统;5—尾段机身;6—主着陆架;7—中段机身;8—前段机身;9—头部着陆架;10—机翼

前段机身包括头锥和乘员舱。头锥内有由反作用喷管组成的姿态控制系统。乘员舱为铝合金和加强骨架焊接而成的密封舱,分上、中、下3层。上层是驾驶舱,中层是生活舱,下层是仪器设备舱。一般情况下乘员舱可容纳4～7人,紧急情况下可容纳10人。轨道器的乘员舱是密封的,里面充满氧气和氮气,氧氮混合气体的压力是1.013×10^5Pa。

中段机身主要是有效载荷舱,容积近$300m^3$,可装载有效载荷29.5t,用于放置向轨道布放或从轨道上回收修理的卫星或其他航天器。舱内设有可以遥控的机械臂,它是一个总长15m多的三节细长杆,由于杆件相对较细,整个机械臂十分柔软,在地面上几乎不能承受自身的质量(410kg),但是在失重条件下的宇宙空间,却可以迅速而灵活地装卸十多吨的有效载荷。有效载荷舱有两扇圆弧形的舱门,每扇长18.3m,圆柱弧长3.04m,采用石墨/环氧-Nomex非金属蜂窝夹层结构。轨道器在轨道上运行时，需要定时打开舱门进行散热，因此要求舱门在温差变化很大的情况下能够方便开启。

尾段机身由整块铝板机械加工制成，里面配有硼环氧树脂增强的钛合金构架。在后部有一个铝蜂窝隔热的防热罩，用以保护推进系统。尾段内装有 3 台主发动机、2 台轨道机动发动机和反作用控制系统。

三角形机翼和垂直尾翼使轨道器返回地球的时候在大气层中飞行具有良好的稳定性和操纵性，能像普通飞机一样飞行自如。

1.1.4　飞行器结构形式的分类

飞行器的任务不同，使得在飞行器结构分系统中采用的受力与传力的结构形式多种多样。承受结构上载荷(作用力和力矩)的构件的总和，组成了结构的主承力系统，构成结构的主传力路径，结构的其他构件将局部载荷传递到主承力系统构件上，并与它一起形成结构的整个承力系统。所谓结构形式是指结构中主承力系统的组成形式。各种不同的结构形式，表征了结构不同的受力与传力特点。按照不同的分类方式，可以对结构进行分类。这里主要按照结构的受力与传力形式分类。

1. 蒙皮骨架结构

蒙皮骨架结构即由蒙皮和骨架组成的薄壁结构。其骨架由纵向骨架和横向骨架组成。例如翼面的纵向骨架有大梁、桁条、墙等，横向骨架有翼肋等。舱段的纵向骨架有大梁、桁条等；横向骨架有框。蒙皮与骨架一般是通过铆接装配在一起的，如图 1.1.16 所示。

结构的弯矩和轴向力主要由纵向骨架承受与传递，剪力与转矩主要是由横向骨架和蒙皮来承受与传递。

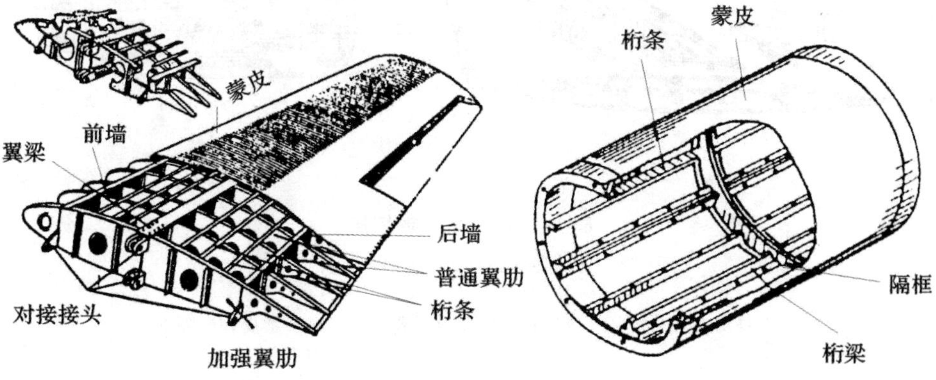

图 1.1.16　蒙皮骨架结构

(a)翼面的典型结构构件；(b)桁梁式结构

2. 整体结构

整体结构是将蒙皮和骨架合为一个整体的结构(见图 1.1.17)。一般情况下，蒙皮较厚，骨架变成了整体结构的纵向和横向的加强筋，结构以弹性板、壳的形式承受和传递载荷。

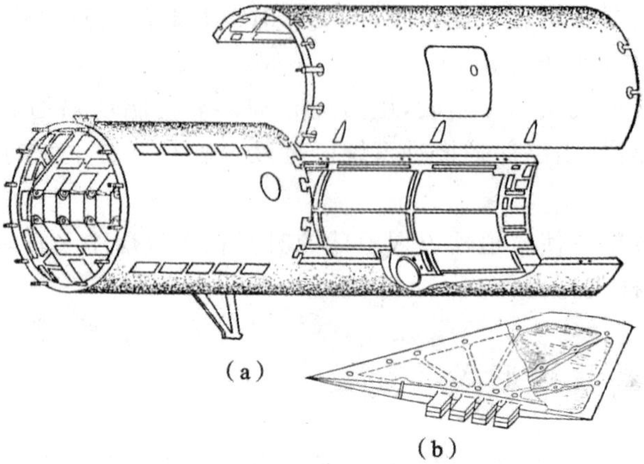

图 1.1.17　整体结构

(a)整体结构舱段;(b)整体结构弹翼

3. 夹层结构

这种结构形式的特点是采用了夹层板作主要受力构件。夹层板由上、下两层薄面板和中间的夹芯层连接而成,如图 1.1.18 所示。夹芯层通常是蜂窝结构、波纹板结构或泡沫结构。

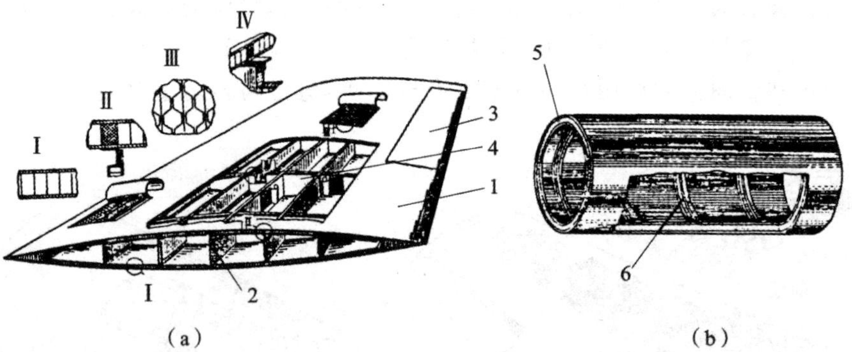

图 1.1.18　夹层板结构

(a)蜂窝夹层翼面;(b)夹层式机身

1—蜂窝夹芯蒙皮;2—纵墙;3—副翼;4—翼肋;5—夹层蒙皮;6—隔框

4. 构架式结构

构架式结构又称杆系结构,它是由一定的配置数目和配置方向的杆件连接而成的构架(见图 1.1.19)。如果各杆件之间由铰接点连接,则形成桁架结构;如果各杆之间是刚性连接(例如焊接),则形成刚架结构。桁架结构载荷作用在结构的节点上,各构件只承受轴向载荷;刚架又可称框架,是可以通过节点,使构件承受剪切和弯曲的结构。由于实际与各杆件的连接通常采用可传递弯矩的螺纹连接或焊接,所以很少有真正意义上的桁架结构,其杆件主要承受拉、压载荷,还承受局部剪力、弯矩和扭矩。

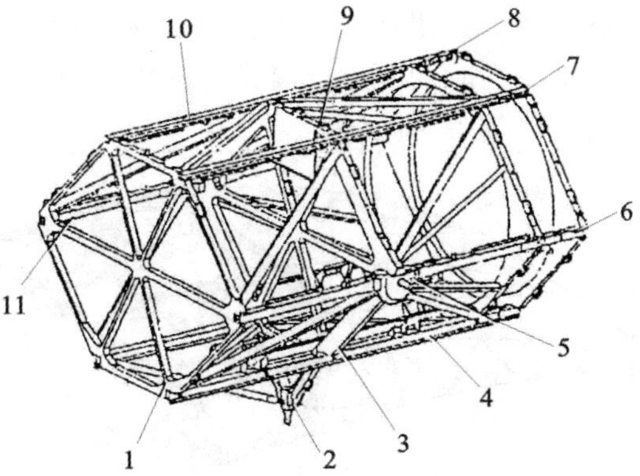

图 1.1.19 “自由号”的一段桁架结构

1—端框;2—龙骨连接轴;3—耳轴框;4—底部辅梁;5—耳轴桁梁;6—主螺接点;
7—顶部辅梁螺接点;8—顶部辅梁螺接点;9—顶部辅梁;10—顶部辅梁;11—耳轴桁梁

1.2 飞行器结构与结构力学发展简介

自从莱特兄弟1903年进行了人类历史上第一次使用动力飞行的试验后,人类仅用了60多年的时间就突破了平流层,进入到了外层空间。1939年人类第一次使用喷气动力飞行。1942年,现代意义的火箭诞生,实现了首次超声速飞行。在宇宙飞行方面:1957年人类第一颗人造地球卫星上天;1961年人类第一次载人航天,苏联尤里·加加林少校成为世界上第一位遨游太空的航天员;1969年人类开始了首次登月的太空飞行。1981年第一架载人航天飞行器出现在太空舞台,这是航天技术发展史上的又一个里程碑。人类在航空航天领域所取得的一个又一个里程碑的成就,无不经历了一个又一个的巨大挑战。对结构工程师而言,他们面临的挑战就是如何用最轻的结构实现最安全、最可靠、载重量最大的飞行器。

初期的飞行器为了实现能在当时的动力条件下飞行的目的,用木材和纤维布作为结构材料,结构形式采用桁架结构和绳索张拉结构。随着飞行器的速度、载重、航程和机动性等性能的发展,相应地要求飞行器结构能承受更大的载荷、结构要有足够的强度与刚度等,人们开始寻求使用金属材料作为飞行器结构材料。1915年容克斯(H. Junkers)制造出了世界上第一架全金属单翼机。该飞机创造性地采用了厚翼型和悬臂梁式结构。之后,1919年他设计制造了世界上第一架全金属客机,并试飞成功。容克斯设计的这种厚翼型悬臂梁式单翼机是当时飞机结构的一个显著进步。这种结构在保证强度和刚度的同时,大大减小了机翼的飞行阻力。但是厚重的机翼和桁架结构极大地限制了飞机结构的内部空间,无法满足载人和运货的要求。为了减轻飞行器结构的质量,增加飞行器的运输能力和航程,人们开展了飞行器轻结构的研究,其中一个最重要的思想是让蒙皮参与受力,由此产生了硬壳式结构(monocoque)、半硬壳式结构(semi-monocoque)和相应的应力蒙皮(stressed skin)技术。

1912年法国人贝什罗(L. Bèchereau)最早设计出硬壳式机身结构。在当时条件下,硬壳式结构难于制造,1924年德国的罗尔巴赫(A. Rohrbach)设计出了半硬壳式结构,由隔框和桁条组成骨架结构,在骨架上再蒙上光滑的薄蒙皮(见图1.2.1)。这种结构中桁条和蒙皮共同承受拉压和弯曲应力，同时蒙皮还承受扭转剪应力。由于该结构中蒙皮和骨架共同承受各种应力作用，于是被称作应力蒙皮。当时的罗尔巴赫设计的机翼中采用了全金属盒式梁结构，大大增强了机翼的刚度，同时结构质量大为减轻。

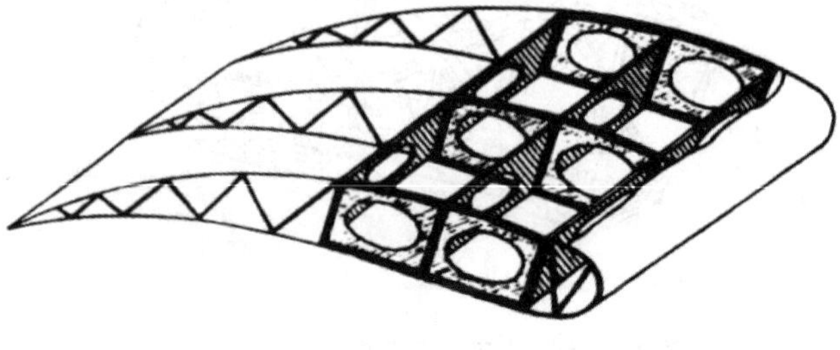

图 1.2.1　罗尔巴赫设计的应力蒙皮机翼结构(德国，1924 年)

半硬壳式金属结构在 20 世纪 30 年代得到了蓬勃的发展。同时，另一种结构——“测地线结构”(geodetic structure)被英国维克斯(Vickers)公司用于著名的“惠灵顿”重型远程轰炸机，它的机身和机翼骨架结构由硬铝制造。所谓的“测地线”是指曲面上连接两点间的最短曲线。这种结构的“测地线”由金属肋条组成，连接节点固接，组成一个空间曲面网状结构，如图1.2.2所示。这种结构也可称为网壳结构，能很好地抵抗横向和扭转变形，蒙皮几乎不受力，可用帆布作为蒙皮。因为这是一种有很多多余约束的结构，在实战中抗打击能力很强。“测地线结构”有效地利用了材料，达到轻质高强的效果。

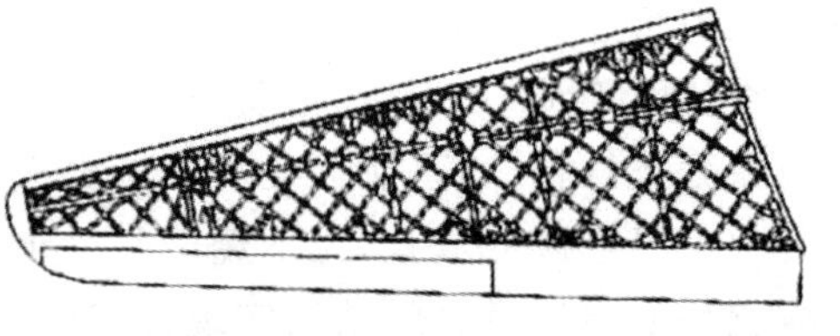

图 1.2.2　惠灵顿(Wellington)重型远程轰炸机(英国，1936 年)

20 世纪 20 至 30 年代，高强度轻质铝合金材料的发明为飞行器性能的迅速提高开辟了道路，也标志着飞行器发展进入一个新的时代。硬壳式结构 (monocoque)、半硬壳式结构(semi-monocoque)成为飞行器的主流结构一直沿用至今。

20 世纪 50 年代，人类进入喷气时代，给飞行器材料带来了热障问题。铝合金和普通钢已不能满足飞行器减轻结构质量和提高飞行速度等方面的要求，需要高强度耐高温合金材料，同时热结构设计也摆在人们的面前。钛合金和复合材料的优良性能恰恰适应了先进飞行器发展的需要。目前钛合金材料主要用于制造飞机发动机压气机部件，其次为火箭、导弹和高速飞机的结构件。

20 世纪 70 年代，先进复合材料陆续在航空结构中得到应用。时至今日，军用固定翼飞机上复合材料占全机结构质量的比例已达到 50％；大型民用客机使用的复合材料结构已达到全机质量的 25％；美国航天飞机大量地使用了先进复合材料，全复合材料结构的小型飞行器已经出现。到目前为止，复合材料已成为飞行器结构中的主流材料。此外，目前正在发展的各种功能复合材料（如树脂基复合材料、金属基复合材料、陶瓷基复合材料）、智能材料等，大大推动了飞行器多功能结构的技术发展（见图 1.2.3）。未来的飞行器结构不仅具有轻质高强度，耐高温，而且具有自我监测、主动控制、隐身、自主变形等功能，对飞行器结构设计将产生深远的影响，同时对飞行器结构力学也提出了新的挑战。

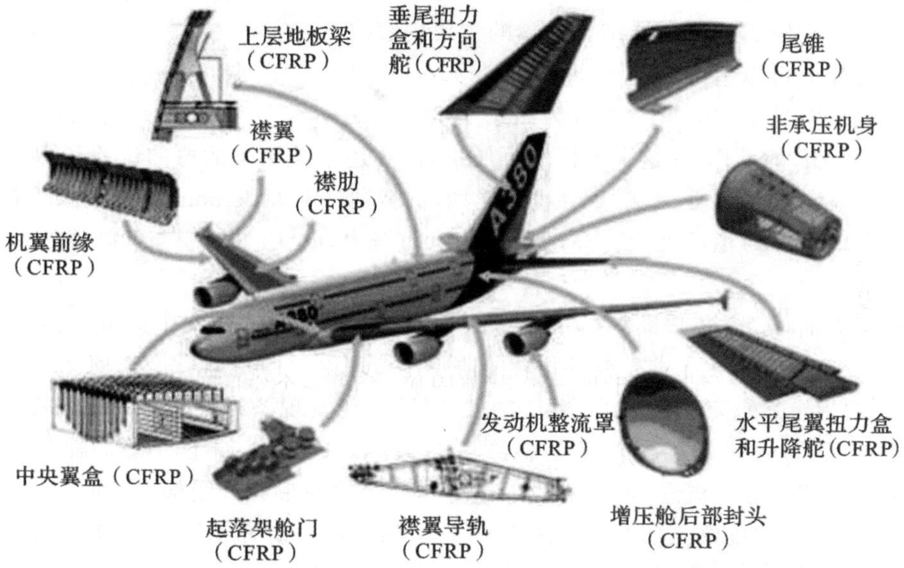

图 1.2.3　空中客车公司 A380 客机中的复合材料部件（欧盟，2006 年）

CFRP—碳纤维增强树脂基复合材料；GFRP—玻璃纤维增强树脂基复合材料

早期的飞行器由桁架结构和基本不受力的布蒙皮组成，用当时成熟的桁架理论就可以对这些结构进行比较准确的分析。但是随着飞行器结构的发展和新的材料应用，飞行器结构设计与其他结构工程领域，如土木建筑、机械、船舶等结构设计，有着显著不同的差别。一是设计思想，飞行器设计要求为减轻每一克质量而努力；二是为了满足飞行器发展的要求，大量采用各种薄壁结构和高性能新材料。相应的结构力学分析方法也不断面临新的挑战。

结构力学是一门古老的学科，它的诞生和萌芽始于 17 世纪经典力学的创立时期。随着工业革命的到来，人们开始设计各种大型工程结构，使结构力学得到了迅速发展。到 19 世纪中叶，结构力学成为一门独立的学科。

能量原理是结构力学的重要理论基础，它们的建立极大地推动了结构力学的发展。早在 1717 年伯努利（John Bernoulli）就提出了虚功原理。1864 年麦克斯韦（James Clerk Maxwell）由虚功原理建立了计算位移的单位载荷法，1874 年奥托·莫尔（Otto Mohr）也独立地提出了此方法，所以，单位载荷法也称为 Maxwell-Mohr 法。单位载荷法利用了 3 个基本条件，即力的平衡条件、几何协调条件和物理条件。1879 年，卡斯帝里亚诺（Carlo Alberto Castigliano）基于虚功原理提出了卡式第一定理、第二定理和最小势能原理。卡氏第一定理相当于结构的平衡条件，卡氏第二定理相当于结构的位移协调条件。1878 年克罗蒂（Francesco Crotti）提出了计算弹性体位移的最小余能原理，1889 年恩盖塞（Friedrich Engesser）也独立提出该原理,因此称 Crotti-Engesser 定理。卡式第二定理是 Crotti-Engesser 定理的特例。这样,最小势能原理和最小余能原理先后建立。到 20 世纪中叶,能量原理和能量方法取得了突破性进展。研究者相继提出了迥异于单变量变分原理(即最小势能原理和最小余能原理)的二类变量、三类变量的广义变分原理,为结构分析的发展奠定了强有力的理论基础。

硬壳式、半硬壳式结构是飞行器中典型的薄壁结构。这种结构主要由梁、板和壳等薄壁元件构成。这些元件的特征是一个方向的几何尺寸远小于另外一个或两个方向的几何尺寸。薄壁结构元件的分析构成了飞行器结构力学的主要内容之一。

关于梁的分析可以追溯到达·芬奇(Leonardo da Vinci)时期,达·芬奇在他的手稿中讨论了柱的承载。但是梁的分析一般认为始于 1638 年伽利略(G. Galileo)的《关于两种新科学的叙述与数学证明》的著作,在这本不朽的著作中,他阐述了关于梁的弯曲试验和理论分析等内容。伽利略被誉为“近代力学之父”。18 世纪早期,伯努利(Jakob Bernoulli)和欧拉(L. Euler)先后建立了细长杆的弯曲与稳定理论。经过几个世纪的努力,到 19 世纪末,简单截面形状梁的分析理论已经成熟。

在薄壁梁方面,1899 年普朗特(Ludwig Prandtl)在他的博士论文中研究了矩形截面薄壁梁的侧向失稳,1903 年提出了薄壁杆件扭转的薄膜比拟理论。1905 年铁摩辛柯(S. P. Timoshenko)在普朗特的指导下研究了工字梁的侧向失稳问题。他发现圣维南(B. de Saint-Venant)扭转理论不适用该问题,于是提出了约束扭转刚度的概念。1921 年瑞士桥梁工程师马亚尔(R. Maillart)提出剪切中心的概念,成功解释了非对称截面梁在形心处受横向力时,不但会发生弯曲,而且会产生扭转的现象。1929 年瓦格纳(H. A. Wagner)研究了受压开口薄壁杆件的扭转失稳与受剪加筋板的后屈曲问题。1940 年,符拉索夫(B. Э. Власов)发表了专著,系统地研究了薄壁杆件的分析方法。符拉索夫因此被认为是薄壁杆件理论的奠基人。

关于薄板与薄壳方面的研究,1850 年克希霍夫(G. R. Kirchhoff)建立了薄板弯曲理论;在此基础上,1888 年乐甫(A. E. H. Love)建立了薄壳理论。1877 年瑞利(Lord Rayleigh)从能量原理提出了求解结构固有频率的近似方法。1909 年里兹(W. Ritz)发展了瑞利方法,使之成为适用于结构分析的一种普遍近似方法,被人们称为瑞利-里兹(Rayleigh-Ritz)法。进入 20 世纪,薄板与薄壳的分析理论在瑞斯纳(H. J. Reissner)、唐内尔(L. H. Donnell)、弗留盖(W. Flügge)、铁摩辛柯、戈利坚维泽尔(A. Л. Гольденвейзер)等学者的努力下取得了长足的进展。

20 世纪初期到 30 年代,飞行器结构简单,可以简化为桁架和刚架结构。因此桁架结构求解理论、力矩分配法等方法为飞行器结构的分析提供了重要的工具。虽然这些方法在当时没有计算机的年代,求解大型结构相当耗时、耗精力,但它们为大型杆系结构的求解提供了有效的方法。

随着 20 世纪 40 年代的喷气时代的来临,飞行器总体外形发生了很大的变化,流线形、后掠翼、高升阻比翼型的出现,气动加热、新材料的应用等问题使飞行器结构分析的难度加大。过去对飞行器结构进行大量简化的方法不再适应飞行器的结构分析,需要建立更加详细的飞行器结构分析模型,发展结构分析方法。1947 年列维(S. Levy)发展了力法,用于后掠翼机翼结构分析,后掠翼机翼被简化成杆、梁、薄壁剪切板组成的盒式梁结构。力法的本质就是单位载荷法,因此力法最早由麦克斯韦于 1864 年提出,并由穆勒·布雷斯劳(Heinrich Müller-Breslau)于 1886 年作了根本性的发展。经过众多从事飞行器结构设计分析研究的科学家和工程师们的努力,20 世纪 50 年代矩阵力法成熟,相继被用于半硬壳式和更为复杂的飞行器结构的分析中。

虽然力法是一种可行的结构分析工具，但不适应复杂的飞行器结构分析，如曲面板、加强框、加筋板等。这些结构单元的柔度系数本身就很难得到，因此力法很难应用到大型复杂结构的分析中。另外，虽然力法的基本原理简单易懂，但它需要选取静定结构作为基本结构。对于复杂的超静定结构，基本结构的选取需要较多的经验和人为的干预，计算的通用性受限，因而当多余未知力的数目较多时，求解效率低，求解的难度也增大。而位移法可以克服上述困难。

1953 年列维提出了机翼结构分析与力法相对应的另一种形式，以位移为未知量，根据未知位移变量列结构的平衡方程，得到力与位移的关系，即刚度系数矩阵，这就是位移法，它更容易对复杂结构进行分析。事实上早在 1826 年法国的纳维尔(L. Navier)就提出了位移法思想，并用于求超静定桁架的内力。在 19 世纪中叶至 20 世纪早期，位移法在土木建筑结构工程领域得到了迅速发展。限于当时的计算条件，为了避免大规模矩阵计算问题，发展了多种渐进法，如 20 世纪 30 年代发展的力矩分配法就是其中的代表。1954—1955 年阿吉瑞斯(J. H. Argyris)发表了一系列文章来研究复杂机翼结构的分析问题。在这些文章中，他系统地描述了结构力学的矩阵力法和矩阵位移法，并给出了用离散平面单元组合起来分析连续体结构的方法。这些研究成果的主要贡献，一是系统地总结了结构分析的能量原理，并将基于能量原理的结构分析方法加以推广和统一；二是发展了针对飞行器复杂结构分析的实用矩阵分析法，包括矩阵位移法和矩阵力法。1956 年特纳(M. J. Turner)和克拉夫(R. W. Clough)也独立地提出了类似的方法，并建立了平面三角形、四边形、矩形 3 种平面单元刚度矩阵。

力法、位移法与能量原理有密切的联系。力法的基础基于余能原理，也可由卡氏第二定理导出；位移法可由势能原理导出。矩阵位移法的特点：建立简单统一的单元刚度矩阵，然后根据平衡条件组装成整体刚度矩阵求解；求解过程标准化、模块化、程序化，非常适合计算机求解。矩阵力法由于需要选取基本结构，柔度矩阵与全结构有关，因而通用性差，难以实现计算机自动化求解而让位于矩阵位移法。力法现在已几乎不再应用于复杂的飞行器结构分析中。

20 世纪 50 年代，用于飞行器结构分析的矩阵位移法的建立，发展了有限元方法的雏形，当时称这些方法为直接刚度法。1960 年克拉夫将这种方法命名为“有限单元法”(Finite Element Method)。事实上，早在 1943 年，数学家库朗(R. Courant)从纯数学的角度阐述了有限元方法的思想，这一研究因为不符合当时主流数学家的研究思想而被忽略。60 年代中期，贝塞林(J. F. Besseling)、梅拉什(R. J. Melosh)和琼斯(R. E. Jonesl)等数学家的研究表明有限元的理论基础是变分原理，它是基于变分原理的 Rayleigh-Ritz 法的另一种形式，从而确立了有限元严密的理论基础，并发展了用各种不同变分原理推导出的有限元计算公式。他们的研究使数学界与工程界的科学家们走到一起，从而大大促进了有限元法的发展。60 年代有限元的兴起和计算机的发展，不仅使工程结构分析产生了质的飞跃，发展了计算力学的学科方向，同时也推动了计算数学的发展。

今天有限元法已成为了力学、声学、电磁学等物理与工程科学领域科学研究的强有力工具，使过去不可能进行的一些大规模复杂的科学与工程问题的模拟计算成为可能。但是，随着科学技术的发展，在航空航天领域，高超声速、智能飞行器以及人类空间活动对飞行器新的需求，给今天飞行器结构分析带来了新的挑战，人们在不断地寻找和发展新的飞行器结构分析方法，以满足航空航天科学技术发展的要求。

1.3 飞行器结构系统研制过程简介

1.3.1 飞行器结构系统研制的基本过程

虽然不同种类的飞行器，根据其特点，它们的研制程序不完全相同，但一般分为论证阶段、方案设计阶段、工程研制阶段、定型阶段。

1. 论证阶段

这个阶段首先对研制的飞行器分析其任务需求，拟定技术要求，然后提出初步方案和关键技术，形成研制总需求。结合国家的战略方针、用户需求；考虑现有资源条件、研制周期、成本和国内外的相关技术等因素进行综合分析论证，分析其实现的可行性，并不断修正方案建议，以使飞行器研制方案可行。

2. 方案设计阶段

这个阶段的主要工作是根据总体设计下达的结构设计任务书，首先进行飞行器全结构总体设计，完成各部件结构方案设计、部件之间的受力协调等的设计、分析并对各种方案进行比较，选择出最佳设计方案；进行初步设计和分析，使得各个设计方案进一步具体化，提出方案论证报告；通过关键部件的原理样机的研制和试验验证项目，获得对关键技术难点的解决方案。这些关键技术包括可能要采用以前尚未应用的新技术，新的结构形式、新材料等；或者存在关系到整个方案成败的关键技术难点。

3. 工程研制阶段

工程研制阶段由初样阶段和试样阶段组成。初样阶段（飞机设计中也称为打样设计或初步设计）的主要任务是进行结构的详细设计，设计出符合外载荷、使用要求及系统安装协调要求的初样产品（提交设计文件），进行结构分析和强度校核，并制定相应的结构试验规范（大纲），提供详细的结构设计图纸及技术文件。然后，转入试样阶段。该阶段是根据总体设计要求和初样确定的技术状态，对结构原则上不作大的改动，只进行适应性修改设计，给出全套试样设计文件和图纸，提供给工厂进行试样生产，用于地面试验及飞行试验考核。此阶段主要是考核飞行器整个结构总体方案的正确性，检验是否满足战术技术指标要求。经过预定次数的飞行试验成功，则提出试样设计报告，转入设计定型阶段。

4. 定型阶段

此阶段的主要工作是定型鉴定试验、设计定型和工艺定型。采用的飞行器结构为试样状态产品，主要是进行定型性的大型地面试验和数次定型飞行试验的考核，以检验设计是否达到了设计的预定目标。完善结构设计图纸和技术文件，进行定型设计，使飞行器结构稳定在一个切实可行的状态，方便工厂顺利地进行批量生产。

1.3.2　飞行器结构设计的思想

随着飞行器性能的不断提高，人们对材料性质认识的不断深入以及结构分析方法的不断进步，飞行器结构设计的思想也在不断地发展。在 20 世纪 40 年代以前，飞机的使用寿命较短，结构中的应力水平也较低，结构设计时主要考虑静强度和刚度。这时要求设计载荷(使用载荷乘以安全系数，一般飞机结构的安全系数取 1.5，导弹结构取 1.25)必须小于结构材料的极限承载力和失稳临界载荷。另外，随着飞行器速度的提高，还要求结构有足够的刚度以避免出现静气动弹性失效和动气动弹性失效(颤振)。从 50 年代开始，各种新的结构形式和高强度合金钢等新材料的使用，大大提高了飞行器的静强度和刚度的设计水平，使飞机性能不断提高。但是此时结构中的应力水平也大大增加，而且高强度材料的抗疲劳性能一般较差。因此在第二次世界大战后，随着飞机使用寿命的延长，有很多满足静强度和刚度标准的飞机相继出现了严重的疲劳断裂事故。比如 1954 年"彗星"号喷气式客机就接连发生了多次因增压舱疲劳而导致的坠毁事故。这些事故迫使人们加大了断裂和疲劳理论的研究。随着理论的逐渐成熟，从 50 年代中期开始，人们在原来的静强度和刚度要求的基础上，又在飞机设计中逐步增加了疲劳安全寿命的要求。

用安全寿命原则设计飞机时，认为飞机使用前结构是没有缺陷的，在飞机的整个使用寿命期间，结构不出现可见的裂纹。但是结构在加工和使用过程中很可能会产生初始缺陷和意外损伤。在飞机使用过程中，这些初始缺陷或损伤会进一步发展，从而导致"低应力脆断"。因此，按安全寿命原则设计的飞机也不能保证结构的安全。在 20 世纪 60 至 70 年代，人们相继发现有些飞机结构在未达到试验寿命之前就已经发生了破坏。由此美国空军于 1971 年提出了安全寿命/破损安全的结构设计思想，并于 1975 年制定了损伤容限设计规范，但要求在检修前的使用期内损伤容限设计承认结构在使用前就存在初始缺陷，但要求在检修前的使用期限内把这些缺陷的增长控制在安全的范围之内。

如上所述，在实际设计过程中，在飞机结构出现可见裂纹之前的寿命设计采用的是安全寿命设计方法；从可见裂纹扩展到临界裂纹或结构完全断裂的寿命由损伤容限设计完成。安全寿命设计和损伤容限设计的结合使用，基本解决了飞机结构的安全性问题。但是要确定"可见裂纹"的具体尺寸是比较困难的(一般在 1mm 以上)，而且这两种设计方法只关注影响飞机安全的关键部件中的一条或几条最大的裂纹，无法对整机的损伤情况进行评估，也没有考虑到维修的方便性与经济性。20 世纪 80 年代末美国在飞机结构设计中又逐渐提出了耐久性设计，认为飞机在使用前结构中就存在很多微小的初始缺陷(主要为 1mm 以下的裂纹群)，当这些缺陷发展到可能影响结构的正常功能时，必须能够方便、经济地对结构进行修理，直到满足使用寿命要求。而所谓的经济寿命是指结构出现了严重的损伤，不修不能用，再修又不经济时所经历的寿命。目前的飞机设计中往往将损伤容限设计和耐久性设计结合起来使用。

以往的设计通常不直接考虑结构在使用过程中的各种非确定性因素，而使用安全系数来笼统地体现这些随机因素的影响。安全系数的选取具有很大的经验性，取得过小会危及结构安全，取得过大又很不经济。随着设计分析手段的提高，未来的飞机结构设计规范将会更多地引入可靠性设计的内容。

和飞机结构相比，航天器(除航天飞机以外)往往只需要一次性发射，而且在轨运行的寿命也比较短。因此其疲劳寿命问题相对不太突出，基本上还是采用静强度和刚度设计。但是随着在轨航天器服役时间的增长，其结构的长期可靠性问题也日益受到人们的重视。

人们最初对飞行的尝试来自于对鸟儿飞行的直观观察和模仿，但是后来真正使人类离开大地的却是气球、飞机和火箭。当然随着空气动力学的进步、推进技术的发展、材料的更新，以及设计分析方法的变革，这些飞行器的性能已经得到了很大提高。尽管如此，它们的飞行原理和鸟儿却是截然不同的。究其原因，是我们人为地把这些本来应该自然融合在一起的技术割裂开来。在传统的设计流程中，气动力计算、结构分析、材料制造、电子与控制设备的研制等工作，往往是相互独立地进行的。各个部分的设计人员大多只专注于自己的专业领域，而很少从更高的角度来考虑整体的问题。这样不但造成资源的浪费，更严重的是制约了飞行器性能的提高。不过让人欣慰的是气动剪裁设计、热-结构耦合分析、功能材料以及智能结构技术等涉及多个物理场耦合分析的领域正在日益受到人们的关注。而随着计算机仿真技术的不断进步，多学科优化也正成为行业发展的趋势。也许有一天人类制造出来的飞行器真的会像鸟儿一样飞翔，使那个古老的梦想经过一段曲折的发展而成为现实。

习题与思考题

1.1　飞行器结构的功能有哪些？

1.2　飞机、导弹、火箭的结构系统各由哪些部分组成？各自的功能如何？

1.3　飞行器常用的结构形式有哪些？

1.4　飞行器结构力学的基本研究内容是什么？

1.5　简述飞行器结构系统的设计过程。

第 2 章　飞行器典型结构的传力分析与模型简化

飞行器的外载荷是指飞行器在贮存、运输、发射和空中飞行等工作环境中，作用在飞行器上的各种外力的总称。为了使飞行器结构在整个使用过程中能够满足强度、刚度、可靠性和质量特性等要求，在结构设计前必须正确地进行载荷分析和计算，载荷计算结果是进行结构设计和强度分析的主要依据之一。本章主要阐述飞行器结构载荷分析的基本理论和方法，包括作用在飞行器上的外载荷、过载系数、导弹（火箭）的载荷分析、以卫星为例介绍空间飞行器的载荷分析、使用载荷和安全系数以及强度分析的基本概念等内容。

2.1　飞行器载荷分析

2.1.1　作用在飞行器上的载荷

作用在飞行器结构上的载荷，基本分为以下 6 类。

1)总空气动力 R，它可以沿速度坐标系 $OXYZ$ 分解为阻力 X、升力 Y 和侧向力 Z；

2) 发动机推力 P；

3) 控制力，它通常由舵面气动力或发动机推力产生；

4) 地面使用(例如运输、吊装) 和上架发射时，作用在飞行器上的支反力；

5) 飞行器的重力 G；

6)飞行中质量加速度产生的惯性力，它也可以沿速度坐标系分解。

若飞行器在垂直平面内作曲线机动飞行，则其受载情况如图 2.1.1 所示。

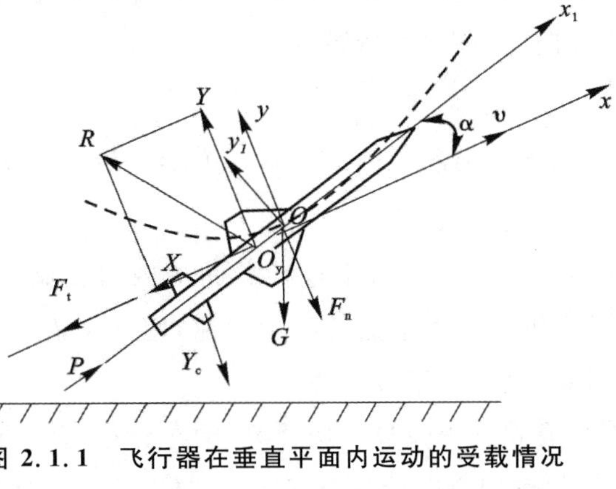

图 2.1.1　飞行器在垂直平面内运动的受载情况

P— 发动机推力；Y— 升力；X— 阻力；G— 重力；Y_c— 控制力；F_t，F_n— 切向、法向惯性力；

O— 飞行器质心；O_y— 飞行器压力中心；α —攻角

上述前4类载荷，作用在飞行器结构的表面，称为表面力。后2类载荷的大小正比于飞行器的质量，作用在结构的质点上，称为质量力。表面力和质量力决定了飞行器的总体强度，是结构强度计算应考虑的主要载荷。其他力，如锁紧机构的锁紧力、舱段间连接螺栓的预紧力、气瓶的内压力等，只作用在结构的局部范围且自相平衡，仅在研究结构的局部强度时才考虑，称之为局部力。

按对结构影响性质的不同，飞行器的载荷还可分为静载荷和动载荷。静载荷通常是指其作用时间或变化时间要比结构的固有弹性振荡周期长得多的载荷。一般认为，飞行器按预定轨迹飞行时，空气动力、发动机推力、燃料箱的内压力、惯性力等都可视作静载荷。动载荷是指随时间变化的瞬态载荷，如噪声、振动和冲击载荷，它们是由于飞行时的气流扰动、阵风、发动机点火和关机的推力突变以及级间分离、着陆撞击等环境引起的。在动载荷作用下，飞行器结构将发生振动。

飞行器在大气层中飞行或在轨运行中还会受到热载荷的作用。热载荷是由于飞行器主动段高速飞行时的气动加热、返回再入时的气动加热、轨道飞行中的不均匀辐射等环境引起的。它们将在结构中产生温度的变化，引起材料的机械性能的变化、结构件的变形和应力等。热载荷分析包括气动热分析和热交换分析，经过热分析得到结构的温度环境条件后，可通过结构分析获得相应的变形和应力。

2.1.2 导弹(火箭)载荷分析

载荷计算是指在各种受载情况下，对作用在飞行器上的气动力、发动机推力、惯性力、重力以及诸力之间平衡关系的计算。某些情况下还包括支持(约束)反力的计算。载荷分析结果是飞行器结构分析设计的主要依据之一。计算载荷时，假设所有的载荷均为静载荷，不考虑载荷的动力冲击效应；飞行器结构作为刚体处理，不考虑结构变形对外载荷重新分配的影响。由于结构静力变形一般属于小变形，故此假设对静载荷的计算是可行的。

为了对结构进行设计和强度分析，必须确定结构在外载荷作用下的内力及其分布，即求出弹(箭)体各横截面上的轴向力、剪力和弯矩等。

1. 翼面内力

对翼面来说，应首先确定沿展向的内力分布。由于翼面的结构形式不同，有时还需要计算弦向的内力和任意剖面处的内力值。

有翼导弹多采用小展弦比翼面。对于这种翼面的内力及其分布详细计算可采用有限元法。但在实际使用中，可根据材料力学的工程梁理论，用平切面法进行近似估算，这在结构方案设计阶段比较简捷实用。这里介绍该方法。

这种方法是将翼面看成固支于弹身的悬臂梁，梁在分布的气动力 q_y 和质量力 q_w 作用下产生弯曲、剪切和扭转。q_w 的作用方向始终与 q_y 的方向相反，即它们的代数和为

$$q = q_y - q_w \tag{2.1.1}$$

在数值上 q_w 也比 q_y 小，为安全起见，计算中也可以略去分布质量力。q 的作用点一般不通过弹翼的刚性轴(见图 2.1.2)。运用材料力学中的切面法，根据内力与外力的平衡条件，即可求出剖面Ⅰ－Ⅰ的内力，其表达式为

剪力
$$Q(Z)=\int_0^Z q\mathrm{d}Z \tag{2.1.2}$$

弯矩
$$M(Z)=\int_0^Z Q(Z)\mathrm{d}Z \tag{2.1.3}$$

扭矩
$$M_t(Z)=\int_0^Z (q_y e-q_w d)\mathrm{d}Z \tag{2.1.4}$$

式中，q 为已知数，Z 由翼尖量起；e 为剖面压力中心到刚心的距离；d 为剖面上的重心到刚心的距离。

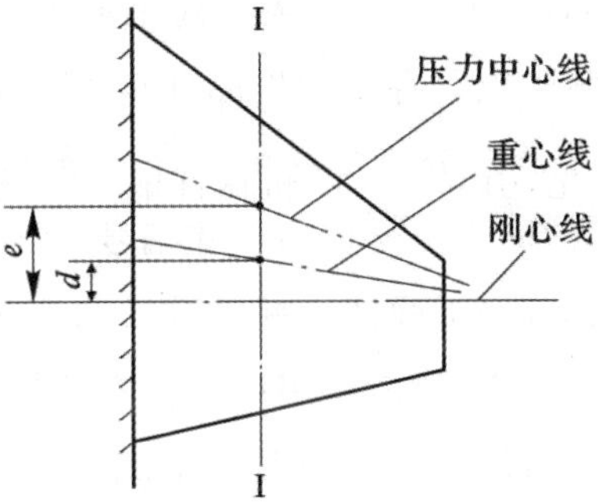

图 2.1.2　翼面的重心、刚心与压力中心

在实际计算中，一般不直接积分，而用“求和法”代替。即先将弹翼沿展向分成几段，用矩形法或梯形法求出每段的载荷，然后把这些载荷作用到各段上求内力。具体算法是，把弹翼沿展向分为 n 段，段长为 ΔZ。每段的剪力增量为

$$\Delta Q=\frac{q_i+q_{i+1}}{2}\Delta Z \tag{2.1.5}$$

其中 q_i 和 q_{i+1} 为每段边界翼剖面上的载荷。再把 ΔQ 依次求和，即可得到任一剖面 j 的剪力为

$$Q_j=\sum_{i=1}^{j}(\Delta Q)_i \tag{2.1.6}$$

同理，可求出每段的弯矩增量及任一剖面 j 的弯矩为

$$\Delta M=\frac{Q_i+Q_{i+1}}{2}\Delta Z,\quad M_j=\sum_{i=1}^{j}(\Delta M)_i \tag{2.1.7}$$

扭矩为

$$M_{tj}=\sum_{i=1}^{j}(\Delta Q e_1)_i \tag{2.1.8}$$

式中，e_1 为 ΔQ 的作用点至该点所在剖面刚心的距离。

2. 弹(箭)身内力

进行弹(箭)身的内力计算时,同样可按初等梁理论,把弹(箭)身看作是支持在翼面上的一根梁。作用在弹身上的载荷一般包括以下各力:

1)沿弹(箭)身表面分布的气动力;

2)沿弹(箭)身分布的质量力;

3)弹(箭)身内部装载物的质量力(通过连接接头以集中力形式作用在弹身上);

4)其他部件(如各种升力面、发动机等)传来的集中力;

5)局部作用力,如增压舱、燃料贮箱内的增压压力等。

与翼面相比,弹(箭)身所受的集中力多,轴向载荷大。这种特点必然使弹(箭)身的内力计算与翼面不同,如必须计算弹(箭)身的轴向力,内力图上集中力、集中弯矩多。

与计算翼面内力的方法相同,将弹(箭)身从头到尾沿弹体坐标系 x 方向分成若干站,坐标原点位于弹(箭)身理论或实际尖点。各站的坐标分别为 $x_1,x_2,x_3,\cdots,x_n$,站的数量依计算精度而定(通常取 10～30)。为了合理分布质量和载荷,一般应按舱段分离面、集中质量点、外载荷的作用点、主要的舱内设备的固定点分设站点并编号(见图 2.1.3)。

计算内力时首先要绘制全弹(箭)沿弹体坐标系的 x 方向的质量分布图,根据导弹(火箭)各舱段、部件和弹内设备的质量、质心位置,将集中质量直接加到有编号的各站点上,而将分布质量按均匀分布或按一定规律分布加到相应的两个站点之间。对于弹翼或舵面,可作为集中质量,施加到弹翼接头和舵轴处相应的站点上,从而构成全弹(箭)的质量分布图,此图应保证各舱段和全弹的质量和质心位置不变,因为惯性力等于重量与过载的乘积,根据质量分布图和过载分布图即可绘出弹体上质量力分布图。至于表面力,应将集中力作用在相应的站点上,将分布力(如分布气动力)按一定的规律作用在相应的两个站点中间的区段内。

(1)弹(箭)身轴向内力 N 的计算。弹(箭)身某剖面 j 上的轴向内力 N_j 为

$$N_j=\sum_{i=1}^{j}\left[q_x\Delta x+n_x(q_2\Delta x+G_2)+X_2\right]_i \tag{2.1.9}$$

式中,q_x 为弹(箭)身在 Δx 段上分布阻力的平均值;n_x 为轴向过载;q_2 为弹(箭)身在 段上分布质量的平均值;G_2 为弹(箭)身上的集中质量(如弹内设备、发动机等)的重力;X_2 为弹(箭)身上的集中轴向力(如推力、各升力面传给弹身的轴向力);Δx 为各站的长度。式中各力的方向以逆 x 轴的方向为正。

图 2.1.3 所示为具有受力式贮箱的二级导弹在某载荷计算情况下的轴向内力示意图。图中各段上连续变化的力是由分布质量力和气动阻力引起的。剖面①的突变是由舱体的端框及其上面固定设备的质量所引起的。剖面②的突变是由于前翼通过连接接头传给弹身的集中轴向力引起的。剖面③的突变是由于前贮箱在增压压力作用下使贮箱受拉。剖面④的突变是由于后贮箱的增压压力引起的。剖面⑤到剖面⑥之间的变化是由弹翼通过连接接头传给弹身的轴向力决定的。剖面⑦的突变是由二级推力引起的。剖面⑧的突变是由一级推力引起的。在

剖面⑧以后，弹身受拉。剖面⑨和⑩是由稳定尾翼接头传给的轴向力引起的。最后一个剖面⑪轴向力为零。必须说明，这个轴向力图是对应于一级将脱落，二级开始点火的载荷计算情况，所以两级推力都存在。

(2)弹（箭）身横向内力 Q,M,M_t 的计算。弹（箭）身横向内力计算可以把弹身看作是支持在弹翼上的梁，计算方法与翼面类似。集中载荷是弹（箭）身的主要载荷。计算时应充分考虑弹身各处的集中力（如由翼面接头传来的集中剪力、弯矩和扭矩）所引起的内力变化，有

$$Q_j = \sum_{i=1}^{j} [q_y \Delta x + Y_2 - n_y(q_2 \Delta x + G_2)]_i \tag{2.1.10}$$

$$M_j = \sum_{i=1}^{j} (Q_{av} \Delta x + M_2)_i \tag{2.1.11}$$

$$M_{tj} = \sum_{i=1}^{j} (Q_{av} l_2 + \Delta M_t)_i \tag{2.1.12}$$

$$Q_{av} = \frac{Q_i + Q_{i+1}}{2} \tag{2.1.13}$$

式中，q_y 为弹（箭）身的分布升力，取 Δx 上的平均值；Y_2 为横向集中力（由各升力面及弹内设备传给弹（箭）身的）；n_y 为横向过载；l_2 为 Q_{av} 的作用点至弹身纵轴的距离；ΔM_t 为集中力引起的扭矩；G_2 为集中质量的重力；M_2 为集中力矩，如舵面的铰链力矩。

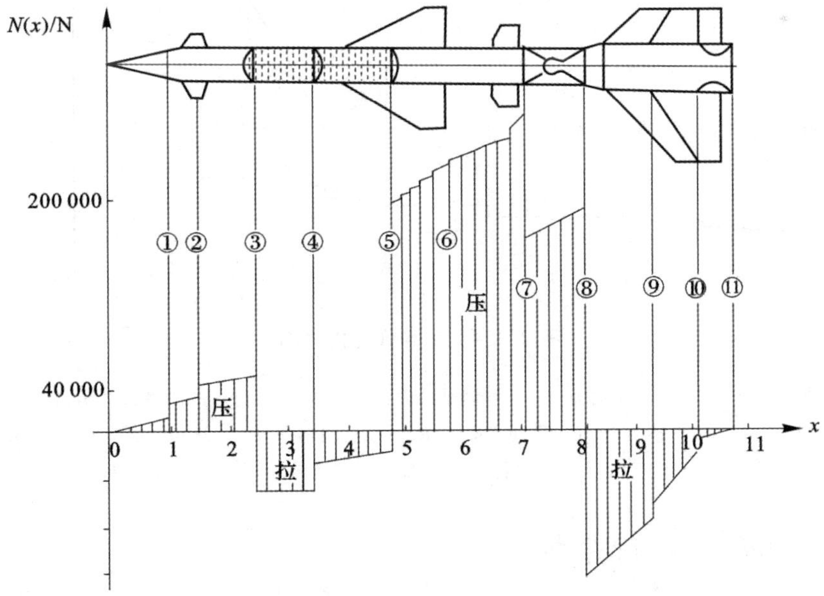

图 2.1.3　弹身的轴向内力

图 2.1.4 所示为某二级导弹在某载荷计算情况下的轴力 N、剪力 Q、弯矩 M 和扭矩 M_t。

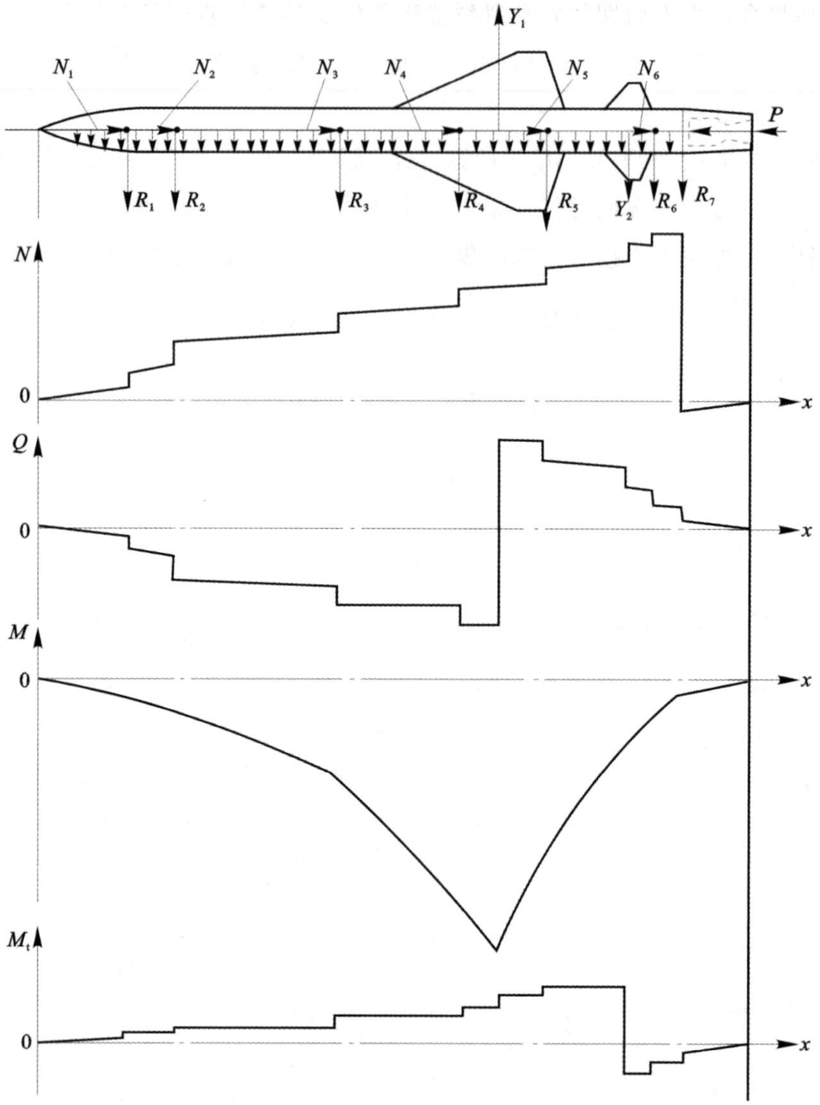

图 2.1.4　某导弹的内力图

N_1— 引信轴向力；N_2— 战斗部轴向力；N_3— 燃料轴向力；N_4— 燃料轴向力；Y_1— 弹翼升力；Y_2— 舵面升力；N_5— 设备轴向力；N_6— 附件轴向力；P— 发动机推力；R_1— 引信横向力；R_2— 战斗部横向力；R_3— 燃料横向力；R_4— 燃料横向力；R_5— 设备横向力；R_6— 附件横向力；R_7 —发动机横向力

2.1.3　航天器载荷分析

人造卫星是典型的航天器，本节以卫星为例介绍航天器的载荷分析。

1. 卫星的载荷源

卫星结构上的有些载荷是卫星系统或结构系统本身的功能所必需的，如密封舱内压、结构件上的预紧载荷等，而大部分载荷则是由卫星结构遇到的外部环境所引起的。

卫星结构在整个工作寿命期间内会遇到地面、飞行、轨道和返回的环境条件，各类环境都是卫星结构的载荷源。按引起结构载荷的性质可分为三类载荷源：稳态载荷源、热载荷源和动力载荷源。稳态载荷源包括大多数地面稳态操作如起吊、停放、翻转和飞行中的加速度、气动作用力及热环境等。热载荷源包括发射或返回阶段的气动加热、在轨运行中的温度场和温度交变环境。不同于导弹（火箭），卫星结构上的动载荷是最为复杂的。为此，载荷分析中的动力激励源成为了关注的重点。表 2.1.1 给出了卫星在各阶段工作状态下的动力激励源。

表 2.1.1　卫星在各阶段工作状态下的动力激励源

工作阶段	工作状态	动力载荷的激励源
发射前	功能与性能检测	振动试验、静态点火
	空中运输 陆路运输 水路运输	气动扰动、喷流噪声 粗糙路面 波动水面
	塔架待发射状态	地面风、地震
发射	起飞	点火、起飞释放、发动机噪声
	上升段	发动机不稳定燃烧、气动噪声和抖振、POGO、突风、控制系统不稳定
	级间动作	分离、级间点火
轨道运行	在轨动作	控制系统不稳定
返　回	再入大气	气动噪声和抖振、气动稳定性

发射阶段各事件的动力激励是卫星结构主要的动力激励源，它们是卫星载荷分析的主要依据。除此以外，对于返回式卫星还必须关注返回环境中的反推火箭激起的振动、再入的气动加热、气动压力脉动和着陆撞击等载荷源。

上述各种载荷源引起的卫星结构载荷也可以分为静载荷、动载荷和热载荷三类。例如，卫星在地面和稳态飞行过程中的纵向和横向加速度产生的惯性力、气动外压等可看作静载荷，而由火箭发动机点火和关机的推力突变、星箭分离、返回着陆撞击以及空间轨道中微流星撞击等环境引起的振动、噪声和冲击载荷则属于动载荷。热载荷是由飞行主动段的气动加热、返回再入时的气动加热、轨道飞行中卫星内外环境传递的热能产生结构的温度变化、温度交变和温度场环境的统称。

2. 结构静载荷分析

静载荷分析是确定在缓慢变化的环境事件作用下结构部件所产生的载荷。卫星结构的静态载荷源包括上升或返回稳态飞行段中的最大加速度、机动飞行过载、气动外力和稳态旋转离心过载。此外，静态载荷还可包括密封舱内压和预紧载荷，它们是根据结构功能要求所施加的载荷，不是上述外部环境载荷源引起的载荷。

对于简单结构在简单的静态载荷环境作用下，可以直接用材料力学、结构力学等解析方法求出结构部件的载荷。对于复杂的或有冗余载荷路径的结构或在复杂的载荷环境作用下，一般很难直接用解析方法求得结构部件载荷，通常可用数值方法（如有限元法）进行结构的内力分析，求得结构部件载荷。

在加速度环境下，卫星结构和各设备部件上均作用有加速度运动产生的惯性力，此时可根据惯性力载荷或载荷系数(load factor)进行静载荷分析。例如,对于发射阶段,一般运载火箭部门的用户手册中给出了典型事件下供卫星设计使用的载荷系数,并同时提出了卫星设计载荷必须考虑的安全系数,提供卫星主结构方案设计之用。表 2.1.2 和表 2.1.3 给出了两种运载火箭的载荷条件示例。

表 2.1.2 "德尔它-2"火箭(供卫星设计)的载荷条件

载荷工况	纵向过载/ g	横向过载/ g
最大动压期间	−2.4/+0.2	2.5
主发动机关机	−7.1	1.0

表 2.1.3 中国"长征三号乙"火箭(供卫星设计)的载荷条件

载荷工况	纵向过载/ g	横向过载/ g
最大动压期间	−2.2	1.5
助推器分离前状态	−5.3	1.0

注:表中数值是指卫星质心处的过载;纵向过载中"−"表示压缩;横向载荷可以以任何方向与纵向载荷同时作用于卫星上。

2.2 杆件、薄板与薄壳承载的基本特点与基本假定

2.2.1 杆件、薄板与薄壳的几何特点

杆件包括直杆与曲杆。直杆是沿其长度方向具有直线轴线的结构件,并且横截面的特征尺寸(例如,高度、宽度、直径等)远小于其长度。所谓轴线是指杆横截面的形心沿杆长方向移动的轨迹。如图 2.2.1 所示,今后对于直杆按照以下的坐标系进行分析:设横截面的形心为 O,通过形心的轴线为 x 轴,在横截面内通过形心的两个互相正交的轴线分别为 y 轴与 z 轴,并且构成右手系。沿坐标轴正方向的一组正交标准化基矢量为($\boldsymbol{e}_1$,$\boldsymbol{e}_2$,$\boldsymbol{e}_3$)。

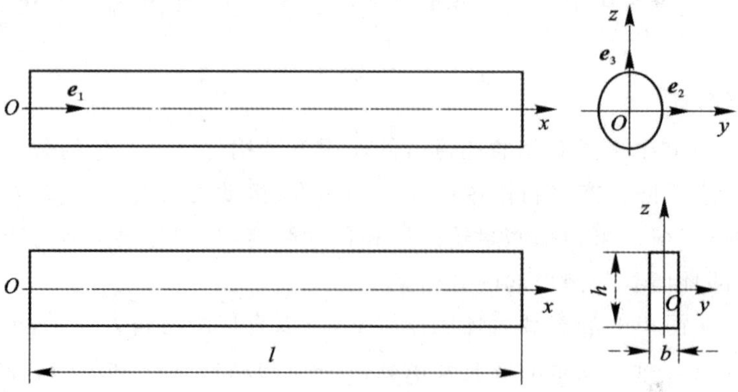

图 2.2.1 直梁及其坐标系

如果杆件的轴线不是直线而是曲线,杆横截面的特征尺寸远小于轴线的弧长时称为曲杆。

如图 2.2.2 所示，选择曲杆的坐标系为右手系（s，y，z），定义通过曲杆横截面形心的轴线坐标 s 为从某一截面开始计算的弧长；y，z 坐标轴的确定同直杆。沿坐标轴正方向的一组正交标准化基矢量为（$\boldsymbol{e}_1$，$\boldsymbol{e}_2$，$\boldsymbol{e}_3$）。注意，在曲杆中基矢量的方向是随杆中心线不断变化的。

平板是由两个互相平行的平面（称为表面）和垂直于表面的柱面所包围的物体（见图 2.2.3）。与两表面等距离的平面称为板的中面，中面的特征尺寸（如长度、宽度、直径等）为 a。当表面间的距离 h 远小于中面的特征尺寸时（一般要求 $h/a < 1/5$），称为薄板。平板的正交坐标系（a_1，a_2，z）：以平板中面为 a_1Oa_2 坐标面，以其法线方向为 z 轴的方向，构成正交右手坐标系。

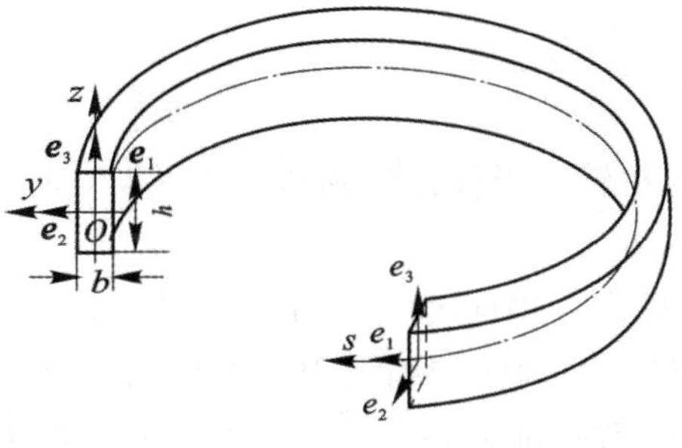

图 2.2.2　曲梁及其坐标系图

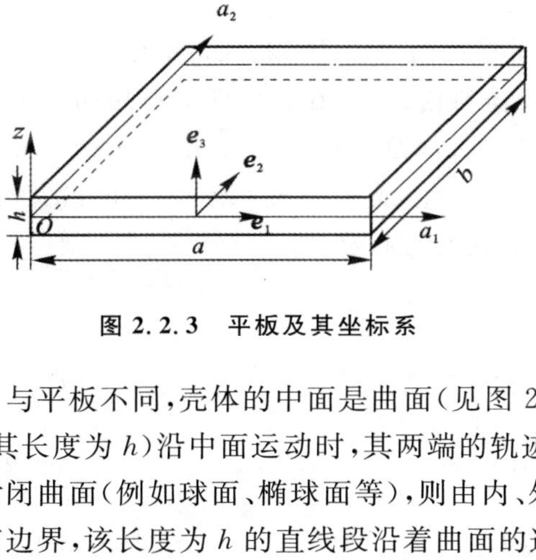

图 2.2.3　平板及其坐标系

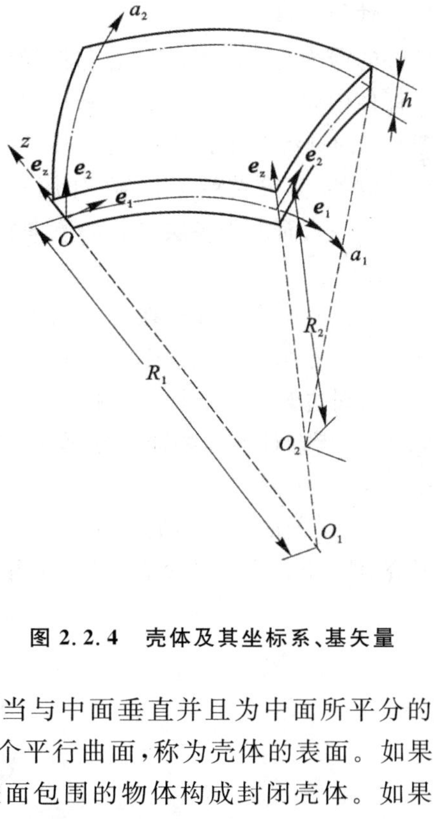

图 2.2.4　壳体及其坐标系、基矢量

与平板不同，壳体的中面是曲面（见图 2.2.4）。当与中面垂直并且为中面所平分的直线段（其长度为 h）沿中面运动时，其两端的轨迹形成两个平行曲面，称为壳体的表面。如果中面是封闭曲面（例如球面、椭球面等），则由内、外两个表面包围的物体构成封闭壳体。如果中面真有边界，该长度为 h 的直线段沿着曲面的边界运动，其轨迹形成处处与中面垂直的直纹面，称为壳体的侧面。由两个表面与侧面包围的物体构成不封闭的壳体，侧面为壳体的边界，h 为其厚度。如果壳体的厚度 h 远小于中面的某一特征曲率半径 R 时（一般要求 $h/R < 1/20$），称为薄壳。

壳体中面上任一点可以用两个高斯（Gauss）坐标（a_1，a_2）表示。例如，对于圆柱或圆锥曲面，可选 $a_1 = s$，$a_2 = \theta$。其中 s 为从某一起始点开始计算的母线长度，θ 为从某一起始面开始计算的旋转角。取中面的法线方向为 z 轴，（a_1，a_2，z）构成正交右手坐标系，在壳体中面任一点（a_1，a_2）处，沿坐标线正方向可以建立一组 3 个正交标准化基矢量（$\boldsymbol{e}_1$，$\boldsymbol{e}_2$，$\boldsymbol{e}_z$）。与平板不同的是，壳体中基矢量的方向是随着所研究点的位置不同而变化的。

综上所述，直杆与曲杆是一维结构元件，由其中心线（直线或曲线）与横截面就可以描述此元件的几何形状;而平板与薄壳是二维结构元件,由其中面(平面或曲面)与厚度描述其几何形状。

以上杆件、板与壳的定义要求其截面或厚度是处处相等的。但实际的工程结构可能并不满足这些严格的定义。为了继续使用原来的方法对这些结构进行近似分析,我们可以允许直杆或曲杆的截面形状随轴线缓慢变化,得到变截面杆件;另外也可以允许板或壳的厚度随其中面坐标缓慢变化,得到变厚度板壳。

2.2.2 杆件、板与壳受力与变形的基本特点

1. 直杆与曲杆

杆件的受力与变形基本状态包括拉(压)、弯曲与扭转。当杆件受到弯曲变形时,通常被称为梁。杆件中应力与变形分析可采用以下基本假定:

(1) 纵向纤维互不挤压假定。杆件的各层材料只发生轴向的变形,而没有侧向的相互挤压作用。例如,直梁受到弯矩 M_y 作用时,由于各层材料的轴向伸缩而引起的应力分量 σ_x,τ_{xy} 和 τ_{xz} 是主要的;而由于各层材料的侧向挤压产生的应力分量 σ_y,σ_z 和 τ_{yz} 是次要的,可以略去(见图 2.2.5)。

(2) 平截面假定。杆件在变形前垂直于轴线的横截面,在变形后仍然保持平面。如果受弯曲变形的梁很薄,该平面仍然垂直于变形后的轴线。

(3) 刚周边假定。当杆件受扭转时,变形前后其横截面周边的形状保持不变。

此外,由于杆件截面特征尺寸远小于杆长,根据圣维南原理,在杆件两端作用的自平衡力系所引起的应力,在与端部距离为杆截面特征尺寸量级的范围外即已衰减,可不予计算。因此,对于杆件横截面上作用的正应力 σ_x(或 σ_s)与剪应力 τ_{xy}(或 τ_{sy}),τ_{xz}(或 τ_{sz}),在杆的理论中只需研究其 3 个合力与 3 个合力矩,统称广义内力。其表达式为

$$T_x = \int_A \sigma_x \mathrm{d}A \tag{2.2.1a}$$

$$Q_y = \int_A \tau_{xy} \mathrm{d}A \tag{2.2.1b}$$

$$Q_z = \int_A \tau_{xz} \mathrm{d}A \tag{2.2.1c}$$

$$M_y = \int_A \sigma_x z \mathrm{d}A \tag{2.2.2a}$$

$$M_z = -\int_A \sigma_x y \mathrm{d}A \tag{2.2.2b}$$

$$M_x = \int_A (\tau_{xy} y - \tau_{xy} z) \mathrm{d}A \tag{2.2.2c}$$

其中,轴向力 T_x 引起杆的拉(压)变形,弯矩 M_y 与 M_z、横向力 Q_y 与 Q_z 引起杆的弯曲变形,扭矩 M_x 引起杆的扭转变形。

对于直杆,与式(2.2.1)、式(2.2.2)对应的广义内力的正方向如图 2.2.5 所示,注意直杆的初始截面(x 轴负方向)与终了截面(x 轴正方向)处同一种广义内力是互相平行或共线的,但方向相反。

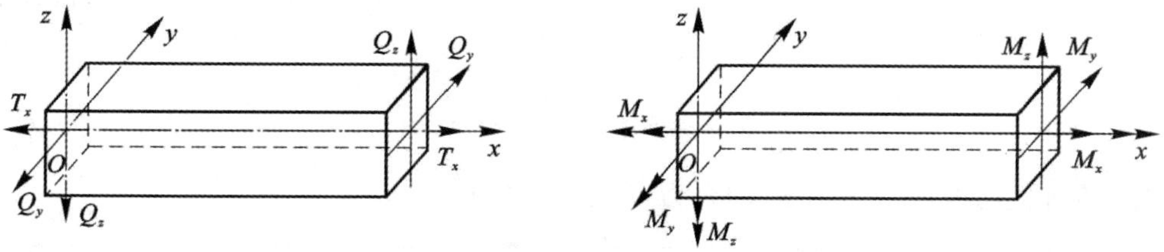

图 2.2.5　直梁端面的合力与合力矩

对于曲杆，与式(2.2.1)、式(2.2.2)对应的广义内力的正方向如图 2.2.6 所示。注意，曲杆的初始截面(s 轴负方向)与终了截面(s 轴正方向)处同一种广义内力一般不互相平行，这是由曲杆中心线的弯曲特性所决定的。

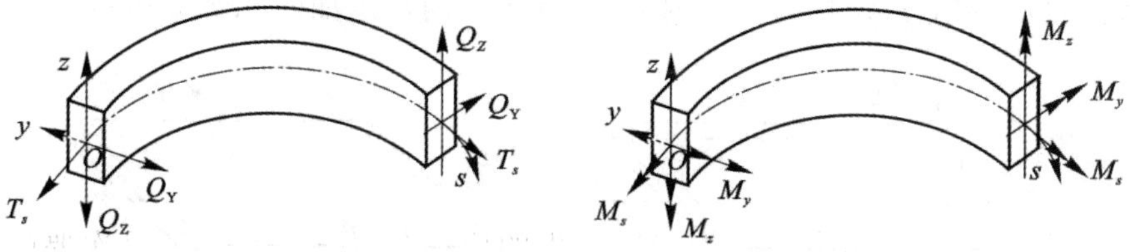

图 2.2.6　曲杆端面的合力与合力矩

2. 板与壳

板和壳都是二维结构，其受力与变形基本状态包括面内(a_1，a_2)两个方向的拉伸(或压缩)与剪切，还包括两个方向的弯曲与扭转。对于薄板和薄壳，其应力与变形分析采用以下基本假定：

(1) 各层互不挤压假定。板壳在变形时，与平行于板壳中面的应力分量 σ_1，σ_2 与 τ_1 相比，其法向正应力分量 σ_z 可以略去。

(2) 直法线假定。变形前垂直于板壳中面的直线段，在变形后仍保持直线，并仍垂直于变形后的中面。

(3) 挠度 w 沿板壳厚度的变化可以略去。

由于板壳的厚度 h 远小于其中面的特征尺寸，根据圣维南原理，在板壳侧面作用的沿其厚度自平衡的力系所引起板壳内部的应力，在与该侧面距离为 $O(h)$ 量级的范围外即已衰减，可不予计算。因此，对于板壳横截面上作用的平行于中面的正应力 σ_1，σ_2 与剪应力 τ_{12}，在板壳理论中只需研究其 3 个合力与 3 个合力矩，其表达式为

$$T_1 = \int_{-h/2}^{h/2} \sigma_1 \mathrm{d}z \tag{2.2.3a}$$

$$T_2 = \int_{-h/2}^{h/2} \sigma_2 \mathrm{d}z \tag{2.2.3b}$$

$$T_{12} = T_{21} = \int_{-h/2}^{h/2} \tau_{12} \mathrm{d}z \tag{2.2.3c}$$

$$M_1 = \int_{-h/2}^{h/2} \sigma_1 z \mathrm{d}z \tag{2.2.4a}$$

$$M_2 = \int_{-h/2}^{h/2} \sigma_2 z \mathrm{d}z \tag{2.2.4b}$$

$$M_{12} = M_{21} = \int_{-h/2}^{h/2} \tau_{12} z \mathrm{d}z \tag{2.2.4c}$$

此外,还有横向剪应力 τ_{12}, τ_{2z}的合力,其表达式为

$$Q_1 = \int_{-h/2}^{h/2} \tau_{1z} \mathrm{d}z \tag{2.2.5a}$$

$$Q_2 = \int_{-h/2}^{h/2} \tau_{2z} \mathrm{d}z \tag{2.2.5b}$$

式(2.2.3)～式(2.2.5)中,面内拉力 T_1,T_2,切力 T_{12},T_{21}与横向剪力 Q_1,Q_2 都是中面单位长度上作用的力(量纲:力/长度);而弯矩 M_1,M_2 和扭矩 M_{12},M_{21}都是中面单位长度上作用的力矩(量纲:力)。它们都统称为广义内力素,其正方向规定如图 2.2.7 和图 2.2.8 所示。

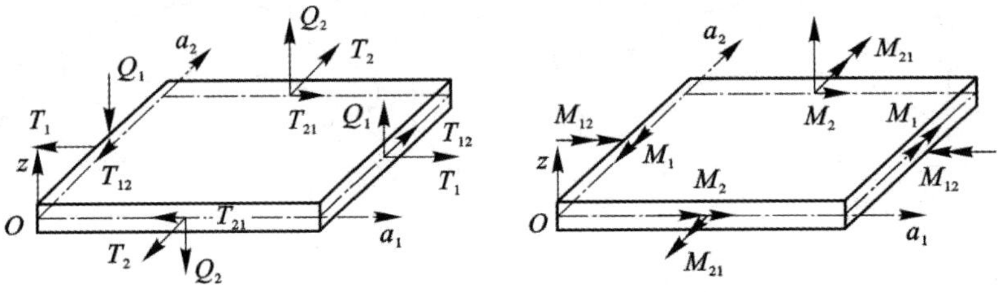

图 2.2.7　板中广义内力素正方向的规定

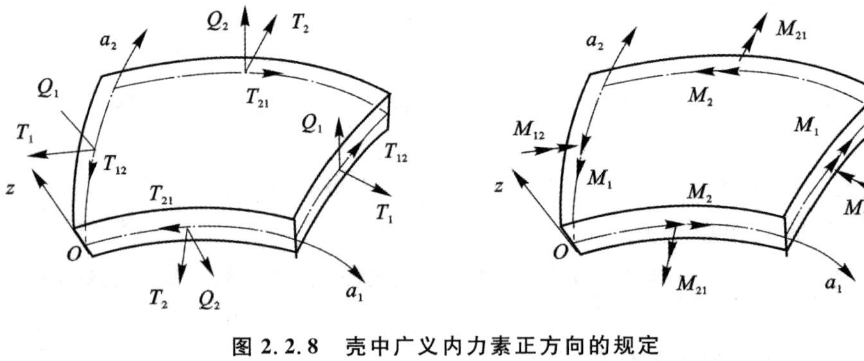

图 2.2.8　壳中广义内力素正方向的规定

应当指出,对于平板,式(2.2.3)～式(2.2.5)是合力与合力矩的准确表达式,并严格满足 $T_{12}=T_{21}$,$M_{12}=M_{21}$;但是对于薄壳,它们只是合力与合力矩的近似表达式,并且近似地满足 $T_{12}\approx T_{21}$,$M_{12}\approx M_{21}$,其误差是薄壳理论本身的量级 $O(h/R)$。在薄壳中面的主坐标系中,广义内力素的严格计算公式为

$$T_1 = \int_{-h/2}^{h/2} \sigma_1 \left(1+\frac{z}{R_2}\right) \mathrm{d}z \tag{2.2.6a}$$

$$T_2 = \int_{-h/2}^{h/2} \sigma_2 \left(1+\frac{z}{R_1}\right) \mathrm{d}z \tag{2.2.6b}$$

$$T_{12} = \int_{-h/2}^{h/2} \tau_{12} \left(1+\frac{z}{R_2}\right) \mathrm{d}z \tag{2.2.6c}$$

$$T_{21} = \int_{-h/2}^{h/2} \tau_{21} \left(1+\frac{z}{R_1}\right) \mathrm{d}z \tag{2.2.6d}$$

$$M_1 = \int_{-h/2}^{h/2} \sigma_1 \left(1 + \frac{z}{R_2}\right) z\mathrm{d}z \tag{2.2.7a}$$

$$M_2 = \int_{-h/2}^{h/2} \sigma_2 \left(1 + \frac{z}{R_1}\right) z\mathrm{d}z \tag{2.2.7b}$$

$$M_{12} = \int_{-h/2}^{h/2} \tau_{12} \left(1 + \frac{z}{R_2}\right) z\mathrm{d}z \tag{2.2.7c}$$

$$M_{21} = \int_{-h/2}^{h/2} \tau_{21} \left(1 + \frac{z}{R_1}\right) z\mathrm{d}z \tag{2.2.7d}$$

$$Q_1 = \int_{-h/2}^{h/2} \tau_{1z} \left(1 + \frac{z}{R_2}\right) \mathrm{d}z \tag{2.2.8a}$$

$$Q_2 = \int_{-h/2}^{h/2} \tau_{2z} \left(1 + \frac{z}{R_1}\right) \mathrm{d}z \tag{2.2.8b}$$

2.2.3　杆件、板与壳所承受的外载荷

1. 杆件所受分布外载荷

杆件所承受的分布外载荷包含表面力与体积力，表面力为杆件侧面与端面所受的载荷，而重力、惯性力等体积力分布于整个杆件内。

杆端部所受外载荷用 2.2.2 节给出的杆中内力素所满足的边界条件提出，每个端面包含 3 个力与 3 个力矩，其正负号规定同 2.2.2 节。由于杆的横截面特征尺寸远小于杆的长度，根据圣维南原理，距离杆端部一定距离的杆中的应力只与 6 个内力素有关，与分布力的分布规律无关。假设杆件具有两个对称面，其形心就是弯曲中心。

杆件侧面所受的表面力与杆件中所受的体积力化为沿杆件轴线作用的分布线载荷。设坐标为 x 处的杆横截面外边界处（外边界总长为 S_h）各点 s 上作用有分布外力矢量 $\boldsymbol{p}(x,s) = p_x(x,s)\boldsymbol{e}_x + p_y(x,s)\boldsymbol{e}_y + p_z(x,s)\boldsymbol{e}_z$，其量纲：力 / 长度^2。由该矢量可以构成 3 个主矢量 $\boldsymbol{q}_x(x)$，$\boldsymbol{q}_y(x)$，$\boldsymbol{q}_z(x)$，有

$$q_x(x) = \oint_{S_h} p_x \mathrm{d}s,\quad q_y(x) = \oint_{S_h} p_y \mathrm{d}s,\quad q_z(x) = \oint_{S_h} p_z \mathrm{d}s \tag{2.2.9}$$

它们是沿轴线单位长度的作用力（量纲：力/长度）。另外，还可以构成 3 个主矩：

$$\begin{aligned} m_y(x) &= \oint_{S_h} p_x z \mathrm{d}s \\ m_z(x) &= -\oint_{S_h} p_x y \mathrm{d}s \\ m_x(x) &= \oint_{S_h} (p_z y - p_y z) \mathrm{d}s \end{aligned} \tag{2.2.10}$$

它们是沿轴线单位长度的作用力矩（力・长度）。

设坐标为 x 处的杆件横截面（面积为 A）邻域微段 $\mathrm{d}x$ 上作用的体积力矢量为 $\boldsymbol{f}(x,y,z) = f_x\boldsymbol{e}_x + f_y\boldsymbol{e}_y + f_z\boldsymbol{e}_z$，其量纲：力/长度^3。由体积力引起沿杆件轴线分布的单位长度外力（量纲：力/长度）为

$$q_x(x) = \iint_A f_x \mathrm{d}A,\quad q_y(x) = \iint_A f_y \mathrm{d}A,\quad q_z(x) = \iint_A f_z \mathrm{d}A \tag{2.2.11}$$

作用于曲杆侧面的表面力与所受体积力也可以按照同样的方法，向垂直于曲杆中心线各横截面上的形心简化，得到单位长度中心线作用的外力矢量与力矩矢量。并可将其按照图 2.2.2 所示各横截面处的正交标准化基矢量 $\boldsymbol{e}_1,\boldsymbol{e}_2,\boldsymbol{e}_3$，分解为轴力与两个横向力，扭矩与两个弯矩。应当注意的是这些作用力的方向是随位置变化的。

2. 板壳所受分布外载荷

板壳是二维结构，其所受的外载荷应当向其中面简化，其中包括侧面作用的载荷（构成板壳所受的边界力）、表面作用的载荷与体积力（构成板壳所受面力）。

设板或壳的中面边界线为闭合曲线 S，沿该闭合曲线的坐标为从边界上某一点开始计算的弧长 s。如图 2.2.9 所示，在边界上每一点处建立正交标准化基矢量 $\boldsymbol{e}_n$，$\boldsymbol{e}_s$ 和 $\boldsymbol{e}_z$。其中 $\boldsymbol{e}_z$ 沿着板或壳中面的法线方向，$\boldsymbol{e}_s$ 沿着边界线的切向，而 $\boldsymbol{e}_n=\boldsymbol{e}_s\times\boldsymbol{e}_z$。显然，$\boldsymbol{e}_s$ 与 $\boldsymbol{e}_n$ 位于板或壳中面的切面内。

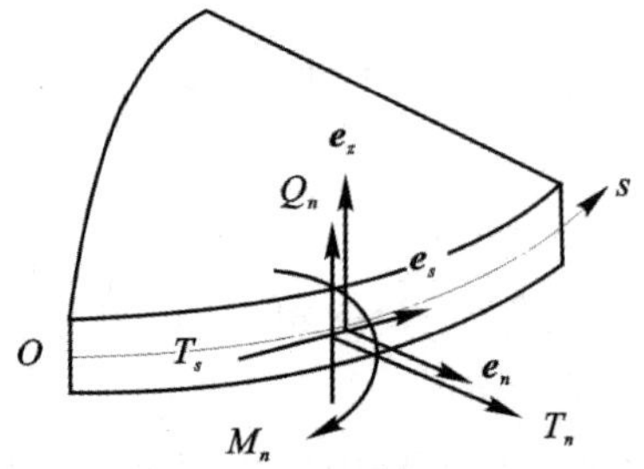

图 2.2.9　板壳边界线上的正交标准化基矢量与边界作用力

板壳所受的边界力可以分解为沿中面的面内拉力 T_n、切向力 T_s 与垂直于中面的横向剪力 Q_n（量纲：力 / 长度）；此外还包括边界拉（压）力构成的弯矩 M_n（量纲：力），有

$$T_n=\int_{-h/2}^{h/2}\sigma_n\,\mathrm{d}z \tag{2.2.12a}$$

$$T_s=\int_{-h/2}^{h/2}\tau_{ns}\,\mathrm{d}z \tag{2.2.12b}$$

$$Q_n=\int_{-h/2}^{h/2}\tau_{nz}\,\mathrm{d}z \tag{2.2.12c}$$

$$M_n=\int_{-h/2}^{h/2}\sigma_{ns}z\,\mathrm{d}z \tag{2.2.12d}$$

板壳的两个表面所受的面力矢量 $\boldsymbol{p}^{(\mathrm{o})}$，$\boldsymbol{p}^{(\mathrm{i})}$ 与其内部所受体力 $\boldsymbol{f}$ 可对相应的中面上各点简化，得到分布于中面上的面载荷（量纲：力/长度^2），在中面各点沿该点处的正交标准化矢量（见图 2.2.3 和图 2.2.4）分解，得到切面内的分布力 p_1，p_2 和法向分布力 p_z，则有

$$p_1=p_1^{(\mathrm{o})}+p_1^{(\mathrm{i})}+\int_{-h/2}^{h/2}f_1\,\mathrm{d}z \tag{2.2.13a}$$

$$p_2=p_2^{(\mathrm{o})}+p_2^{(\mathrm{i})}+\int_{-h/2}^{h/2}f_2\,\mathrm{d}z \tag{2.2.13b}$$

$$p_z=p_z^{(\mathrm{o})}+p_z^{(\mathrm{i})}+\int_{-h/2}^{h/2}f_z\,\mathrm{d}z \tag{2.2.13c}$$

2.2.4　杆件、板与壳承载方式与承载能力的比较

如前述，杆件、板与壳分别是细长的一维元件或者薄的二维元件，它们各自具有与其几何特性

相联系的承载方式，从而对于不同形式的载荷具有不同的承载能力。设计者应当按照它们各自的特点进行结构设计，使各类元件充分发挥其承载能力。本节将对此进行一个初步的介绍。

1. 杆与梁的比较

细长杆件是最常用的结构元件之一。通常人们将只承受轴向拉压载荷，而不承受横向弯曲载荷的杆件称为杆，承受横向弯曲载荷的杆件称为梁。下面比较相同尺寸的杆件承受轴向力与横向力的不同能力。

图 2.2.10 所示悬臂杆件在大小相同的轴向拉力(此时为杆)与横向力 P(此时为梁)作用下，最大应力与最大位移分别为

$$\sigma_{杆\max}=\frac{P}{bh},\quad u_{\max}=\frac{Pl}{Ebh} \tag{2.2.14}$$

$$\sigma_{梁\max}=\frac{6Pl}{bh^2},\quad w_{\max}=\frac{4Pl^3}{Ebh^3} \tag{2.2.15}$$

由于 $l\gg h$，则

$$\frac{\sigma_{梁\max}}{\sigma_{杆\max}}=6\frac{l}{h}\gg 1,\quad \frac{w_{\max}}{u_{\max}}=4\left(\frac{l}{h}\right)^2\gg 1$$

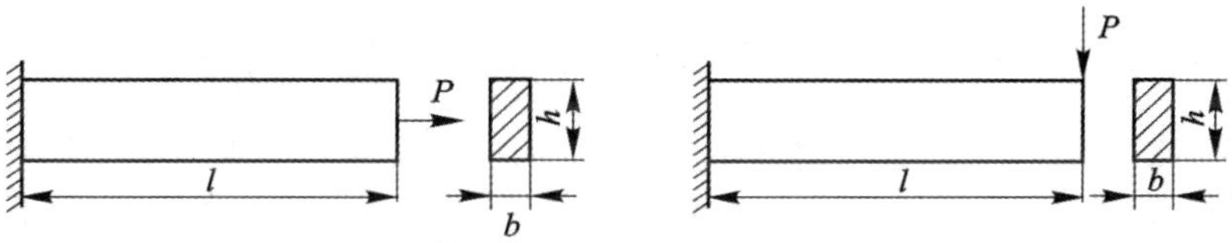

图 2.2.10　杆与梁

由上述比较可见，同一杆件承受轴力比承受横向力(弯曲)更为有效。这是由于杆件承受轴力时，应力沿横截面均匀分布，材料得到充分利用；而在弯曲时横截面上各点应力与该点至中性轴的距离成正比，只有与中性轴距离最远的点应力达到最大，材料没有得到充分利用。因此，当卫星的附件(如太阳帆板、天线等)或轻型直升机尾部较长时，往往用桁架代替梁。而一般飞机与航天器的构架大量采用杆板组合结构。

应当注意的是，当图 2.2.10 所示的杆件承受压缩时，如果杆很细长，就有发生屈曲的可能。设材料的屈服极限为 σ_s，杆的塑性极限抗拉(压)能力为 $P_s=\sigma_s bh$。一端固定、一端自由的梁，其受压屈曲临界压力为

$$P_{cr}=\frac{\pi^2 Ebh^3}{48l^2},\quad b>h \tag{2.2.16}$$

当杆件的长细比 l/h 达到以下值时，受压杆件的失效形式将由塑性流动变为屈曲，即

$$\frac{l}{h}>\sqrt{\frac{\pi^2 E}{48\sigma_s}}=0.453\sqrt{\frac{E}{\sigma_s}} \tag{2.2.17}$$

对于低碳钢，其值约为 13。

2. 梁与拱的比较

在许多情况下，结构元件必须能够承受横向载荷。梁与拱都是承受横向载荷的结构元件，图 2.2.11 分别给出具有相同跨度与横截面的直梁与三铰拱。三铰拱的轴线 ACB 为抛物

线$\left(y=4f\dfrac{x(l-x)}{l^2}\right)$。

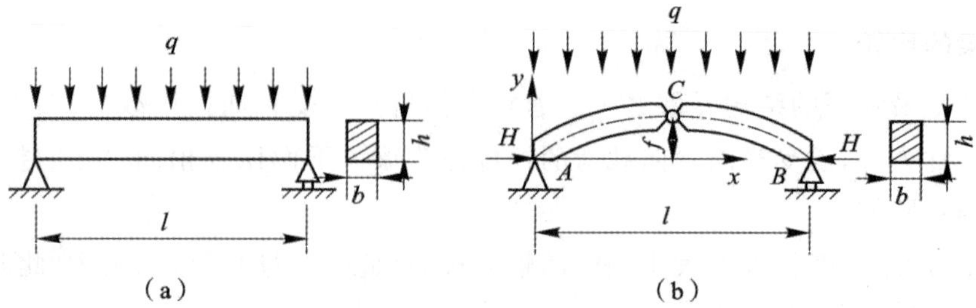

图 2.2.11　受横向载荷的梁与拱

两端简支的直梁在均布载荷 q 作用下弯矩分布及最大应力为

$$M_{梁}=\frac{qx}{2}(l-x),\quad \sigma_{梁\max}=\frac{3ql^2}{4bh^2} \tag{2.2.18}$$

三铰拱在按水平长度均匀分布的载荷 q 作用下，不仅受到支座提供的垂直支反力，支座处还应受到水平推力 $H=ql^2/8f$ 的作用，其任一截面处弯矩为 $M_{拱}=M_{梁}-Hy=0$。由此可知，该三铰拱只承受压缩，不承受弯曲。其压缩轴力为 $N_{拱}=\dfrac{H}{\cos\theta}=\dfrac{ql^2}{8f\cos\theta}$，其中 θ 为拱轴线与 x 轴的夹角。压缩应力沿拱轴线非均匀分布，最大压缩应力发生在支座处，记该处拱轴线与 x 轴的夹角为 θ_0，则

$$|\sigma_{拱}|_{\max}=\frac{ql^2}{8fbh\cos\theta_0} \tag{2.2.19}$$

例如，当 $l/f=4, l/h=20, \theta_0=45°$ 时，$\dfrac{|\sigma_{拱}|_{\max}}{|\sigma_{梁}|_{\max}}=\dfrac{h}{6f\cos\theta_0}=\dfrac{\sqrt{2}}{30}=4.7\%$ 。

上述比较说明，由于拱轴线是弯曲的，拱中沿截面均匀分布的轴力方向随轴线上不同的位置而变化，从而使仅由拱中轴向应力平衡横向外载荷成为可能；而直梁只能由弯曲应力平衡横向外载。因此，图 2.2.11(b)所示拱比图 2.2.11 (a)所示直梁能更充分地利用材料。由于这个优点，拱结构在工程中得到了广泛的应用。最著名的例子是位于河北省的赵州安济桥(见图 2.2.12)，它由李春于隋朝开皇大业年间(594—605 年)修建，其跨度达 37.02m，拱圈矢高 7.23m，全长 50.83m，宽 9m，是世界上现存最古老的大跨度拱桥。

在说明拱比梁结构优越的同时，必须指出以下两点：

(1) 对于一定轴线形状的拱，其中截面弯矩恒等于零的要求只在一定形式的载荷下才能达到。例如，如果拱轴线为抛物线，则只在按水平长度均匀分布的载荷作用下，拱内各横截面上弯矩才恒等于零。如果载荷为沿拱轴线均匀分布的法向载荷，则不出现弯矩的拱轴线形式为圆弧形。

(2) 拱的支座必须能够提供与拱轴线方向一致的支反力。例如图 2.2.11(b)所示三铰拱，支座除提供与垂直载荷相平衡的垂直反力外，还必须能提供水平推力。如果三铰拱有一个支座为辊轴支座，不能提供水平推力，则拱内弯矩图与图 2.2.11 (a)所示直梁没有区别。

图 2.2.12　赵州安济桥

3. 梁与板弯曲的比较

板是二维元件，所承受的载荷可归为两大类：一类是与中面平行的载荷，造成在板面内两个方向的拉、压或剪切，这类问题是平面应力问题；另一类是垂直于中面的载荷以及板边缘的弯曲与横向剪切载荷，造成板的弯曲，这类问题称为板弯曲问题。本小节仅将梁与板的弯曲问题进行比较。

图 2.2.13(a)所示四边简支矩形平板在均匀分布的法向载荷 p 作用下，发生两个方向的弯曲，成为类似“网兜形”的曲面。当板为正方形时，板中的最大应力与挠度为(设泊松比 $\mu=0.3$)

$$\sigma_{x,\max}^{板}=0.287p\left(\frac{a}{h}\right)^2,\quad w_{\max}^{板}=0.0443\frac{pa}{E}\left(\frac{a}{h}\right)^3 \tag{2.2.20}$$

如果将平板切割成许多条沿 x 方向的板条梁(见图 2.2.13 (b))，在同样的均布法向载荷 p 作用下，这些梁弯曲成为柱面，梁中最大应力与挠度为

$$\sigma_{x,\max}^{梁}=0.75p\left(\frac{a}{h}\right)^2,\quad w_{\max}^{梁}=0.1562\frac{pa}{E}\left(\frac{a}{h}\right)^3 \tag{2.2.21}$$

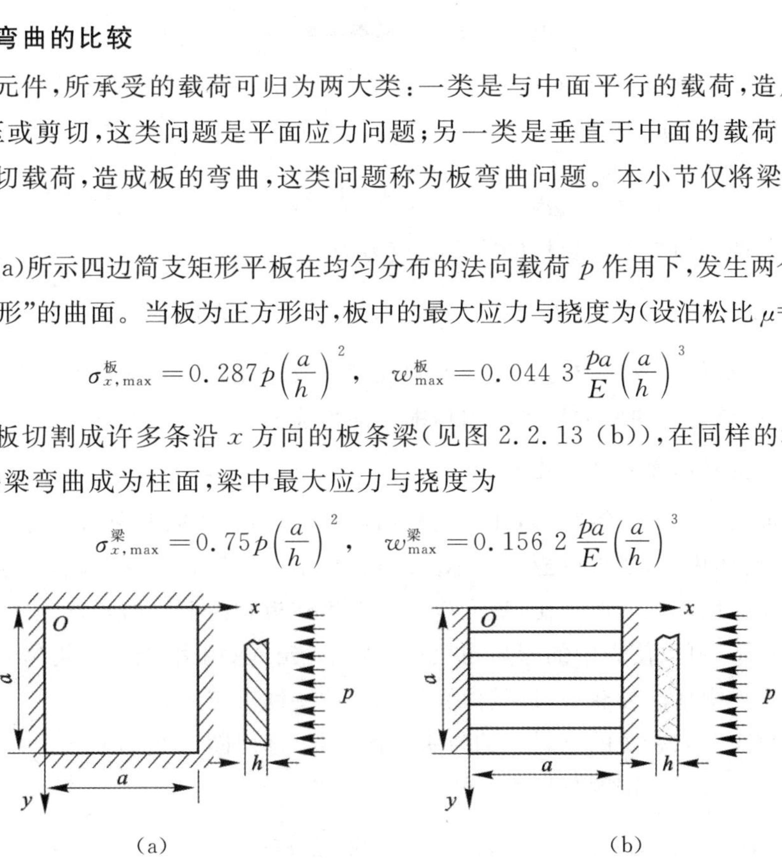

图 2.2.13　承受横向载荷的板与梁

对比板条梁系与板中的弯曲应力可知，它们都与跨度与厚度之比的 2 次方成正比，而其挠度都与跨度与厚度之比的 3 次方成正比。但是，在同等条件下板中的最大应力只有梁中最大应力的 28.4%，最大挠度为其 38.3%。这是因为板是二维构件，依靠两个方向的弯曲共同承受横向载荷，而板条梁系只能依靠一个方向的弯曲承受横向载荷。

4. 板承受平行于中面的载荷

飞行器中经常采用杆板组合结构，其设计使杆件与板不承受或较少承受弯曲，板以承受平行于

中面的载荷为主，处于平面应力状态，其中应力沿厚度均匀分布，可以充分利用材料的强度。

当板受压缩或剪切时，必须考虑板的稳定性问题。图 2.2.14 给出矩形板受平面内载荷的两种情况，一种是板受两个方向的压缩应力，另一种是板受纯剪切。

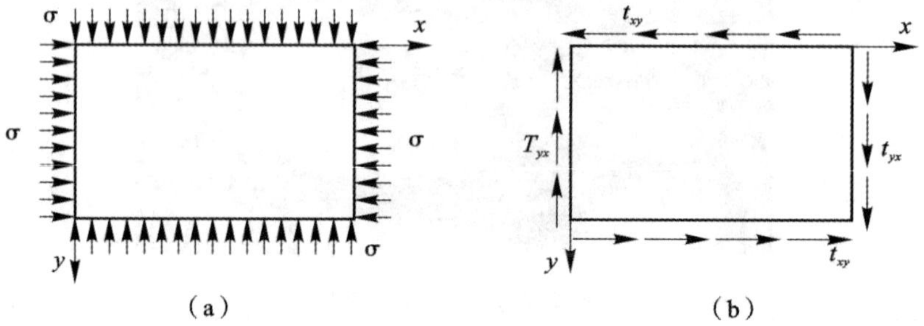

图 2.2.14　板承受平面内载荷

当四边简支的矩形板各边相等，边长为 a，厚度为 h，受到两个方向相等的压力时，板具有两个方向相等的临界压应力，即

$$\sigma_{x,\mathrm{cr}}=\sigma_{y,\mathrm{cr}}=\frac{\pi^2}{6(1-\mu^2)}E\left(\frac{h}{a}\right)^2=1.81E\left(\frac{h}{a}\right)^2\quad(\text{设泊松比 }\mu=0.3)\qquad(2.2.22)$$

受到均匀剪切的四边简支正方形板的临界剪应力为

$$\tau_{\mathrm{cr}}=\frac{9.34\pi^2}{12(1-\mu^2)}E\left(\frac{h}{a}\right)^2=8.44E\left(\frac{h}{a}\right)^2\quad(\text{设泊松比 }\mu=0.3)\qquad(2.2.23)$$

与压杆相似，板的临界应力与其材料的弹性模量成正比，也与 $(h/a)^2$ 成正比。另外，从上面的比较可知，板抗剪切的能力比抗面内压缩的能力强。

5. 壳与板承受横向面载荷的比较

壳体是中面为曲面的下维结构，在承受横向面载荷时，壳体同时兼有拱与板相对于梁的优点，即在横向载荷作用下，如果以板作为承力结构，板中出现较大的弯曲应力，应力沿板的厚度分布与该点至中性面的距离成正比，最大应力只发生在板表面上。而若以壳作为承力结构，在一定的支承条件下，可以使壳中的弯矩与扭矩非常小，壳主要由沿壳厚度均匀分布的拉(压)应力或剪切应力来平衡横向外载荷，这是由壳体的弯曲特性决定的。

以飞机的增压舱和火箭的燃料箱的封头为例，如果选用图 2.2.15(a)所示圆平板，则板中心最大弯曲应力以及最大挠度分别为

$$\sigma_r=\sigma_\theta=0.309p\left(\frac{D}{h}\right)^2,\quad w_{\max}=0.044\frac{pD}{E}\left(\frac{D}{h}\right)^3\quad(\text{设泊松比 }\mu=0.3)\ (2.2.24)$$

如果封头选用图 2.2.15 (b)所示球壳，则壳中为均匀的薄膜应力，其应力与法向位移分别为

$$\sigma_\varphi=\sigma_\theta=0.25p\frac{D}{h},\quad w=0.0875\frac{pD}{E}\frac{D}{h}\quad(\text{设泊松比 }\mu=0.3)\qquad(2.2.25)$$

比较二者，可知：$\frac{|\sigma_{\mathrm{shell}}|_{\max}}{|\sigma_{\mathrm{plate}}|_{\max}}=0.809\frac{h}{D}$，$\frac{|w_{\mathrm{shell}}|_{\max}}{|w_{\mathrm{plate}}|_{\max}}=1.98\left(\frac{h}{D}\right)^2$。这说明，壳的弯曲特性使它在承载能力方面远优于板。

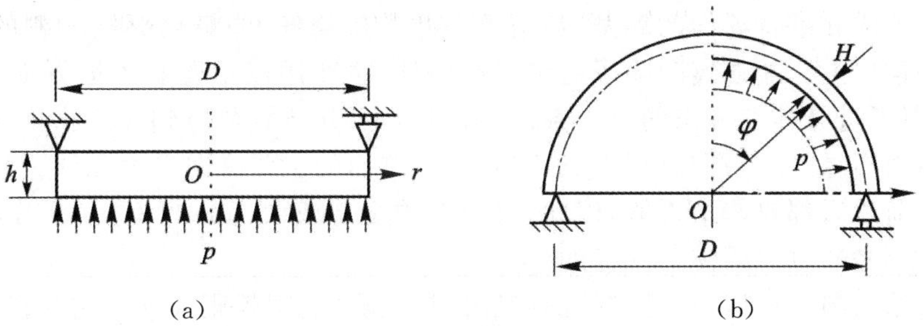

图 2.2.15　受均匀压力的板与壳

此外，壳相对于板的优点又远胜于拱相对于梁的优点。如前所述，对于一定形式的拱，只在一定形式的载荷作用下拱内弯矩才等于零。但对于壳，则可以在各种不同形式的分布载荷作用下做到壳内弯矩为零或者很小；或壳内弯矩虽然较大但只作用在局部区域(例如在壳的边缘附近)，而在壳的大部分区域弯矩仍然很小。也就是说，壳具有对不同载荷形式的适应能力。这是由于拱的支座只是点支承，减少拱内弯矩只靠支座水平推力起作用；而壳的边缘是封闭的曲线，壳边缘的支座可提供不同分布规律的支承反力，从而减少壳内的弯矩。

6. 壳承受面内压缩载荷发生屈曲

当薄壳承受面内压缩应力时，也有发生失稳(屈曲)的可能。但是，一般来说，壳体抵抗屈曲的能力优于平板。例如，两端简支半径为 a、厚度为 h 的中长圆柱壳受轴压屈曲时，其临界压应力为

$$\sigma_{x,\mathrm{cr}}^{(N)} = \frac{1}{\sqrt{3(1-\mu^2)}} E \frac{h}{a} \approx 0.605 E \frac{h}{a} \quad (\text{设泊松比 } \mu = 0.3) \qquad (2.2.26)$$

它与受面内均匀压缩的板的临界屈曲压缩应力(见式(2.2.22))之比为 a/h 的量级。

2.3　翼面结构

2.3.1　翼面结构形式

本节介绍几种典型翼面结构。

1. 蒙皮骨架式翼面

这种结构由于其材料沿四周分布，强度、刚度高，质量轻，被广泛应用在各种飞行器上。它的主要结构形式有单梁式、多梁式、单块式等。

此种结构的典型构件如下：

(1)蒙皮：形成流线形的气动外形。气动载荷直接作用在蒙皮上，因此蒙皮受有垂直于其表面上的局部气动载荷，并把载荷传递到纵向、横向受力骨架上，蒙皮还与翼梁或翼墙的腹板一起形成封闭的盒式薄壁结构承受翼面的扭矩，并且与桁条一起形成壁板，承受翼面弯矩引起的部分轴向力。

(2)桁条：支承蒙皮，一般与翼肋相连，并受翼肋支持。承受翼面弯矩引起的轴向力和局部气动力引起的剪力。

(3)翼肋:形成和维持翼面的翼型,与桁条一起支持蒙皮,并将局部气动载荷从蒙皮、桁条传递到翼梁和蒙皮上。加强翼肋除了起维形作用外,主要用以承受和扩散翼面中的横向集中载荷,例如副翼通过悬挂点传来的集中载荷(力和力矩)并将载荷传到大梁和蒙皮上。

(4)翼梁:由凸缘(缘条)和腹板组成,它是梁式翼面的主要纵向受力元件。蒙皮、桁条和翼肋所承受的载荷最后都要传给翼梁,因此,翼面上的全部或大部分弯矩、大部分剪力和由扭矩引起的切向力都是通过翼梁传给弹身的。

(5)纵墙:结构与梁相似,只是它的凸缘远比翼梁弱,而腹板则较强。它与翼梁一起承受和传递翼面的剪力和由扭矩产生的切向力。

(6) 连接件:对装配式结构,所有结构元件都通过连接件(如铆钉、螺栓或螺钉等)连接成一体,从而能承受作用在翼面上的载荷。

蒙皮骨架式翼面分为单梁式翼面、多梁式翼面和单块式翼面。

如图 2.3.1 所示为单梁式翼面。此翼面是由蒙皮、桁条、翼肋、翼梁、纵墙及连接件等组成的。蒙皮较薄,翼梁很强,桁条弱,翼梁沿翼面最大厚度线布置,这种布置能使梁具有最大的剖面高度,且沿翼展展向直线变化,在强度和刚度上都有利。翼梁根部的固接接头很强,与机身或弹(箭)身上的加强框上的接头相连接。该翼面的翼肋顺气流方向排列,翼肋的间距影响屏格蒙皮的横向变形,普通翼肋的间距一般为 250～300mm。该翼面有一个能传弯的主接头 8 和两个不能传弯但能传剪的辅助接头 7。

如图 2.3.2 所示为小展弦比多梁式翼面。图 2.3.2 (a)所示翼面中,翼梁和桁条沿翼弦的等百分线布置,由于翼梁后掠,由传力分析可知,翼梁将一部分弯矩传给根肋。图 2.3.2(b)所示翼面中,3 个翼梁都垂直于机身或弹(箭)身。前墙沿翼弦等百分比布置,前缘部分的翼肋垂直于前墙。这种翼面的前缘可根据热防护要求采用与翼面主体不同的结构。与单梁式翼面相比,多梁式翼面传力较直接。

单块式翼面蒙皮较厚,与长桁、翼梁缘条组成可受轴力的壁板承受绝大部分弯矩。桁条布置较密,其截面积与梁的横截面积大小相接近或略小。梁较弱,梁或墙与壁板形成封闭盒段,增强了翼面结构的抗扭刚度。由于蒙皮较厚和桁条布置较密,故弹翼的弯矩是通过由蒙皮、纵墙、桁条组成的壁板承受拉压来传递的;弹翼的剪力由纵墙的腹板传递,扭矩主要由闭合蒙皮传递。单块式翼面优点是抗弯抗扭的强度、刚度大,蒙皮和桁条的材料向剖面外缘分散,从而能得到充分利用,安全可靠性比梁式好。

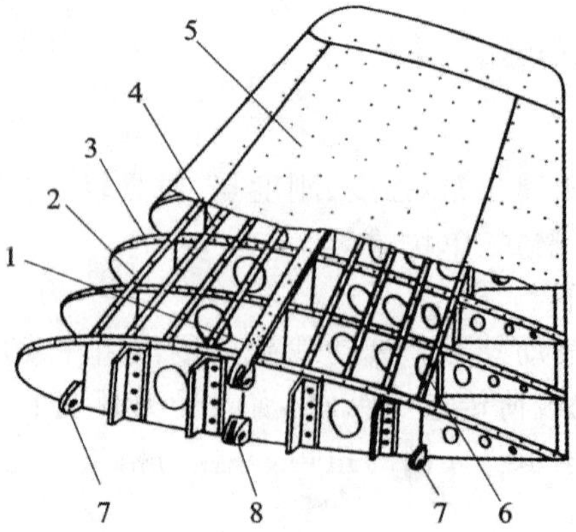

图 2.3.1 单梁式翼面

1—翼梁;2—前墙;3—翼肋;4—桁条; 5—蒙皮;6—后墙;7—辅助接头;8—主接头

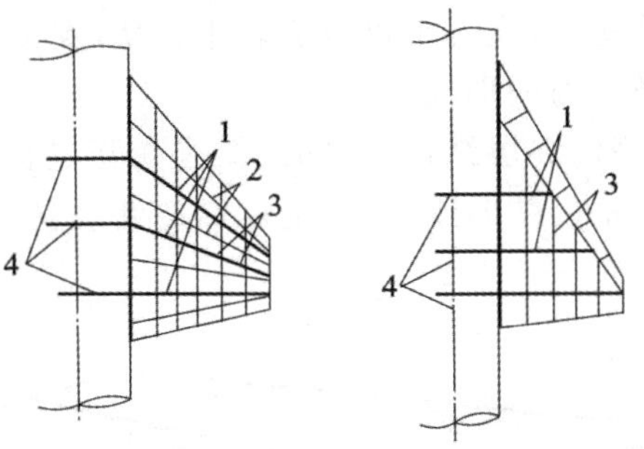

图 2.3.2　多梁式弹翼

1—翼梁；2—桁条；3—翼肋；4—加强框

2. 整体结构翼面

随着飞行速度的提高，飞行器的气动阻力和翼载也随之提高。为了减少阻力和提高翼面的承载能力，需要减小翼型高度和增加蒙皮厚度，若仍采用蒙皮骨架结构，常常难以满足强度、刚度要求，于是便出现了整体结构翼面。它的特点是，蒙皮与骨架合为一体，零件之间的连接件少，翼面的蒙皮容易实现变厚度，加强筋可以合理布置，强度、刚度好，承载能力大，气动外形较好，结构简单。

如图 2.3.3 所示辐射梁式加强筋整体结构，它由整体加工的上、下壁板铆接而成，每块壁板上有 8 根辐射加强筋，它们的作用相当于装配式结构翼面中的翼梁和翼肋，并能将翼面的载荷以最短的传力路线传给主接头。该接头位于翼根剖面高度较大的部位，以梳状齿形式插入相连的舱段，形成固支接头。在翼根前后缘的两个辅助接头可以提高翼根的弦向刚度，将翼面的扭矩传给舱段。除了辐射梁式加强筋整体结构外，还有辐射网格式和菱形网格式加强筋整体结构等，它们除了有辐射加强筋外，还增加了横向加强筋，可以保证翼面的展向与弦向刚度大致相同。

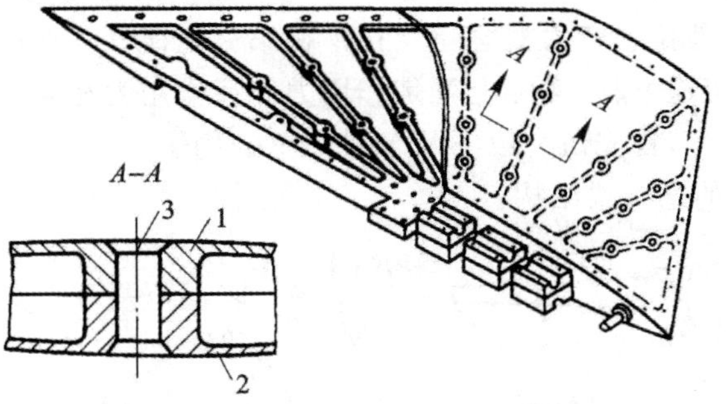

图 2.3.3　辐射梁式加强筋整体结构翼面

1—上壁板；2—下壁板；3—铆钉

3. 夹层结构翼面

随着飞行器飞行速度的提高，单位翼载增大，气动加热严重，因而促使各种新型的夹层结构翼面出现。它的特点是，采用了夹层板作元件，抗弯能力较大，耐热绝热性好，气动外形好。夹层结构有蜂窝结构、轻填料结构、波纹夹芯结构等。它们都是由上、下面板和夹芯组成的，夹芯可以是蜂窝、轻填料或波纹构架，夹芯中可以有若干骨架(翼梁翼肋等)。夹层结构翼面的翼根接头一般用多点连接、分散传力的形式。

如图 2.3.4 所示为梁式蜂窝夹层结构，它的翼梁是矩形剖面的，能承弯、受扭、传剪，蜂窝夹芯沿展向排列；为了增加翼根的弦向刚度，在前后纵墙处设置了两个辅助接头。该翼面构造简单，可承受的载荷大、质量小。

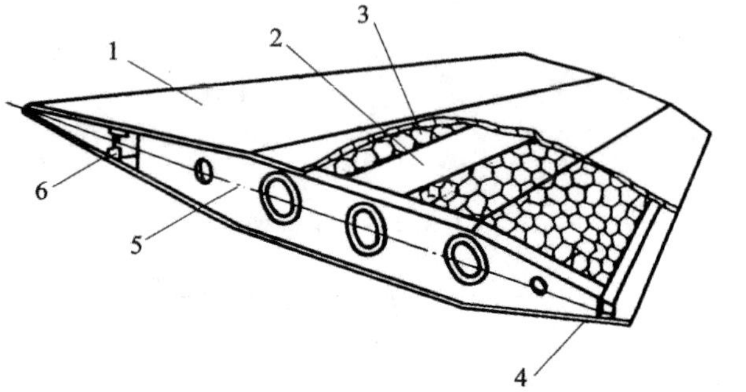

图 2.3.4 梁式蜂窝夹层结构弹翼

1—面板；2—翼梁；3—蜂窝夹芯；4—后墙；5—根肋；6—前墙

2.3.2 典型翼面结构的传力分析

1. 传力的基本概念

结构在所有载荷作用下必须是平衡的。例如，翼面上作用有分布的气动载荷和各接头传来的集中载荷，这些载荷通过翼面各受力构件之间的相互传递达到平衡。飞行器结构的绝大部分元件都是为了合理地传递载荷而布置的。为了设计出符合设计要求的结构，必须进行传力分析，掌握结构中载荷的传递规律。“传力分析”的含义如下：当支承在某基础上的一个结构受有某种外载荷时，分析这些外载荷如何通过结构的各个受力元件逐步向支承它的基础传递，此过程称为结构的传力分析。传力分析有助于深入了解结构受力的物理本质，认识每个受力元件在结构中的作用和地位。传力概念建立在牛顿第三定律——作用力与反作用力定律的基础上，载荷在结构中的传递过程，实际上就是作用力和反作用力相互依存、相互转化的过程。

为了建立传力的概念，首先研究以下几个最简单的例子。

例 2.1 一端固支的悬臂梁结构。

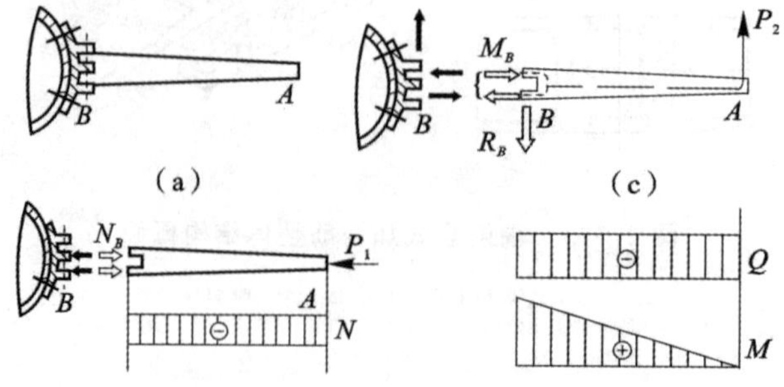

图 2.3.5 杆、梁的受力分析

具体结构如图 2.3.5(a)所示。

(1)假设在 A 端沿对称线作用有轴向载荷 P_1，如图 2.3.5(b)所示，则结构可简化成受压杆结构。取 AB 为分离体，并使分离面通过连接接头。由平衡条件可求出支座 B 的支反力 N_B，并把它用空心箭头表示。根据力的作用与反作用原理，可以把力 N_B 反方向作用到支座 B 上，如图 2.3.5(b)B 端的实心箭头所示，称为杆 AB 在 P_1 作用下传给支座 B 的力。在传力分析中，总是先将结构简化成典型受力构件，假设结构材料是均匀而且没有缺陷的，同时结构的外形是理想的。因此，力 P_1 在杆内部产生的应力也是均匀的，轴力 N 的分布如图 2.3.5(b)所示。换句话说，杆的传力是均匀的，如果杆端是理想固支的，则杆传给连接接头的力实际上是在杆整个端面面积上的均匀分布力，其合力等于 N_B。由于传力分析是一种定性分析，因此，仅考虑力的总体传递，而不作过于细化的分析。

(2)若图 2.3.5(a)所示结构在 A 端的作用力为 P_2，结构 AB 就以悬臂梁的形式受力，见图 2.3.5(c)。仍取 AB 为分离体，平衡时 B 的支反力有支反力矩 M_B 和支反力 R_B，用空心箭头表示它们。将 M_B 和 R_B 反方向作用到支座端 B 上，就是梁 AB 在 P_2 作用下传给支座 B 的力，如图 2.3.5(c)B 端的实心箭头所示。此时结构的内力(剪力 Q、弯矩 M)分布如图 2.3.5(d)所示。

例 2.2　薄壁结构梁。

具体结构如图 2.3.6(a)所示。该结构在铅垂对称面的 a 点受载荷 P 的作用。分析载荷 P 在结构中的传递，原理和方法与上例相同，依次取杆和腹板为分离体，利用平衡原理，采用结构力学理论进行分析。分析结果如图 2.3.6(b)所示。杆上的支反剪流由板元件通过连接处(如铆钉、焊点等)受剪切提供。由于支反剪流的存在，杆的内力沿杆的长度变化。

由上述例子可见，力在结构中的传递可看作是通过元件间的连接接头相互“挤压”实现的。力会因各个连接接头的构造不同而多次转化。传力分析的基本原理是平衡原理。

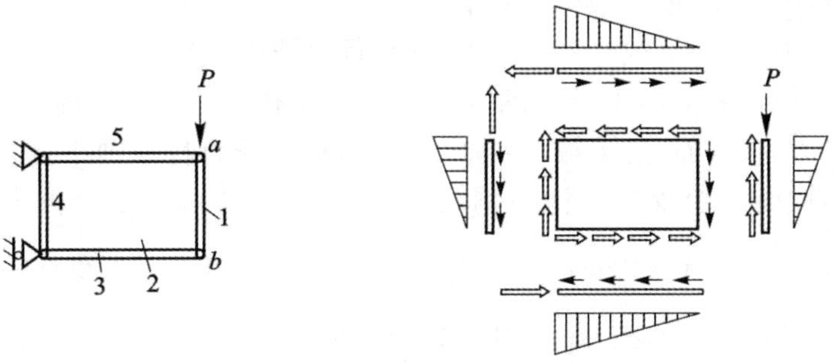

(a)　　　　(b)

图 2.3.6　薄壁结构梁的传力分析

2. 力的转化

力的转化指的是力由结构的一部分传给另一部分时，力在形式上的变化。这种变化与结构各部分连接接头的构造有关。如图 2.3.7 所示，若摇臂与圆管只用一个螺栓连接(见图 2.3.7(b))，则力矩 M 转化为一对力偶传给圆管(见图 2.3.7(c))；若用两对螺栓固定时，则力矩 M 转化为两对力偶传给圆管；若如图 2.3.7(a)所示用连续焊缝连接，则力矩 M 转化为沿焊缝的剪流传给圆管(见图 2.3.7(d))。所以说，力的转化是由接头的构造形式决定的。

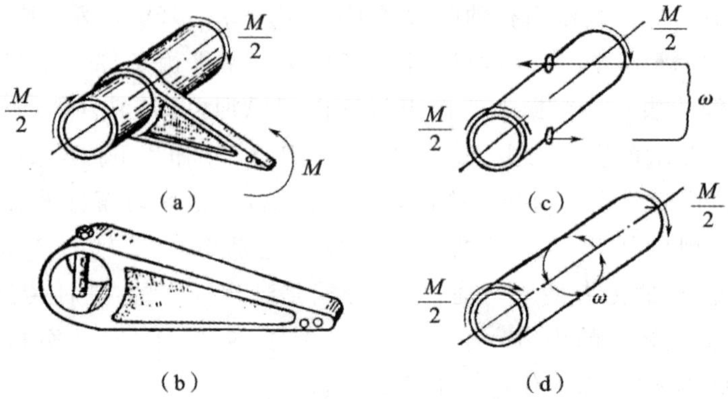

图 2.3.7　力的转化

3. 传力路线

所谓"传力路线"是一种形象化的描述，它描述外载荷由作用处经过结构内部传给支座的传递路线。在图 2.3.5(b)中，P_1 的传递线路为 $P_1 \rightarrow AB \rightarrow$ 支座(支反力为 N_B)；在图 2.3.5(c)中，P_2 的传力线路为 $P_2 \rightarrow AB$(伴随着截面的旋转)$\rightarrow$ 支座(支反力为 M_B 和 N_B)。显然，力的传递越直接，传力路线越短，结构重量越轻。由于实际结构的复杂性，传力不可避免地要走些弯路(即所谓传力路线变长)。另外，传力路线的长短弯直不能完全从直观上来判断。

2.3.3　典型构件的受力特性

飞行器结构形式及其承力构件多种多样，但是基本结构一般总是由板、杆、梁、壳等元件连接组合而成的。设计中应根据薄壁构件的最佳受力特性进行恰当组合，使它们各自分担最符合自身受力特性(平面)上的承载特性。显然，在构件最佳受载特性的方向上作用载荷，构件产生的变形小，才能使设计的结构质量轻、刚度大。这也是传力路线分析的基本依据。构件的受力特性是指它在各方向(平面)上承载及变形的能力，最佳受力特性则指在它刚度最大的方向内力也小。以一圆截面两端铰支的杆为例(见图 2.3.8)，已知剖面面积 $S=40\ \mathrm{mm}^2$，$l=80$ mm，$P=16\ 000$ N，$E=72\ 000$ MPa，$\sigma_b=420$MPa。在 P 力作用下可求得杆轴向应力 $\sigma_P=\dfrac{P}{S}=400$MPa，$\sigma_{max}<\sigma_b$，强度足够。现若在杆中点 C 处单独作用一横向集中力 Q，并取 $\sigma_{max}<\sigma_b$，则可求出此杆所能承受的最大横向力 Q 仅为 750 N。这说明承受轴向力是杆的最佳受力特性。

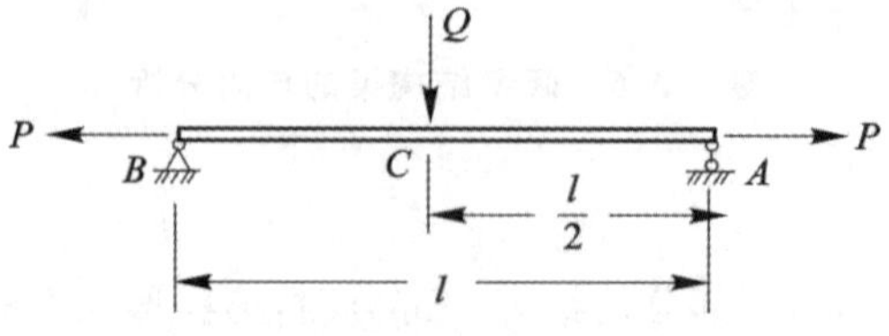

图 2.3.8　双支点圆杆受载

本节分析飞行器结构中以下典型构件的主要受力特性。

(1)杆。细长的杆只能承受(或传递)沿杆轴向的分布力或集中力，承压能力较低，承拉能力强。翼面中的长桁、翼梁缘条(凸缘)就属此类元件。

(2)板。一块薄平板适宜承受在板平面内的分布载荷,包括剪流和拉压应力(见图 2.3.9 (a)(b))。在薄板受压和受剪时,必须考虑稳定性问题。一般来说,当薄板没有加强件加强时,承压的能力比承拉的能力小得多,故粗略分析时常将它略去。同时要注意薄板不适宜受集中力。由于板的厚度较薄,很易撕裂,所以要传递板平面内的集中力就必须附加一构件,将集中力扩散成分布剪流,否则板不能直接承受此集中力(见图 2.3.9 (c))。翼面中的墙、翼梁和翼肋的腹板常简化成薄板。厚板则能直接承受一定的集中力,同时既可受剪,也可受拉、压,而且在截面横向也有较好的弯曲刚度。

(3)平面板杆结构。它由位于同一平面内的板、杆元件组成,适宜受作用在该平面内的载荷。因杆宜于受轴向力,因此可沿板杆结构中的任何杆件施加沿杆轴向的力。如果某一节点为两根不同方向的杆的交点时,则可在此节点上施加在板平面内任意方向上的集中力。

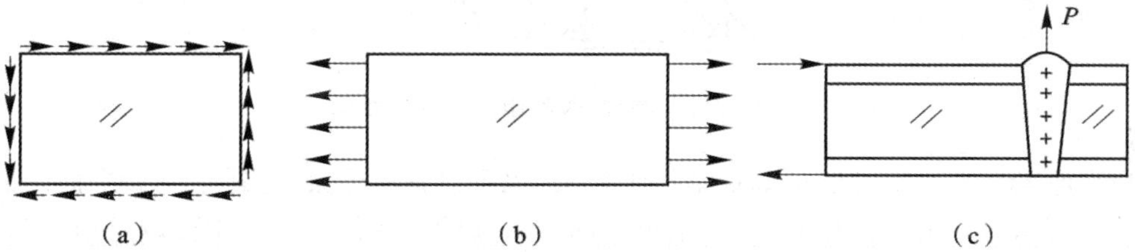

图 2.3.9　薄板受载情况

(a)薄板受剪;(b)薄板受拉;(c)薄板受集中力(应附加构件)

当由薄板与杆构成结构时,杆、板之间只能相互传递剪流(见图 2.3.10(a))。因为若板将拉伸应力传递于杆时,从图 2.3.10(b)可知,必定会使杆受到一横向载荷而引起弯矩,这将与杆不能受弯的假设相矛盾。由此还可推知,当板杆结构为三角形时,由于不应有横向载荷传递给杆,则三角形薄板周边上将只可能承受纯剪流;但根据板的平衡又知,此时对板的任一顶点取力矩均不能平衡,可见三角形薄板不能受剪(见图 2.3.11)。但若为可受正应力的三角形厚板,板边又有合适的支持时,还是能受剪的。飞行器结构中最常见的平面板杆结构是由长桁加强的蒙皮壁板结构(见图 2.3.12),这种结构能受拉伸、压缩和剪切载荷。为了计算方便,根据蒙皮的厚度不同可简化成不同的模型。常用的一种模型是将板(蒙皮)承受拉压的能力合并到杆(长桁)中去,即仍简化为受剪板和受轴力杆。

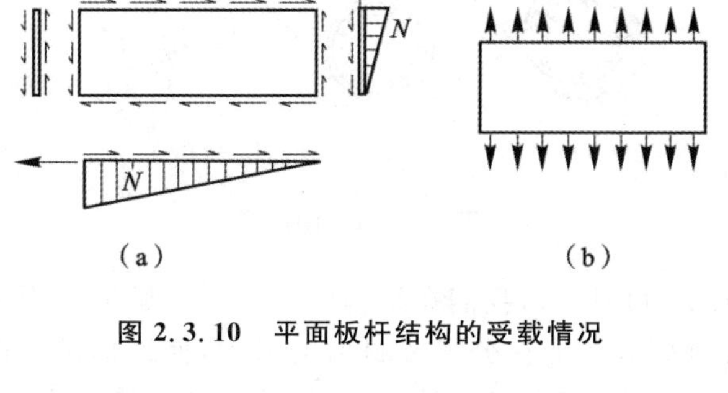

图 2.3.10　平面板杆结构的受载情况

(a)板、杆间只传递剪流,则杆只受轴向力;(b)板、杆间传递法向载荷,则杆将受弯矩

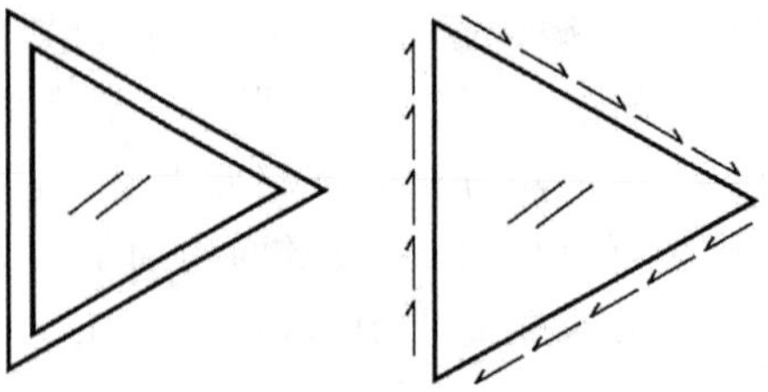

图 2.3.11 三角形板杆结构板不受剪

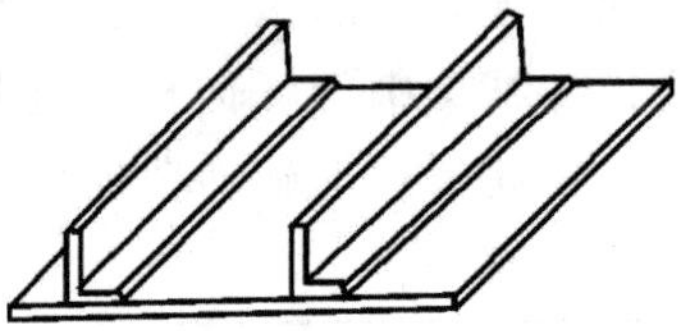

图 2.3.12 蒙皮、长桁组成的壁板结构

(4)平面梁。平面梁可以是薄壁结构组合梁,也可以是整体梁,它适于受梁平面内的载荷。图 2.3.13 所示为一由腹板和上、下缘条组成的薄壁翼梁。在传力分析中可以近似认为腹板只受分布剪流形式的剪力。而缘条作为杆元受轴向力,上、下两缘条分别受拉和受压,即可承受梁平面内的弯矩。

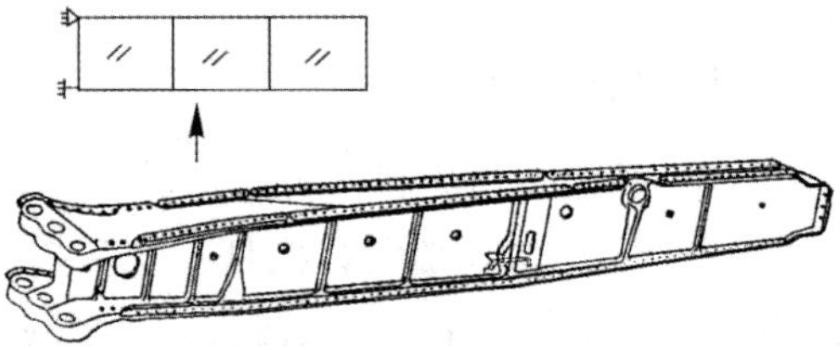

图 2.3.13 平面翼梁

(5)壳。壳可看作具有曲率的板,其传力特性与板相似。壳最适宜于传递沿壳中面作用的分布载荷(拉力和剪流),如图 2.3.14(a)所示。壳承受垂直于壳中面的内压力时,截面上能产生分布均匀的薄膜应力,如图 2.3.14 (b)(c) 所示。所以壳也适宜传递内压力。因此,与板相比,壳传递载荷的能力要强于板。飞行器上的壳类结构有舱体外壳、燃料贮箱、气瓶等。

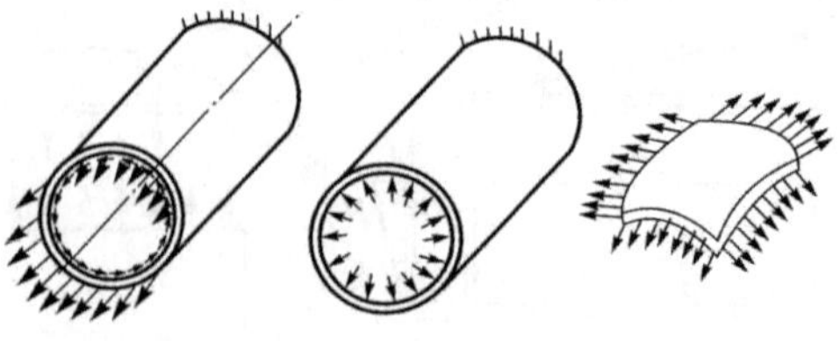

(a) (b) (c)

图 2.3.14 圆筒壳

了解了各种构件的受力特性后,我们在结构设计时就应尽量使构件按各自的受力特性来受载,"扬其所长,避其所短",才能充分发挥材料的潜力,使结构设计得更轻。而在传力分析时,就可按各自的受力特性合理简化各构件(如对梁的缘条可简化为杆件处理,忽略其承弯能

力)，这样既可使分析工作大大简化，又不致引起太大的误差。

2.3.4　传力分析的原理和方法

由 2.3.1 节的讨论可知，传力分析的基本原理是静力平衡原理，结构的每个元件在外载荷作用下应该处于平衡状态。因此，通过分析结构的组成和各元件间的连接关系，依次取结构的各个元件为分离体，根据与该分离体相邻的各元件的受力特性和连接情况，应用平衡原理可依次求出该分离体上的支反力，并将支反力反方向作用到下一个元件(即支座)上，就是传给下一个元件的力。

对于静定结构，应用平衡原理就能进行结构各元件传力的分析。但是实际结构大多是静不定结构。为了研究静不定结构力的传递规律，必须考虑变形一致条件。

刚度分配法是解决静不定结构传力分析的有效方法。其基本思想是，在外载荷作用下结构的各个部分的变形是连续一致的，不应有突变。而结构的各个部分承受和传递力的能力与其刚度的大小成正比。

对于平行结构，例如，与导弹弹身固接在一起的双梁式直弹翼(见图 2.3.15)，载荷为 Q。分析两根翼梁在载荷 Q 及它引起的弯矩 M 作用下的传力，以及翼剖面的各闭室在载荷 Q 引起的扭矩 M_t 作用下的传力。

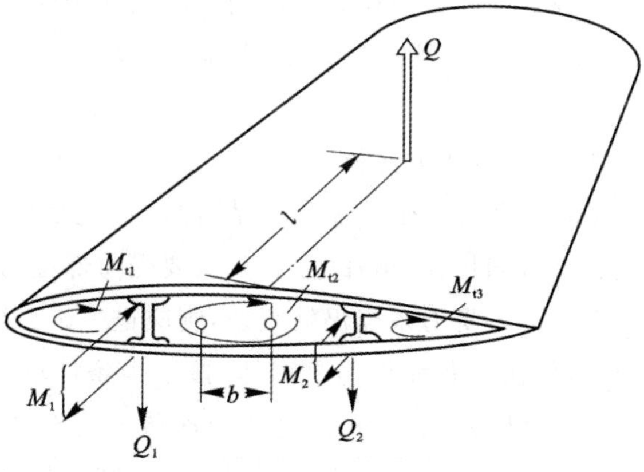

图 2.3.15　双梁式直弹翼

应用变形一致的平剖面假设，两梁在 Q,M 作用下，各个翼剖面上的挠度 f、转角 θ 均相等，即

$$\left.\begin{aligned} f=\frac{Q_1}{K_1}=\frac{Q_2}{K_2} \\ \theta=\frac{M_1}{K_1}=\frac{M_2}{K_2} \end{aligned}\right\} \tag{2.3.1}$$

式中，Q_1,Q_2 为 1,2 两梁分配到的切向力；M_1,M_2 为 1,2 两梁分配到的弯矩；K_1,K_2 为 1,2 两梁的弯曲刚度。

考虑平衡条件，有

$$\left.\begin{aligned} Q &= Q_1 + Q_2 \\ M &= M_1 + M_2 \end{aligned}\right\} \tag{2.3.2}$$

将式(2.3.2)代入式(2.3.1)，则有 n 个平行元件的第 j 个元件所传的力为

$$Q_j = Q\frac{K_j}{\sum_{i=1}^{n} K_i}$$

$$M_j = M\frac{K_j}{\sum_{i=1}^{n} K_i}$$

同理，可写出有 $n+1$ 个翼剖面闭室，在扭矩 M_t 的作用下，当扭转角相等时第 j 闭室所传的力为

$$M_{tj} = M_t\frac{G_j J_{pj}}{\sum_{i=1}^{n+1} G_i J_{pi}}$$

通过本例可以说明，在某种变形一致的条件下，元件是按刚度大小比例来分配它们共同承担的载荷的，这就是传力分配的刚度比原则。

当然，对于非平行结构，各元件间所传的力不能完全按刚度比来分配，因为它们还与元件相对于载荷的方位有关。但各元件和支座在载荷作用方向上的刚度近似与传力大小是成比例的，因此可以近似应用刚度比原则。应用刚度比原则，能使比较复杂的静不定结构的传力分析得以简化。

实际结构(例如弹翼、弹身)进行传力分析的基本方法如下所述。

(1) 对实际结构进行合理的简化。在详细分析结构构造(包括接头的构造)的基础上，删除次要受力元件、局部加强元件(如垫板、角片等)以及次要受力部位(如翼面的前缘、后缘等)，由主要受力元件组成受力系统。若受力系统仍较复杂，则应进一步简化。

(2) 从载荷作用处开始，依次取各元件为分离体，按平衡条件求出元件的支反力，把该支反力反个方向，作为该元件传给相邻元件的力，这样依次传递直至结构的支座。在传力分析中，当一个元件受到几个元件支持时，往往要应用到刚度比原则来判断哪几个支座元件能提供支反力，哪几个支座元件因刚度较小而只能提供较小的支反力，或刚度太小几乎不能提供支反力。

2.3.5 单梁式翼面的传力分析

图 2.3.16 所示为单梁式蒙皮骨架结构翼面，它是某导弹的稳定尾翼，由翼梁、辅助梁、后墙、翼肋、桁条和薄蒙皮组成。翼梁垂直于弹身轴线，通过双耳片与弹身的耳片相连。

由于这种接头能传递弯矩和剪力，可把它看成固支支座，它是翼面的主要接头。辅助梁与弹身轴线斜交，通过轴铰与弹身相连，该接头不能传递弯矩，只能传递剪力，可把它看成铰支支

座或辅助接头。后墙上悬挂有副翼。翼肋由前缘肋、中肋和尾肋组成，前缘肋垂直于辅助梁，中肋和尾肋垂直于翼梁。桁条铆接在中肋上。

作用在翼面上的外载荷主要是空气动力。图 2.3.17（b）所示是超声速时翼面的气动力分布，在超声速情况下，空气动力是以气动吸力或压力的形式作用在翼表面上的。

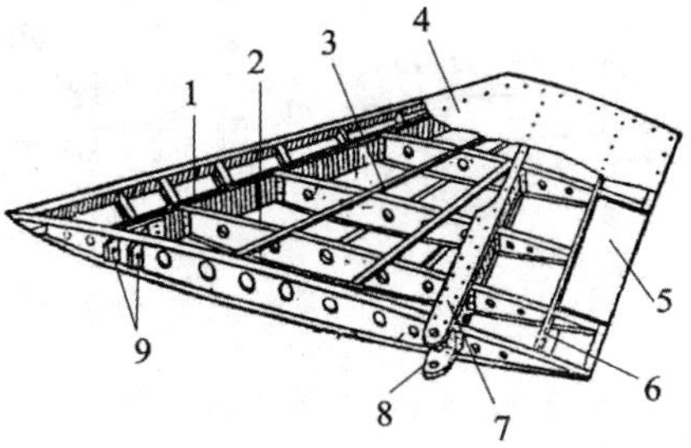

图 2.3.16　单梁式翼面

1—辅助梁；2—翼肋；3—桁条；4—蒙皮；5—副翼；6—后墙；7—翼梁；8—主接头；9—辅助接头

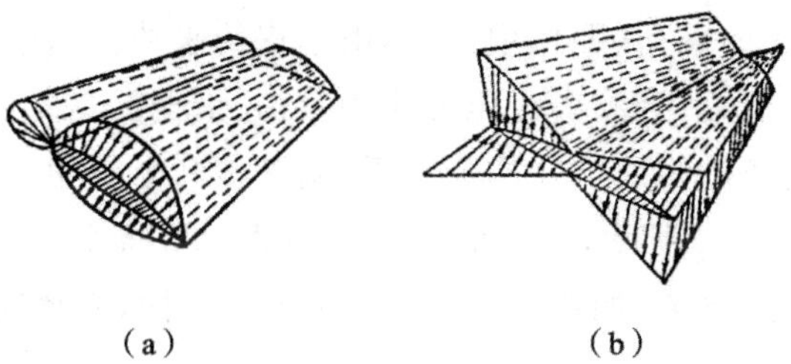

图 2.3.17　翼面气动力的分布

(a)高亚声速；(b)超声速

现在分析空气动力在翼面结构中的传递过程，传力分析是从直接承受空气动力的蒙皮开始的。

1. 蒙皮的传力分析

作用在蒙皮上的气动吸力或压力是垂直于蒙皮中面的横向载荷。蒙皮被铆接在由桁条、翼肋和翼梁等组成的骨架上，骨架就是蒙皮的支座。可以通过分析屏格蒙皮来说明蒙皮的传力过程。

当蒙皮受吸力作用时，如图 2.3.18(a)所示，屏格蒙皮产生的局部挠曲度为鼓起，使连接蒙皮和骨架的铆钉受拉，骨架提供向下的支反力，如图 2.3.18(b)所示，使屏格蒙皮处于平衡状态。因为铆钉布置较密，所以这些支反力可看作连续分布的力。当蒙皮受气动压力时，屏格蒙皮发生凹陷变形，铆钉不受力，骨架直接提供向上的支反力，使屏格蒙皮处于平衡状态。这里，屏格蒙皮可看成是支持在骨架上的硬板，若四边用单排铆钉连接，可看成四边铰支；若用双排铆钉连接，可看成四边固支。

把骨架的支反力反一个方向，即为蒙皮传给骨架的力，这样蒙皮就把作用载荷传给了骨架。

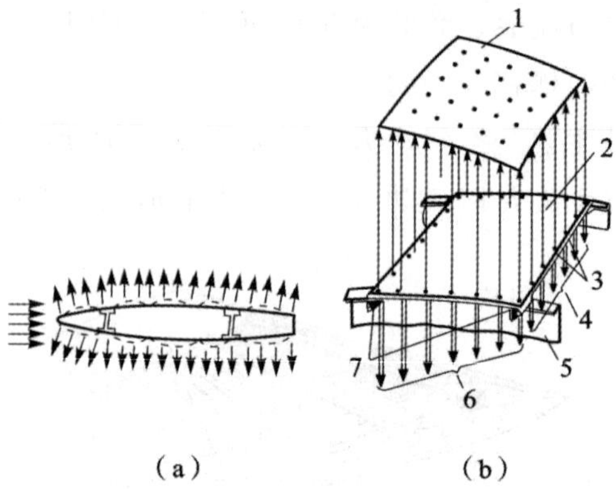

图 2.3.18　蒙皮的受力与变形

(a) 桁条的受力平衡；(b)桁条与翼肋的连接形式

1—蒙皮传来的力；2—桁条；3—翼肋；4—翼肋的支反力；5—铆钉的支压力；6—蒙皮

2. 桁条的传力分析

由上述分析可知，桁条的载荷(即作用力)是由蒙皮传来的。当蒙皮受吸力作用时，它承受的是蒙皮通过铆钉传来的拉力；当蒙皮受压力作用时，它承受的是蒙皮直接传来的压力。这些力沿铆缝分布并垂直于桁条的轴线。从构造上看，桁条被几个翼肋支持，这样桁条可看成是多支点的连续梁，如图 2.3.19(a)所示，支持它的几个翼肋为桁条提供支反力，支反力的形式同桁条与翼肋的具体连接形式有关，如图 2.3.19(b)所示。同样，将翼肋的支反力反方向就是桁条传给翼肋的力。

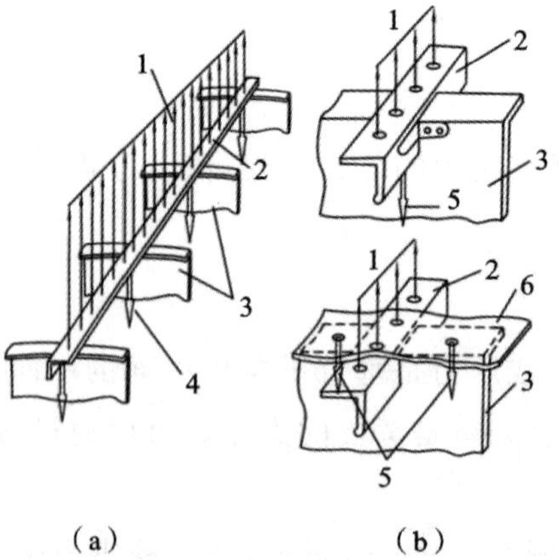

图 2.3.19　桁条的受力平衡

1—蒙皮传来的力；2—桁条；3—翼肋；4—翼肋的反作用力；5—铆钉的支反力；6—蒙皮

3. 翼肋的传力分析

(1)普通翼肋的传力分析。翼肋的传力分析与蒙皮和桁条的传力分析有不同的特点。取翼肋为分离体，并假设翼肋是刚硬的，作用在它上面的载荷有由蒙皮传来的分布载荷和由桁条传来的若干小集中力，如图 2.3.20 所示。翼肋支持在翼梁、辅助梁、桁条和蒙皮上。

为了能方便直观地判断支反力的来源和性质，将作用在翼肋上的上述载荷合成为一个合

力 ΔQ，它作用到压力中心 O 上，如图 2.3.21 所示。若压力中心与刚心 O' 重合，力 ΔQ 使翼肋只产生沿其作用方向的平移而无扭转。但是通常压力中心与刚心是不重合的，那么在将力 ΔQ 向刚心简化时，刚心上除有 ΔQ 作用外，还有绕刚心的扭矩 ΔM_t，如图 2.3.21 中虚线所示。刚心上的力 ΔQ 使翼肋产生平移，扭矩 ΔM_t 使翼肋产生转动。

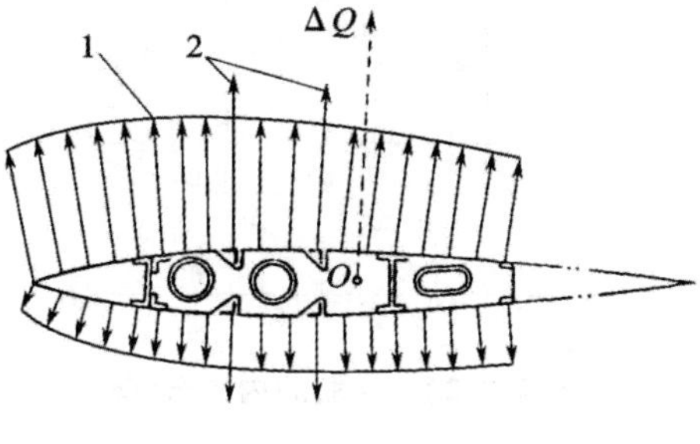

图 2.3.20　翼肋的受载

1—蒙皮传来的力；2—桁条传来的力

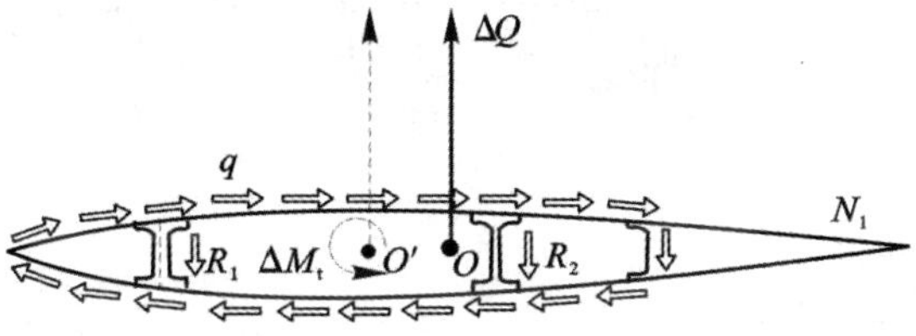

图 2.3.21　翼肋的受力平衡

在力 ΔQ 的作用方向上，即垂直于翼平面的方向上，由于桁条和蒙皮的刚度远比两根梁的刚度小，根据传力按刚度比分配的原则，可以认为 ΔQ 仅由两梁的腹板提供支反力 R_1 和 R_2 来平衡。R_1 与 R_2 的大小可以按前后两根梁的刚度比来分配。

对于扭矩 ΔM_t，由于单独的梁或桁条承受扭矩的刚度远比蒙皮的小，可认为 ΔM_t 由翼剖面的封闭蒙皮通过铆钉受剪提供支反剪流 q 来平衡。

将这些支反力和支反剪流反个方向，就是翼肋传给两根梁的腹板和蒙皮的力，形象地说，就是翼肋“流入”这些元件的载荷。

翼肋的内力不能按图 2.3.21 所示来确定(因为 ΔQ 是翼肋外载荷的合力)，而应该按图 2.3.22所示来确定，这里将蒙皮传给翼肋上下表面的分布力相叠加，并使之作用在上表面(图中未示出桁条传来的力)。翼肋的内力分布如图 2.3.22 所示。

由上述讨论可知，翼肋和蒙皮间存在互相支持、互相传力的辩证关系。当蒙皮承受局部气动载荷时，由于翼肋的支持，蒙皮的一部分气动载荷传给了翼肋；当翼肋受自身平面内的力矩作用时，它是依靠了蒙皮的支持，企图旋转翼肋的力矩又转化为剪流而传给蒙皮。其间，连接蒙皮和翼肋的铆钉以它本身受拉或受剪起到了传递载荷的作用。

以上是把翼肋看作整肋的传力分析。图 2.3.23(a) 所示的结构是由前、中、后 3 段肋组成的，且它们不在同一平面内。下面对它们分别进行传力分析。

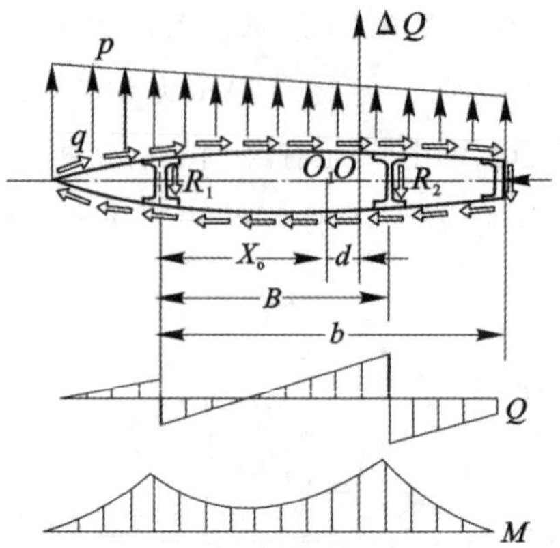

图 2.3.22 翼肋的内力分布

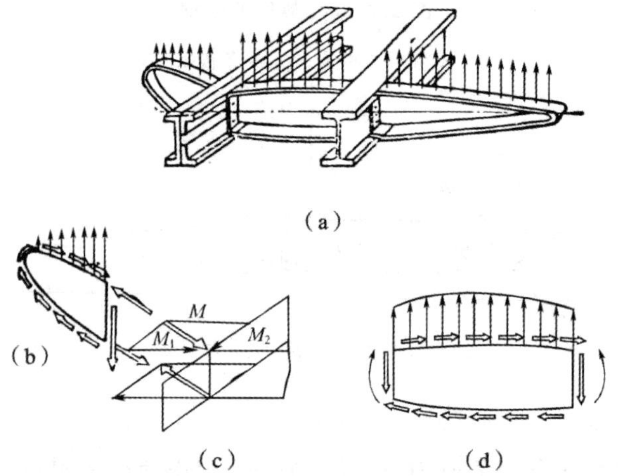

图 2.3.23 分段翼肋的受载

1）前缘肋。如图 2.3.19 所示，前缘肋垂直于辅助梁的轴线，与中肋不在同一平面内。它支持在辅助梁、中肋和蒙皮上。由蒙皮传来的载荷，使前肋受弯受剪，如图 2.3.23(b)所示。辅助梁和蒙皮通过铆钉受剪提供支反力，其中蒙皮支反剪流的方向与整个肋企图转动的方向相反。

前缘肋传给辅助梁的弯矩 M 使辅助梁受扭，由于开剖面梁的抗扭能力很弱，又由于有中肋的支持，M 将分两路传递：M_1 传给中肋，M_2 传给辅助梁，如图 2.3.23(c) 所示。

2）后缘肋。它垂直于翼梁，与中肋在同一平面内。同样，由蒙皮传来的载荷使后缘肋受弯受剪，因为开剖面的翼梁承扭能力很弱，所以弯矩传给中肋，剪力传给翼梁的腹板。

3）中肋。翼肋中段(即中肋)一般要比前、后段强些。其作用力如图 2.3.23(d) 所示，它包括蒙皮、桁条传来的力和前、后缘肋传来的弯矩。这些外来力可以合成为作用在刚心上的剪力 ΔQ 和弯矩 ΔM。两根梁的腹板能够提供平衡剪力 ΔQ 的支反剪力，而蒙皮与两根梁的腹板通过周缘铆钉受剪提供 ΔM 的支反剪流。将这些支反力反个方向，就是中肋传给梁和蒙皮的力。

(2)加强翼肋的传力分析。加强翼肋常用来承受集中载荷。图 2.3.24 所示的副翼是支持在两个加强翼肋上的，图中 N 为副翼舵机的作用力，P 为副翼上气动载荷的合力，它作用在副翼的压力中心上。当力 N 和力 P 绕副翼转轴的力矩相等时，副翼就保持一定的偏转角。这时，支持副翼的两加强翼肋只需提供垂直和水平的支反力，使副翼处于受力平衡状态。将支反力反个方向，就是副翼传给加强翼肋的力。

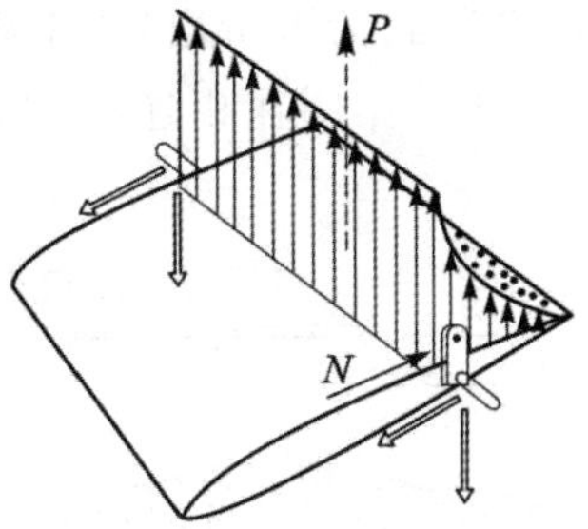

图 2.3.24　副翼的受载

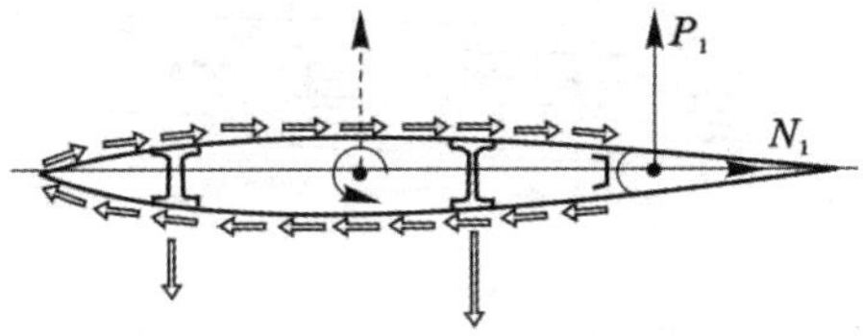

图 2.3.25　加强翼肋的受力平衡

在图 2.3.25 中，P_1 和 N_1 是副翼传来的载荷，P_1 企图使加强肋发生平移和转动，由于加强翼肋与蒙皮、两梁相连，梁的腹板和蒙皮提供支反力，使之平衡。而 N_1 则由蒙皮提供对称的支反剪流来平衡(图中未示出)。

必须指出，梁腹板的支反力也是一种支反剪流。这样，副翼传给加强翼肋的集中力，通过加强翼肋被分散为分布力而传给蒙皮和梁腹板。可见，在传递载荷方面，加强翼肋将集中载荷转化为分布载荷。在薄壁结构中，凡有集中载荷作用之处，都应采用以分散集中载荷的中间元件，以保证集中载荷的传递。属于这类元件的还有弹(箭)身的加强框、加强片、盖板、角材及加强隔板等。

4. 辅助梁的传力分析

取辅助梁作为分离体(见图 2.3.26)，作用在它上面的载荷有屏格蒙皮传来的分布力(图中未示出)、翼肋传来的剪力 ΔQ、前缘肋传来的弯矩 M_2。

根据辅助梁与相邻元件的连接情况和辅助梁的实际变形情况，可以把它看作这样一根梁：一端支持在弹身上，另一端支持在翼梁上，并受蒙皮的支持。当它处于平衡状态时，弹身上的接头、翼梁和蒙皮提供支反力(图中支反剪流的方向是示意性的，具体方向由实际情况决定)，与支反力同值反向的力就是辅助梁传给弹身接头、翼梁与蒙皮的力。

辅助梁的内力分布如图 2.3.26(a)所示。弯矩主要由上、下凸缘承受，剪力主要由腹板承受。由图可见，弯矩的变化规律是中间大两头小，结构设计中应使梁凸缘的面积适应内力的变化规律。实际结构正是如此，在辅助梁中部铆接了两根角材来加大辅助梁凸缘的面积。可见，传力分析对结构设计是有指导意义的。

5. 翼梁的传力分析

图 2.3.16 所示的翼面是通过翼梁的双耳片和与之相连结构的接头上的 4 个耳片相固定的，该连接接头可以承弯、承剪切，故可把翼梁看成一端固支的悬壁梁。其上的作用力有从各翼肋“流入”的剪力载荷 ΔQ、辅助梁传来的集中载荷 Q、蒙皮传来的剪流载荷和屏格蒙皮传来的分布载荷等，如图 2.3.27 所示（后 2 种载荷未示出）。平衡这些载荷的支反力全部由相连结构接头的 4 个耳片提供。将支反力反向并作用在相连结构的接头上，就是翼梁传给弹身接头的力。

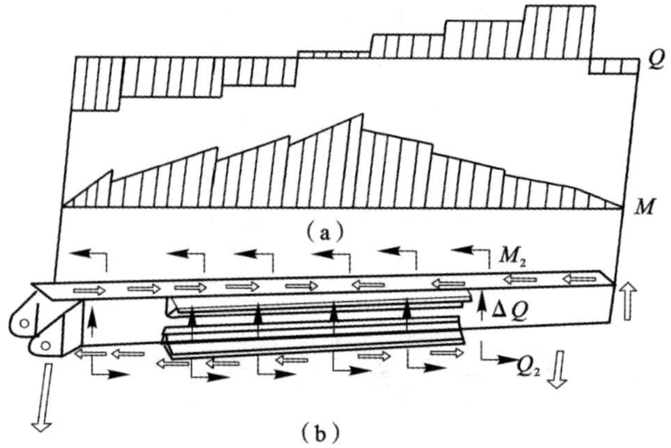

图 2.3.26　辅助梁的受力平衡

(a)辅助梁的内力分布；(b)辅助梁的受力

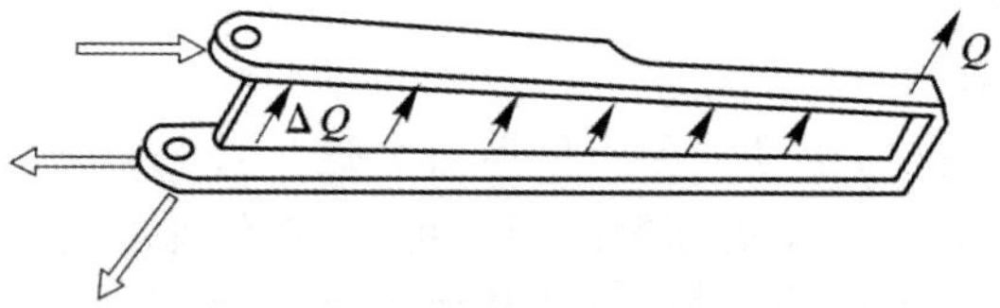

图 2.3.27　梁的受载和平衡

梁的腹板和凸缘的承力传力作用可用组合剖面的梁来阐明。设梁的凸缘和腹板、腹板和翼肋是用铆钉连接的，如图 2.3.28 所示。由于翼梁的主要载荷是由各翼肋直接传给梁腹板的，所以从翼梁上取出整个腹板作为分离体。这些载荷试图使腹板向上平移和转动。与腹板相连接的上、下凸缘提供支反剪流，以阻止腹板转动；根部接头提供向下的支反力，以阻止腹板平移，使腹板处于平衡状态。

上、下凸缘承受腹板传来的剪流载荷，并由相连舱段的接头提供支反力得以平衡。

腹板和凸缘的内力分布如图 2.3.28 (a)(b)所示。略去翼面的锥度，近似认为腹板是矩形的，并且不计梁本身直接承受的气动载荷。由于腹板的载荷是各翼肋“流入”的，故腹板的剪力图是阶梯式变化的，在梁根部剪力最大；而凸缘上的一对轴向力形成的弯矩则呈斜折线规律分布，其斜率从翼尖到翼根逐步增加。

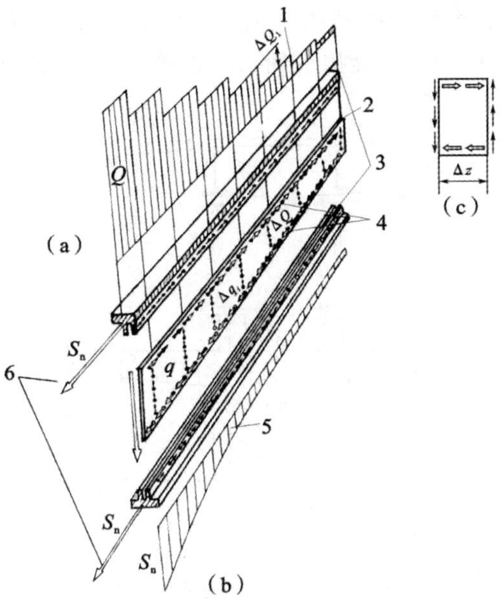

图 2.3.28　梁腹板和凸缘的受力平衡

1—腹板切力图；2—梁腹板；3—梁凸缘；4—凸缘反作用力；5—凸缘轴力分布图；6—弹身支反力

6. 蒙皮壳受扭的传力分析

由各个翼肋传给周缘蒙皮壳的闭合剪流形成一个个扭矩，它们就是蒙皮的受载，如图 2.3.29所示。对于翼面蒙皮不与弹身相连的情况，由根肋沿周缘为蒙皮提供支反剪流，使蒙皮处于平衡状态。

蒙皮的内扭矩(或内剪流)是阶梯式变化的，如图 2.3.29(b)所示，因为每个翼肋传来的闭合剪流都是一个扭矩增量，所以蒙皮的内扭矩由翼尖向翼根是呈阶梯式增加的。

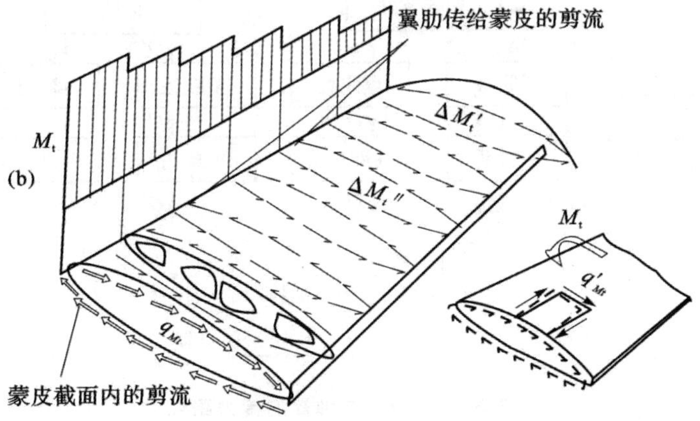

图 2.3.29　弹翼蒙皮承受扭矩

(a) 弹翼蒙皮受扭；(b)蒙皮内扭矩分布；(c)蒙皮剪切变形

7. 根肋的传力分析

作用在根肋上的载荷有受扭蒙皮传来的周缘剪流、屏格蒙皮传来的分布载荷、桁条传来的小集中载荷以及其他载荷。在周缘剪流作用下，由主、辅梁接头提供支反力，使根肋处于平衡状态，如图 2.3.30(a)所示。根肋在外载荷作用下的内力 Q,M 分布如图 2.3.30(b)(c)所示。将支反力反个方向，就是根肋传给两梁接头的力。由图 2.3.30 可见，根肋在这里将分布载荷转化为集中载荷。

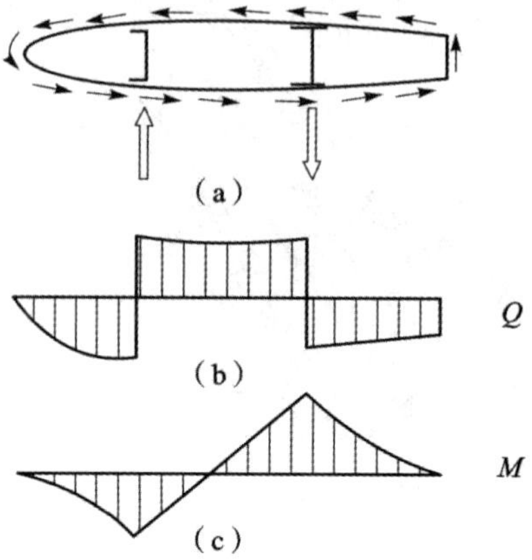

图 2.3.30　根肋的受力平衡

(a)在周缘剪流作用下的受力平衡；(b)剪力 Q 分布图；(c)弯矩 M 分布图

上面对单梁式翼面进行了传力分析，其传力路线可用图 2.3.31 来表示。图中 $\sum M$, $\sum Q$, $\sum \Delta M_t$ 为翼面载荷所形成的总弯矩、总剪力、总扭矩。

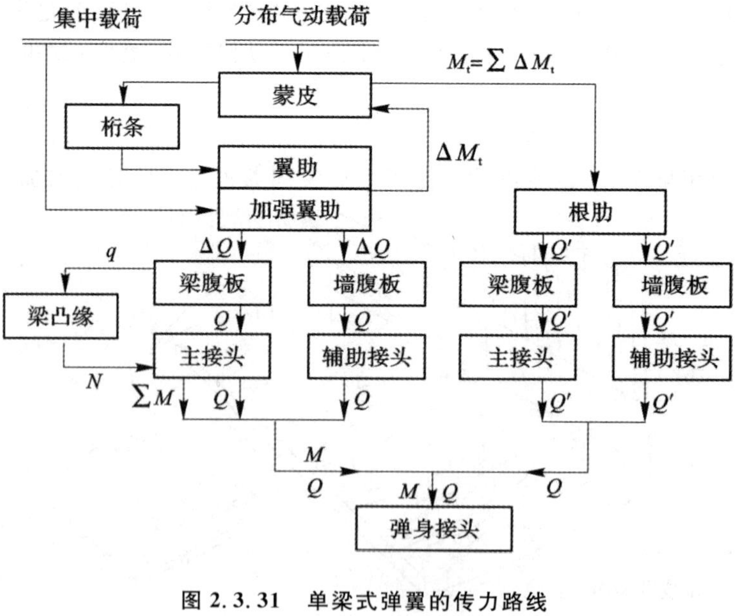

图 2.3.31　单梁式弹翼的传力路线

由此可见，通过传力分析可以认识清楚结构中各受力元件的基本受力状态，掌握各种结构的组成原理，进而为分析结构的合理性和确定元件乃至整个结构的计算模型提供依据。例如，对上述单梁式弹翼的蒙皮进行设计时，可以取两种计算模型：把屏格蒙皮看作受弯的硬板，或把蒙皮看作承扭的封薄壳。又如，对翼肋和辅助梁，可以取薄壁梁作为计算模型，对翼梁可取悬臂梁作为计算模型。图 2.3.32 所示为通过传力分析确定的一种弹翼计算模型，它由翼梁、辅助梁、中肋和上、下蒙皮组成。该模型的载荷是由翼面气动载荷向节点简化得出的，如图 2.3.32(a)所示。模型的支座由翼梁的固支支座和辅助梁的铰支支座组成。它的内力分布可以由各组成元件的内力图叠加得到，如图 2.3.32(b)所示。图中，阴影部分是翼梁、辅助梁、翼肋及凸缘的受压内力分布，图中剪流表示梁、肋的腹板和上、下蒙皮的受剪状态。

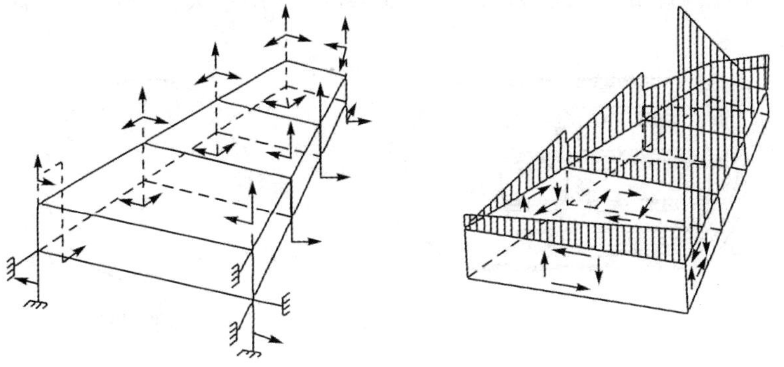

(a)　　　　　　　　(b)

图 2.3.32　单梁式弹翼的受力计算模型

(a)弹翼的受载；(b)弹翼的内力分布

2.4　弹(箭)结构

2.4.1　弹(箭)身的结构形式

弹(箭)身的结构形式与翼面类似，基本结构形式有薄壁结构、整体结构和构架式结构。薄壁结构一般也都是由纵(轴)向元件(梁、桁条)、横向元件(隔框)和蒙皮组成的。它可分为硬壳式和半硬壳式结构。半硬壳式结构又分为桁条式、桁梁式和梁式结构。

1. 梁式结构

在这种结构中，梁是承受轴向力和弯矩的主要受力元件。其结构特点是纵向具有截面积大的纵梁(大梁)和较强的前、后端框。梁式结构的蒙皮一般只用于承受作用在弹(箭)身上的局部气动载荷、剪力和扭矩，而不参与承受纵向力，当后端框很强且承受很大的集中轴向力时，蒙皮也承受由梁逐渐扩散而来的轴向力，此时蒙皮也较厚。这种结构的优点是可以承受较大的集中轴向力，并且可以在梁间开大舱口。

2. 桁条式结构

这种结构的桁条较强，布置较密，能提高蒙皮的临界应力，从而使蒙皮除了能承受弹(箭)身的剪力和扭矩外还能与桁条一起承受弹(箭)身的轴向力和弯矩。与梁式结构相比，这种结构的材料大部分分布在弹(箭)身剖面的最大高度上，当结构重量相同时，这种结构的弯曲和扭转刚度大。由于桁条剖面比梁剖面弱得多，这种结构不宜传递较大的纵向集中力。

3. 桁梁式结构

桁梁式结构是上述两种结构的折中结构，由较弱的梁（也称桁梁）、桁条、蒙皮和隔框组合而成，如图 2.4.1 所示。轴向力和弯矩主要由梁和桁条共同承受，蒙皮只承受剪力和扭矩。其特点是能充分发挥各构件的承载能力，结构质量较小，适用于大型弹（箭）体舱段。

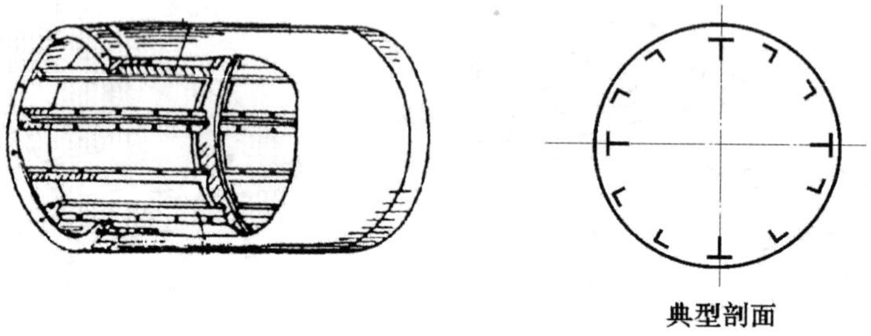

图 2.4.1　桁梁式结构

1—桁条；2—蒙皮；3—隔框；4—桁梁

4. 硬壳式结构

图 2.4.2 所示的这种结构没有纵向加强元件，整个舱段仅由蒙皮和隔框组成，蒙皮较厚，属于厚壁筒壳。这种结构的构造简单，气动外形好，容易保证舱段的密封，有效容积大；由于蒙皮较厚，结构具有较大抗扭刚度。缺点是承受纵向集中力的能力较弱。硬壳式结构适用于直径较小的弹（箭）体舱段，这是因为圆柱形蒙皮的临界应力（$\sigma_j = 0.3E\delta/D$，式中 E 为蒙皮材料的弹性模量；δ 为蒙皮厚度；D 为弹身直径）随直径的加大而降低，直径越大，材料的利用率越低，结构质量越大。

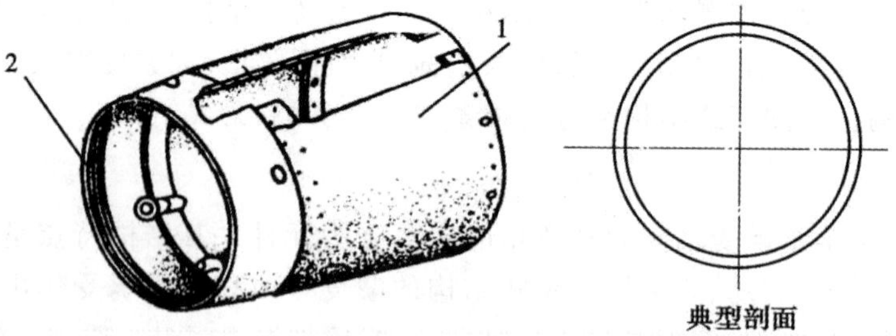

图 2.4.2　硬壳式结构

1—蒙皮；2—隔框

5. 整体结构

整体结构是将蒙皮和骨架（梁、框、桁条）元件加工成一体的结构形式。这种结构形式除了具有半硬壳式结构的优点外，还具有强度、刚度好，结构整体性好，外形质量高等优点。这种结构受到加工条件限制，主要用于直径不大的舱体。如图 2.4.3 所示，在空空导弹、反坦克导弹、小型地空导弹上主要采用这种结构。

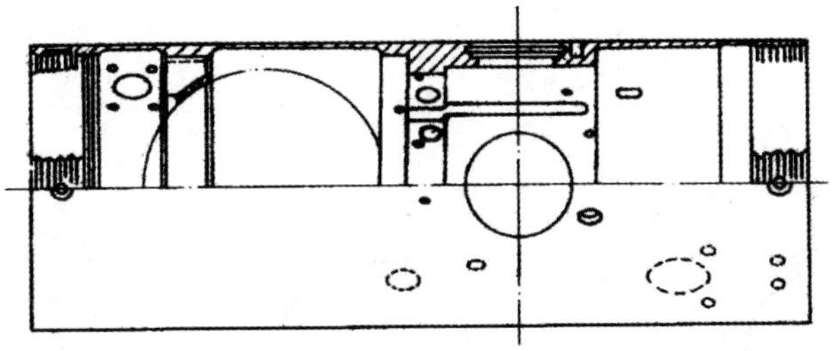

图 2.4.3　机械加工圆筒结构

6. 构架式结构

多级火箭级间过渡段常用构架式结构。构架式结构又称杆系结构，是由端框和数根杆形材料焊接而成的开敞式刚性构架，如图 2.4.4(a)(b)所示。垫座上有定位销，通过底板用普通螺栓和销钉将构架与火箭下面级弹体相连。构架外表面没有蒙皮。这种结构主要用作火箭级间载荷的传递，发动机工作初期产生的高温气体可顺畅排出舱体外。

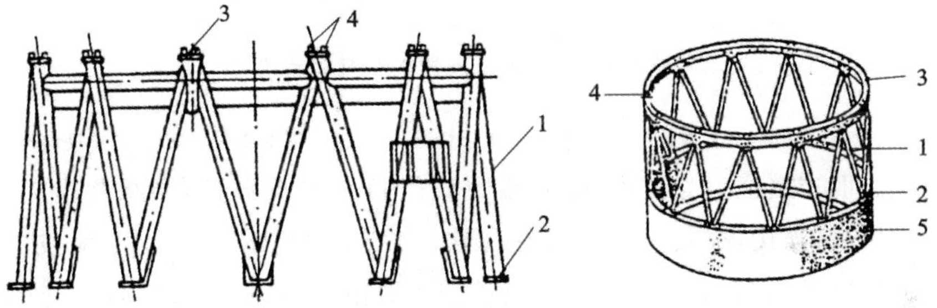

图 2.4.4　构架式结构

1—管；2—底板；3—垫座；4—定位销；5—端框

2.4.2　弹(箭)身横向集中载荷的传递

弹(箭)身与翼面的构造和载荷不同，它们传力分析的基点也不同。翼面的传力分析一般是从蒙皮承受气动载荷入手，通过分析气动载荷在翼面各元件中的传递，最终传到支座(即弹(箭)身)上。而弹(箭)身的传力分析主要是从加强隔框和纵梁承受集中载荷着手，通过分析横向集中载荷和纵向集中载荷在弹(箭)身结构中的传递，直至被翼面的支反力或舱段的支反力所平衡为止。下面先分析横向载荷在弹(箭)身结构元件中的传递。

1. 硬壳式结构

图 2.4.5(a)表示的是一个舱段，它是由蒙皮和两个连接框组成的硬壳式结构。在框上作用有一个沿径向的集中载荷。对该舱段的传力分析，首先从集中载荷作用的加强框开始，通过蒙皮的传递被舱段另一端的支反力所平衡为止。

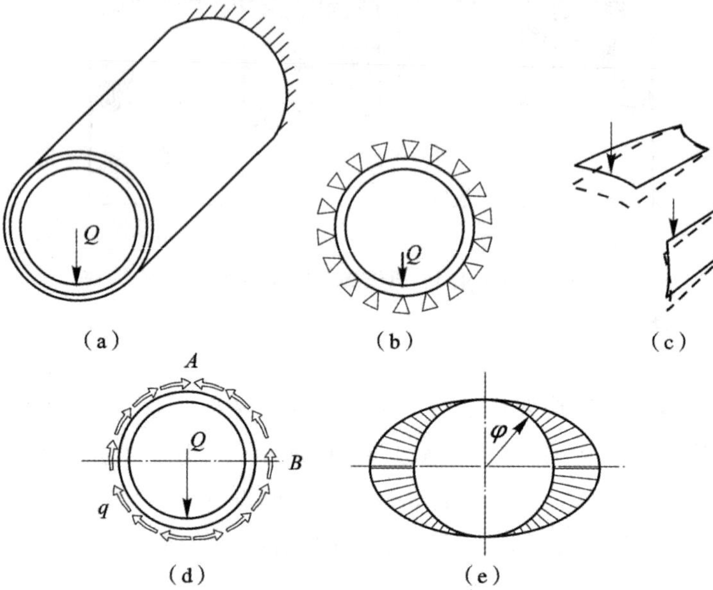

图 2.4.5　硬壳式舱段的受载和传力

(a) 硬壳式舱段的受载；(b) 连接框的受载；(c) 变形情况；(d) 连接框的受力平衡；(e) 支反剪流的分布

(1)连接框。取连接框为分离体，径向集中载荷 Q 为其外载荷，周缘蒙皮是它的支座，由于框与蒙皮通过铆钉连接，故支座的示意图如图 2.4.5 (b)所示。因上、下蒙皮的弯曲刚度比两侧蒙皮的小得多(见图 2.4.5 (c))，故支反剪流主要由两侧蒙皮通过铆钉受剪提供(见图 2.4.5 (d))。由对称性可知，对称轴上 A 点的支反剪流 q 为零，对于刚框，B 点的支反剪流 最大，并按正弦规律分布(见图 2.4.5 (e))，即

$$q=\frac{Q}{\pi R}\sin\varphi \tag{2.4.1}$$

式中，R 为框上蒙皮平均半径；φ 为相对垂直对称平面的角度。

把支反剪流反个方向，就是横向集中力通过连接框传给蒙皮的剪流。与翼面的翼梁承受剪力相比，径向集中载荷作用时，弹身两侧的蒙皮类似于翼梁腹板的作用。

图 2.4.6 (a)表示一偏心载荷作用在加强框上。为便于直观地确定支反力，将该偏心载荷向框的中心简化为一径向载荷(见图 2.4.6 (b))和一扭矩 M_t(见图 2.4.6 (c))，该扭矩企图使框逆时针转动，平衡该力矩的支反剪流 q_2 是由周缘蒙皮通过铆钉受剪提供的，它的大小为

$$q_2=\frac{M_t}{2\pi R^2} \tag{2.4.2}$$

式中，R 为框上蒙皮的平均半径。

平衡径向载荷 Q 的支反剪流 q 按前一种方法确定。这样，在偏心载荷作用下，蒙皮提供的支反剪流为两支反剪流之和。把支反剪流反向，就是框承受偏心集中载荷时传给蒙皮的剪流载荷。

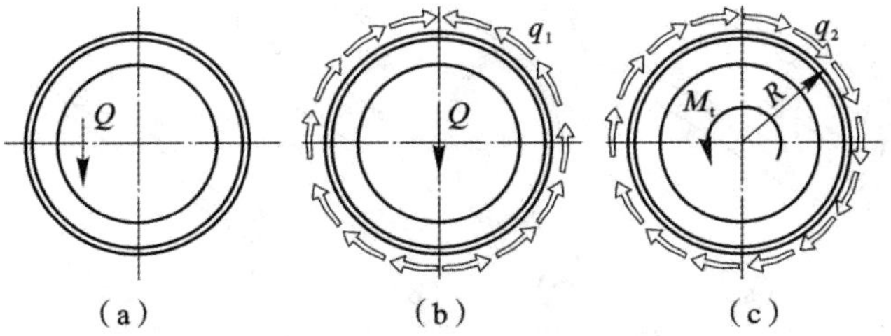

图 2.4.6　加强框受偏心载荷作用

(a)偏心载荷；(b)径向载荷；(c) 力矩

综上所述，加强框将横向集中载荷转化为蒙皮的剪流载荷，这正是结构特点赋予它的传力功能。

(2)蒙皮。蒙皮的载荷是由加强框(或连接框)传来的分布剪流，如图 2.4.7 所示。因为蒙皮支持在两端的连接框上，其中一端连接框承受载荷，另一端的连接框通过连接铆钉受剪提供沿铆缝方向的支反剪流和垂直于铆缝方向的分布支反力。

显然，由载荷的作用端到支座端，蒙皮内的剪流分布不变，正应力按线性变化；在横剖面上蒙皮的剪流和正应力的分布与支座端的支反力分布相似。

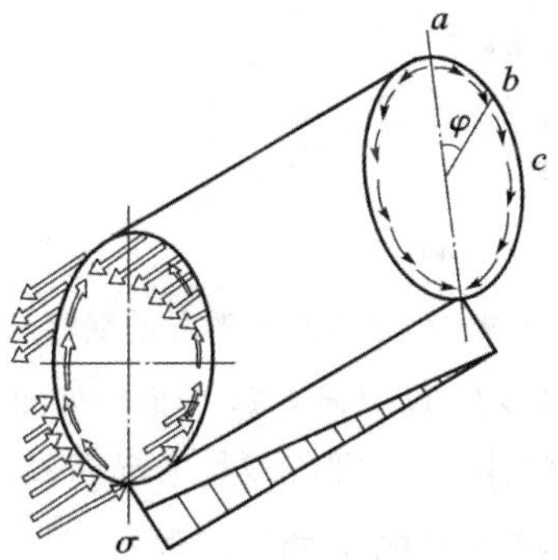

2.4.7　硬壳式舱段蒙皮的受载与平衡

2. 梁式结构

图 2.4.8 (a)所示为梁式结构舱段，它有 4 根纵梁，纵梁与两端连接框及蒙皮被铆接成一体。横向集中载荷通过连接框转化为分布载荷传给蒙皮(见图 2.4.8 (b))。蒙皮可看作支持在另一端连接框和 4 根纵梁上。由于纵梁的拉压刚度比蒙皮大得多，故假设蒙皮不承受拉压，只承受剪切，因此另一端的连接框只沿铆缝提供支反剪流，4 根纵梁也只沿铆缝提供轴向支反剪流。这些支反剪流与蒙皮的剪流载荷使蒙皮处于平衡。把这些支反剪流反一个方向，就是蒙皮传给另一端连接框和纵梁的力。

纵梁的受力平衡如图 2.4.8 (c)所示，它的支反力是下一个舱段通过连接框提供的。

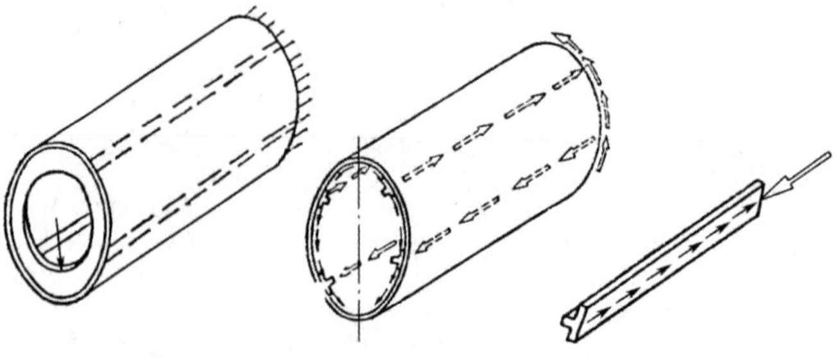

(a)　　　　　　(b)　　　　　　(c)

图 2.4.8　梁式结构舱段的受载与传力

(a)梁式舱段的受力;(b) 蒙皮的受力平衡;(c) 纵梁的受力平衡

3. 桁条式结构

图 2.4.9 所示为桁条式结构舱段,桁条通过铆钉与蒙皮及前后连接框相连。由于桁条的剖面比较弱,故桁条与蒙皮一起承受拉压。取蒙皮与桁条的组合体为分离体,作用在连接框上的横向集中载荷通过连接铆钉受剪而转化为分布剪流,并传给蒙皮与桁条组合体(见图 2.4.9(a)),由另一端的连接框通过铆钉受剪提供周向的支反剪流和轴向的分布支反力,使上述分离体处于平衡。若从组合体中再取桁条为分离体,则它的受力平衡如图 2.4.9(b)所示。

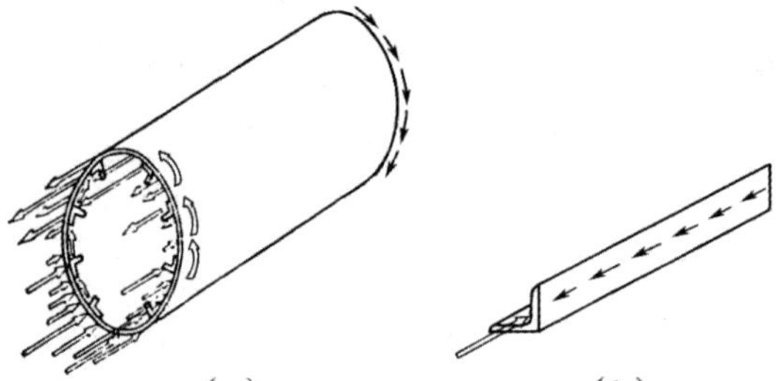

(a)　　　　　　(b)

图 2.4.9　桁条式结构舱段的受载与传力

(a) 蒙皮与桁条共同承载;(b)桁条的受力平衡

由上面的分析可见,在横向载荷作用下,弹(箭)身的纵向元件(纵梁和桁条)都起杆的作用。

4. 弹(箭)身横向载荷在翼面接头处的平衡

由各个加强框(在框平面内作用集中载荷)传给蒙皮的闭合剪流,形成一个个剪力增量,并由此引起对弹(箭)身的弯矩。剪力 Q 主要通过弹(箭)身的两侧壁受剪切传递,最后在弹(箭)身与翼面的连接接头处由翼面提供支反力平衡。弯矩 M 主要通过弹(箭)身的上、下壁板受拉压传递,最后在翼面接头处由前、后弹(剪)身的弯矩自相平衡(见图 2.4.10)。这样,就可以把弹(箭)身看作是一根支持在翼面与弹(箭)身连接接头上的外伸薄壁梁,上面作用有横向载荷。它的内力分布如图 2.4.10 (a)(b)所示。

当偏转副翼时,由于副翼或副翼所在翼面上承受不对称的气动载荷,这些载荷形成力偶 M_t,使弹(箭) 身滚动,如图 2.4.11 所示。这种滚动使其他翼面上也产生不对称的气动载荷,这些载荷形成与之方向相反的扭矩 M_t,从而与副翼产生的扭矩得到平衡。应注意的是,这里讨论的是静力平衡,没有考虑惯性力参与的动力平衡;同时,弹身内部设备的质量力对弹身轴线的偏离,也要形成局部的扭矩增量。在上述扭矩的作用下,弹身内扭矩 M_t 的分布如图 2.4.11 所示。

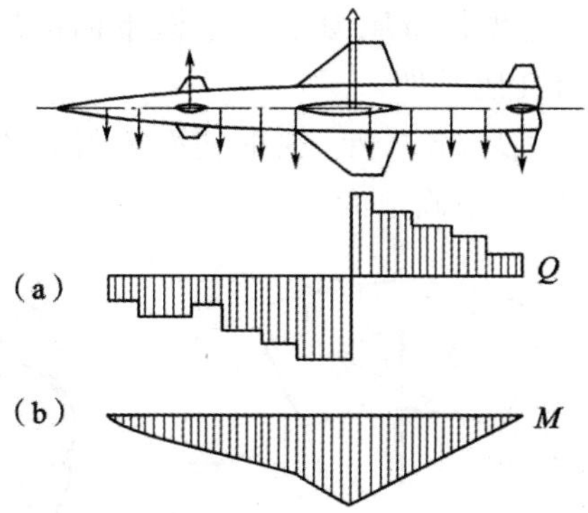

图 2.4.10　全弹身的受载与平衡

(a)剪力分布;(b)弯矩分布

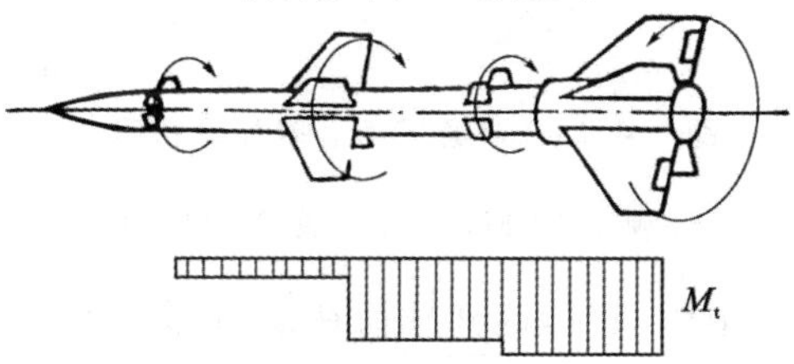

图 2.4.11　弹身受扭情况

5. 隔框的传力分析

(1)普通框。它一般只承受分布载荷。在弹(箭)身的蒙皮上作用有沿周向分布的气动载荷。这些载荷通过屏格蒙皮传给桁条,而桁条又将载荷传给隔框,因此,普通框的载荷是由弹(箭)身的屏格蒙皮和桁条传来的(见图 2.4.12)。这里有两种情况:一种情况是当飞行器的飞行迎角 $\alpha=0$ 时,传给普通框的载荷是自身平衡的,如图 2.4.12 (a)所示,因此它不再传给其他元件。另一种情况是当迎角 $\alpha>0$ 时,传给普通框的载荷的合力是向上的,如图 2.4.12 (b)所示,为了平衡该载荷,蒙皮沿框周缘通过铆钉受剪提供支反剪流。将支反剪流反个方向,就是普通框传给蒙皮的力。

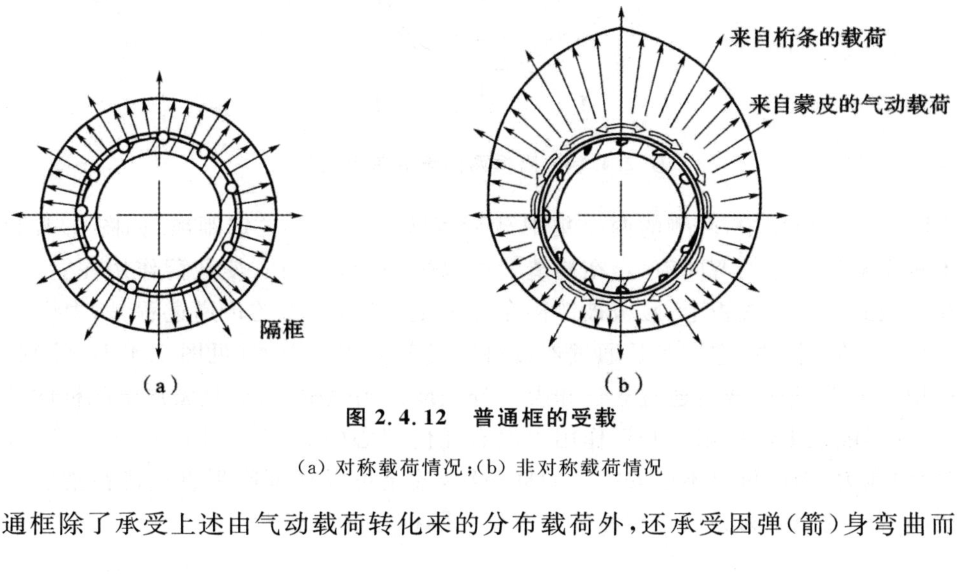

图 2.4.12　普通框的受载

(a) 对称载荷情况;(b) 非对称载荷情况

普通框除了承受上述由气动载荷转化来的分布载荷外,还承受因弹(箭)身弯曲而引起的一种分布载荷(见图 2.4.13)。这些分布压力平行于框平面的纵轴,且自身平衡,因此在框周缘不会出现支反力,它也不传向其他元件。

普通框的这两种分布载荷一般都比较小,在框剖面上引起的内力也较小,故普通框的剖面面积的大小主要是按工艺刚度要求来确定的。

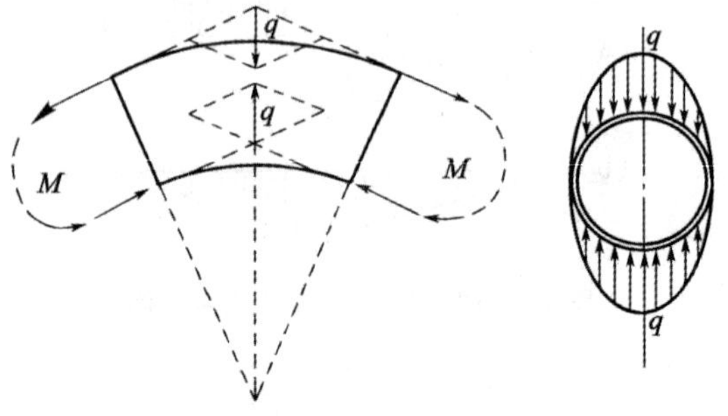

图 2.4.13　普通框承受附加分布压力

(a) 弹身受弯时;(b) 普通框承受附加压力

(2)加强框。它主要承受集中载荷,这种载荷在框内部的传递过程与其构造有关。

图 2.4.14 所示的加强框是圆环式加强框,它的载荷是径向集中载荷。对于刚框,蒙皮提供的支反剪流按正弦规律分布,它在框的两侧处最大,即载荷不是沿作用方向传给支座的,传力走了弯路,因此在框剖面上要产生弯曲应力。若将径向集中载荷分为两个载荷,并作用在加强框两侧,对于刚框,蒙皮的支反剪流分布规律并不改变,因此,作用在框两侧的集中载荷基本上可以被两侧的支反剪流所形成的力直接平衡,故在框剖面上弯曲应力很小,传力较直接,这时隔框几乎可以不需要加强。

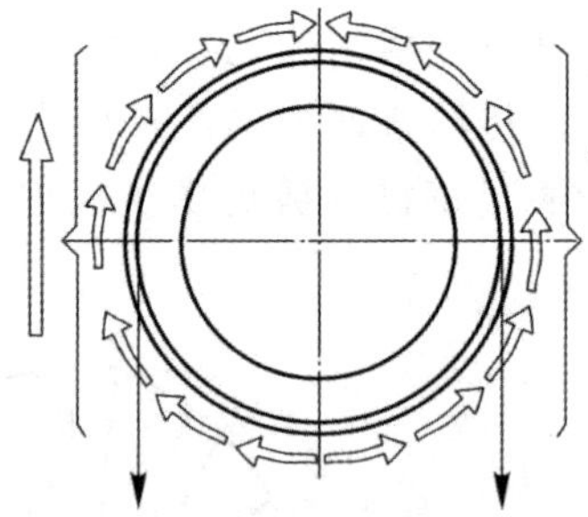

图 2.4.14　隔框两侧承受集中载荷

在实际结构的应用中,两侧的两个集中载荷离两侧蒙皮有一定距离,如图 2.4.15 (a)所示。为了减小隔框凸缘的弯曲应力,在构造上可以采用两根立柱,使载荷作用在立柱上,立柱被铆接在框板式隔框的腹板上,腹板被铆接在隔框上。这样,力的传递过程是,力由立柱传给腹板,再由腹板传给隔框,它们都是通过连接铆钉受剪来传递力的(见图 2.4.15 (b)(c)(d))。这里值得指出的是,集中载荷通过立柱和腹板分散地传到隔框上,而且蒙皮给隔框的支反力也是分散的,这样隔框上的作用力和反作用力没有任何偏心(见图 2.4.15 (d))。所以从理论上讲,没有弯曲应力,因而可以不必安排强的框凸缘,甚至可以把框腹板直接铆在蒙皮上。这种把框板式隔框上的集中力分散后传递的方案称为隔框弯曲卸载方案。

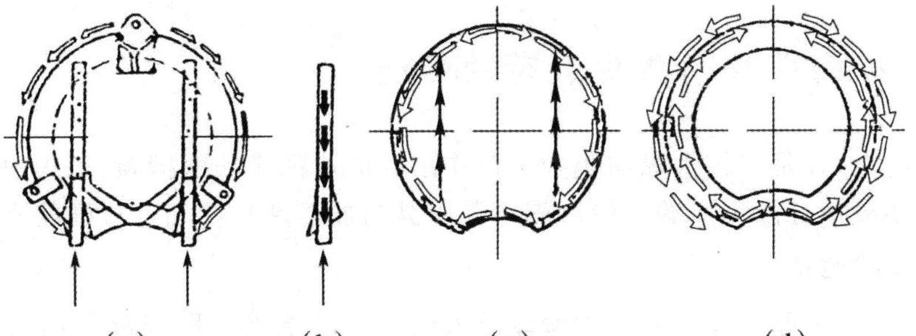

(a)　(b)　(c)　(d)

图 2.4.15　框板式加强框的受载与传力

(a) 框板式加强框的受力平衡;(b) 立柱的受力平衡; 板式腹板的受力平衡;(d) 环形框的受力平衡

图 2.4.16 所示是另一种隔框弯曲卸载的构造方案,其传力分析与上述相似。

图 2.4.17 (a)所示为框架式加强框,也是一种弯曲卸载方案。它由圆形隔框和 3 根支撑杆组成。从整个框看,蒙皮提供对称的支反剪流,使之与外载平衡。从框的内部看,由于斜杆的受压刚度比隔框的弯曲刚度大得多,外载几乎全部沿两斜杆传给两侧的接头,使斜杆受压。两侧蒙皮的支反力将与斜杆作用力的垂直分量相平衡,它的水平分力使横杆受拉。或者说,横杆对侧边接头提供水平支反力,与斜杆作用力的水平分力相平衡。这样,由于 3 根支撑杆的作用,使框剖面上的弯曲应力大为减小。

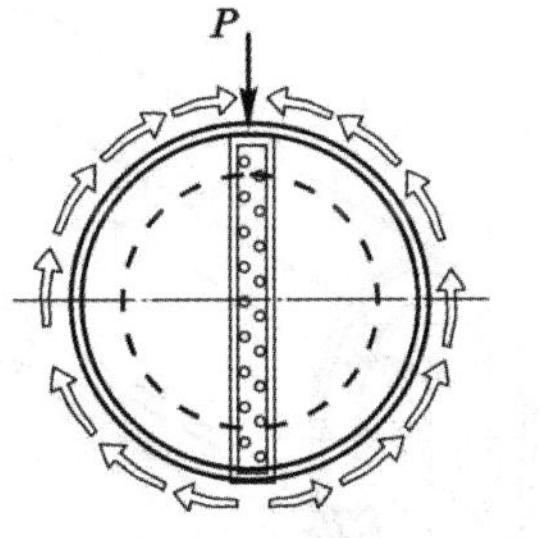

图 2.4.16　另一种框板式加强框

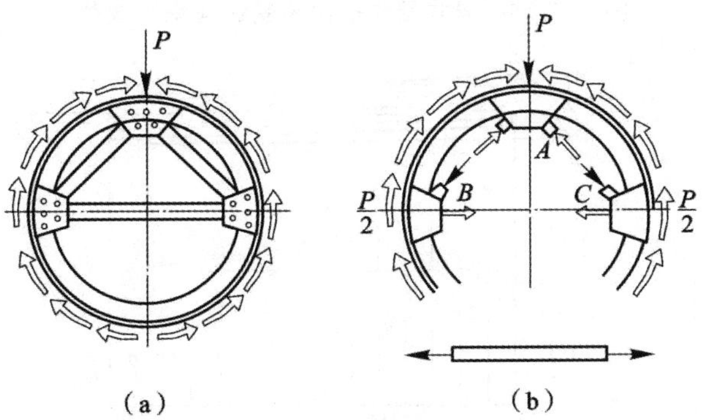

(a)　(b)

图 2.4.17　框架式加强框的受载与传力

(a) 框架式隔框的受力平衡;(b) 支撑杆的受力

2.4.3 纵向或轴向集中载荷的传递

在弹(箭)身上,凡是有较大纵向集中载荷作用的部位都应采取措施,把集中载荷分散后再继续传递。集中载荷分散传递的一般措施是采用纵向加强件和增加连接框的刚度。

1.厚蒙皮梁式结构

图 2.4.18 所示为厚蒙皮梁式结构舱段受力图。为了承受舱段端部作用的 4 个纵向集中力,在舱体上布置了 4 根纵梁。该梁是变剖面的,它与蒙皮和前、后连接框通过铆钉相连,在载荷作用端,梁与框平面紧贴。通常梁式结构蒙皮薄,蒙皮不传递轴向力,但对于厚蒙皮结构,由蒙皮与前、后框构成的圆筒壳可以承受轴向分布载荷。

(1)纵梁的传力分析。集中载荷通过连接框向舱段传递时,由于纵梁的承压刚度比蒙皮大得多,所以可以认为集中载荷全部作用在纵梁的一端(见图 2.4.19)。因纵梁与蒙皮以及另一端连接框铆接在一起,故蒙皮和另一端连接框通过铆钉受剪提供支反力,使梁处于受力平衡状态。

蒙皮提供的支反剪流沿长度方向不是常值,从载荷作用端到另一端是逐渐减小的,如图 2.4.19 (a)所示。载荷由梁上的许多铆钉共同传递,显然,在载荷作用处,铆钉负担的载荷比后面的铆钉要大,即承受的剪切力要大,以至一段距离后铆钉不再承受载荷,即 $q=0$。同样,纵梁的轴向内力从载荷的作用端到另一端也是逐渐减小的,如图 2.4.19 (b)所示。

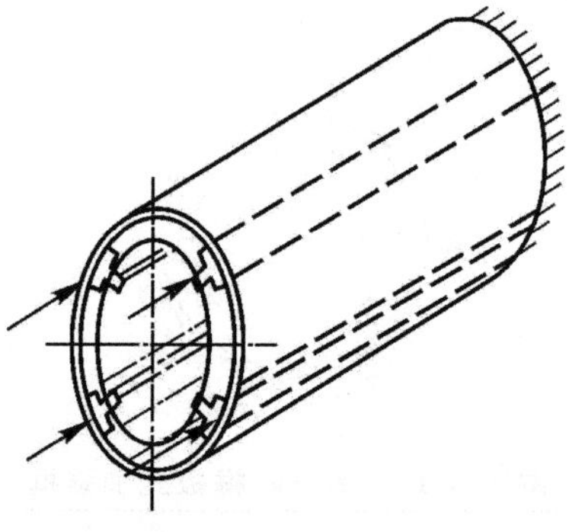

图 2.4.18 梁式结构舱段承受纵向集中载荷

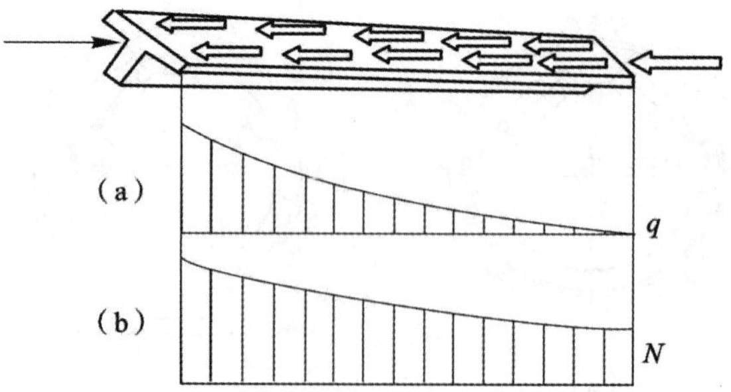

图 2.4.19 纵梁的受力平衡

(a)支反剪流的分布;(b)纵梁的内力分布

将蒙皮的支反剪流反向,就是纵梁传给蒙皮的力。

(2)蒙皮的传力分析。蒙皮的载荷是 4 根纵梁传来的剪流。蒙皮与前、后连接框铆成一体，在前连接框处，剪流载荷最大，蒙皮的剪切变形会受前连接框上铆钉的限制，即前连接框通过铆钉剪切提供周向支反剪流，因此对剪流载荷是轴对称的，故周向支反剪流自身平衡。在后连接框处，可以认为剪流载荷 $q\approx0$，故后连接框不再提供这种自身平衡的剪流。

蒙皮的内力分布如图 2.4.20(a)(b)所示。由剪滞理论可知，沿轴向，蒙皮内剪流是按双曲正弦函数规律衰减的，对长为 L、剪滞系数为 K 的壳，内剪流为

$$q=q_{\max}\mathrm{sh}Kx/(\mathrm{sh}KL) \tag{2.4.3}$$

由于蒙皮的受剪沿轴向逐渐减小，因而引起蒙皮的受压逐渐增加，其轴压变化规律如图 2.4.20 (b)所示。在纵梁末端($x=0$)处，内剪流为零，轴压力达到均值。这样，作用在纵梁上的集中载荷，通过与蒙皮相连的铆钉受剪而使蒙皮受剪，并使蒙皮逐渐承受轴向压力，一定距离后蒙皮内的轴向压力沿周缘蒙皮达到均值，这种现象就是所谓的力的扩散(或参与)问题。

(3)前连接框的传力分析。将前连接框给蒙皮的支反剪流反个方向，就是蒙皮传给前连接框的自身平衡的剪流，如图 2.4.21 (a)所示。剪流大小的分布如图 2.4.21 (b)所示。在框平面的对称轴上，剪流为零；在纵梁所在位置，剪流值最大。这种自身平衡的载荷虽不再传给其他元件，但在框剖面内引起附加内力，此附加内力应与作用在框平面内的其他载荷引起的内力叠加。

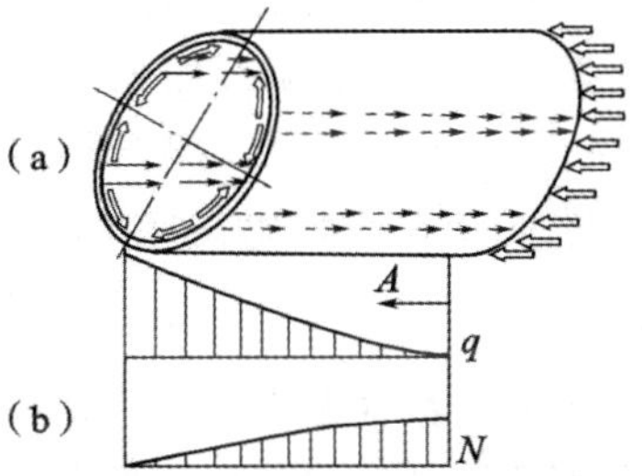

图 2.4.20　梁式舱段蒙皮的受力平衡

(a) 蒙皮内的剪流分布；(b) 蒙皮的内力分布

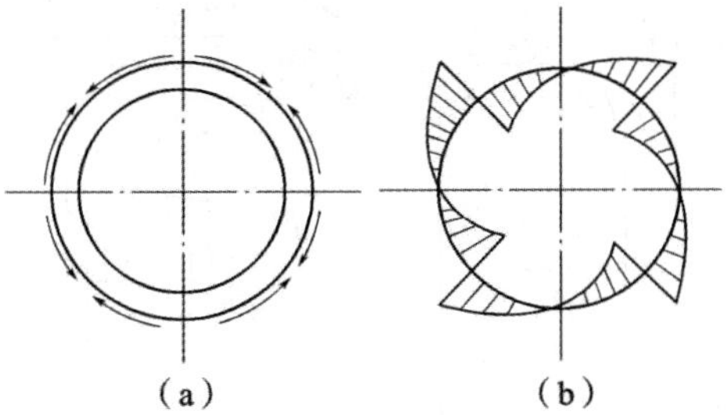

图 2.4.21　连接框承受自身平衡的剪流

(a)框承受自身平衡的载荷；(b)自身平衡剪流的分布

2. 桁梁式结构

桁梁式结构由桁条、纵梁和薄蒙皮组成，如图 2.4.22 所示。为了图示清楚起见，仅取桁梁式舱段的 1/4(见图 2.4.22 (a))。与分析梁式结构的方法一样，纵向集中载荷通过连接框作用在纵梁上，纵梁通过连接铆钉受剪将剪流传给蒙皮(见图 2.4.22 (c))。由于蒙皮薄，它的承压刚度比桁条小，故认为蒙皮只能承受剪切，不能承受轴向压力，桁条与前后连接框只沿铆缝

方向提供支反剪流，使蒙皮处于受力平衡状态。将桁条提供的支反剪流反向，并作用在分离体桁条上，就是蒙皮传给桁条的载荷(见图 2.4.22 (d))，与桁条相连的后连接框通过铆钉受剪，为桁条提供支反力，使之与载荷平衡。纵梁、蒙皮及桁条的内力分布如图2.4.22 (b)(c)(d)所示。

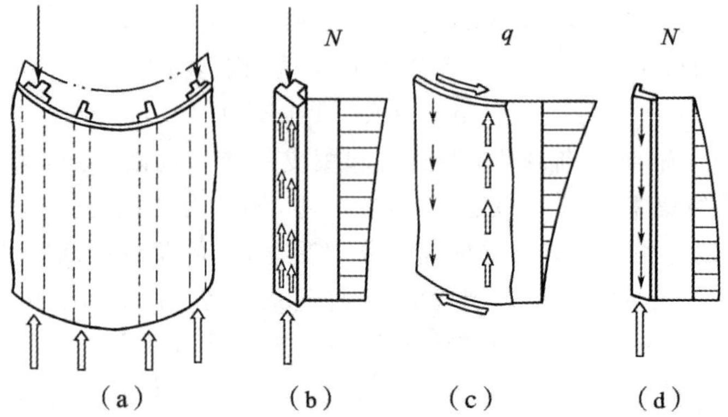

图 2.4.22　桁梁式结构的受载与传力

(a)桁架式舱段的受载；(b)纵梁的受力平衡；(c)蒙皮受剪；(d)桁条的受力平衡

由上述分析可见，桁梁式舱段中的桁条承受轴向力的作用。这里，集中载荷通过铆钉受剪由纵梁传给蒙皮，又由蒙皮传给桁条，使桁条逐渐参加承受轴向力。这种传力现象好像是力由纵梁通过铆钉扩散给了蒙皮和桁条，在一段距离后，梁与桁条上的应力基本相等，就认为力的扩散已均匀化了，这段距离称为扩散长度或均匀化长度。

3. 弹(箭)身纵向载荷的平衡

从横向载荷来看，可以认为弹(箭)身支持在翼面上。但从纵向载荷看，可看成支持在发动机架上，弹(箭)身的纵向载荷最终与发动机推力平衡，例如，某弹身的轴向内力分布如图 2.4.23 中阴影线所示。弹身尾部为发动机舱。

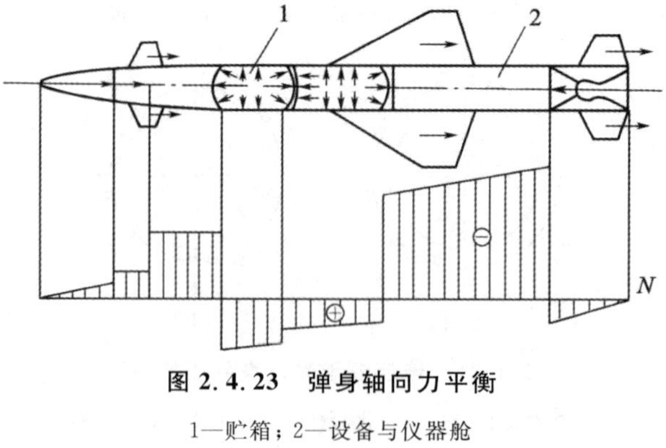

图 2.4.23　弹身轴向力平衡

1—贮箱；2—设备与仪器舱

2.5　结构的理想化与计算模型

从上一节的简要介绍可以看到，飞行器结构元件的种类虽然不多，但每种元件的受力情况及其在传力中的作用却很复杂。为了能对实际工程结构进行分析，就必须对所有影响计算的因素（载荷、几何形状、传力路线、材料特性等）进行分析，保留起主要作用的因素，略去次要因素，使结构简化，分析切实可行。我们称这一简化过程为结构的理想化。实际结构在理想化之后，就变换成另一种与原结构不尽相同但又保持了原结构在受力和传力过程中的基本和主要力学特征的另一种理想化了的结构，即计算模型。对实际结构作出正确的理想化，建立合理的计算模型，这是一项十分重要而又困难的工作。它之所以重要，是因为如果不加以理想化并建立简化的计算模型，计算就会十分困难，甚至无法进行。在现代飞行器结构日益复杂精巧的情况下尤其如此。理想化和建立模型的工作之所以困难，是因为计算模型的基本和主要力学特征（如刚度和强度的分布，应力和变形水平及其分布等）应该与原结构的相近，但模型的分析则要尽可能简单。另外，不同的载荷条件以及不同的分析内容，如静力分析、动力分析、稳定性分析和疲劳断裂分析等，都可能有不同的计算模型。特别是，在尚未对原结构进行分析或全尺寸试验时，原结构的基本力学特性并不十分清楚，要正确地建立计算模型就很困难了。因此，结构的理想化和计算模型的建立，更多地是依靠人们的实践经验，对以往采用的计算模型进行修正后获得。

本课程只讨论结构静力分析的原理和方法，因此，在本节中将针对静力分析扼要介绍建立薄壁结构计算模型的基本原则和方法，即建立由一些不同种类的理想化的元件组成的计算模型，其中每一类理想化的元件在受力和传力过程中的作用是单一的。这样的计算模型在给定载荷条件下的应力和变形状态以及它的传力途径，应与原结构在相同受载条件下的相同或相近。现在分别讨论上一节中介绍的各类元件的理想化（见图 2.5.1）。

1. 蒙皮

在结构作为一个整体的受力和传力过程中，蒙皮的主要作用是支承和传递由于剪切和扭转而引起的剪应力，同时它还部分支承和传递由于弯曲而引起的正应力。正应力主要由较强的长桁和突缘等纵向元件承担，蒙皮在这方面的作用是第二位的。因此，在对蒙皮进行理想化的时候，假设蒙皮只承受并传递剪应力。蒙皮实际上具有的承受并传递正应力的能力将人为地附加到纵向元件上去。

2. 长桁

长桁理想化为一根具有集中面积的杆，这是一根假想的杆，它的全部面积集中在蒙皮剖面内的一点上，没有高度，也没有宽度。在计算模型中，我们将用一个小圆来表示理想化的杆元件。理想化长桁的集中面积由两部分组成，即长桁的真实面积和蒙皮的有效面积。

前面已经提到，蒙皮实际上是能够承受并传递正应力的，但理想化的蒙皮却仅能承受并传递剪应力。为了使计算模型的力学特性与实际结构的相同或相近，应该把蒙皮承受正应力的能力附加到与蒙皮相连的长桁上去。附加面积可以这样计算：令所考虑的长桁面积为 A_{str}，它与左、右长桁的间距分别为 d_1 和 d_2（见图 2.5.2），蒙皮的厚度为 t 。于是，理想化长桁的集中面积为

$$A_{stre}=A_{str}+A_{ske} \tag{2.5.1}$$

式中，A_{ske} 为蒙皮的有效面积，$A_{ske}=\frac{1}{2}(d_1+d_2)t$。

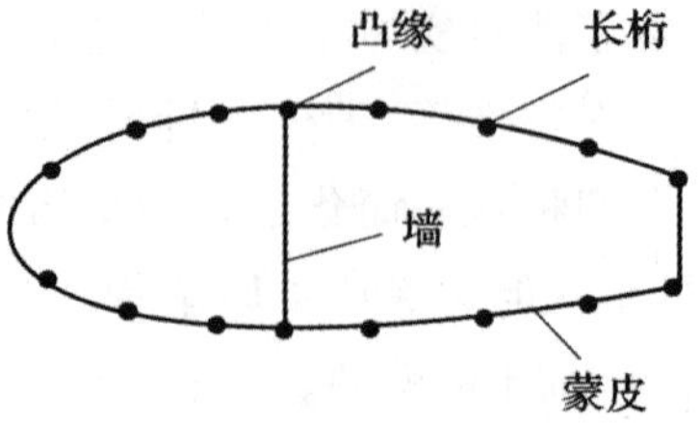

图 2.5.1 理想化的机翼剖面

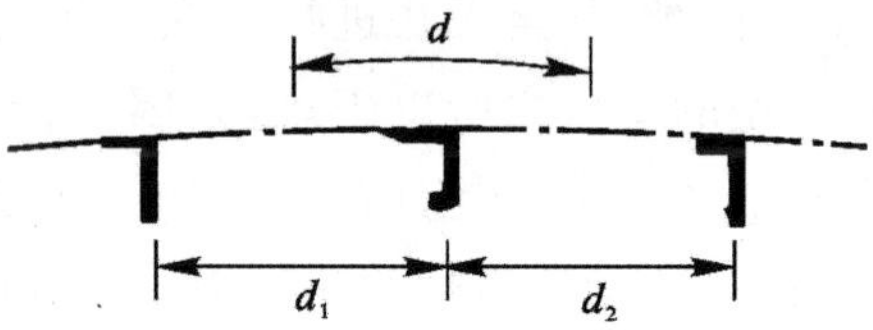

图 2.5.2 长桁有效面积

3. 翼梁

翼梁凸缘与长桁相似之处在于，它和长桁一样是主要的纵向加强件并和蒙皮相连，因此，在凸缘的有效面积中，除凸缘自身面积外，还应包括蒙皮的有效面积；它和长桁不同之处在于，凸缘除和蒙皮相连外，还和腹板连接，因此，在对凸缘理想化时，还应该把腹板承受弯曲正应力的能力折算成腹板的有效面积。于是，凸缘的有效面积为

$$A_{fe}=A_f+A_{ske}+A_{we} \tag{2.5.2}$$

式中，A_f 是凸缘自身的横截面积；A_{ske} 是蒙皮的有效面积，计算的方法和长桁一节中的相同；A_{we} 为翼梁腹板的有效面积。

现在讨论 A_{we} 的计算。图 2.5.3(a) 所示为翼梁的腹板，厚度为 t_w，高度为 h，剖面绕水平对称轴 x 的惯性矩为 $J_x=\frac{1}{12}t_w h^3$，在弯矩 M_w 的作用下，最大正应力为 $\sigma=\frac{M_w}{J_x}\cdot\frac{h}{2}=\frac{6M_w}{t_w h^2}$。现在将腹板理想化，使承受和传递弯矩(正应力)的能力由假想的两集中面积所替代，如图 2.5.3(b)所示。按理想化后剖面惯性矩不变的条件，可得理想化后的有效面积为

$$A_{we}=\frac{t_w h^3}{12}\Big/\frac{h^2}{2}=\frac{t_w h}{6} \tag{2.5.3}$$

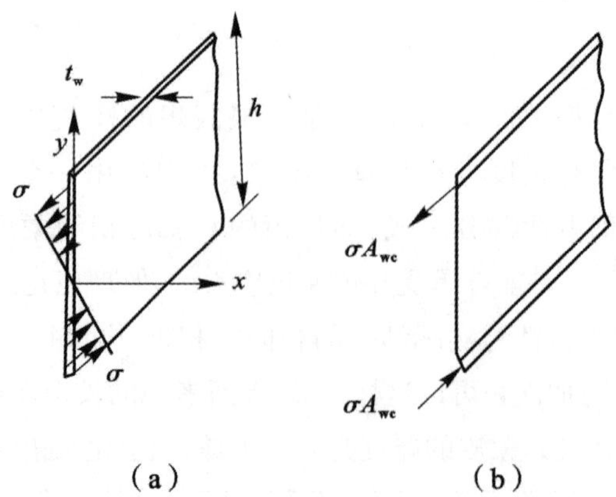

图 2.5.3 计算凸缘有效面积时腹板的理想化

这时，假想集中面积中的正应力为

$$\sigma = \frac{M_w}{hA_{we}} = \frac{6M_w}{t_w h^2} \tag{2.5.4}$$

与理想化以前原腹板中的最大正应力相同。

理想化后的腹板厚度仍为 t_w，但只承受和传递剪力，不再承受正应力。

4. 翼肋

翼肋从本质上讲也是梁，它的理想化与翼梁相似。加强翼肋一般布置有较强的缘条，进行理想化时，翼肋腹板只承受剪流，而把腹板承受正应力的能力折算到缘条上，则缘条的自身面积为 A_f，其余的有效面积计算都和翼梁相同，见式(2.5.2)，翼肋大多是薄板冲压件，通过弯边与蒙皮相连(见图 2.5.4)，把弯边视为缘条，$A_f = bt_r$，其中 b 为弯边的宽度，t_r 为翼肋的板厚。

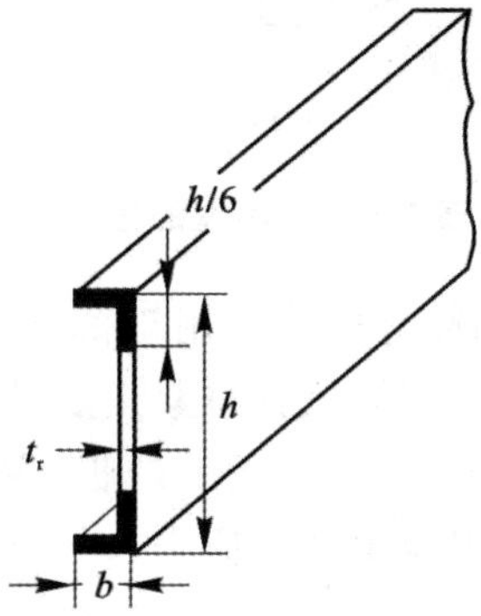

图 2.5.4　普通翼肋的理想化

在弹翼的理想化中，如果是大展弦比弹翼，往往把翼肋看成是绝对刚体，也就是在计算整个弹翼的变形能时，不计及翼肋的那部分变形能，认为翼肋的变形可以略去不计。如果是小展弦比弹翼，翼肋仍要作为弹性体来处理，在计算弹翼的变形能时，应把翼肋的变形能也考虑在内(见图2.5.5)。考虑或不考虑横向元件的弹性，会对纵向元件内应力分布(正应力和剪应力分布)有较大影响。只不过对于大展弦比弹翼，这种影响相对地比小展弦比弹翼情况下的要小得多。

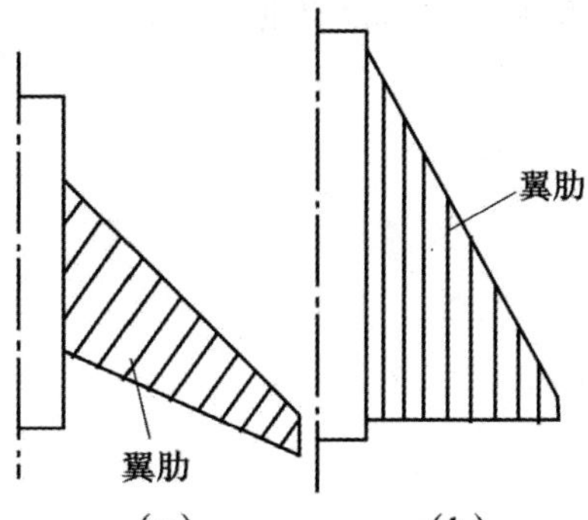

图 2.5.5　机翼的理想化

(a)大展弦比机翼；(b)小展弦比机翼

5. 隔框

弹身的蒙皮和纵向加强元件(长桁与桁梁)的理想化与弹翼相似，但隔框的理想化与翼肋却有较大差异。在计算模型中，隔框的理想化根据框的承力特点进行，以受剪、弯为主的框可理想化为框架或梁，以承受轴向力和传递剪流为主的壁板，可以用杆-板结构理想化。例如，把普通框理想化成环形框架，环形加强框可视为由若干直梁段构成（见图 2.5.6(a)），有时，隔框也可以理想化为框架-杆-板组合结构或纯粹的杆-板组合结构（见图 2.5.6 (b)(c)）。

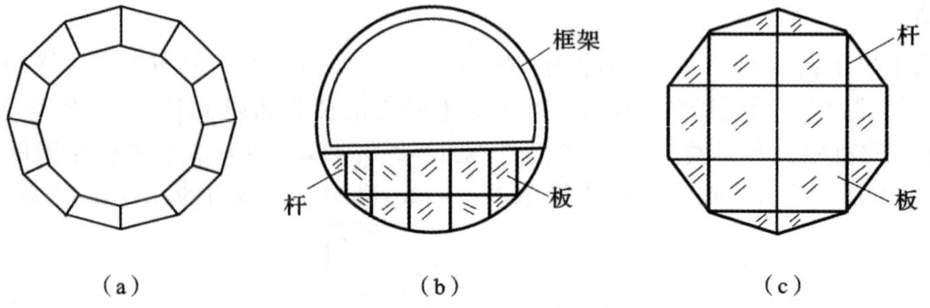

图 2.5.6　隔框的理想化

顺便说明一点，上述受剪板式的简化模型仅用于薄壁结构的常规静力计算。在进行结构屈曲和稳定性分析或断裂分析时，常把弹翼、弹身蒙皮及其加强元件（长桁等）构成的壁板理想化为加筋板，其中加强元件被称为筋条。加筋板上的板（蒙皮）将参与结构整体的拉伸、压缩、扭转和弯曲，即蒙皮不仅能够受剪，也能承受正应力。

习题与思考题

2.1　作用在飞行器结构上的载荷有哪些？

2.2　杆件、薄杆与薄壳结构的几何形状、承力、内力、变形各有什么特点？

2.3　结构传力分析的含义是什么？

2.4　简述结构传力分析的原理和方法。

2.5　建立结构力学分析模型有哪些基本依据？

第 3 章　结构的几何组成分析

结构是用来承受和传递外载荷的系统。一个结构通常是由若干个构件用某种方法联结而成的。它在承受载荷作用时，各构件只允许发生材料的弹性变形，而不应发生构件间相对的机械运动。结构要能承受载荷，其几何组成必须合理，即受力结构各元件之间不应发生相对的刚体移动，以保持结构原来的几何形状。

3.1　基本概念

在任意载荷作用下，如果不考虑元件弹性变形引起的结构几何形状的微小变化，保持结构原有几何形状不变的特性，称为结构的几何不变性。

一个结构系统（以下简称系统）在载荷作用下，按照其几何形状的可变性分为以下 3 种类型。

3.1.1　几何可变系统

系统受载后，在元件不产生弹性变形的情况下其几何形状就发生了显著的改变，称为几何可变系统，也称为“机构”。

图 3.1.1 所示系统为一种典型几何可变系统。该系统由 3 根杆子铰接而成，当有微小的外载 P 作用时，该系统的几何形状将发生巨大的变化，其变形趋势如图 3.1.1 中虚线所示，此变形并不会引起杆子的弹性变形，因此，杆子不会产生与外力平衡的内力。在这种情况下，只要没有其他阻碍，系统的形状就将继续变化下去，一直到倒伏在基础上为止。显然，几何可变系统在不产生弹性变形的情况下元件之间就发生相对的刚体位移，因此，它是不能受力的系统，它不能作为结构来使用，在结构设计时，必须避免这种情况。

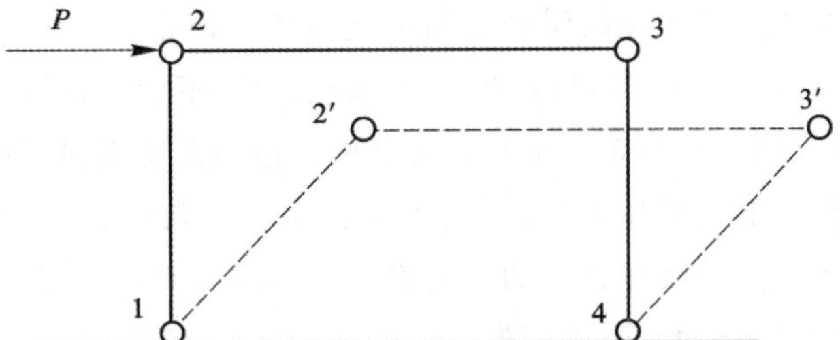

图 3.1.1　典型几何可变系统

3.1.2 几何不变系统

系统在受载后，由于各元件之间的互相牵连，将引起有关元件的弹性变形，其几何形状仅产生微小的变化，从而产生一定的内力与外载荷平衡，阻止了系统几何形状继续改变。这种系统能够承受任意方向的载荷，称为几何不变系统，也称为“结构”。

图 3.1.2 所示系统为一种典型几何不变系统。该系统由 4 根杆子铰接而成，当外载荷作用在系统上时，由于杆子 1—3 的作用，系统不能改变其几何形状，变形趋势如图 3.1.2 中虚线所示。这时，系统在外载 P 力作用下，1—3，2—3 及 3—4 杆均有弹性变形，因而引起内力与外载 P 相平衡。这时的系统发生变形，但这种变形由于受到元件刚性的限制，通常是微小的，不影响系统的正常使用。显然，几何不变系统受力时，其各元件之间不会发生相对的刚体位移，能保持原有的几何形状，它是能够受力的系统。

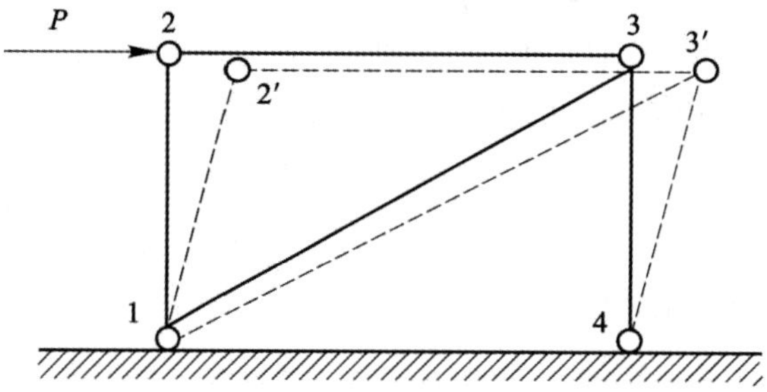

图 3.1.2 典型几何不变系统

3.1.3 瞬时几何可变系统

该系统介于几何可变与几何不变两种系统之间，系统受载后，先是发生比较明显的几何变形，而后由于变形引起系统内部各元件的相互限制，使形状不能继续改变下去。所以其在开始受力的“瞬时”是几何可变的，称为瞬时几何可变系统，简称瞬变系统。

图 3.1.3 所示系统为一种典型的瞬时几何可变系统。该系统也由 4 根杆子铰接而成，当外载 P 作用时，由于 1—2，2—5 杆均与外载 P 相垂直，故其不能阻碍结点沿水平线 2—3 方向的移动。所以在开始加力的瞬间，系统是几何可变的。但当系统有显著的变形后(见图 3.1.3 中虚线)，杆 1—2 和杆 2—5 会明显伸长，因此产生了阻止其继续变形的能力，不能像几何可变系统那样继续变形下去。所以瞬变系统的几何形状是不能任意改变的，这一点它与几何可变系统不同。另一方面在受载瞬时，由于元件微小的弹性变形，可以引起系统几何形状的显著变化，这又与几何不变系统不同。

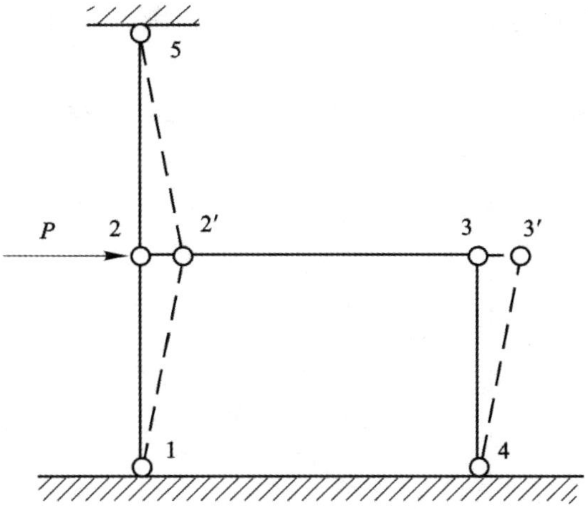

图 3.1.3　典型瞬时几何可变系统

因为瞬变系统开始受载时内力是巨大的，所以在结构布置时，是不允许采用瞬变系统来作为结构的。应避免由于元件安排不合理而出现的瞬变系统。

在任意载荷作用下，只有几何不变的结构才能承力和传力，反之只有能承力和传力的结构在任意载荷作用下才是几何不变的。这样，几何不变性就成为元件和构件的集合是否能够成为结构的重要判据。几何不变的结构，是结构力学的研究对象。

因此，几何组成分析的目的在于：

(1)判断系统是否为几何不变系统，以决定其能否作为结构使用；

(2)掌握几何不变结构的组成规律，便于设计出合理的结构；

(3)区分静定结构或超静定结构，以确定不同的计算方法。

3.2　几何不变性分析的运动学方法

将结构中的某些结点(或元件)看作自由体，将另一些元件(或结点)看作约束。如果没有足够的约束去消除自由度，系统就无法保持其原形。于是，可以从“自由度”与“约束”之间的关系中，引出判断结构几何不变性的准则。

所谓运动学方法，就是指这种引用“约束”和“自由度”的概念来判断系统几何不变性的方法。将结构中的构件看成是具有自由度的自由体，而将构件间的结点看成是约束装置(简称约束)，或者把结点看成是自由体，而将构件看成是约束。在一个系统中，若没有足够的约束去消除自由度，则系统一定是几何可变的；假若有足够的约束去消除自由度，而构件安排又合理，则系统是几何不变的。

3.2.1 自由度与约束

自由度的定义：决定一物体在某一坐标系中的位置所需要的独立变量的数目，称为物体的自由度，用 n 表示。

确定平面一个点 A 的位置需 2 个独立坐标 x_A,y_A，所以平面一个点的自由度 $n=2$（见图 3.2.1）。

确定空间一个点 A 的位置需 3 个独立坐标 x_A,y_A,z_A，则空间一个点的自由度 $n=3$（见图 3.2.2）。

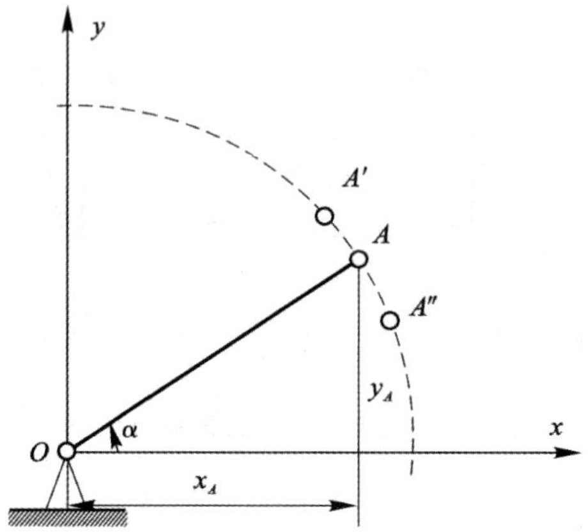

图 3.2.1　平面一个点(自由体)及一根杆(约束)

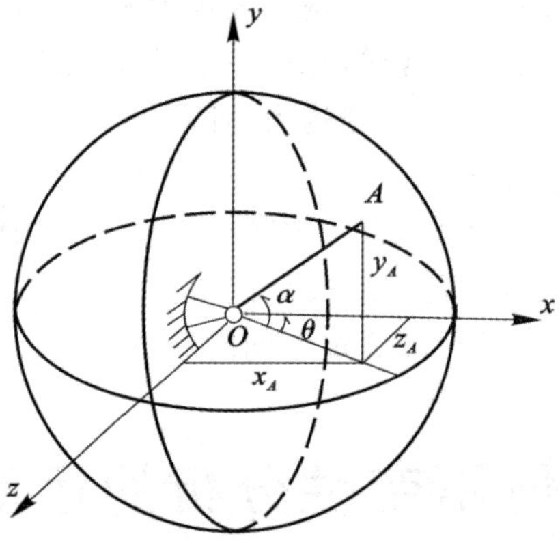

图 3.2.2　空间一个点(自由体)及一根杆(约束)

平面一根杆(或一刚片)具有 3 个自由度，2 个平动自由度和 1 个转动自由度：x_A,y_A,α（见图 3.2.3）。

空间一根杆具有 5 个自由度，3 个平动自由度和 2 个转动自由度：$x_A,y_A,z_A,\alpha,\theta$（见图 3.2.4）。

空间一刚体具有 6 个自由度，3 个平动自由度和 3 个转动自由度。一个平面刚性结点具有 3 个自由度；一个空间刚性结点具有 6 个自由度。

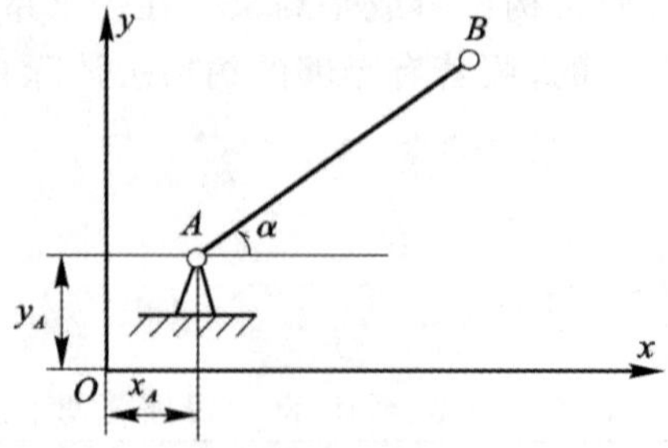

图 3.2.3　平面一根杆(自由休)及铰链(约束)

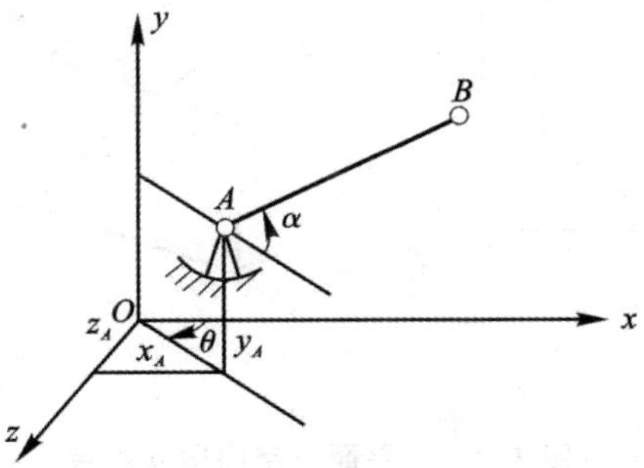

图 3.2.4　空间一根杆(自由体)及铰链(约束)

约束的定义：减少自由度的装置称为约束，用 c 表示。

约束是系统中构件之间或系统与基础之间的连接装置。

平面任一点 A 有 2 个自由度，如果用一根杆子将其铰接在平面坐标系的原点上(见图 3.2.1)，点 A 就不能在平面内任意移动，而仅能在杆端所画的圆周移动了。这时只需一个独立变量 x_A(y_A 或 α)就可确定其位置了，所以平面内一根两端具有铰链的杆子是一个约束，$c=1$。

空间任一点有 3 个自由度，如果用一个杆子将其铰接在空间坐标系原点上(见图 3.2.2)，这时点 A 也只能在以杆子为半径的球面上移动了，即仅需 2 个独立变量 θ 和 α 就可确定其位置了，可见空间系统中一根两端具有铰链的杆子也是一个约束，$c=1$。

平面中的铰链能消去 2 个自由度(2 个线位移)，但不能消除转动，因此，它相当于 2 个约束(见图 3.2.3)，$c=2$。

空间中的铰链能消去 3 个自由度，相当于 3 个约束(见图 3.2.4)，$c=3$。

连接两根杆(或刚片)的铰称为单铰，例如，如图 3.2.5 所示，平面 2 根杆本有 $2\times3=6$ 个自由度，用单铰连接后，只剩 4 个自由度(x_A，y_A，α，β)。故平面一单铰相当于 2 个约束，$c=6-4=2$。

连接两根以上杆(或刚片)的铰称为复铰，图 3.2.6 所示为一平面复铰，原 m 根杆的自由度 $n=3m$，用一铰连接后，剩余自由度为 m 个角度加上 2 个平移，约束数 $c=3m-(m+2)=2(m-1)$。

图 3.2.7 所示平面带铰刚盘，原 m 个铰点的自由度 $n=2m$，和刚盘连接后剩 3 个自由度，故约束数 $c=2m-3$。

图 3.2.8 所示的平面固支约束数 $c=3$，空间固支约束数 $c=6$。

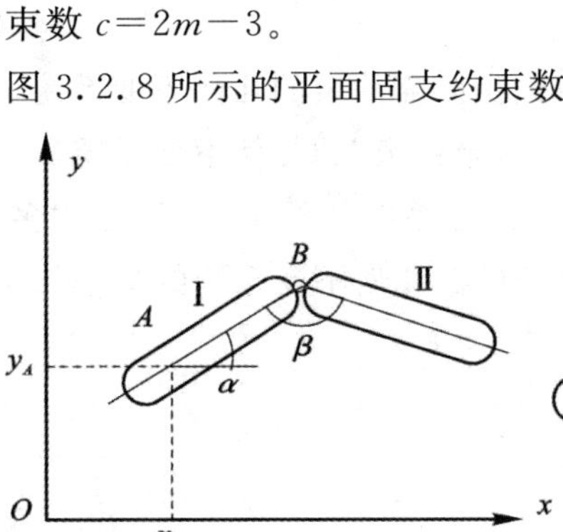

图 3.2.5　单铰

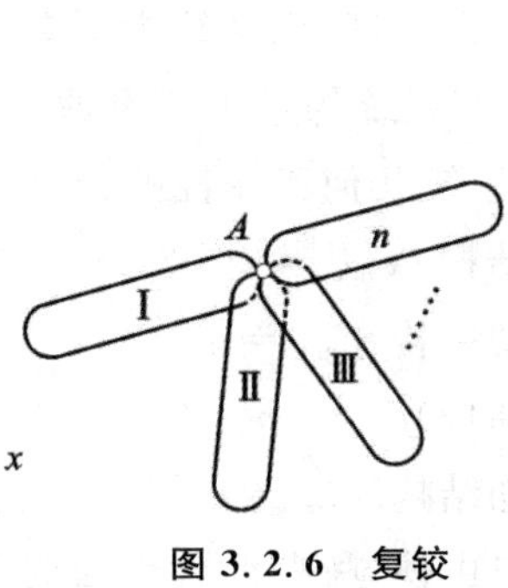

图 3.2.6　复铰

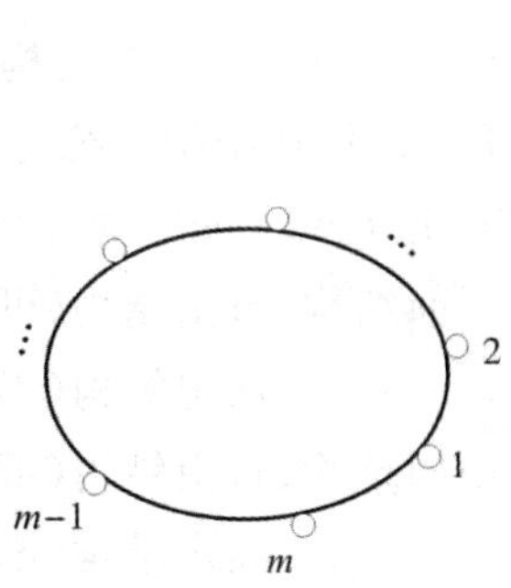

图 3.2.7　平面带铰刚盘

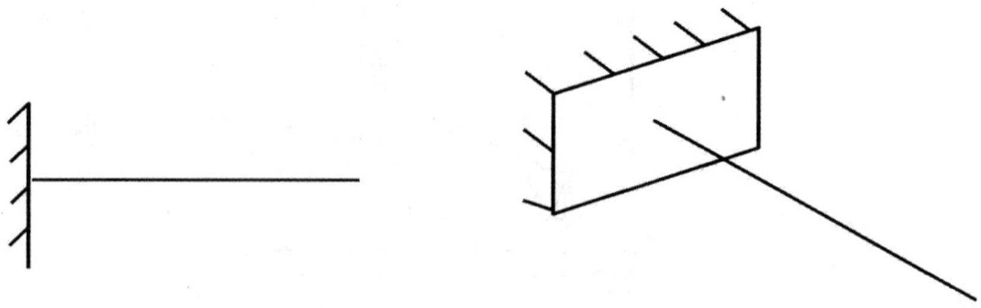

图 3.2.8　平面与空间固支约束

建立了自由度与约束的概念，就可以用来研究系统的几何不变性。要保证系统的几何不变性，就要求系统内自由体的约束数足以控制其自由度数。设系统的总自由度数为 n，总约束数为 c，则

(1)若 $c<n$，约束不足，则系统是几何可变系统。

(2)若 $c=n$，且构件安排合理，系统的约束正好能完全消除自由度，则系统是具有最少必需约束的几何不变系统。

(3)若 $c>n$，且构件安排也合理，则系统为具有“多余约束”的几何不变系统。所谓“多余约束”是指除去后系统仍是几何不变的那些约束。

可见，$c-n\geqslant 0$ 是组成几何不变系统的必要条件，而其充要条件还要考察系统的构件是否安排合理。

对于没有用支座连接于基础的可移动平面几何不变系统，该系统是自由的，有 3 个自由度；而可移动的空间几何不变系统，有 6 个自由度。因此，对于可移动的几何不变系统，自由度和约束数应符合下列关系。

平面结构：

(1)$c-(n-3)<0$，约束不足，因而是几何可变系统。

(2)$c-(n-3)=0$，且构件安排又合理，则系统是具有最少必需约束的几何不变系统。

(3)$c-(n-3)>0$，且构件安排也合理，则系统为具有“多余约束”的几何不变系统。

空间结构：

(1)$c-(n-6)<0$，约束不足，因而是几何可变系统。

(2)$c-(n-6)=0$，且构件安排又合理，则系统是具有最少必需约束的几何不变系统。

(3)$c-(n-6)>0$，且构件安排也合理，则系统为具有“多余约束”的几何不变系统。

用 $c_{\min}$ 描述结构系统为几何不变系统的最小约束数，f 描述系统的约束情况(也称多余约束数)，则 $f=c-c_{\min}\geqslant 0$ 为保证系统几何不变性的必要条件。几何不变系统的最小约束数：

平面结构：自由结构(可移动结构) $c_{\min}=n-3$；

固定结构(不可移动结构)$c_{\min}=n$。

空间结构：自由结构(可移动结构)$c_{\min}=n-6$；

固定结构(不可移动结构)$c_{\min}=n$ 。

至于将系统中哪些元件作为自由体，哪些元件作为约束，可以根据具体情况灵活运用。

例 3.1　图 3.2.9 所示为平面自由系统，分析系统的几何不变性。

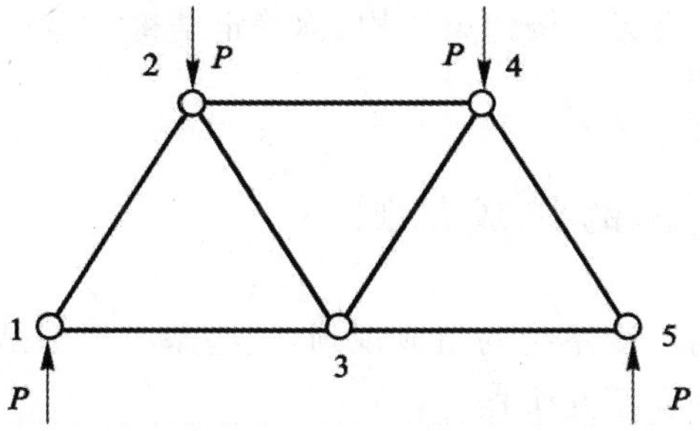

图 3.2.9　平面自由系统图

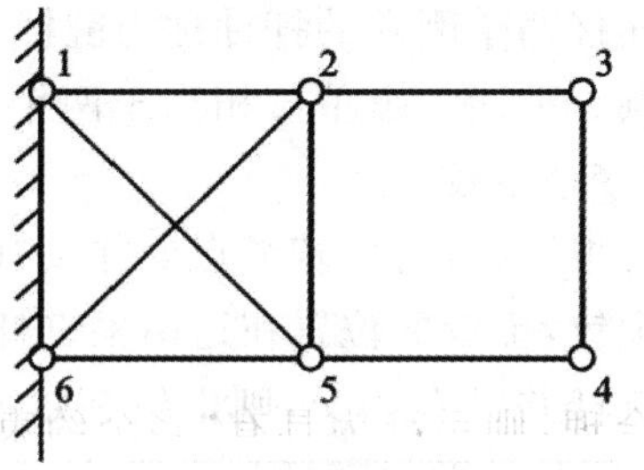

图 3.2.10　安排不合理系统

解　方法 1:将结点视为自由体,将杆件视为约束。

5 个结点,每个结点 2 个自由度,$n=5\times2=10$。

7 根杆,每根杆起一个约束作用,$c=7$。

平面自由结构,$c_{\min}=10-3=7$,$f=c-c_{\min}=7-7=0$,满足必要条件。

方法 2:将杆件视为自由体,将结点视为约束。

7 根杆,每根杆 3 个自由度,$n=7\times3=21$。

5 个结点,1,5 结点为单铰,各为 2 个约束;2,3 和 4 结点为复铰,2,4 结点各为 $2\times(3-1)=4$ 个约束,3 结点为 $2\times(4-1)=6$ 个约束,$c=2\times2+2\times4+6=18$。

平面自由结构,$c_{\min}=21-3=18$,$f=c-c_{\min}=18-18=0$,满足必要条件。

方法 2 与方法 1 结果一致,但方法 2 比方法 1 计算复杂,故推荐采用方法 1,即将结点视为自由体,杆件视为约束。

需要注意的是,$f\geqslant0$ 仅为系统几何不变的必要条件。

如图 3.2.10 所示系统,从总体上看,该系统有 4 个自由结点和 8 根杆,$f=8-2\times4=0$,虽然满足几何不变的必要条件,但从局部 2—3—4—5 部分来看,它缺少一个约束,是几何可变的,而局部 1—2—5—6 部分,是具有一个多余约束的几何不变部分,整个系统约束安排不合理,仍不能作为可承受任意载荷的几何不变结构。

几何不变系统的充分必要条件应是元件足够且安排合理。

要判断系统的几何不变性就必须满足以下条件:

1)检查系统是否满足 $f\geqslant0$,若不满足此条件,系统一定是几何可变的。

2)在满足条件 1)时,检查系统各元件布置是否合理,即系统中不允许有任何几何可变部分的出现。

几何不变结构中，$f=0$ 为无多余约束结构，称静定结构；$f>0$ 为有多余约束结构，称超静定结构。

3.2.2 几何不变体的组成规则

下面主要讨论平面几何不变系统的组成规则，这些基本规则是进行几何组成分析的基础。在进行几何组成分析之前先介绍几个概念。

刚片——几何形状不变的平面体，简称为刚片。在几何组成分析中，由于不考虑材料的弹性变形，一根杆件在平面中就可视为一个刚片；局部几何不变系统、基础也可看作是一个刚片。

链杆——一根两端用铰链连接两个刚片的杆件称为链杆。

实铰——定义为两杆的交点。平面一个单铰相当于两个约束，而一根链杆相当于一个约束，因而两根杆子的作用相当于一个单铰。

虚铰——如果两个刚片用两根链杆连接，若交点处并没有真正的铰，则称其为虚铰。连接两个刚片的两根链杆相当一个虚铰，虚铰的位置在这两根链杆的交点 O 处，如图 3.2.11(a)所示。如果连接两个刚片的两根链杆并没有相交，则虚铰在这两根链杆延长线的交点 O 处，如图 3.2.11(b)所示。若连接两个刚片的两根链杆是平行的，也可以认为它们相当于一个虚铰，只不过虚铰的位置在无穷远处，如图 3.2.11(c)所示。

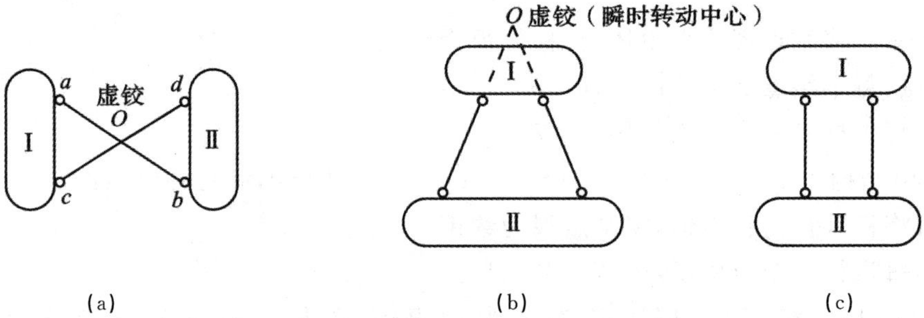

图 3.2.11　虚铰

【规则一】　三刚片规则：3 个刚片之间用不在同一直线上的铰（实铰或虚铰）两两相连，组成无多余约束的几何不变体系统（见图 3.2.12）。

图 3.2.12(a)所示铰接三角形，每一根杆件均视为一个刚片，每两个刚片间均用一个铰相连，以结点作为自由体，杆作为约束，显然其 $f=3-(6-3)=0$。假定刚片Ⅰ不动（可看成是基础），则刚片Ⅱ只能绕铰 A 转动，其上的 C 点只能在以 A 为圆心，以 AC 为半径的圆弧上运动；同理，刚片Ⅲ只能绕铰 B 转动，其上的 C 点又只能在以 B 为圆心，以 BC 为半径的圆弧上运动；但是刚片Ⅱ，Ⅲ又用 C 铰相连，铰 C 不可能同时以两个圆心沿不同的圆弧运动，因而只能在两个圆弧的交点处固定不动。于是各刚片之间不可能发生相对运动。因此，图 3.2.12(a)所示的系统是无多余约束、几何不变的基本平面桁架结构。

由三刚片规则可以得到以下结论：

1）三刚片由 3 个单铰两两相连，有一个无穷远虚铰，若另外两个铰心的连线与无穷远虚铰方向不平行，则为几何不变体系；若平行，为瞬变体系。如图 3.2.12(b)所示三刚片几何体，为几何不变体系。

2)三刚片由 3 个单铰两两相连，有两个无穷远虚铰，若两个无穷远虚铰方向不平行，则为几何不变体系；若平行，则为瞬变体系。

3)三刚片由 3 个单铰两两相连，有 3 个无穷远虚铰，则为瞬变体系。

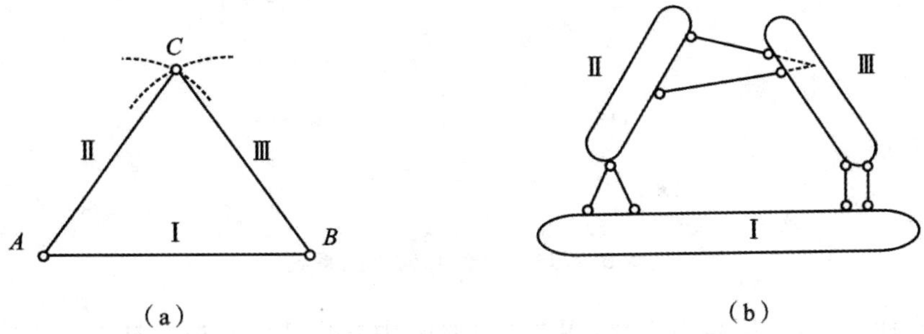

图 3.2.12　三刚片规则

【规则二】　两刚片规则：由三刚片规则，可以得出以下推论，两个刚片用一个铰和一根不通过此铰的链杆相连(见图 3.2.13(a))，或两个刚片用 3 根不全平行也不交于一点的链轩相连(见图 3.2.13(b)(c))，则组成无多余约束的几何不变体系。

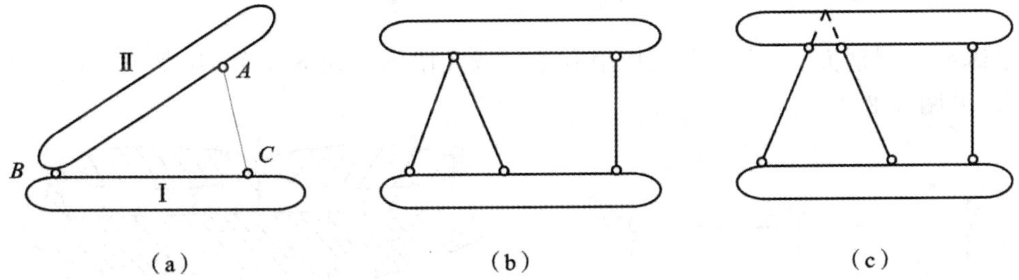

图 3.2.13　两刚片规则

【规则三】　二元体规则：一个刚片与一个点用两根不在同一直线上的链杆相连，则组成无多余约束的几何不变体(见图 3.2.14)。

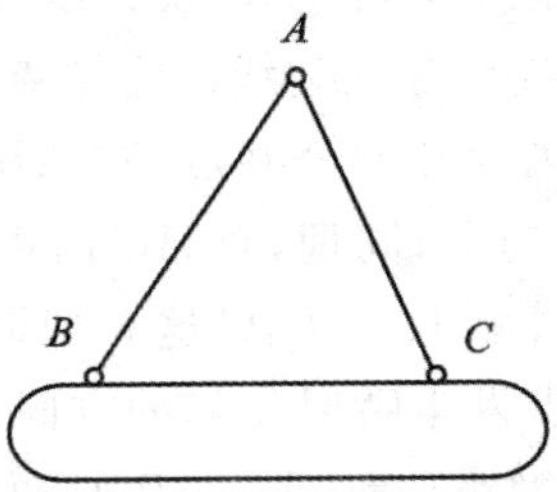

图 3.2.14　二元体规则

如图 3.2.14 所示，从支座或一铰接三角形开始，每增加一个结点，用两根不共线的链杆连接在一平面几何不变系统上，所形成的仍是平面几何不变系统。可以推论，用不在一平面的 3 根链杆将一个空间结点连接在基础上或一个刚体上，则所组成的是空间几何不变系统，如图 3.2.15 所示。

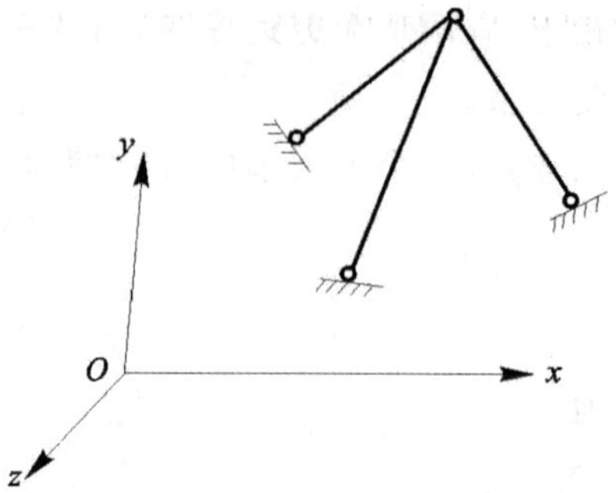

图 3.2.15　空间几何不变系统

将图 3.2.13(a)中杆子视为刚片，图 3.2.13(b)中先将其中左边 2 杆与下面刚片组合为一新刚片，同时将右边杆子视为刚片，图 3.2.13(c)中左边 2 杆视为虚铰，右边杆子视为刚片，图 3.2.14 中两根杆子均视为刚片，不难看出以上几种情况均可视为图 3.2.12 的特例，因此规则二和规则三也可以看作规则一的推论。

3.2.3　瞬变体系分析

瞬变体系的判别方法：若 3 个刚片用有限远或无限远共线的 3 个实(虚)铰相连，则系统为瞬变体系(见图 3.2.16)。

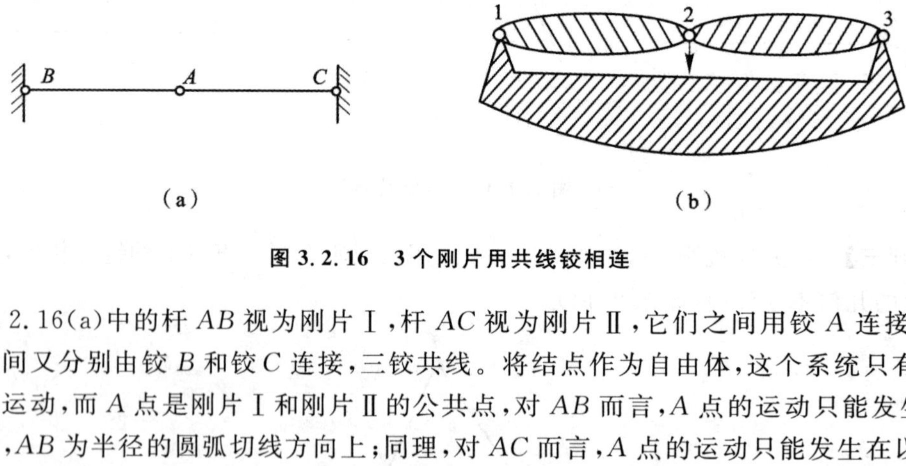

图 3.2.16　3 个刚片用共线铰相连

将 3.2.16(a)中的杆 AB 视为刚片Ⅰ，杆 AC 视为刚片Ⅱ，它们之间用铰 A 连接，两刚片与基础之间又分别由铰 B 和铰 C 连接，三铰共线。将结点作为自由体，这个系统只有 A 点有可能发生运动，而 A 点是刚片Ⅰ和刚片Ⅱ的公共点，对 AB 而言，A 点的运动只能发生在以 B 点为圆心，AB 为半径的圆弧切线方向上；同理，对 AC 而言，A 点的运动只能发生在以 C 点为圆心，AC 为半径的圆弧切线方向上；由于 A，B，C 这 3 点是共线的，以 AB，AC 为半径作圆，此 2 圆在 A 点恰有公切线，这正是 A 点发生瞬时位移的方向，A 点将沿此方向运动，即系统在这一瞬时是几何可变的。A 点经过一微小位移后，A，B，C 这 3 点不再共线，此时再分别以 B，C 为圆心，以 AB，AC 为半径作两个圆，已无公切线存在，A 点不可能再发生运动，这时系统变成了几何不变的。

如图 3.2.17(a)所示，刚片Ⅰ与刚片Ⅱ由 3 根平行且等长的杆件连接，刚片Ⅰ与刚片Ⅱ相对移动后，3 条链杆仍然相互平行，运动可以继续发生——几何可变系统。

如图 3.2.17(b)所示，刚片Ⅰ与刚片Ⅱ由 3 根平行但不等长的杆件连接，刚片Ⅰ与刚片Ⅱ可作微小相对移动，移动后 3 根杆就不再平行了——瞬变系统。

如图 3.2.17(c)所示，连接刚片Ⅰ与刚片Ⅱ的 3 根杆交于一点，两刚片可绕交点 O 转动，稍作转动后，3 根杆就不交于一点了，刚片不再继续移动下去——瞬变系统。

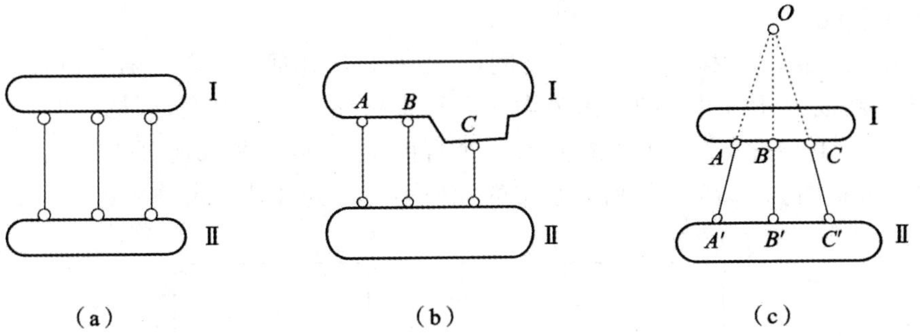

图 3.2.17　两刚片由 3 根杆相连

3.2.4　几何组成分析举例

结构的几何组成分析主要依据以上所述的基本规则，由于常见的结构比较复杂，刚片数往往超过 2 个或 3 个，在具体分析时往往会发生困难。因此，分析时必须将实际体系的刚片数进行简化，将所分析体系中某些刚片之间的联系符合上述规则的，先将它们合成一个大刚片，这样可使刚片数目减少，便于根据以上基本规则进行几何组成分析。

例 3.2　判断图 3.2.18(a)所示平面系统的几何不变性。

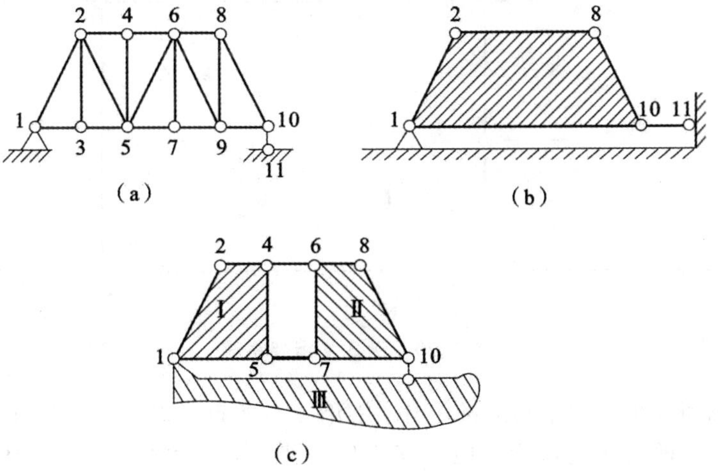

图 3.2.18　例 3.2 桁架系统

解　首先把结点看作自由体，把杆看作约束物，检查系统约束是否足够。因为自由结点数 $Y=9$，$2Y=18$，约束数、杆数 $C=18$，所以满足式 $C=2Y$，系统具有最少必需的约束数。

其次再检查约束安排是否合理。可以把杆 1—2 看作基础，逐次增加结点 3，4，…，7，8，9，10，每增加一个结点都是增加两根不共线的杆，这样组成的结构 1—2—8—10 是一个本身几何不变的自由结构。它相对于基础还有 3 个自由度，而铰 1 和杆 10—11 提供 3 个约束把它与基础相连，因此，系统是几何不变且不可移动的。

如果把杆 10—11 布置成水平的，如图 3.2.18(b)所示，则系统是瞬变的。我们可以把系统、杆 10—11 和基础分别看成 3 个刚片，它们用 3 个铰(1,10,11)互相连接，由于 3 个铰共线，故系统为瞬变系统。

如果把系统的杆 5—6 移到结点 7,8 之间，若把明显的几何不变部分看成刚片(见图 3.2.18(c))，则系统显然成为几何可变的。因为刚片Ⅰ与Ⅱ共有 6 个自由度，而把它们与基础Ⅲ相连的约束仅有 5 个(1 个铰 3 根杆)，系统还有 1 个自由度，所以它是几何可变的。

例 3.3　分析图 3.2.19 所示桁架系统的几何不变性并计算多余约束数 。

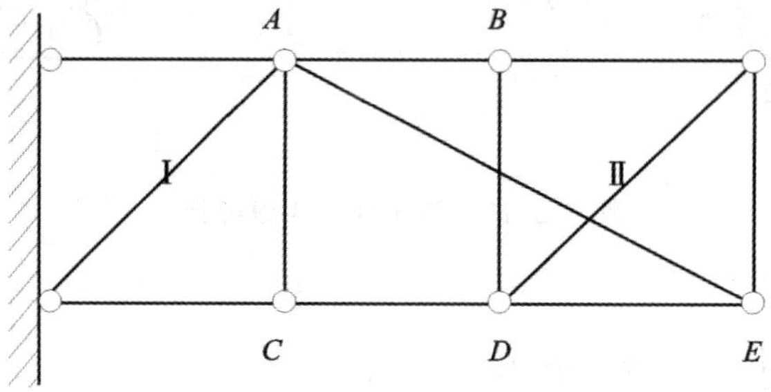

图 3.2.19　例 3.3 桁架系统

解　系统可视为 2 个无多余约束的刚盘Ⅰ和Ⅱ，用不平行且不交于一点的三杆连接(A—B 杆，A—E 杆，C—D 杆)，$f=0$，几何不变。

例 3.4　分析图 3.2.20 所示桁架系统的几何不变性并计算多余约束数 f。

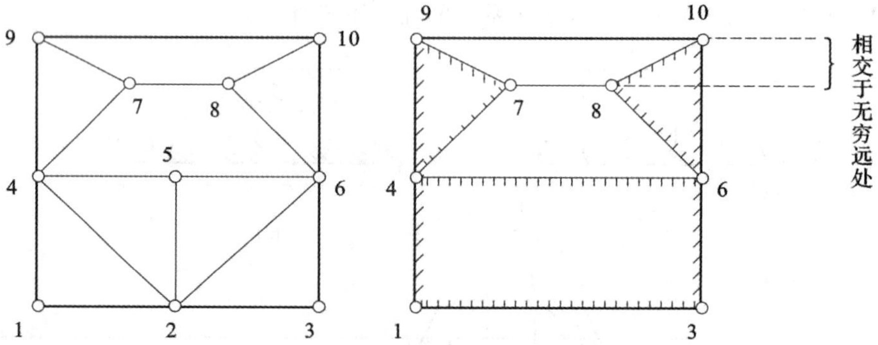

图 3.2.20　例 3.4 桁架系统

解　系统可视为 3 个无多余约束的刚片，由实铰 4，实铰 6 及杆 7—8，杆 9—10 组成的相交于无穷远处的虚铰两两相连，$f=0$，但 3 铰共线，瞬变系统。

在分析系统的组成是否合理时，可先设想一个组成的过程，从基础开始逐步进行检查。对于无基础相连的系统，可以将其中任一个元件看作基础，而将其他元件看作为此基础上的系统。如果没有不合理的约束，则系统是几何不变的。在分析时，对于几何不变性很明显的部分，可分别用刚片或刚体来代替。

对于空间桁架，分析系统组成是否合理的方法与平面系统类似，需注意以下几点：

(1) 空间桁架系统，每个结点有 3 个自由度，每杆一个约束，故每增加一个结点，需用 3 根不在同一平面中的杆连接；

(2) 无多余约束，几何不变的基本空间桁架结构，是图 3.2.21 所示的由 6 根杆组成的四面体；

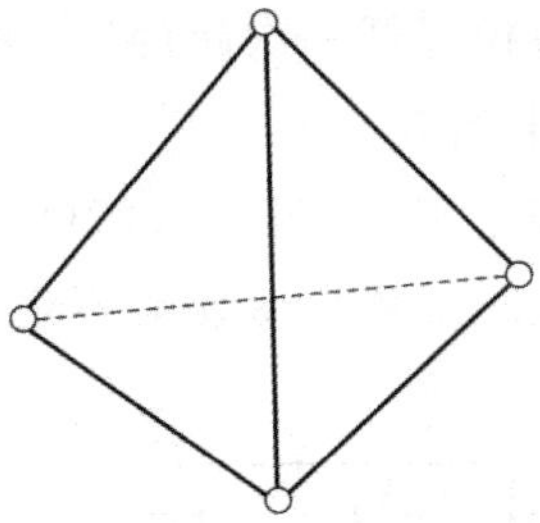

图 3.2.21　无多余约束的基本空间桁架结构

(3) 空间刚体的自由度数为 6，如要其不可移动，则必须用 6 根不在同一平面中的不通过同一轴线的杆固定到基础上。

例 3.5　如图 3.2.22 (a) 所示空间系统，用 6 根杆子固定一个机翼，试判断其几何不变性。

解　将机翼视为刚体，具有 6 个自由度，用 6 根杆子来固定就等于用了最少必须约束，$f=0$。

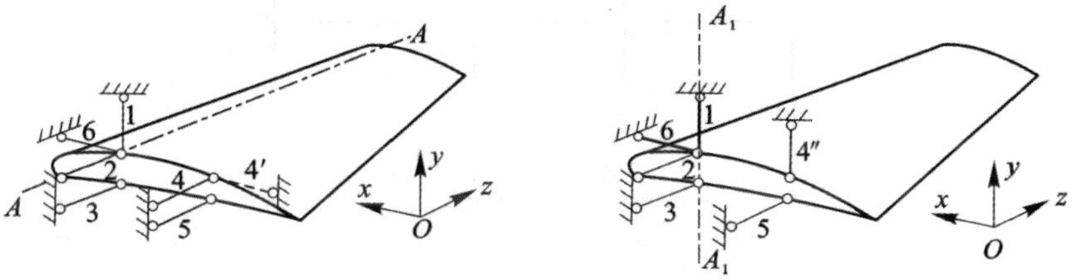

(a)　　　　(b)

图 3.2.22　例 3.5 空间系统图

图 3.2.22(a) 中杆 1、杆 2、杆 3 共面，杆 4、杆 6 也共面，此两平面有一交线 $A-A$，而另一杆 5 的延长线与 $A-A$ 轴平行，相当于在无限远处相交。不难看出，当机翼绕 $A-A$ 轴转动时，各杆均不能起约束作用，整个机翼有一绕 $A-A$ 轴转动的自由度，故此系统为几何可变系统。

如果将 3.2.22(a) 中杆子 4 沿 x 方向布置（见图 3.2.22(a) 中虚线），这时杆 $4'$、杆 6 仍在同一平面上，$A-A$ 线仍是杆 1、杆 2、杆 3 组成的平面与此平面的交线，机翼仍可绕此轴发生微小转动，开始时各杆仍不能起约束作用。当转动到一定限度时，杆 $4'$ 就会起约束作用了。所以该系统为瞬时可变系统。

如果将杆 4 沿 y 方向布置成 $4''$（见图 3.2.22(b)），这时杆 $4'$ 及杆 6 所在的平面与杆 1、杆 2、杆 3 所在的平面的交线就变为 A_1-A_1。而杆 5 轴线与 A_1-A_1 线既不平行也不相交，所以系统就成为几何不变系统了。

对于刚架结构，前述的各组成规则仍适用，同时，也可总结以下一些适应其刚架自身特点的规律：

(1) 以一杆为基础依次用固接结点连接各杆，组成无铰简单刚架，为静定的；

(2) 平面刚架每闭合一次增加 3 次静不定，空间刚架每闭合一次增加 6 次静不定；

(3)往闭合刚架中每增加一个单铰降低一次超静定，每增加一个复杂铰(连接多根杆子的铰)降低 $m-1$(m 为所连接杆数)次超静定。

例如，图 3.2.23 (a)所示为一静定刚架，图 3.2.23(b)所示为 $f=4\times3=12$ 次静不定的刚架，图 3.2.23 (c)所示为 $f=9-2\times1-2\times2=3$ 次静不定的刚架。

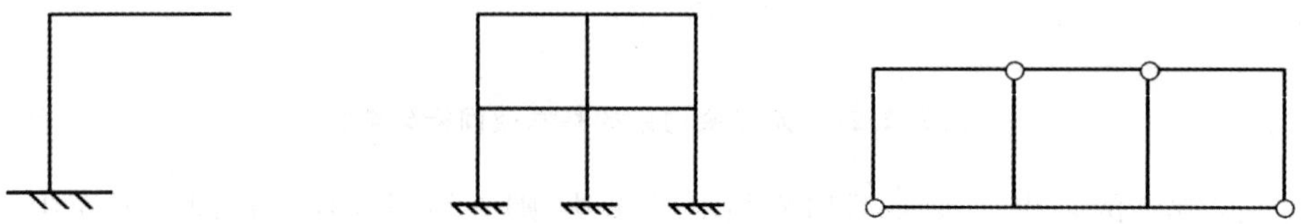

(a)　　(b)　　(c)

图 3.2.23　刚架系统图

例 3.6　分析图 3.2.24 所示刚架系统的几何不变性并计算多余约束数。

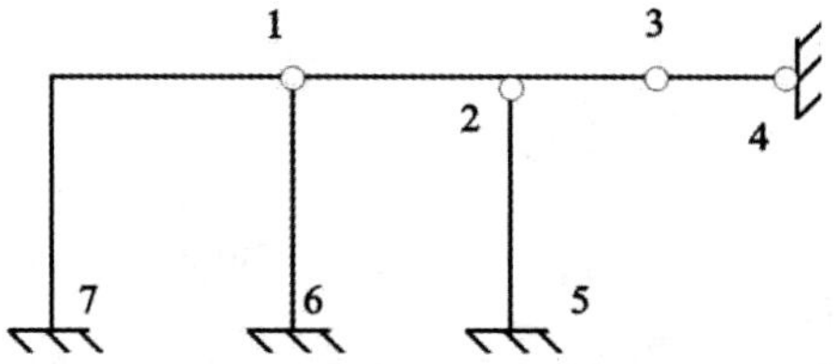

图 3.2.24　例 3.6 刚架系统图

解　(1)计算多余约束数：设想如果所有铰接处均为刚接，则系统变为一封闭 3 次的刚架，此时 $f=9$，而原系统的铰 1 为一连接 3 根杆的复杂铰，降低 $3-1=2$ 次超静定，铰 2，铰 3，铰 4 均为单铰，各降低 1 次超静定，所以原系统 $f=9-2-1-1-1=4$ 次。

(2)分析几何不变性：从 1—7 杆分析起，此杆为连接在基础上的静定刚架，在此基础上加 1—6 杆，仍为几何不变，1—7—6 可视为一几何不变的刚片，如无 2—5 杆，1，3，4 这 3 个结点共线，为局部瞬时可变，加 2—5 杆后，显然可承受纵向力，为几何不变。

3.3　几何不变性分析的静力学方法

判断几何不变性的另一有效方法是平衡计算，即静力学方法。结构是通过它各元件的内力来平衡(传递)外载荷的，只有几何不变的结构才能承力和传力；反之，只有承力和传力的结构才是几何不变的。所谓静力学方法，就是通过检查系统是否能够提供有限大的内力来平衡给定的外载荷，间接地检查系统是否几何不变。

图 3.3.1(a)所示杆 AC(刚片 Ⅰ)、杆 CB(刚片 Ⅱ)及基础(刚片 Ⅲ)两两相连，3 铰 A，B，C 在一直线上。此时 C 点位于以 AC，BC 为半径的两圆弧的公切线上，故在这一瞬时，C 点可沿此公切线作微小的移动，但在发生微小位移后，3 铰就不再位于一直线上了，因此这种体系也

是瞬变系统。

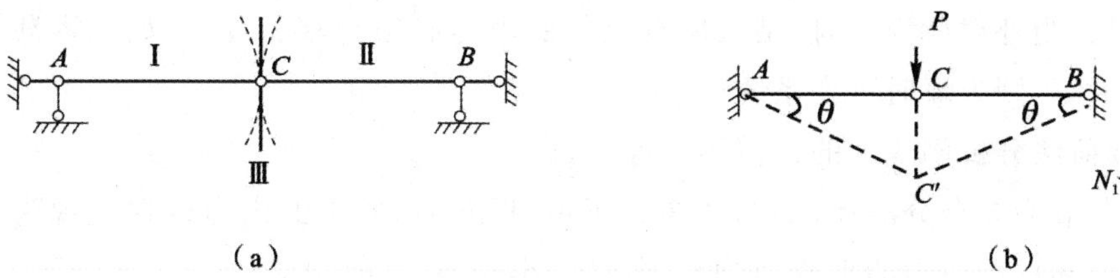

图 3.3.1　瞬变系统

虽然瞬变系统只在某一瞬时产生微小位移，随即成为几何不变的，但是，进一步考察其受力情况，可发现瞬变系统在受力时会产生显著的位移和相当大的内力。如图 3.3.1(b)所示，在 P 力作用下，C 点发生一垂直方向的微小位移到 C' 点，由结点 C 的平衡条件，得

$$\sum X = 0, \quad -N_1\cos\theta + N_2\cos\theta = 0 \tag{3.3.1}$$

$$\sum y = 0, \quad -P + N_1\sin\theta + N_2\sin\theta = 0 \tag{3.3.2}$$

解得

$$N_1 = N_2 = N \tag{3.3.3}$$

$$N = \frac{P}{2\sin\theta} \tag{3.3.4}$$

由上式可见，θ 角越大，相同载荷 P 所引起的内力就越小；反之，θ 角越小，相同载荷 P 所引起的内力就越大。当 $\theta=0$ 时，$N\to\infty$，表明在 θ 很小的情况下，系统无法提供有限大的内力来平衡外载荷；在很大的情况下，杆的伸长变形也很大，系统的弹性变形会使 θ 增大而 N 减小。这就是说，在施加 P 的瞬间，系统无法提供足够的内力平衡外力，因而产生很大的几何变形，但在几何变形达到一定值时，系统的内力可以与外力平衡，几何变形不再扩大，根据前面定义，属于瞬变系统。

再进一步讨论检查几何不变性的静力学方法。以平面桁架为例，当将杆视为约束，结点视为自由度时，每根杆与 1 个约束相当，有 1 个未知力。每个结点有 2 个自由度，对应每个自由度可以建立 1 个静力平衡方程。这样，如果总的约束数等于总自由度数，即总的未知力数与总的平衡方程数相等，这是内力有唯一解的必要条件，其充分条件是所有静力平衡方程为线性独立(线性不相关)的。

满足内力唯一解的充分必要条件，是静定结构，结构是几何不变且不可移动的。

如果约束数少于自由度数，即未知力数少于平衡方程数，无内力解，系统是几何可变或可移动的。

如果约束数多于自由度数，即未知力数多于平衡方程数，有无穷多解，为超静定系统，建立附加的条件后可获得内力的唯一解。

如对图 3.3.1 系统 $\theta=0$ 情况直接列平衡方程，显然，由 Y 向平衡条件，只能有 $P=0$，即此时系统是不能承载的。我们还可看出，对于 $\theta=0$ 的情况，当外力为零时，$N_1=N_2=N$ 为任何值时其 x 方向平衡条件均能满足；对于 $\theta\neq0$ 的情况，当外力为零时，$N_1=N_2$ 只能为零。由此可以引出一个瞬时可变系统的判别方法——零载荷法：

对于静定结构，当外载荷为零时，结构所有元件的内力必须为零。反之，如在零载下系统元件的内力不全为零，则为瞬时可变系统。

例 3.7 零载荷法分析例 3.4 的几何不变性。

解 将桁架分成为 3 个分离体，如图 3.3.2 所示，拆开后，原来的内力现在表现为外力的形式。根据作用力和反作用力的平衡，它们应各自大小相等，方向相反。

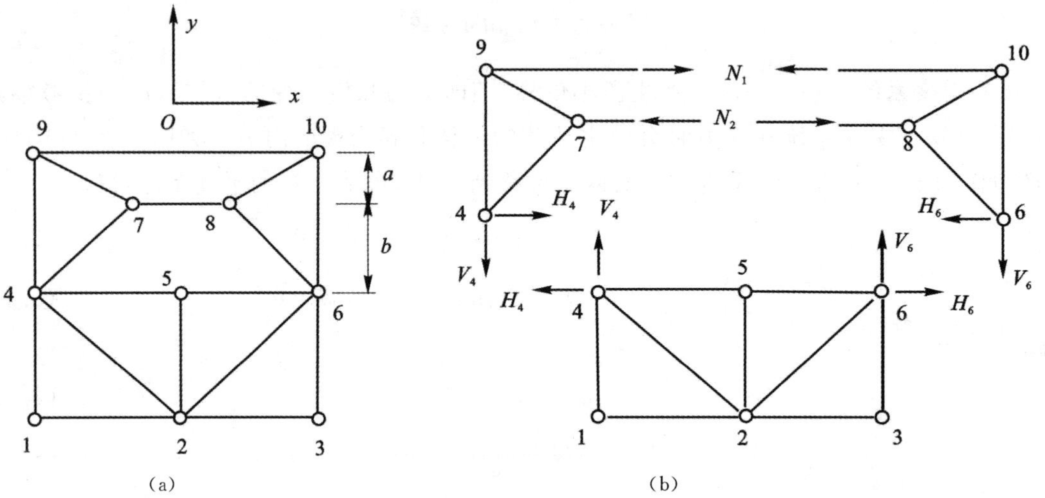

图 **3.3.2** 分离系统

由底部桁架部分可以建立 3 个平衡方程，即

$$\sum F_x = 0, \quad \sum F_y = 0, \quad \sum M = 0 \tag{3.3.5}$$

由此可得

$$H_4 = H_6, \quad V_4 = -V_6 \tag{3.3.6}$$

再分析桁架的左上部分，由平衡条件 $\sum M_7 = 0$，可得

$$N_1 = H_4 \frac{b}{a} \tag{3.3.7}$$

再由平衡条件 $\sum F_x = 0$，可得

$$N_2 = N_1 + H_4 = H_4 \frac{a+b}{a} \tag{3.3.8}$$

可以看出，在零载荷的情况下，$H_4 = H_6$ 是任意值均能保持平衡，因此，系统为瞬时可变的。

由例 3.7 可见，用静力学方法检查系统的几何不变性时，需要进行内力分析。实际上，内力分析与几何不变性是同步进行的，有关静定结构内力的分析方法，将在下一章中详细讨论。

运动学方法适用于较为简单的结构，静力学方法则可以适用于复杂的结构。

习题与思考题

3.1　分析图 E3.1 所示平面桁架的几何不变性，计算系统的多余约束数。

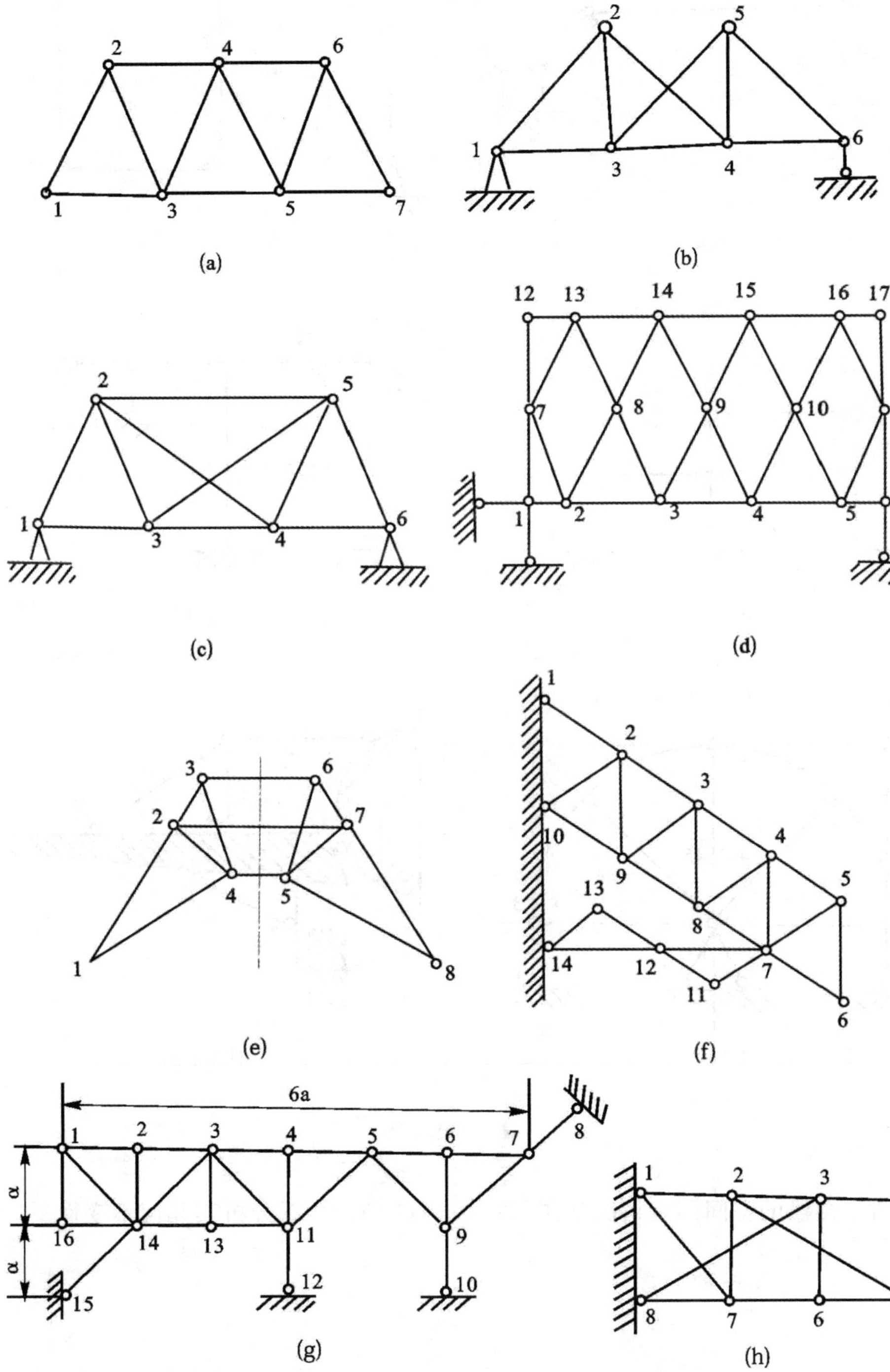

图　E3.1

3.2 分析图 E3.2 所示平面刚架和混合杆系的几何不变性，计算系统的多余约束数。

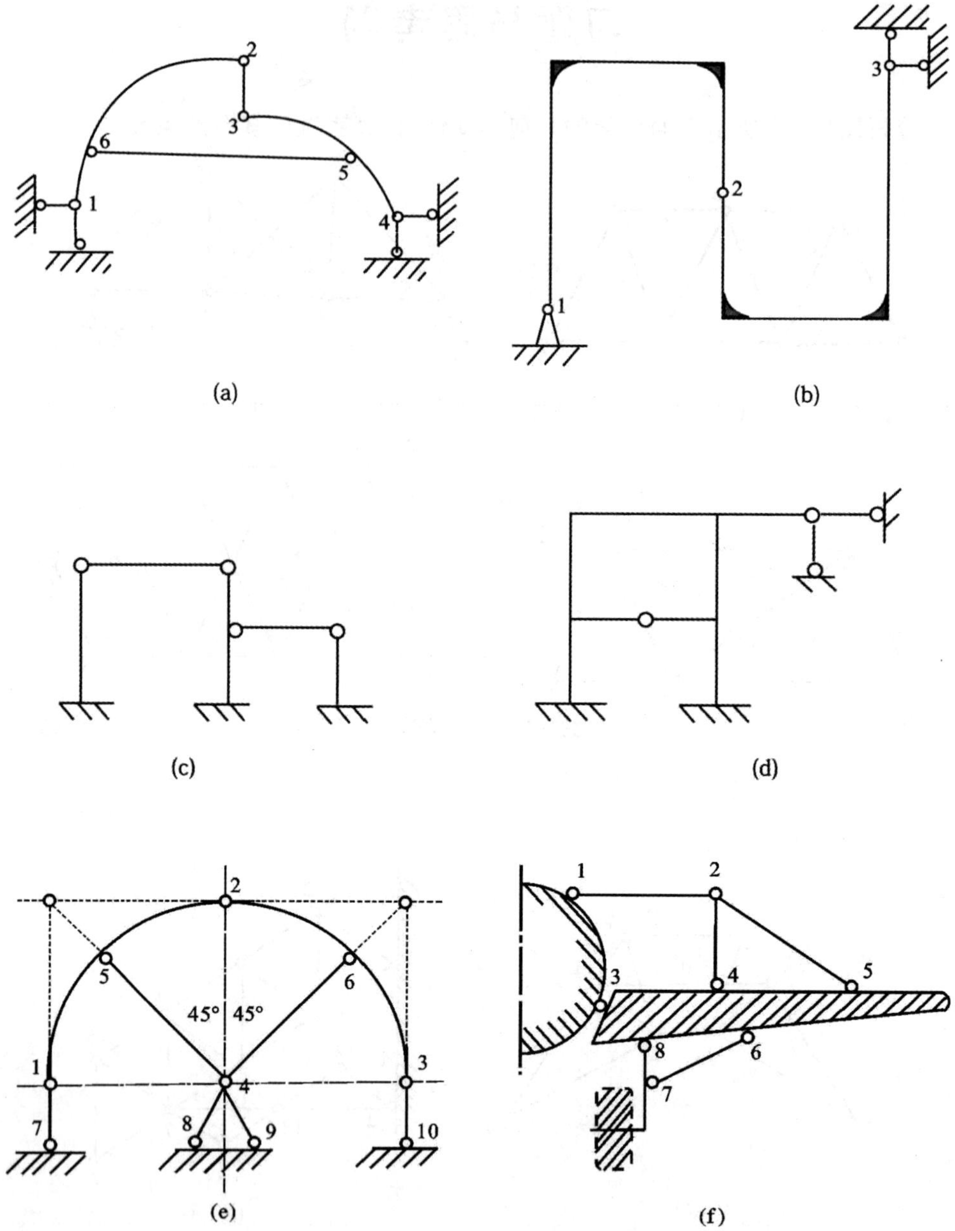

图 E3.2

3.3 两个盒段的空间固定情况如图 E3.3 (a)(b)所示，试分析其几何不变性。

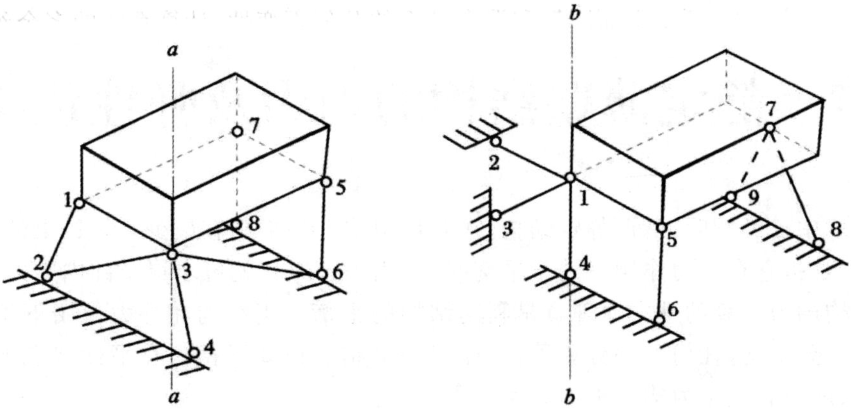

(a)　　　　(b)

图　E3.3

第 4 章　静定薄壁结构的内力及弹性位移分析

在第 3 章中已经阐明，所谓静定结构，在几何组成上是指具有最少必需约束的几何不变系统；在力学上是指它在外力作用下处于平衡时，只用平衡方程就可求得全部内力的系统。

静定结构内力计算的基本原理就是利用结构的平衡。当结构在外力作用下处于平衡时，结构在整体上要平衡，任何一部分要平衡，任何一个结点也要平衡。在平衡状态下，作用在结构上的外力、内力和支反力构成平衡力系。

静定结构是工程上经常采用的，研究它的内力的计算方法，不仅在工程设计中有现实意义，而且也为求解静不定结构打下基础。

4.1　静定桁架的内力计算

桁架是由某些杆系结构经过简化而得到的计算模型，其有下述几个特点。

(1)各元件均为直杆；

(2)各杆两端均用没有摩擦的理想铰链相连接；

(3)杆的轴线通过铰心，称铰心为桁架的结点；

(4)载荷和支座反力仅作用在各结点上。

由于理想铰链没有摩擦力，故不能传递力矩。显然，在载荷仅作用在结点上时，若不计杆的自重，各杆都只受到两端结点的作用力，且在此二力作用下处于平衡。因此，桁架的杆件均为“二力杆”，即杆两端受到大小相等、方向相反、沿着杆轴线的两个力作用。杆的横截面上只有轴力，这些轴力就是所要计算的桁架内力。

静定桁架是一种没有多余约束的结构，它的内力计算，原则上只要把桁架分解为若干自由体(结点)和约束(杆)，用未知力代替约束的作用，对所有的自由体列出全部静力平衡方程式，所得方程式数与包含的未知力数相等。由于结构是几何不变的，方程组有唯一解，解这联立方程组就可得到静定桁架的内力。但在工程实际中，往往可以运用下述两种方法：结点法和截面法。

4.1.1　结点法

结点法是取单个结点作为自由体，用未知力代替与结点相连的杆的约束。这样，结点就在作用于其上的外力和未知力共同作用下处于平衡。由于这些力交于结点，是共点力系，运用共点力系的平衡条件，就可求出结点上的未知力。

为了便于计算，应该按一定的顺序来分离结点。对于平面桁架，一个结点可列出两个平衡方程，应该先从只有两个未知力的结点开始，然后逐次转到只剩下两个未知力的结点上去。对于空间桁架，一个结点可列出 3 个平衡方程，则应该先从只有 3 个未知力的结点开始，然后再逐次转到只剩下 3 个未知力的结点上去。

为了防止在列平衡方程时内力发生正、负号错误，通常假设杆中的未知内力都是拉力，即内力箭头背离结点。用 N_{i-j} 表示，i 表示力的作用点，j 表示力作用线方向。如果求出的未知力是正号，表示未知力的方向与假设方向相同，未知力是拉力。如为负值，则表示其方向与假设方向相反，是压力。

在用结点法解桁架时，可利用按结点平衡条件得到的零力杆的结果，先判断零力杆，以减少计算量。

零力杆的判断：

(1)一个平面结点只与两杆相连，若没有载荷作用，且两杆不共线，则该两杆此端的杆力必为零。如图 4.1.1 中的结点 4，$N_{4-3}=N_{4-5}=0$。

(2)一个平面结点与 3 根杆相连，且其中两杆共线，当结点没有外力作用时，则不共线的第三杆此端的轴力必为零。如图 4.1.1 中的结点 6，$N_{6-1}=0$。

(3)一个空间结点只与不共面的 3 根杆相连，当结点无外力作用时，则此 3 杆在该端的轴力必为零。

(4)一个空间结点与 n 根杆相连，其中有 $n-1$ 根杆在一平面内，当结点无外力作用时，则不共面的“孤立杆”端轴力必为零。

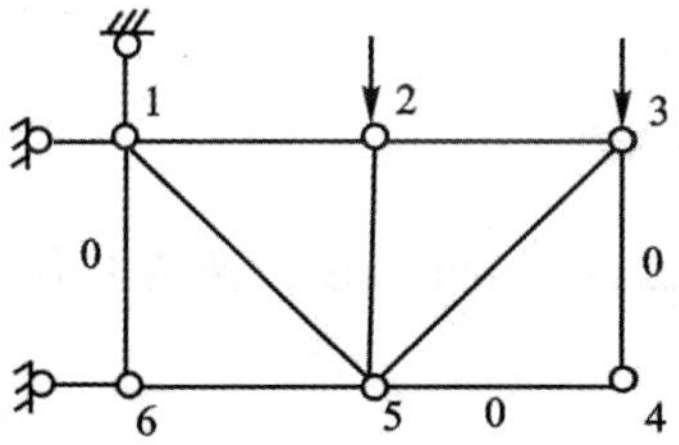

图 4.1.1　零力杆的判断

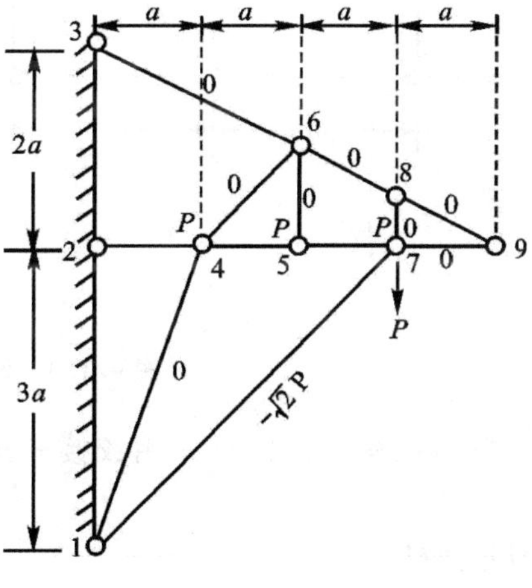

图 4.1.2　例 4.1 桁架内力

例 4.1　求图 4.1.2 所示桁架的内力。

解　(1)判断结构的静定性。用逐次连接结点的方法，每增加一个结点，用两根不共线的杆相连接，可得到静定的平面桁架。可判定该桁架是静定结构。

(2)判断零力杆。利用前面的结论可知，结点 9 只连接不共线的二杆，且无结点载荷，故杆 7—9、杆 8—9 均为零力杆。对于结点 8，因为已知杆 8—9 内力为零，所以结点 8 也相当只连接不共线的二杆的结点，且无外载荷，所以杆 7—8、杆 6—8 也是零力杆。而结点 5，有 3 杆相连，杆 4—5 杆 5—7 共线，故杆 5—6 为零力杆。同理杆 1—4、杆 4—6 和杆 3—6 也是零力杆。判断出零力杆后，计算将大为简化。

(3)取结点 7 的平衡，可求杆轴力 N_{7-1} 和 N_{7-5}。

由 $\sum F_y=0$，$N_{7-1}\cos45^\circ+P=0$，得 $N_{7-1}=-\sqrt{2}P$；

由 $\sum F_x = 0, N_{7-5} + N_{7-1}\cos 45^\circ = 0$，得 $N_{7-5} = P$；

再分别由结点 5,4 的平衡，得 $N_{4-2} = N_{5-4} = P$。

4.1.2 截面法

截面法就是用一适当的截面，将桁架的一部分切出作为分离体，用未知力代替所切断的杆的约束作用。分离体在外载荷和未知力作用下处于平衡，利用平衡方程就可求出这些未知力。对于平面问题，分离体的平衡可列出 3 个独立平衡方程；对于空间问题，分离体的平衡可列出 6 个独立平衡方程。如果取分离体时所切断的杆子数刚好等于平衡方程数，则未知力即可求出。

例 4.2 求图 4.1.3(a)所示桁架的内力。

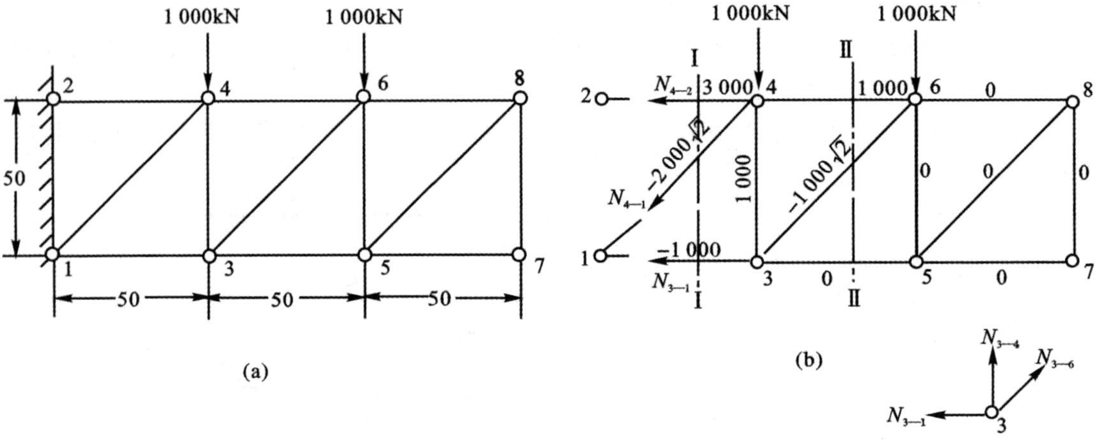

图 4.1.3 例 4.2 桁架内力

解 (1)判断结构的静定性。用铰接三角形组成法规则，可知该桁架为几何不变的静定桁架。

(2)判断零力杆。

结点 7：由不共线的两杆连接，又没有结点外力，因此 $N_{7-5} = N_{7-8} = 0$；

结点 8：利用结点 7 的结论，可知 $N_{8-5} = N_{8-6} = 0$；

结点 5：利用结点 7 和结点 8 的结论，可知 $N_{5-3} = N_{5-6} = 0$。

(3)利用截面 I—I 将桁架右边部分切出作分离体，设被切断杆的未知轴力为 N_{4-2}，N_{4-1} 和 N_{3-1}，如图 4.1.3(b)所示。

由分离体的平衡，得

$\sum M_1 = 0$， $N_{4-2} \times 50 - 1\,000 \times 50 - 1\,000 \times 100 = 0$

$N_{4-2} = 1\,000 \times 150/50 = 3\,000\text{kN}$ (拉力)

$\sum M_4 = 0$， $N_{3-1} \times 50 + 1\,000 \times 50 = 0$

$N_{3-1} = -1\,000 \times 50/50 = -1\,000\text{kN}$ (压力)

$\sum F_y = 0$， $N_{4-1}\cos 45^\circ + 1\,000 + 1\,000 = 0$

$$N_{4-1}=-2\ 000\sqrt{2}\,\text{kN}\ (\text{压力})$$

(4)同理,利用截面Ⅱ－Ⅱ将桁架 右边部分切出作分离体,可得杆轴力

$$N_{6-4}=1\ 000\text{kN}\ (\text{拉力})$$

$$N_{6-3}=-1\ 000\sqrt{2}\,\text{kN}\ (\text{压力})$$

(5)由结点 3 的平衡,得

$$\sum F_y=0,\qquad N_{3-4}+N_{3-6}\cos 45^\circ=0$$

$$N_{3-4}=-\left(-1\ 000\times\sqrt{2}\times\frac{\sqrt{2}}{2}\right)=1\ 000\text{kN}$$

4.2　静定刚架的内力计算

4.2.1　刚架结构的组成

刚架也是由杆系结构简化而得到的计算模型,各杆可以是直杆也可以是曲杆,各杆之间采用刚性连接。所谓刚性连接是指能保证所连接的元件,在连接接头处不产生相对位移,包括线位移和角位移。因此,平面内的一个刚接头相当于 3 个约束,空间内的一个刚接头相当于 6 个约束。刚性连接与铰接不同,它不仅能传递集中力,还能传递力矩。因此,刚架能承受任意形式的外载荷,且载荷可以作用在刚架的任何部位上。

刚架分为平面刚架和空间刚架。平面刚架是指所有杆件的轴线以及作用在刚架上的载荷均在同一平面上,否则即为空间刚架,如图 4.2.1(b)所示的刚架就是一个空间刚架。

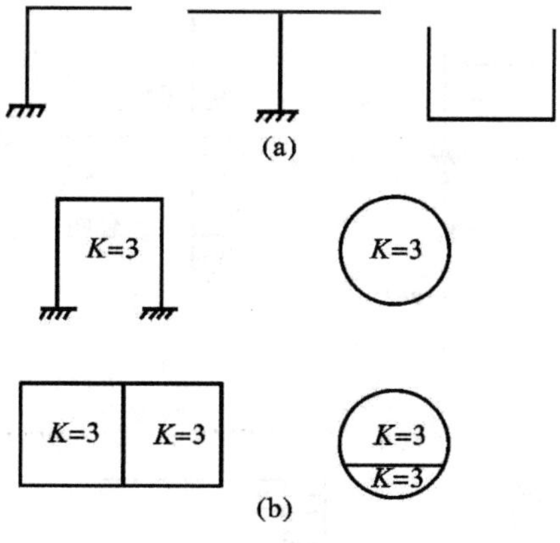

图 4.2.1　平面刚架和空间刚架

刚架的组成方法有下述两种。

(1)逐次连接杆件法,就是将杆件用刚性接头逐次连接起来。对于平面刚架,每增加一个杆件就增加 3 个自由度,每增加一个刚接头则增加 3 个约束;对于空间刚架,每增加一个杆件则增加 6 个自由度,而每增加一个刚接头则增加 6 个约束。因此,只要不形成封闭的框形结构,增加杆件所增加的自由度数恰好与增加刚接头所增加的约束数相等。这样所得的刚架一

定是静定的，这种刚架亦称为简单刚架。图 4.2.1(a)所示的都是静定刚架。如果形成了封闭的框形结构，就相当于在封闭处多用了约束，就成了具有多余约束的静不定刚架。对于平面刚架，形成一个封闭框形结构，相当于有 3 个多余约束，是一个 3 度静不定结构，若形成两个封闭的框形结构，就是 6 度静不定结构，如图 4.2.1(b)所示。对于空间刚架，每封闭一次，就相当于有 6 个多余约束，因而增加 6 度静不定。

(2)逐次连接刚架法，将简单刚架用足够的约束(刚接或铰接)相互连接组成的结构，这种结构称为复杂刚架。在用铰链连接刚架时，应注意避免出现几何可变或瞬变系统。在刚架相互连接时，若用了多余约束，则将会增加刚架的静不定度数。

在实际工程结构中，理想的铰接或刚接是没有的。在模型简化时，通过可把刚性较强的接头简化为刚接，把刚性较小或比较薄弱的接头简化为铰接。

4.2.2 静定刚架的内力计算

刚架的每一杆件的任一横截面上，通常都同时存在几种类型的内力。对于平面刚架，杆件的横截面上一般有 3 个内力分量，即轴力 N 、剪力 Q 和弯矩 M 。对于空间刚架的杆件的横截面上，一般有 6 个内力分量，即轴力 N ，沿横截面两个主轴方向的剪力 Q_1 和 Q_2，绕横截面两个主轴的弯矩 M_1 和 M_2，以及绕杆轴线的扭矩 M_T 。

求解静定刚架内力时，通常采用截面法，这在材料力学中都已学过。解的结果常用内力图表示，本书规定：轴力以拉力为正、压力为负；弯矩 M 则不标明正负，而把弯矩图画在杆件受压的一侧；剪力以对微段产生的力矩顺时针方向旋转时为正、逆时针方向旋转时为负。

例 4.3 求图 4.2.2(a)所示平面刚架的内力，并作内力图。

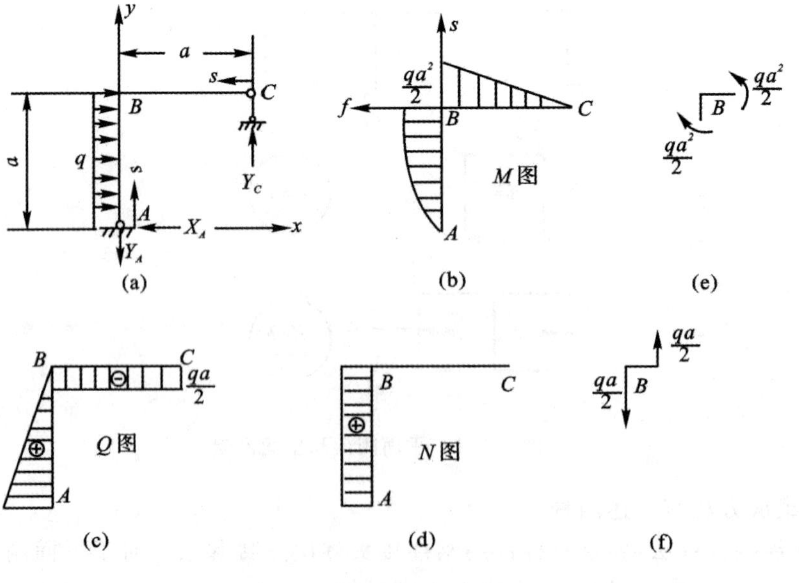

图 4.2.2 例 4.3 受力分析图

解 (1)求支座反力。设支座反力分别为 X_A ，Y_A 和 Y_C ，其所设正方向如图 4.2.2(a)所

示，由整体平衡，得

$$\sum F_x = 0, \quad X_A = qa$$

$$\sum M_A = 0, \quad Y_C = qa/2$$

$$\sum F_y = 0, \quad Y_A = qa/2$$

(2)作弯矩 M 图。设 AB 段和 CB 段的流动坐标为 s，如图 4.2.2(a)所示，得

AB 段：$M(s) = X_A s - qss/2 = qas - qs^2$。

在 A 处，$s=0, M=0$；

在 B 处，$s=a, M=qa^2/2$。

CB 段：$M(s) = Y_C s = qas/2$。

在 C 处，$s=0, M=0$；

在 B 处，$s=a, M=qa^2/2$。

弯矩图如图 4.2.2 (b)所示。

(3)作剪力 Q 图。

AB 段：$Q(s) = X_A - qs = qa - qs$。

在 A 处，$s=0, Q=qa$；

在 B 处，$s=a, Q=0$。

CB 段：$Q(s) = -Y_A = -qa/2$。

剪力图如图 4.2.2(c)所示。

(4)作轴力 N 图。

AB 段：$N = Y_A = qa/2$；

CB 段：$N=0$。

轴力图如图 4.2.2(d)所示。

(5)校核结点 B 的平衡。如图 4.2.2(e)和(f)所示，满足

$$\sum M = 0, \quad \sum F_x = 0, \quad \sum F_y = 0$$

4.3　静定薄壁结构的内力计算

4.3.1　杆板式薄壁结构计算模型

在飞机结构中广泛采用薄壁结构。这种结构是由横向骨架(机身的隔框、机翼的翼肋)、纵向骨架(机身的桁梁、桁条，机翼的梁、桁条)和金属薄板(蒙皮、腹板)所组成的。图 4.3.1 所示为一个机翼结构图。

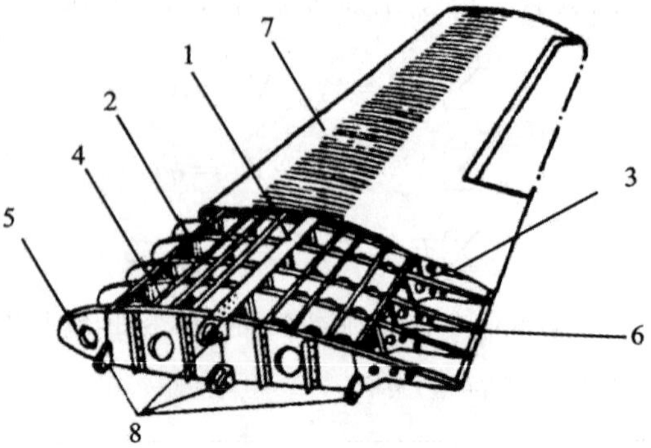

图 4.3.1　机翼结构图

1—翼梁;2—前纵墙;3—后纵墙;4—长桁;5—加强翼肋;
6—普通翼肋;7—蒙皮;8—对接接头

这种结构各元件之间的连接是比较复杂的,在结构分析中既要保证能满足工程计算的精度要求,又要使计算简单方便,因而必须采用一些简化假设,以便建立适用的计算模型,其简化假设如下:

(1)骨架是主要承力构件,它在总体受力中,上、下缘条及桁条(骨架)主要是以轴力的形式来承受或传递弯矩,可以略去缘条和桁条的局部弯曲作用,因而骨架的受力与桁架中杆的受力相同。因此,可假设薄壁结构中骨架的交叉点是铰结点,分布的气动外载荷都等效地简化到结点上,认为外载荷只作用在结点上。如图 4.3.2(a)所示。

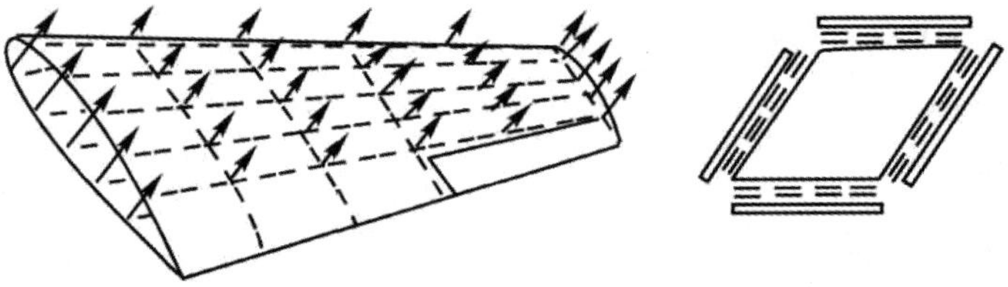

(a)　　(b)

图 4.3.2　薄壁骨架结构受载

(2)组成骨架的缘条(杆)只承受轴力,镶在骨架上的壁板四边只受剪切,即每块板与周围的杆子之间以剪力(剪流)相互作用,如图 4.3.2(b)所示。

(3)由于薄壁结构中所用的板,其厚度与长、宽的尺寸相比是很小的,故可设板截面中剪应力 τ 沿厚度 t 是均匀分布的,如图 4.3.3(a)所示。这样板截面上单位长度的剪力用 $q=\tau t$ 表示,式中 q 称为剪流,如图 4.3.3(b)所示。剪流的单位通常为 N/cm。

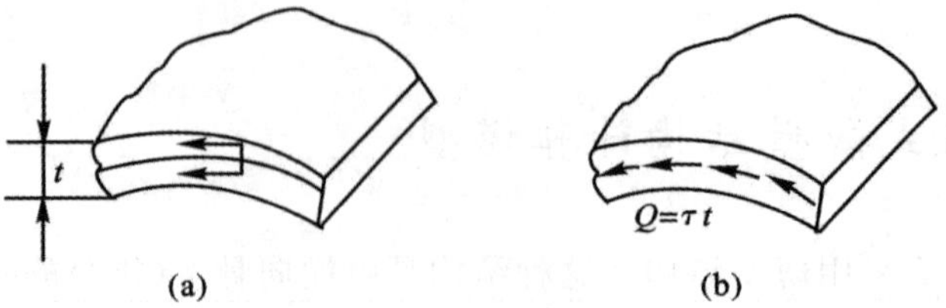

(a)　　(b)

图 4.3.3　薄壁结构板的受载

(4)板截面上剪流的方向总是与截面中线的切线方向一致。这是因为假设外载荷只作用在结点上,因而板表面没有任何载荷作用,根据剪应力互等定律,垂直于截面中线的剪应力分量也就不存在,因此,剪流方向只可能与板截面中线的切线方向一致。

(5)因为外载荷只有结点载荷,因此,在结点之间的每块板,作用在板边上的剪流沿板边长度不变(称常剪流)。这样,板的每个边上只有一个未知剪流。

采用上述简化假设的受剪板式薄壁结构计算模型,只含有两类受力元件,即承受轴力的杆(缘条、桁条)和承受常剪流的板,有时也将这种计算模型称为"杆板式薄壁结构"或"常剪流板薄壁结构"。

4.3.2　杆板式薄壁结构元件的平衡

杆板式薄壁结构可看成是仅由板、杆和结点所组成的受力系统。外力只作用在结点上,而结点又以集中力(杆端轴力)形式传递给所连接的杆,杆又把结点传来的集中力以剪流形式传递给所连接的板。因此,结点只受到外力和杆端轴力的作用;杆受杆端轴力和沿杆轴方向剪流的作用;板只受由杆传递的剪流作用。如图 4.3.4 所示的杆板式平面薄壁结构,当受结点外力 P_1 和 P_2 作用时,杆 3—2、结点 3 和板 2—3—4—5 的受力情况分别如图 4.3.4(b)(c)(d)所示。

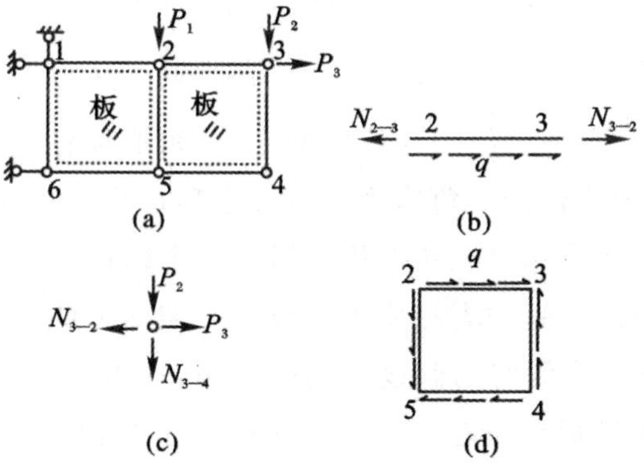

图 4.3.4　杆板式结构受载

当结构在外载荷作用下处于平衡状态时,结构中的每个元件亦处于平衡状态,本节将研究组成薄壁结构的各种元件的平衡情况。

1. 板元件的平衡

镶在飞行器薄壁结构中的板元件,按其平面形状,一般有三角形板、矩形板、平行四边形板和梯形板,如图 4.3.5 所示。至于任意四边形板和其他形状的板,比较少见,其平衡情况较为复杂,这里就不作介绍了。如果按板的曲度,又可分为平板和曲板。当蒙皮的曲度较小时,亦可作平板处理。

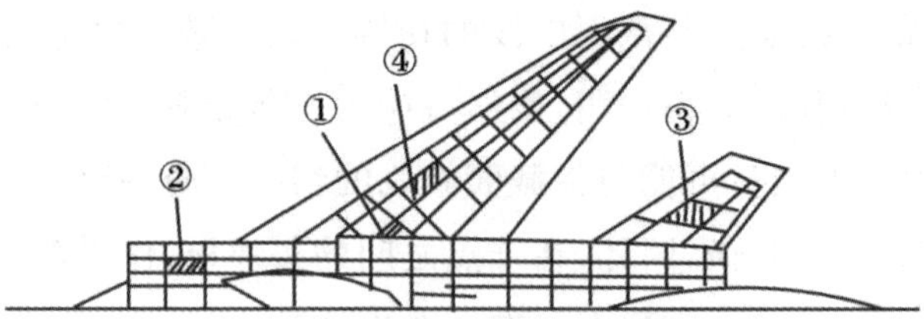

图 4.3.5　飞行器薄壁结构中的板元件

(1)三角形板。把三角形板从薄壁结构中取出作分离体，作用在三角形板上的力只有和它相连的三个杆的作用剪流，而且每边的剪流为一常值。设 q_{1-2}，q_{2-3} 和 q_{3-1} 分别表示杆作用在板三边上的未知剪流，剪流指向由 q_{i-j} 的脚码 $i-j$ 表示，即表示剪流由 i 指向 j，如图 4.3.6 所示。

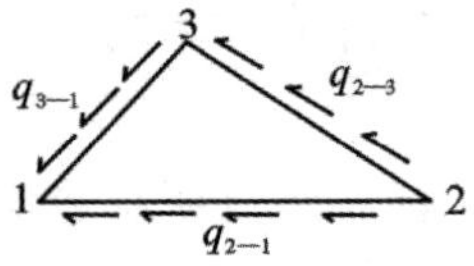

图 4.3.6　三角形板受剪力流

三角板仅在 q_{1-2}，q_{2-3} 和 q_{3-1} 作用下平衡，则有

$$\left.\begin{aligned}\sum M_1=0,\text{得 } q_{2-3}=0\\ \sum M_2=0,\text{得 } q_{3-1}=0\\ \sum M_3=0,\text{得 } q_{1-2}=0\end{aligned}\right\}\tag{4.3.1}$$

由式(4.3.1)可知，在杆板薄壁结构计算模型中，三角形板各边剪流均为零。这表明它在结构中是不受力的。这是因为铰接三角形骨架(杆)本身是几何不变的静定系统，它可以承受结点外力，而不可能以剪流形式传给三角形板。但是这个结论只是在板较薄而且采用了常剪流假设时才正确。如果壁板较厚，或者板周围又没有骨架加强的情况下，这时，板内除剪流外还将出现正应力，因此，板只受剪切的假设将不能采用，三角形板不受力的结论就不适用了。在实际的薄壁结构中，三角形板还起着传递气动力和增强刚性的作用。

(2)矩形板。设矩形板 4 个边的未知剪流为 q_{2-1}，q_{2-3}，q_{4-1} 和 q_{4-3}，如图 4.3.7 所示。板在这 4 个剪流作用下处于平衡，则有

$$\sum X=0,\text{得 } q_{2-1}=q_{4-3}$$

$$\sum Y=0,\text{得 } q_{2-3}=q_{4-1}$$

$$\sum M_1=0,\text{得 } q_{2-3}=q_{4-3}$$

故

$$q_{2-1}=q_{2-3}=q_{4-1}=q_{4-3}=q\tag{4.3.2}$$

由式(4.3.2)可知，矩形板四边剪流相等。一块常剪流矩形板只有一个独立未知的内力 q。在几何上，一块矩形板相当于起一个约束作用。剪流的方向在 4 个角点上箭头总是相对或相背。

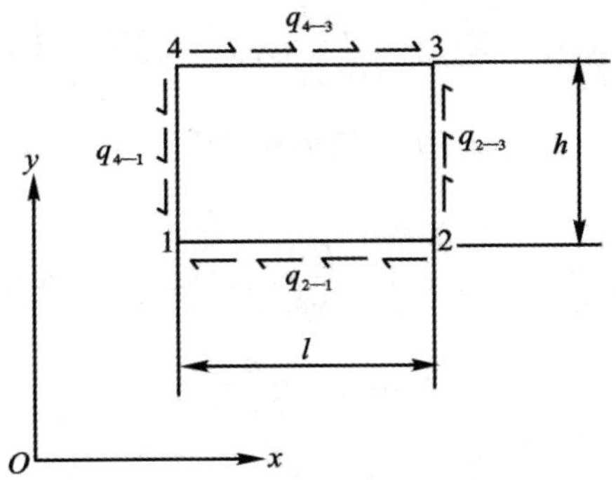

图 4.3.7　矩形板受剪力流

(3)平行四边形板。用平衡条件同样可以得到它的四边剪流也是相等的结论，即

$$q_{2-1}=q_{2-3}=q_{4-3}=q_{4-1}=q \tag{4.3.3}$$

因此，一个平行四边形板也只有一个独立的未知内力。但是它与矩形板所不同的是，在垂直平行边的截面上还有正应力，如图 4.3.8 所示。

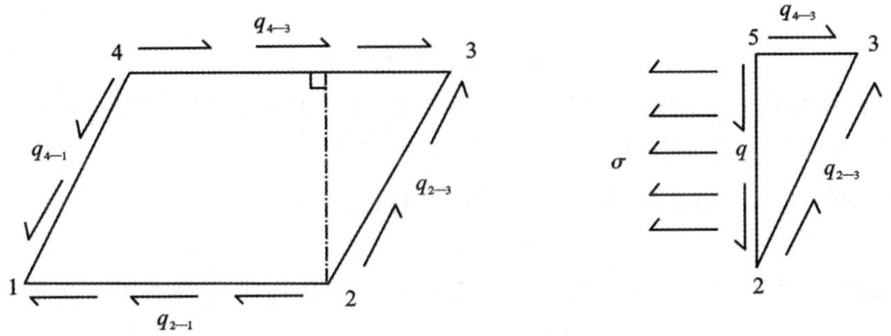

图 4.3.8　平行四边形板受剪力流

(4)梯形板。梯形板如图 4.3.9 所示，也有 4 个未知剪流，设两底边剪流为 q_{4-1} 和 q_{2-3}，两腰边剪流为 q_{2-1} 和 q_{4-3}。

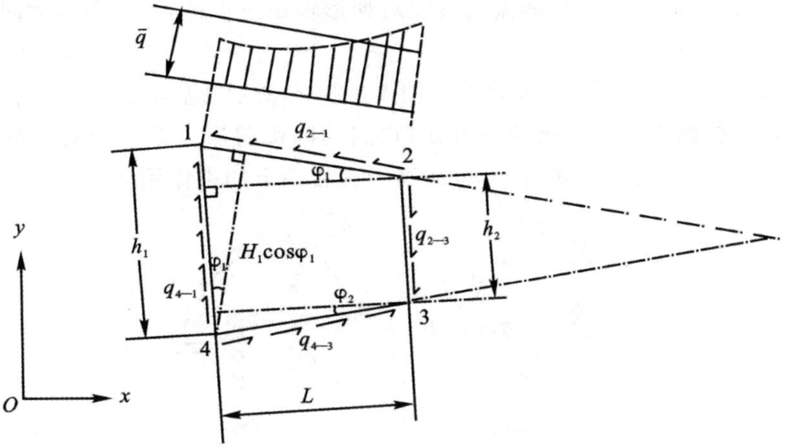

图 4.3.9　梯形板受剪力流

梯形板在四边剪流作用下处于平衡，由平衡条件得

$$\sum F_x=0,\quad q_{2-1}\times\frac{L}{\cos\varphi_1}\cos\varphi_1=q_{4-3}\ \frac{L}{\cos\varphi_2}\cos\varphi_2$$

可得

$$q_{2-1}=q_{4-3}=\bar{q} \tag{a}$$

由平衡条件得

$$\sum M_4=0,\quad q_{2-1}\times\frac{L}{\cos\varphi_1}h_1\cos\varphi_1-q_{2-3}h_2L=0$$

可得

$$q_{2-3}=\bar{q}\,\frac{h_1}{h_2} \tag{b}$$

由平衡条件得

$$\sum M_2=0$$

可得

$$q_{4-1}=\bar{q}\,\frac{h_2}{h_1} \tag{c}$$

由以上各式可知梯形板平衡时各边剪流的下述一些特点。

1)梯形板各边剪流是不等的,但四边的剪流都可用一个剪流 $\bar{q}$ 来表示。由式(a)、式(b)、式(c)可得

$$\bar{q}=\sqrt{q_{2-1}q_{4-3}}=\sqrt{q_{2-3}q_{4-1}}$$

$\bar{q}$ 称为梯形板的几何平均剪流,即等于两相对边剪流的平均值。因此,梯形板也只有一个独立的未知力,在几何上它也相当于具有一个约束作用。

2)梯形板两腰边上的剪流相等,等于几何平均剪流,即

$$q_{2-1}=q_{4-3}=\bar{q} \tag{4.3.4}$$

3)梯形板底边(平行边)上的剪力(剪流乘边长)等于几何平均剪流乘对边的长度,即

$$Q_{4-1}=q_{4-1}h_1=\bar{q}h_2 \tag{4.3.5}$$

$$Q_{2-3}=q_{2-3}h_2=\bar{q}h_1 \tag{4.3.6}$$

4)梯形板剪流的方向,在 4 个角点上箭头总是相对的或相背的。

应当指出,梯形板两腰边上的剪流并不是常值,我们用几何平均剪流来表示,其剪流分布如图 4.3.9 阴影线所示。因此,常剪流的假设对梯形板是近似的,当 φ 角较大时会引起较大的误差。

(5)曲板。图 4.3.10 所示为四边形曲板。图 4.3.10(a)所示为基面是矩形的曲板,图 4.3.10(b)所示为基面是梯形的曲板。由平衡条件可知,它们的四边剪流关系与相对应的平板相同。因此,一块曲板也只有一个独立未知力 q,也相当于具有一个约束作用。

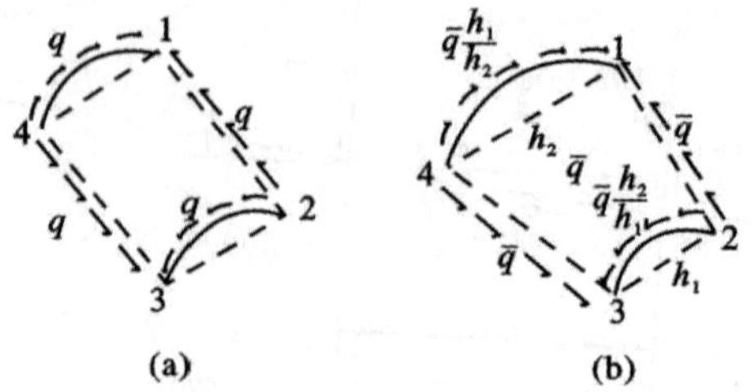

图 4.3.10 曲板受剪力流

为解题计算方便,下面将分析曲边上剪流合力的大小和作用线位置。图 4.3.11 所示为某

一曲边，设曲边上剪流为 q，曲边的弦长为 h。

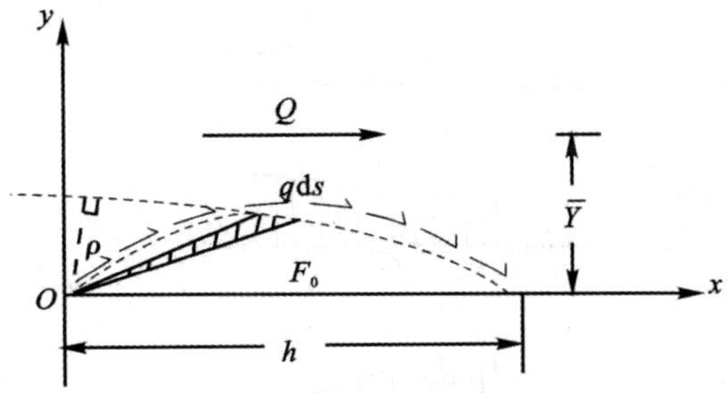

图 4.3.11　某曲边受剪力流

1)先求曲边剪流合力大小。在曲边上取一微段 ds，微段剪流合力为 $q\mathrm{d}s$，沿曲边切线方向。其水平分量为 $q\mathrm{d}x$，垂直分量为 $q\mathrm{d}y$，沿曲边积分，得

$$Q_x=\int_0^h q\mathrm{d}x=qh$$

$$Q_y=\int_0^h q\mathrm{d}y+\int_h^0 q\mathrm{d}y=0$$

所以曲边剪流合力平行于弦线，指向与 q 的流向相同，剪流合力值为剪流与弦线长度的乘积，即

$$Q=qh \tag{4.3.7}$$

2)再求曲边剪流合力 Q 作用线位置。设剪流合力 Q 的作用线与弦线的距离为 $\overline{Y}$，如图 4.3.11所示。由于剪流 q 与其合力 Q 是等效的，对 O 点取力矩，得

$$Q\overline{Y}=\int_s \rho q\,\mathrm{d}s=q\int_s \rho\,\mathrm{d}s$$

式中，ρ 为微段 ds 的切线到矩心的垂直距离。$\rho\mathrm{d}s$ 为底边为 ds 的小三角形面积的 2 倍，如图 4.3.11 中阴影线所示，所以，积分为曲边与弦线所围面积的 2 倍，用 Ω 表示，即

$$\Omega=\int_s \rho\,\mathrm{d}s=2F_0 \tag{4.3.8}$$

则有

$$Q\overline{Y}=q\Omega$$

$$qh\overline{Y}=q\Omega$$

得

$$\overline{Y}=\frac{\Omega}{h}=\frac{2F_0}{h} \tag{4.3.9}$$

式中，F_0 为曲边与弦线所围的面积。若面积 F_0 的平均高度为 H，则

$$F_0=hH$$

$$\overline{Y}=2H$$

因此，曲边剪流合力作用线位置在曲边周线外侧，为曲边弓形面积平均高度的 2 倍。

2. 杆元件的平衡

杆板式薄壁结构中的杆元件，除了在杆端承受结点传来的轴力外，还存在杆板间相互作用的剪流。设任一杆 $i-j$，两端轴力为 N_{i-j} 和 N_{j-i}(受拉为正，受压为负)，板对杆的作用剪流为

q，如图 4.3.12 所示。

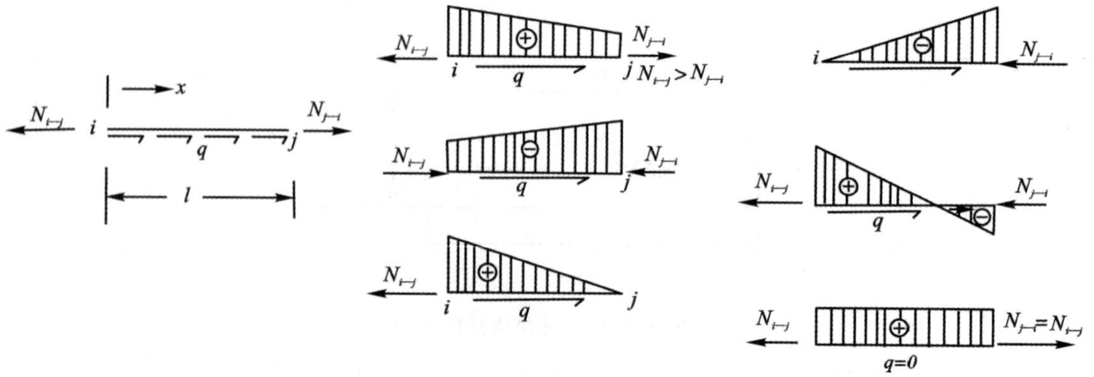

图 4.3.12　杆元件受力平衡

由平衡条件得

$$\sum F_x=0,\quad N_{i-j}=N_{j-i}+ql \tag{4.3.10}$$

可得

$$q=\frac{N_{i-j}-N_{j-i}}{l} \tag{4.3.11}$$

剪流为常值，因此薄壁结构中杆的轴力是线性变化的，如图 4.3.12 所示。若剪流已知时，杆一端轴力就可用另一端轴力来表示。因此，杆两端的两个轴力，只有一个是独立变量，一个杆也相当于只有一个约束作用。

当结构在承受外力作用时，杆端轴力可为正，可为负，也可为零，图 4.3.12 中给出了杆的不同受力情况。

4.3.3　平面静定薄壁结构的内力计算

平面薄壁结构，是指结构中的板、杆和结点均在同一平面内，而且结点外力也作用在同一平面内的系统。

杆板式薄壁结构在组成分析时，可看成是由板、杆和结点所组成的受力系统。把结点看作自由体，而把板和杆看成约束。一个平面结点有 2 个自由度。一块四边形板只有一个独立的未知剪流，因而相当于具有一个约束作用。一根杆也只有一个独立的未知力，也相当于具有一个约束作用。因此和桁架的组成分析作用一样，也可用自由度和约束概念来分析薄壁结构的组成。

图 4.3.13(a)所示为由 3 根杆和 2 个结点组成的几何可变系统。图 4.3.13 (b)中加了一根斜杆，系统便成为几何不变的静定系统，依靠斜杆 2—4 限制了各杆之间夹角的任意改变。假如镶进一块矩形板来代替图 4.3.13(b)中的斜杆，如图 4.3.13(c)所示，则靠矩形板的抗剪作用也能限制各杆之间夹角的任意改变，使系统成为几何不变的系统。可见，从约束作用的意义上说，薄壁结构中的四边形板与桁架中的斜杆的作用相当。因此，图 4.3.13 (c)所示是几何不变的静定的平面薄壁结构。

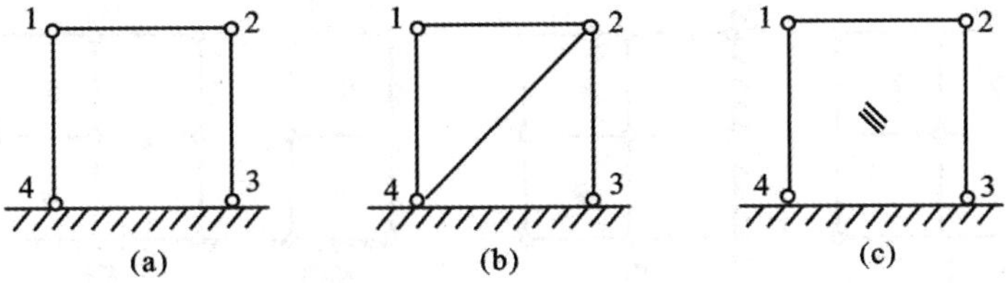

图 4.3.13　平面薄壁结构

图 4.3.14 所示为平面薄壁结构，在组成分析时可用斜杆代替四边形板，然后按桁架那样进行分析，可知它们都是几何不变的静定系统。

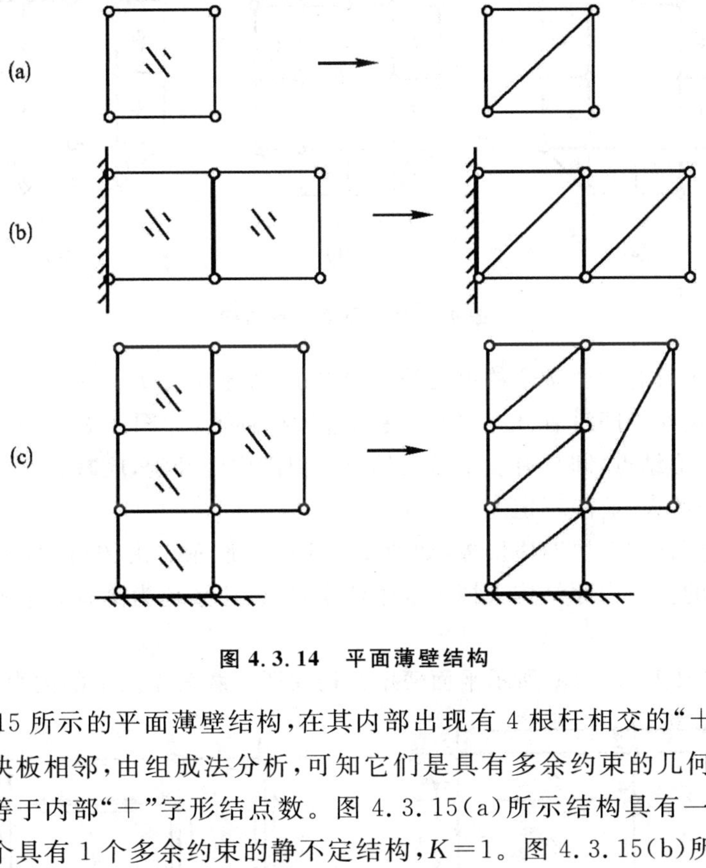

图 4.3.14　平面薄壁结构

对于图 4.3.15 所示的平面薄壁结构，在其内部出现有 4 根杆相交的"＋"字形结点，而且该结点与周围 4 块板相邻，由组成法分析，可知它们是具有多余约束的几何不变的静不定结构。其静不定度等于内部"＋"字形结点数。图 4.3.15(a)所示结构具有一个"＋"字形内结点，因此，它是一个具有 1 个多余约束的静不定结构，$K=1$。图 4.3.15(b)所示结构具有两个"＋"字形内结点，故 $K=2$，等等。由此，可得出结论：凡是内部没有"＋"字形内结点的平面薄壁结构是静定的，如图 4.3.15 所示。凡是内部有"＋"字形结点的平面薄壁结构是静不定结构，其静不定度 K 等于内部"＋"字形结点数。

在飞行器结构上，由于使用和维护等方面的要求，在薄壁结构中常出现开洞的情况。图 4.3.16(a)所示为中间开洞的机身隔框，其组成情况可用多种方法进行分析。

(1)自由度和约束分析。这是一个没有支座连接的可移动的平面薄壁结构，共有 20 个自由结点，具有 40 个自由度，有 32 根杆和 8 块四边形板(三角形板不起约束作用)，共 40 个约束，所以静不定度为

$$K=C-(N-3)=40-(40-3)=3$$

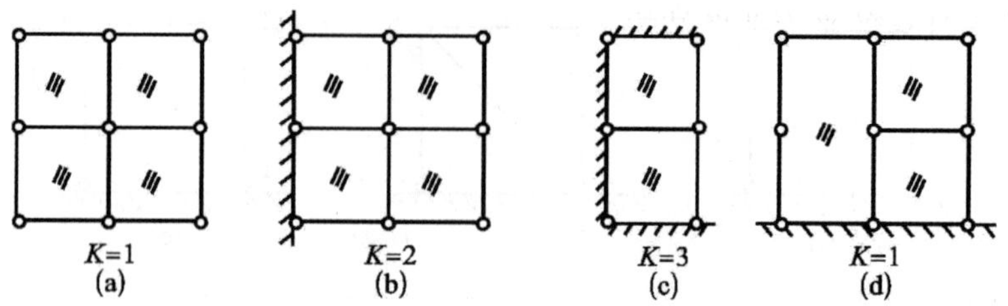

图 4.3.15　平面薄壁结构

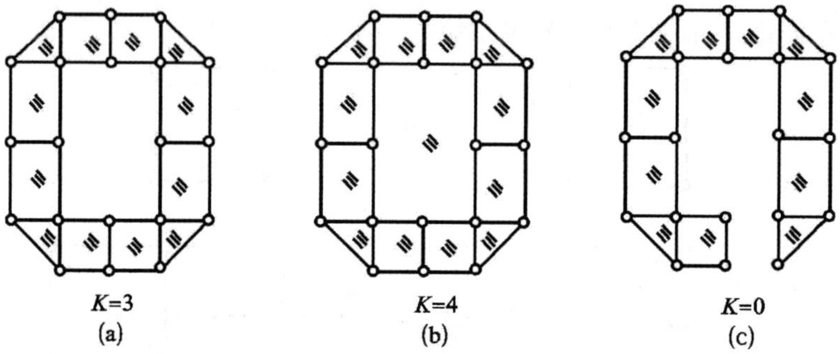

图 4.3.16　平面薄壁结构

因此，这是一个具有 3 个多余约束的静不定系统，静不定度 $K=3$。

(2)设想该结构在中间没有开孔，用一块四边形板补上，如图 4.3.16 (b)所示，则系统具有 4 个内部"十"字形结点，即具有 4 个多余约束。但因中间开洞，应减去 1 个约束，因此，原系统只具有 3 个多余约束，而静不定度 $K=3$。

(3)假想去掉两杆和一块四边形板，如图 4.3.16 (c)所示。由图可知，系统内部没有"十"字形结点，是静定的。因为原结构去掉了 3 个约束，所以原系统为具有 3 个多余约束的静不定系统。

例 4.4　试求图 4.3.17(a)所示平面薄壁结构在图示载荷作用下的内力。

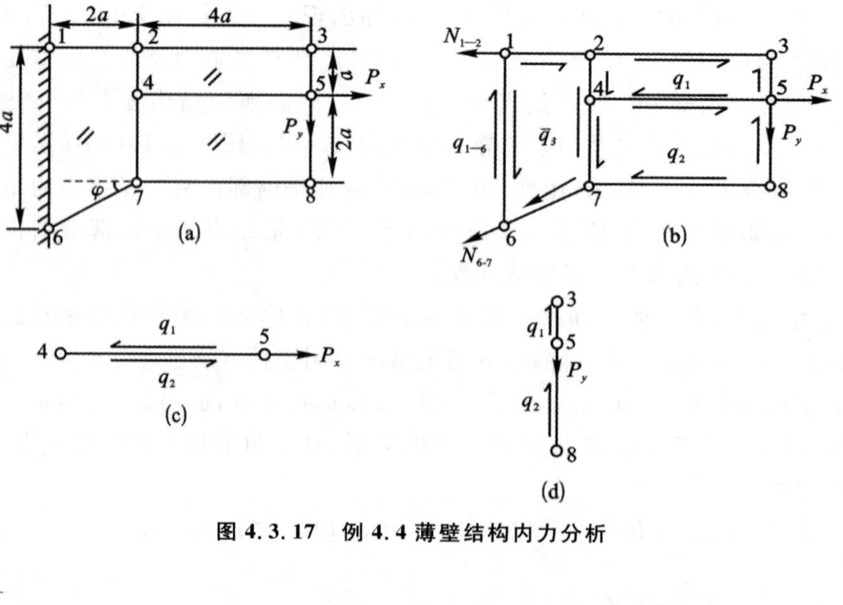

图 4.3.17　例 4.4 薄壁结构内力分析

解　该系统为静定的平面薄壁结构。

先假设各板对杆的剪流方向如图 4.3.17 (b)所示，若以后求出的剪流为正，即与假设方向相同，否则相反。由判定零力杆的规则，可知

$$N_{3-2}=N_{3-5}=N_{8-5}=N_{8-7}=N_{2-4}=N_{4-5}=0$$

切去右边支持部分，用支反力 N_{1-2}，N_{6-7} 和 q_{1-6} 代替其作用，由平衡得

$$\sum M_6=0,\quad N_{1-2}\times 4a-p_x\times 3a-p_y\times 6a=0$$

$$N_{1-2}=\frac{3}{4}P_x+\frac{3}{2}P_y$$

$$\sum M_7=0,\quad -q_{1-6}\times 4a\times 2a+N_{1-2}\times 3a-P_x\times 2a-P_y\times 4a=0$$

$$q_{1-6}=\frac{3}{8a}\left(\frac{3}{4}P_x+\frac{3}{2}P_y\right)-\frac{P_x}{4a}-\frac{P_y}{2a}=\frac{P_x}{32a}+\frac{P_y}{16a}$$

由梯形板剪流关系，可得几何平均剪流为

$$\bar{q}=q_{1-6}\,\frac{4a}{3a}=\frac{P_x}{24a}+\frac{P_y}{12a}$$

$$\sum X=0,\quad -N_{1-2}+P_x-N_{6-7}\cos\varphi=0$$

$$N_{6-7}=\frac{-\dfrac{3}{4}P_x-\dfrac{3}{2}P_y+P_x}{\dfrac{2}{\sqrt{5}}}=\frac{\sqrt{5}}{8}P_x-\frac{3\sqrt{5}}{4}P_y$$

由杆 4—5 的平衡，如图 4.3.17(c)所示，得

$$(q_2-q_1)\times 4a+P_x=0$$

由杆 3－5－8 的平衡，如图 4.3.17(d) 所示，得

$$q_1a+2q_2a-P_y=0$$

联立求解以上两式，得

$$q_1=\frac{P_x}{6a}+\frac{P_y}{3a}$$

$$q_2=-\frac{P_x}{12a}+\frac{P_y}{3a}$$

由杆 3－5 平衡，得

$$N_{5-3}=q_1a=\frac{P_x}{6}+\frac{P_y}{3}$$

由杆 8－5 平衡，得

$$N_{5-8}=-q_2\times 2a=\frac{P_x}{6}-\frac{2}{3}P_y$$

由杆 2－3 平衡，得

$$N_{2-3}=q_1\times 4a=\frac{2}{3}P_x+\frac{4}{3}P_y$$

由杆 7－8 平衡，得

$$N_{7-8}=-q_2\times 4a=\frac{P_x}{3}-\frac{4}{3}P_y$$

由杆 2－4 平衡，得

$$N_{4-2}=(q_{4-2}-q_1)a=(\bar{q}\frac{4a}{3a}-q_1)a=-\frac{P_x}{9}-\frac{2}{9}P_y$$

由杆 4—7 平衡，得

$$N_{7-4}=N_{4-7}+(\bar{q}\frac{4a}{3a}-q_2)2a=N_{4-2}+(\bar{q}\frac{4}{3}-q_2)2a=\frac{P_x}{6}-\frac{2}{3}P_y$$

由杆 6—7 平衡，得

$$N_{7-6}=N_{6-7}+\bar{q}l_{6-7}=\frac{\sqrt{5}}{6}-\frac{2}{3}\sqrt{5}P_y$$

如设 $P_x=3\ 600\ \text{N}$，$P_y=7\ 200\text{N}$，$a=5\ \text{cm}$，则系统内力图如图 4.3.18 所示。

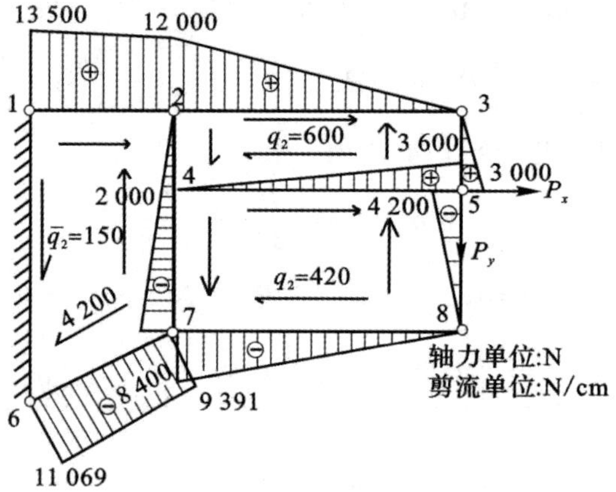

图 4.3.18 例 4.4 薄壁结构系统内力图

4.3.4 空间静定薄壁结构的内力计算

空间薄壁结构的各元件并不都在同一个平面内，在空间任意方向的载荷作用下，它都应该是几何不变的。飞行器结构的大部分都是空间薄壁结构。

在研究空间薄壁结构的组成时，仍可将结点看成自由体，将杆和四边形板看成约束。这样，每个空间结点具有 3 个自由度，每根杆和每块四边形板相当于一个约束。图 4.3.19 所示为一个自由的 6 面镶有壁板的盒子，该系统有 8 个结点，自由度 $N=3\times8=24$，有 12 根杆和 6 块四边形板，相当于有 18 个约束，由 $C-(N-6)=18-(24-6)=0$，满足了几何不变的必要条件。若将四边形板用斜杆代替其约束作用，根据空间桁架的组成规律，可判定其约束安排合理，因此，一个自由的六面体空间盒式薄壁结构是具有最少必需约束的几何不变的静定结构。

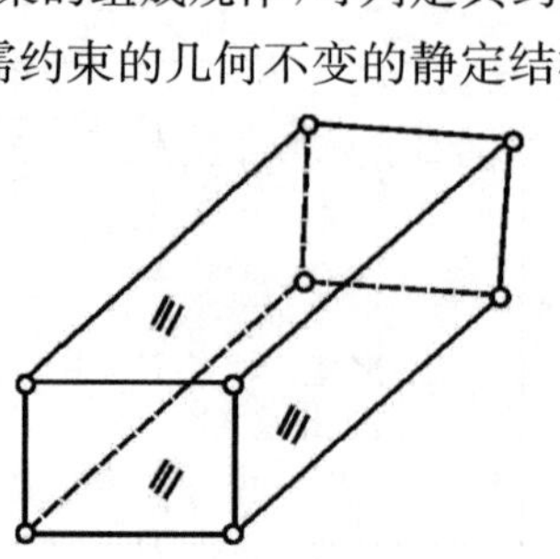

图 4.3.19 空间薄壁结构

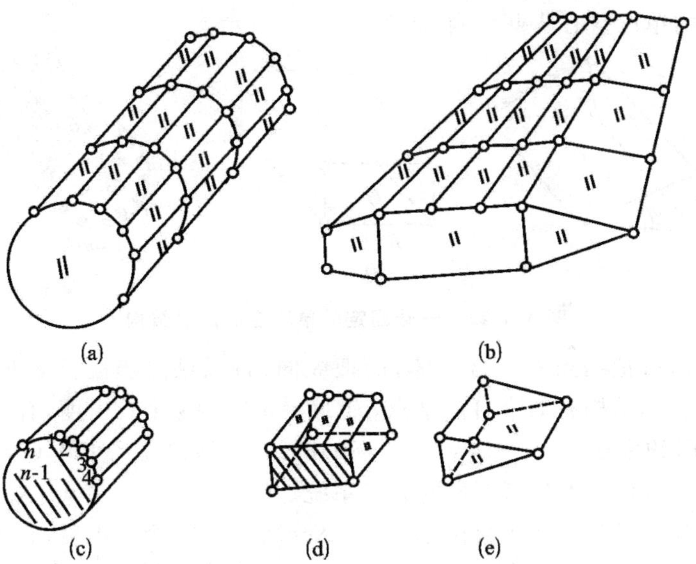

图 4.3.20　机身和机翼计算模型的简化

机身和机翼的计算模型通常简化为杆板式空间薄壁结构，如图 4.3.20(a)和(b)所示。现在取一段来讨论其静定性。

(1)任一段中空可移动的杆板式薄壁结构如图 4.3.20(c)所示，它是由两个在自身平面内几何不变的端框和纵向杆件及曲形薄板构成的。它有 $2n$ 个结点，自由度数 $N=2n\times 3=6n$ 。它有 n 个纵向杆和 n 块四边形板，具有 $2n$ 个约束。

端框，它在其自身平面内是几何不变的，而在垂直于本身平面的方向上是不能受力的，因此，它只能在自身平面内起约束作用。如图 4.3.20(c)，端框上有 n 个结点，在未连接前，这 n 个结点在框平面内共有 $2n$ 个自由度。在连接到端框上之后，各结点相对于端框的位置就不能动了。这时它们只能随端框一起运动，而端框作为整体在平面内只有 3 个自由度，很显然，连接有 n 个结点的端框能具有的最少约束数应为 $(2n-3)$ 。2 个端框的约束就等于 $2(2n-3)$ 。因此，这个单段可移动的空间薄壁结构的自由度和约束为

$$N=2n\times 3=6n$$

$$C=2n+2(2n-3)$$

$$C-(N-6)=2n+2(2n-3)-(6n-6)=0$$

它满足了几何不变的必要条件。从结构的组成来看，将每块纵向板看成一根斜杆，则没有一个结点是只用同一平面的杆连接的，所以，单段空心的自由结构是具有最少必需约束的几何不变系统，是静定的。图 4.3.20 (d)(e)亦是静定的。

(2)假若这自由结构不是空心的，而是有内部纵向构件，如图 4.3.21 所示，有纵向隔板，因而系统就有多余约束，变成静不定系统，其静不定度等于内部纵向隔板数。

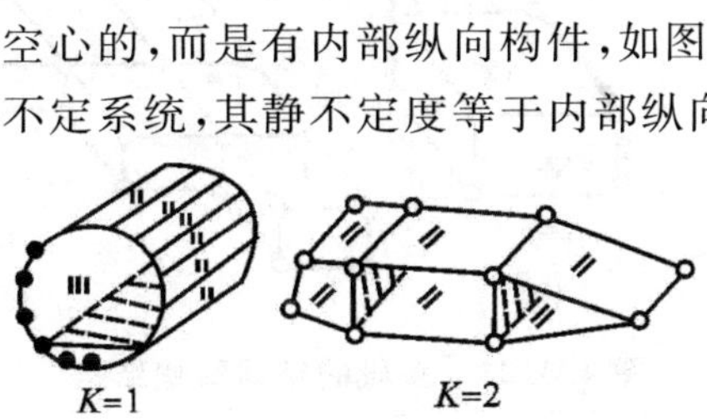

图 4.3.21　有内部纵向构建模型

(3)一端固定的单段空心薄壁结构，如图 4.3.22 所示。

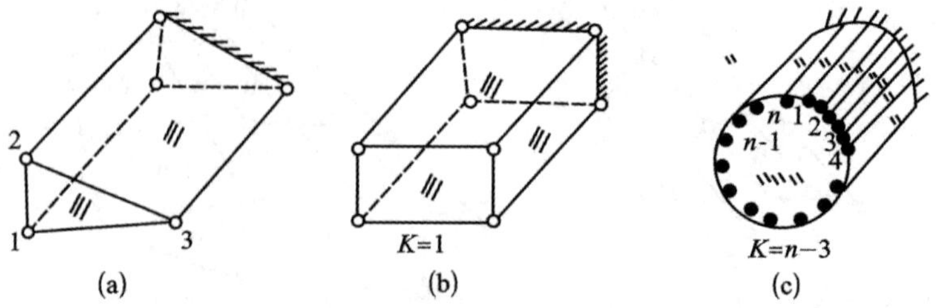

图 4.3.22 一端固定的单段空心薄壁结构

分析其组成时，可把结点看成自由体，而把纵向构件、纵向隔板及端框看成约束。

图 4.3.22(a)所示结构有 3 个自由结点，有 $N=3\times3=9$ 个自由度，有 3 根纵向杆、3 块纵向板以及 1 个端框(约束数为 $2n-3=6-3=3$)的约束，所以总约束数 $C=3+3+3=9$。显然 $C-N=9-9=0$，系统为几何不变的静定系统。

图 4.3.22(b)所示结构有 4 个自由结点，有 $N=3\times4=12$ 个自由度；有 4 根纵向杆、4 块纵向板以及 1 个端框，端框的约束数为 $2n-3=2\times4-3=5$ 个，所以总约束数 $C=4+4+5=13$。显然 $C-N=13-12=1$，系统为具有一个多余约束的静不定系统。

图 4.3.22(c)所示结构有 n 个自由结点，自由度数 $N=3n$，有 n 个纵向杆、n 块纵向板和 1 个端框，端框的约束数为 $2n-3$，则有 $C-N=(n+n+2n-3)-3n=n-3$。显然系统为具有 $(n-3)$ 个多余约束的静不定系统，静不定度 $K=n-3$。当 $n>3$ 时，系统为静不定的，如图 4.3.22(b)(c)所示；当 $n=3$ 时，$K=0$，系统为静定的，如图 4.3.22(a)所示；当 $n<3$ 时，系统为有多余自由度的几何可变系统(对空间问题而言)。

应该注意，在上述分析中，只说明隔框在自身平面内是几何不变的，而没有涉及框本身的构造。我们分析系统的约束时，认为框只具有最少必需约束数。实际上，框在自身平面内也可能有多余约束。但是，横向的多余约束不能与纵向的多余约束互换。因此，上述分析多余约束的结论，都是指具有纵向多余约束而言。

(4)多段的空间薄壁结构。对于多段的空间薄壁结构，可以逐段地进行分析，最后可将各段总加起来计算。图 4.3.23(a)所示为一端固定的单段空心薄壁结构，$K=1$。图 4.3.23(b)所示盒段是以两边与基础相连，2 个自由结点，$N=2\times3=6$ 个自由度，用 5 根杆和 4 块矩形板与基础相连，$C=5+4=9$，所以，$C-N=9-6=3$，系统为有 3 个多余约束的静不定系统，$K=3$。图 4.3.23(c)所示为一个三角机翼的计算模型，分析其静不定度时，可直接利用图 4.3.23(a)(b)的结论，可得其 $K=22$。

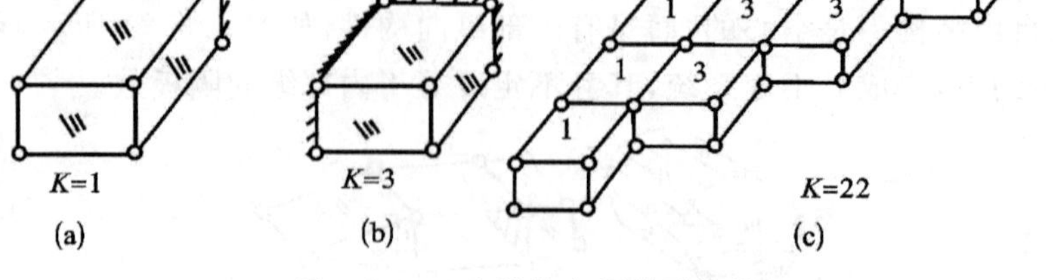

图 4.3.23 多段的空间薄壁结构

例 4.5 图 4.3.24(a)所示为上部无板的四缘条盒式空间薄壁结构，结构的几何尺寸如图所示，$L=100$ cm，$H=10$ cm，$B=40$ cm 载荷 $P_1=2\ 000$ N，$P_2=3\ 000$ N，$P_3=5\ 000$ N。试求其内力，并作内力图。

解　该系统为静定的空间薄壁结构，因此只用平衡条件就可求得其内力。

可将 P_1，P_2 和 P_3 分别作用于结构上，求出其内力，然后再叠加。

P_2 和 P_3 可分别由 1—4—8—5 和 2—3—7—6 平面系统来平衡，其内力图如图 4.3.24(b)所示。P_1 必须通过盒段传到基础上，其内力图如图 4.3.24(c)所示。

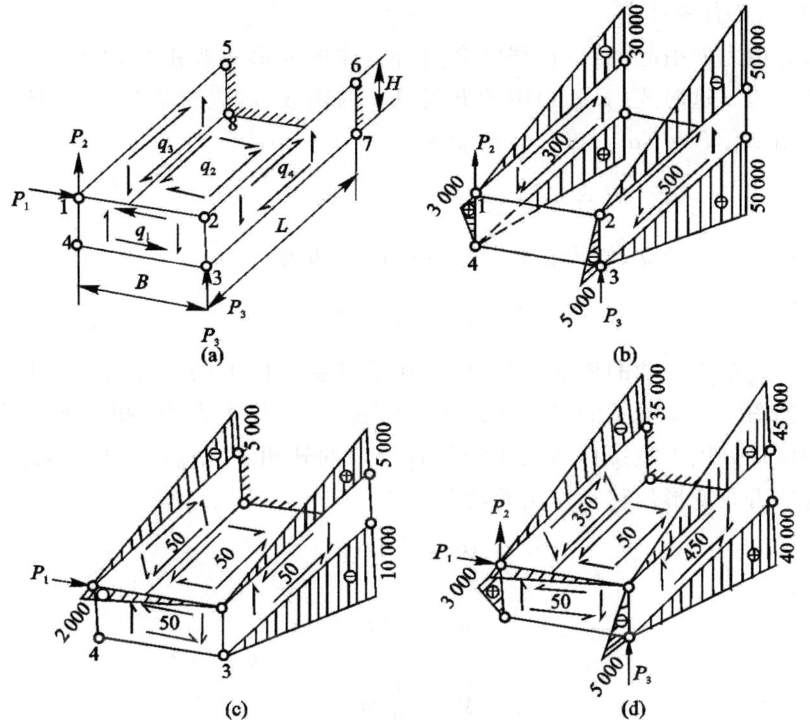

图 4.3.24　例 4.5 薄壁结构内力分析图

总的内力可由图 4.3.24(b)和(c)相加，如图 4.3.24(d)所示。

4.4　静定结构的弹性位移计算

外载荷的作用、温度的改变、元件尺寸制造误差以及结构支座的移动等因素都能使元件发生变形，因而使系统各点产生线位移，元件各截面产生角位移。在线弹性小变形的情况下，这种位移又称之为弹性位移，该位移和载荷成正比关系。因此，计算位移时可用叠加原理。

结构位移的计算是结构设计和结构分析中的一项重要内容。一方面，在研究结构的刚度时需要计算位移；另一方面，在计算静不定结构内力时，也需要借助于位移计算来建立结构的变形协调关系。本节将应用由虚功原理导出的单位载荷法来求结构的位移。

4.4.1　功、广义力和广义位移

力在位移增量上所作的功可以表示为

$$dW = F \cdot du \tag{4.4.1}$$

很容易得到力 F 在整个变形过程所做的总功为

$$W = \int F \cdot du \tag{4.4.2}$$

此处 F 可以是力、弯矩、扭矩等，是一个或一组相互有关的力，能用一个代数量来表示它，被称为广义力。和广义力点积后能得到功的物理量称为广义位移，如线位移、转角、扭角、翘曲位移等，它们与广义力相对应。

如果位移是由力所引起的，则位移将会随着物体的变形一起由初始状态的零值逐渐增加到终了状态的全值。这时式(4.4.1)中的 F 就是 u 的函数，对应的总功称为变形功。对于刚度为 K 的线弹性系统，$F = Ku$ ，式(4.4.2)变为

$$W = K\int u \cdot du = \frac{1}{2}Ku \cdot u = \frac{1}{2}F \cdot u \tag{4.4.3}$$

如果力与位移相互独立，则力在此位移上所做的功为

$$W = F \cdot \int du = F \cdot u \tag{4.4.4}$$

结构力学中经常用到功的概念，它与作用在结构变形体上的广义力及这些力相对应的广义位移有关。如图 4.4.1 所示的线弹性元件，分别作用有集中力 P 、扭矩 M_T 及弯矩 M 。与这些力对应的位移分别为线位移 Δl 、扭转角 φ 及弯曲转角 θ 。这些力与位移是线性关系，由式(4.4.3)，这些力在变形位移上作用的功分别为

拉伸 $$W = \frac{1}{2}P\Delta l \tag{4.4.5}$$

扭转 $$W = \frac{1}{2}M_T\varphi \tag{4.4.6}$$

弯曲 $$W = \frac{1}{2}M\theta \tag{4.4.7}$$

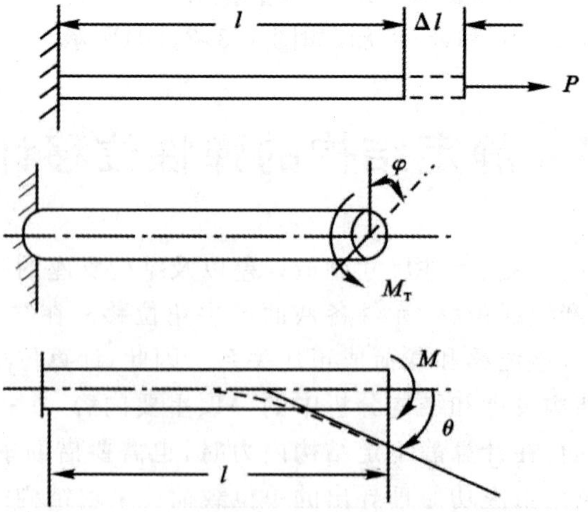

图 4.4.1　线弹性元件广义力与广义位移

现在列举几种典型元件，来说明如何确定其广义力及其相应的广义位移。

(1)受常剪流作用的矩形板。如图 4.4.2 所示，板在剪流 q 作用下的变形如图中虚线所

示。这时，可取 q 作为广义力。在板变形时，只有沿着边 1－2 的剪流合力 $Q_{1-2}=ql$ 在位移 Δl 上做功为

$$W=\frac{1}{2}Q_{1-2}\Delta l \tag{4.4.8}$$

因为 $\Delta l=\gamma h=\frac{q}{Gt}h$，代入上式，得

$$W=\frac{1}{2}ql\frac{qh}{Gt}=\frac{1}{2}q\left(\frac{qA}{Gt}\right) \tag{4.4.9}$$

式中，$A=lh$ 为板的平面面积。

由式(4.4.3)所表示的定义可知：对于矩形受剪板，若取板的剪流 q 为广义力，则 $\frac{qA}{Gt}$ 为对应的广义位移。（因为剪应变 $\gamma=\frac{q}{Gt}$，所以广义位移也可写成 $\frac{qA}{Gt}=\gamma A$。）

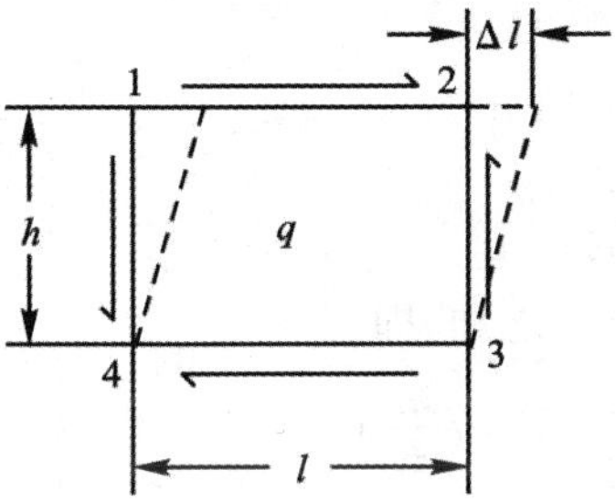

图 4.4.2　矩形受剪板

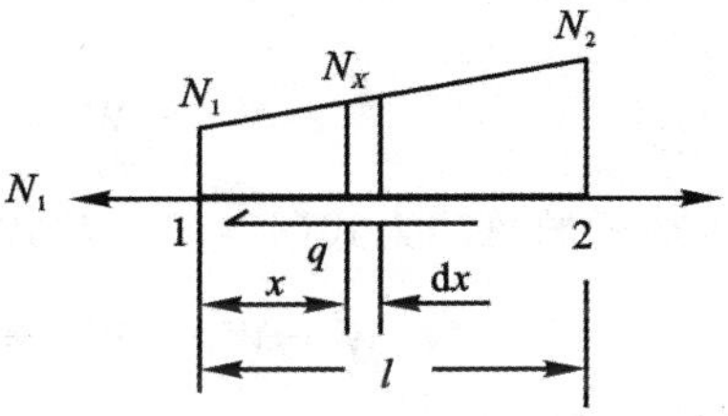

图 4.4.3　受轴力作用的杆

(2)受轴力作用的杆。其受力如图 4.4.3 所示，若杆内的轴力沿杆轴呈直线规律变化，则杆在任一截面的轴力可表示为

$$N_x=N_1+\frac{N_2-N_1}{l}x \tag{4.4.10}$$

与 x 截面相应的段的 $\mathrm{d}x$ 应变为 ε_x，位移为 $\mathrm{d}u$，则有

$$\mathrm{d}u=\varepsilon_x\mathrm{d}x=\frac{N_x}{Ef}\mathrm{d}x \tag{4.4.11}$$

外力在变形位移上的功为

$$W=\frac{1}{2}\int_0^l N_x\mathrm{d}u=\frac{1}{2}\int_0^l N_x\frac{N_x}{Ef}\mathrm{d}x \tag{4.4.12}$$

式中，f 为杆截面面积，l 为杆长。

对于等截面杆，将 N_x 表达式代入式(4.4.12)，得

$$W=\frac{1}{2}\left[N_1\frac{l}{6Ef}(2N_1+N_2)+N_2\frac{l}{6Ef}(N_1+2N_2)\right] \tag{4.4.13}$$

按照广力义和广义位移的定义，如果取 N_x 作为广义力，则相应的广义位移为 $\frac{N_x}{Ef}\mathrm{d}x$；若取 N_1 和 N_2 作为广义力，则相应的广义位移就是 $\frac{l}{6Ef}(2N_1+N_2)$ 和 $\frac{l}{6Ef}(N_1+2N_2)$。

(3)平行四边形受剪板。如图 4.4.4 所示，取三角形 2－5－3 作分离体，由平衡得

$$\sum X=0,\quad \sigma=\frac{2q\tan\varphi}{t}$$

$$\sum Y=0,\quad q_{2-5}=q$$

由图 4.4.4(b)可知，2－5 边除了有剪流 q 外，还存在正应力。假想将△2－3－5 补到 1－4 边上，则组成了与图 4.4.4(c)相当的矩形板。为了便于计算，此矩形板可分解为受剪和受拉两种状态，如图 4.4.4(c)和(d)所示。因此，平行四边形板的剪流对板做的功等于这两种状态做功之和。

常剪流 q 所做的功为

$$W_1=\frac{1}{2}q\frac{qA}{Gt}\tag{4.4.14}$$

正应力 σ 所做的功为

$$W_2=\frac{1}{2}\sigma ht\Delta l\tag{4.4.15}$$

式中，$\Delta l=\frac{\sigma}{E}l$，代入式(4.4.15)得

$$W_2=\frac{1}{2}\sigma ht\frac{\sigma l}{E}\tag{4.4.16}$$

所以，平行四边形板的总功为式(4.4.14)和式(4.4.16)之和，即

$$W=W_1+W_2=\frac{1}{2}\left(q\frac{qA}{Gt}+\sigma ht\frac{\sigma l}{E}\right)$$

将 σ 和 q 的关系代入，得

$$W=\frac{1}{2}q\frac{qA}{Gt}\left(1+4\frac{G}{E}\tan^2\varphi\right)\tag{4.4.17}$$

若将剪流 q 作为广义力，则相应的广义位移为 $\frac{qA}{Gt}\left(1+4\frac{G}{E}\tan^2\varphi\right)$。

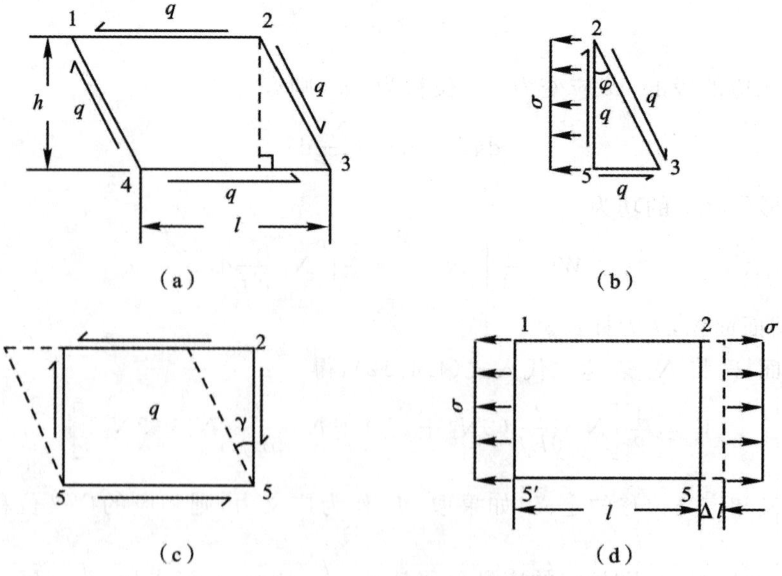

图 4.4.4　平行四边形受剪板

(4)梯形受剪板。如图 4.4.5 所示。由梯形板中切出一微元体，如图 4.4.5 中的阴影线所

示。这微元体可近似看成平行四边形,其四边作用的剪流设为 q_x,则这微元体的功为

$$dW = \frac{1}{2} q_x \frac{q_x dA}{Gt}\left(1 + 4\frac{G}{E}\tan^2\varphi\right) \tag{4.4.18}$$

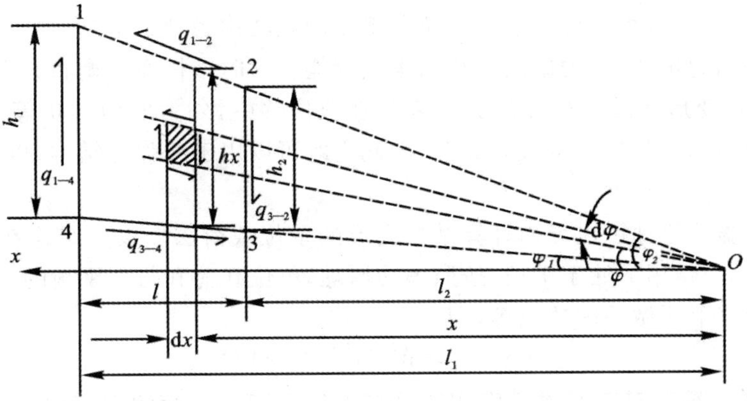

图 4.4.5　梯形受剪板

根据梯形板的剪流之间关系和梯形板的几何关系,有

$$q_x = q_{3-2}\frac{h_2^2}{h_x^2} = q_{3-2}\frac{l_2^2}{x^2}$$

$$dA = \frac{x}{\cos^2\varphi} d\varphi dx$$

将 q_x 和 dA 代入 dW 的式中,并对 x 从 l_2 到 l_1 积分,对 φ 从 φ_1 到 φ_2 积分,得

$$W = \frac{1}{2}\bar{q}\frac{\bar{q}A}{Gt}\left[1 + \frac{4}{3}\frac{G}{E}(\tan^2\varphi_1 + \tan\varphi_1\tan\varphi_2 + \tan^2\varphi_2)\right] \tag{4.4.19}$$

在飞机结构中,通常 φ_1 在 0°～10°之间,φ_2 在 0°～10°之间。把 $\varphi_1 = -10°$ 和 $\varphi_2 = 10°$ 代入上式,方括号中第二项仅为第一项的 1.59%。因此,在工程计算中,梯形板可近似按下式计算:

$$W = \frac{1}{2}\bar{q}\frac{\bar{q}A}{Gt} \tag{4.4.20}$$

若将梯形板的几何平均剪流 $\bar{q}$ 作为广义力,则相应的广义位移为 $\frac{\bar{q}A}{Gt}$。

4.4.2　单位载荷法

单位载荷法在材料力学中已有介绍,即莫尔积分法(Mohr's Integrals),是从能量法发展的一种计算杆件变形的方法。这里将简要从虚功原理来介绍计算结构弹性变形的单位载荷法,下一章将详细介绍结构分析的能量原理方法。

在理论力学中曾提出了刚体力学的虚功原理:对处于平衡状态的任一刚体,作用在该刚体上的力系在任何虚位移上所做的虚功之和等于零。虚功原理同样适用于变形体结构。

设一结构在外载荷作用下处于平衡状态,在此平衡状态下,假设结构的位移分量发生了位移边界条件所容许的微小改变,这种偏离平衡位置且为位移边界条件容许的任意微小位移,称之为虚位移。虚位移可以定义为一种假想的、满足边界条件和变形连续条件的任意微小的、连

续的位移。虚位移是在结构平衡位置上再增加的位移。在虚位移过程中，结构上原有的外载荷保持不变，始终处于平衡状态。结构上的载荷在虚位移上所做的功称为虚功。显然结构载荷与虚位移是独立的，虚功可以用式(4.4.4)计算。结构在外载荷作用下，产生一组可能的内力，它们满足静力平衡方程。外载荷在虚位移上做的虚功称为外力虚功；内力在相应的虚位移上做的虚功称为内力虚功，内力虚功也称为虚应变能。这时结构在平衡状态下，外力虚功等于内力虚功，这就是变形体的虚功原理。它表明在虚位移中，外力所做虚功等于结构的虚应变能。虚功原理与结构材料的本构关系无关，因此它既可以用于线弹性结构，也可以用于非线性材料结构。

由变形体的虚功原理可以导出计算结构变形的单位载荷法。设想结构在单位载荷(其值等于单位的广义力)作用下处于平衡，按照虚功原理，单位载荷和与它平衡的产生的全部内力，在结构任意虚位移上所做的虚功相等，即

$$1\times\Delta^{*}=W^{*}\ \text{或}\ \Delta^{*}=W^{*} \tag{4.4.21}$$

式中，Δ^{*} 是与单位载荷对应的虚位移；W^{*} 是与单位载荷相平衡的全部内力在对应的虚位移上所做的虚功总和。

由虚位移的概念，凡能满足结构的变形连续条件和边界条件的任何微小位移，都可选为虚位移。根据小变形假设，结构在任何外力作用下产生的真实位移都是微小的，完全满足虚位移的要求，因此可以把结构在外力作用下产生的真实位移取作虚位移。这时式(4.4.21)等号左边的 Δ^{*} 就是单位载荷作用处，由外力引起的结构的真实位移。如果单位载荷正好加在结构待求位移的地方，并且力的性质与要求的位移相对应，则由式(4.4.21)求得的 Δ^{*} 就是所要求的结构位移。因此，欲求解结构的真实位移转换为求解内力虚功。

假设结构在真实外力下各元件的真实内力为 M_p, N_P, q_P，结构在单位载荷作用下，按平衡条件可以求出其内力 M_i, N_i, q_i，为求所有内力的虚功，可先求出各元件内力的虚功。例如求杆内力的虚功，可由这杆上切出一微元段 $\mathrm{d}s$，微元段所受力就是 $<i>$ 状态的内力 N_i，而微元段所发生的虚位移就是 $<P>$ 状态的真实位移，有

$$\mathrm{d}u=\frac{N_P}{EA}\mathrm{d}s \tag{4.4.22}$$

因此，微元段的内力所做的虚功为

$$\mathrm{d}w^{*}=\frac{N_iN_P}{EA}\mathrm{d}s \tag{4.4.23}$$

整个杆的内力虚功就是微元段虚功的积分为

$$W_N^{*}=\int_0^l\frac{N_iN_P}{EA}\mathrm{d}s \tag{4.4.24}$$

同样，一块矩形板的内力虚功等于板上剪流 q_i 在对应的广义虚位移上做的虚功，矩形板的虚位移可以由式(4.4.9)获得，因此由式(4.4.4)，矩形板的内力虚功为

$$W_q^{*}=\frac{q_iq_P}{Gt}A \tag{4.4.25}$$

把所有杆和板中的内力虚功加起来，就得到结构所有内力的虚功 W^{*}。由式(4.4.21)就可得到薄壁结构上点 i 的位移 Δ_{iP} 的计算公式，有

$$\Delta_{iP}=\sum\int_0^l\frac{N_iN_P}{EA}\mathrm{d}s+\sum\frac{q_iq_P}{Gt}A \tag{4.4.26}$$

式中，Δ_{iP} 为结构在外力 P 作用下处于平衡时 i 点沿某方向的位移；N_i，q_i 为结构元件在单位载荷作用下满足平衡条件的内力；N_P，q_P 为结构元件在外力作用下既满足平衡条件又满足变形连续条件的真实内力；E 为杆材料的弹性模量；A 为杆的截面面积；G 为板材料的剪切模量；t 为板的厚度；l 为板的长度；F 为板的平面面积。

对于桁架结构因为只有等轴力杆而没有板元件，位移计算公式简化为

$$\Delta_{iP}=\sum\frac{N_iN_P}{EA}l_i \tag{4.4.27}$$

对于刚架，如果只考虑弯矩的作用，忽略其他内力的作用，则位移计算公式为

$$\Delta_{iP}=\sum\int_0^l\frac{M_iM_P}{EI}\mathrm{d}s \tag{4.4.28}$$

用一个普通的公式来表示单位载荷法，则有

$$\Delta_{iP}=\sum S_i\Delta_P \tag{4.4.29}$$

式中，S_i 为满足平衡条件的单位状态＜i＞的广义内力；Δ_P 为与载荷状态＜P＞的真实广义内力所对应的广义位移。

例 4.6　求图 4.4.6(a)所示平面薄壁结构 2 点的水平位移，所有杆件的弹性模量为 E，横截面积为 A，所有薄板的剪切模量为 G，板厚为 t。

解　＜P＞状态和＜i＞状态的内力图如图 4.4.6(b)和(c)所示。

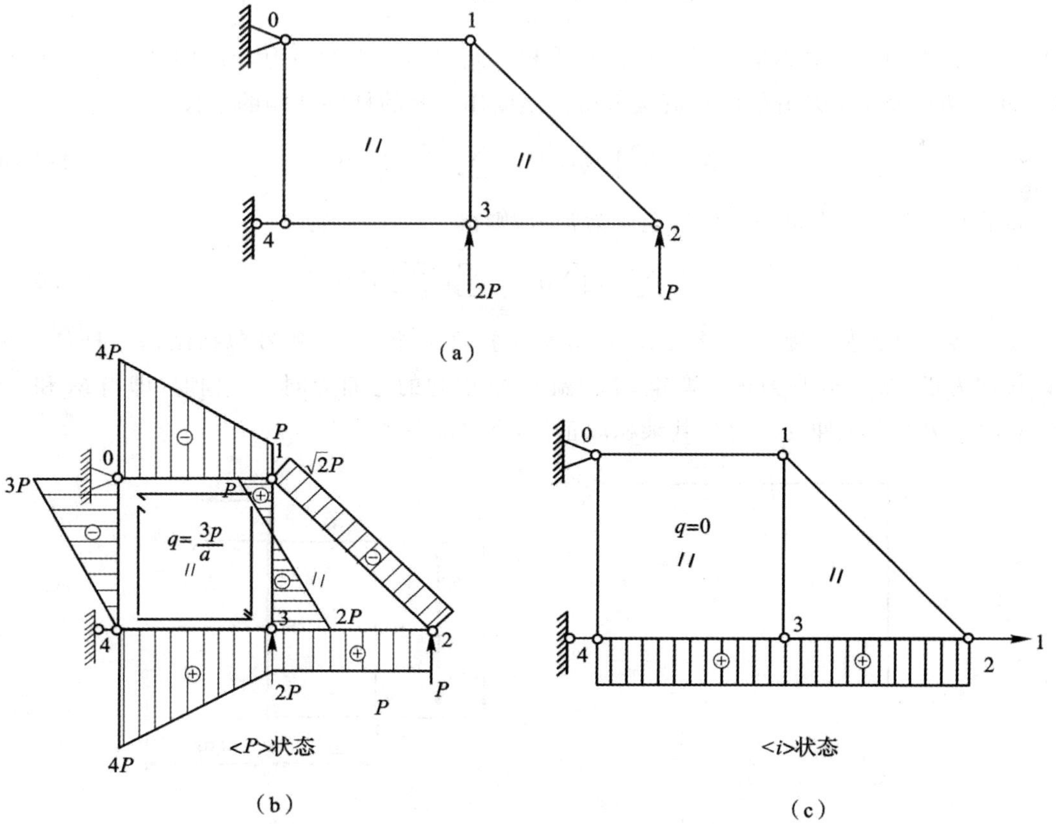

图 4.4.6　例 4.6 薄壁结构内力分析图

$$\Delta_2=\frac{1}{EA}(P\times 1\times 2a+\frac{1}{2}3p\times a\times 1)=\frac{7pa}{2EA}$$

即 2 点的水平位移方向与单位力方向一致，大小为 $\frac{7pa}{2EA}$

4.4.3 温度作用时的位移计算

本小节将以杆件结构为例，介绍温度作用时的杆件位移计算的单位载荷法。对于静定结构，温度改变并不引起内力。变形和位移是材料自由膨胀、收缩的结果。

设杆件的上边缘温度上升 t_1，下边缘温度上升 t_2，而沿杆截面厚度为线性分布(见图 4.4.7)。此时，杆件的轴线温度 t_0 与上、下边缘的温差 Δt 分别为

$$t_0=\frac{h_1t_2+h_2t_1}{h},\quad \Delta t=t_2-t_1$$

式中，h 是杆件截面厚度，h_1 和 h_2 分别是由杆轴至上、下边缘的距离。在温度变化时，杆件不引起剪应变，引起的轴向伸长应变 ε 和曲率 κ 分别为

$$\varepsilon=\alpha t_0$$

$$\kappa=\frac{d\theta}{ds}=\frac{\alpha(t_2-t_1)ds}{h\,ds}=\frac{\alpha\Delta t}{h}$$

式中，α 为材料的线膨胀系数。设单位载荷在杆件结构内产生的内力，即轴力和弯矩分别为 $\overline{N}$，$\overline{M}$，并令切应变 $\gamma=0$，由单位载荷法求得在温度作用时的杆件结构的位移为

$$\Delta=\sum\int\overline{N}\alpha t_0\,ds+\sum\int\overline{M}\frac{\alpha\Delta t}{h}ds \tag{4.4.30a}$$

如果 t_0，Δt 和 h 沿每一杆件的全长为常数，则得

$$\Delta=\sum\alpha t_0\int\overline{N}ds+\sum\frac{\alpha\Delta t}{h}\int\overline{M}ds \tag{4.4.30b}$$

式(4.4.30)是求温度位移的公式，积分号包括杆的全长，总和号包括结构各杆件。轴力 $\overline{N}$ 以拉伸为正，以 t_0 升高为正。弯矩 $\overline{M}$ 和温差 Δt 引起的弯曲为同一方向时(即当 $\overline{M}$ 和 Δt 使杆件的同一边产生拉伸变形时)，其乘积取正值，反之取负值。

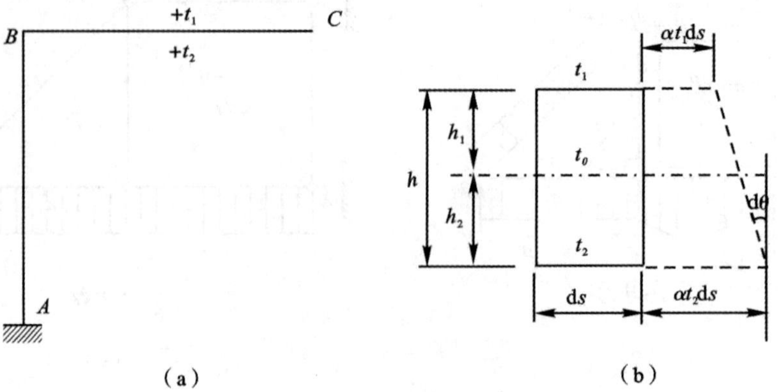

图 4.4.7 温度作用时的杆件位移计算

例 4.7　求图 4.4.8(a)所示刚架点 C 的竖向位移。梁下侧和柱右侧温度升高 10℃，梁上侧和柱左侧温度无改变。各杆截面为矩形，截面高度 $h=60$ cm，$a=6$ m，$\alpha=0.000\ 01$。

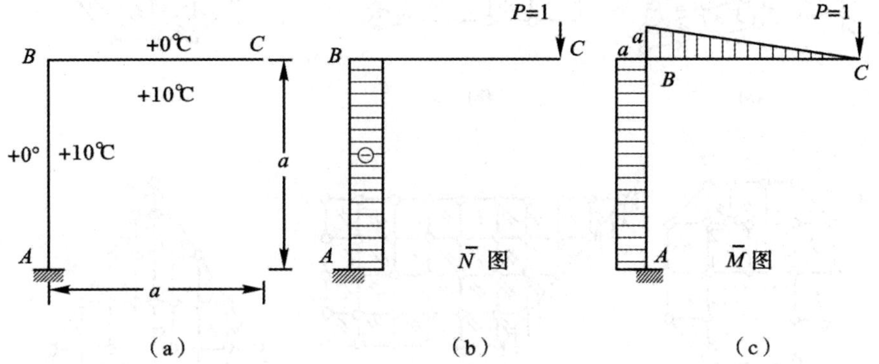

图 4.4.8　例 4.7 题图

解　在点 C 加单位竖向载荷，作相应的 $\overline{N}$ 图和 $\overline{M}$ 图(见图 4.4.8(b)，(c))。

杆轴线处的温度升高值为

$$t_0=\frac{10^\circ+0}{2}=5^\circ$$

上、下(左、右)边缘温差为

$$\Delta t=10^\circ-0=10^\circ$$

代入式(4.4.30b)，得

$$\Delta_C=\sum\frac{\alpha\Delta t}{h}\int\overline{M}\mathrm{d}s+\sum\alpha t_0\int\overline{N}\mathrm{d}s=\frac{10\alpha}{h}\ \frac{3}{2}a^2+5\alpha(-a)=$$

$$-5\alpha a\left(1+\frac{3a}{h}\right)$$

因 Δt 与 $\overline{M}$ 所产生的弯曲方向相反，故上式第一项取负号。代入 $\alpha=0.000\ 01$，$a=600$ cm，$h=60$ cm，得

$$\Delta_C=-0.93\text{cm}(\uparrow)$$

习题与思考题

4.1　分析图 E4.1 所示各薄壁结构的几何不变性，并计算多余约束数 f。

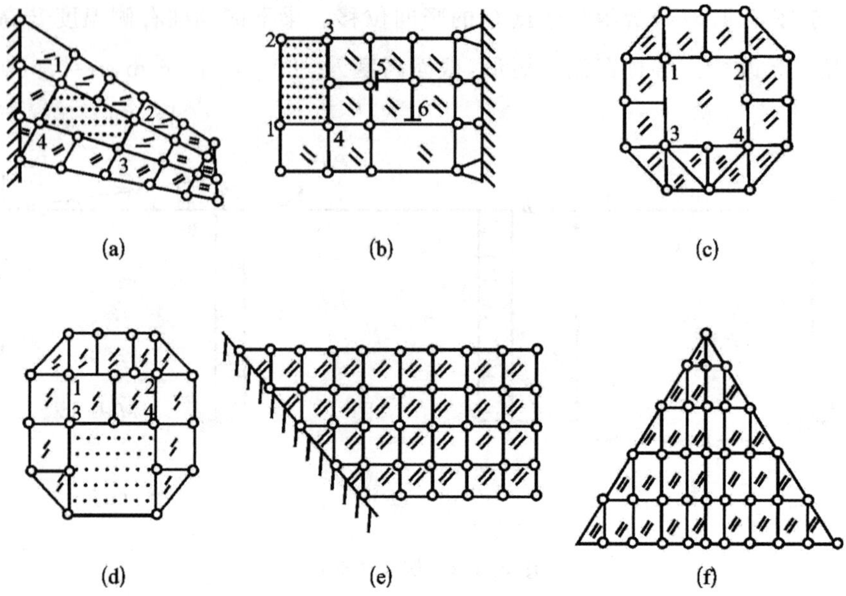

图 E4.1

4.2 平面薄壁结构的形状、尺寸及受载情况如图 E4.2 所示，求各元件内力，并作内力图。

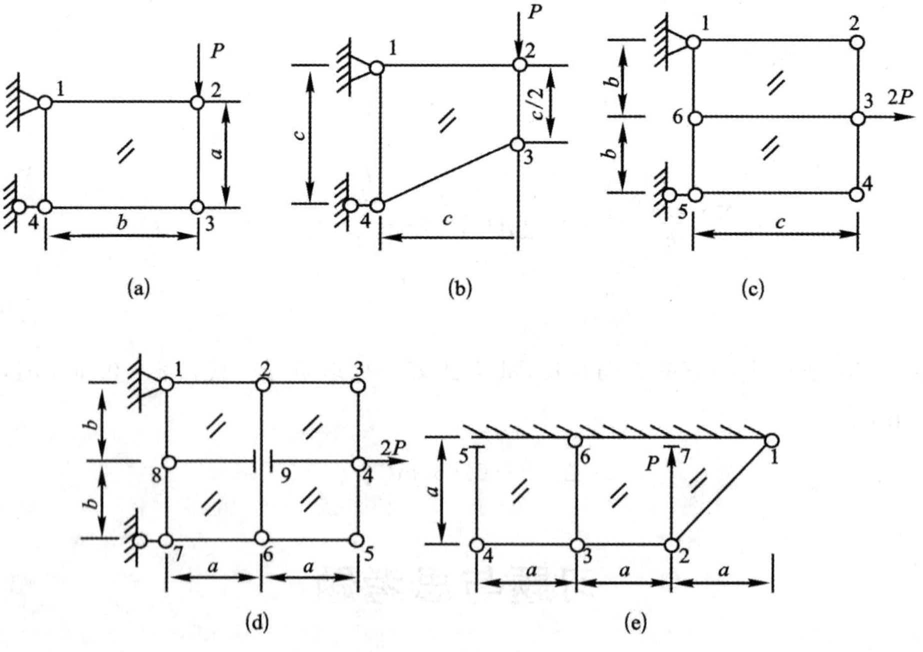

图 E4.2

4.3 已知某机翼某号肋后段的简化计算模型如图 E4.3 所示，剪力 Q 均匀地作用于杆 3—4上。$P_1=70\ 000\text{N}$，$P_2=100\ 000\text{N}$，$Q=2\ 000\text{N}$，$a=0.30\text{m}$，$b=0.20\text{m}$，$h=0.45\text{m}$，$E=70\ 000\text{MPa}$，$G=26\ 500\text{MPa}$，各杆 $f=0.000\ 5\text{m}^2$，板厚 $t=0.002\text{m}$。求：

(1)3 点垂直位移和水平位移；

(2)杆 3—4 的转角。

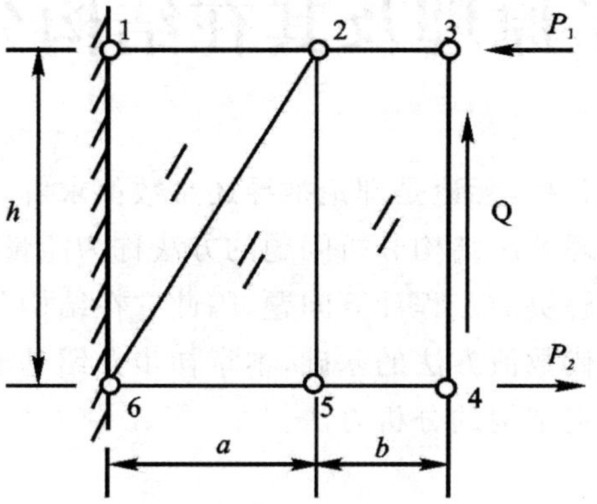

图　E4.3

第 5 章　能量原理及其在结构分析中的应用

能量原理为复杂结构的分析，无论是理论推导还是数值求解，提供了坚实的理论基础和有力的数学工具。应用能量原理解决结构分析问题的方法称为能量法。用能量法可以解决一些利用常规力学分析方法难以解决的工程计算问题，因此它在结构分析中占有十分重要的地位。能量原理也是有限元法等现代数值方法的基础，本章初步介绍基于能量原理的近似求解方法，在此基础上进一步介绍静不定结构的分析方法。

5.1　静力方程、几何方程和可能内力、可能位移

本节以平面杆件结构为例引入静力可能内力、几何可能位移、几何可能应变等概念，这些概念在虚功原理和能量原理中十分重要。

5.1.1　静力方程

杆件在外力的作用下处于平衡状态，其中的内力和外力应满足两个静力平衡关系，即平衡微分方程和静力边界条件。

1. 静力平衡微分方程

作用于杆件结构上的外载荷，一般有集中力、集中力矩、分布力和分布力矩。现以图 5.1.1(a)所示的直杆 AB 为例画出这几种作用力，具体包括：沿杆长分布的轴向载荷，集度为 p；集度为 q 的垂直分布载荷；集度为 m 的分布转矩；在 A 端作用的外力 M_A，Q_A，N_A；在 B 端作用的外力 M_B，Q_B，N_B；在 $x=x_i$ 处作用有轴向集中载荷 P_{x_i}；在 $x=x_j$ 处作用有横向载荷 P_{x_j}；在 $x=x_k$ 处作用有集中力偶 M_k。

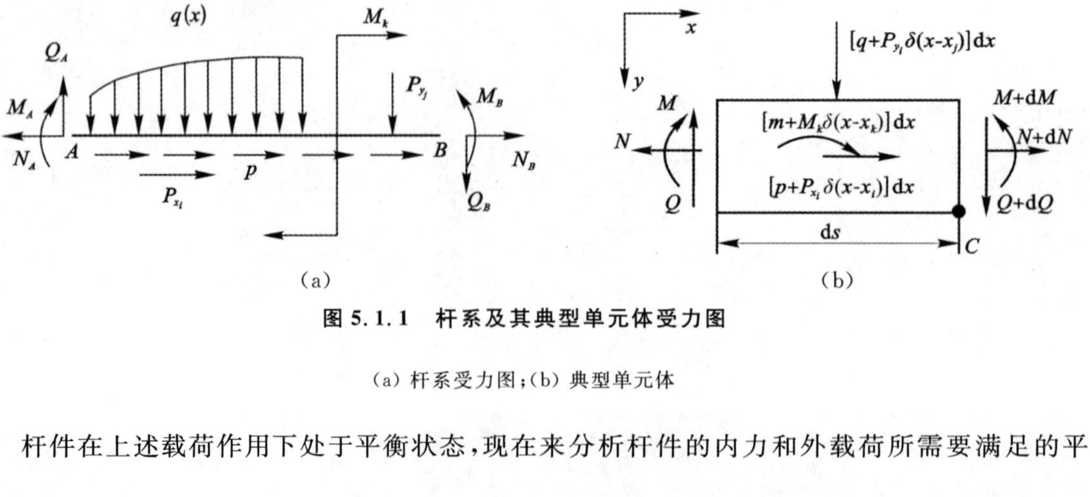

图 5.1.1　杆系及其典型单元体受力图

(a) 杆系受力图；(b) 典型单元体

杆件在上述载荷作用下处于平衡状态，现在来分析杆件的内力和外载荷所需要满足的平

衡关系。为此，考虑杆件微元段 ds 的平衡，如图 5.1.1(b)所示。为统一分析，这里借用 δ 函数把集中力转换成分布力。把作用在 $x=x_i$ 处的集中力 P_{x_i} 转换成沿杆全长作用的集度为 $P_{x_i}\delta(x-x_i)$ 的分布载荷；把作用在 $x=x_j$ 处的横向集中载荷 P_{y_j} 转换成沿杆全长作用的集度为 $P_{y_j}\delta(x-x_j)$ 的横向分布载荷；把作用在 $x=x_k$ 处的集中力偶转换成沿杆全长作用的集度为 $M_k\delta(x-x_k)$ 的分布力偶。

杆件的内力包括轴力、剪力和弯矩，分别用 N，Q 和 M 表示，其正方向如图 5.1.1(b)所示。微元段的静力平衡关系为

$$\left.\begin{aligned}&\sum F_x=0,\quad N+\mathrm{d}N-N+[P_{x_i}\delta(x-x_i)+p]\mathrm{d}s=0\\&\sum F_y=0,\quad Q+\mathrm{d}Q-Q+[P_{y_j}\delta(x-x_j)+q]\mathrm{d}s=0\\&\sum M_C=0,\quad -M-\mathrm{d}M+M+Q\mathrm{d}s+[M_k\delta(x-x_k)+m]\mathrm{d}s=0\end{aligned}\right\}\tag{5.1.1}$$

即

$$\left.\begin{aligned}&\mathrm{d}N+[P_{x_i}\delta(x-x_i)+p]\mathrm{d}s=0\\&\mathrm{d}Q+[P_{y_j}\delta(x-x_j)+q]\mathrm{d}s=0\\&-\mathrm{d}M+Q\mathrm{d}s+[M_k\delta(x-x_k)+m]\mathrm{d}s=0\end{aligned}\right\}\tag{5.1.2}$$

如果杆上有 i 个轴向集中载荷，j 个横向集中载荷，k 个集中力偶，则式(5.1.2)应修正为

$$\left.\begin{aligned}&\frac{\mathrm{d}N}{\mathrm{d}s}+\sum_i P_{x_i}\delta(x-x_i)+p=0\\&\frac{\mathrm{d}Q}{\mathrm{d}s}+\sum_j P_{y_j}\delta(x-x_j)+q=0\\&-\frac{\mathrm{d}M}{\mathrm{d}s}+Q+\sum_k M_k\delta(x-x_k)+m=0\end{aligned}\right\}\tag{5.1.3}$$

如果微段上没有集中载荷，平衡方程式(5.1.3)可以简化为

$$\left.\begin{aligned}&\frac{\mathrm{d}N}{\mathrm{d}s}=-p\\&\frac{\mathrm{d}Q}{\mathrm{d}s}=-q\\&\frac{\mathrm{d}M}{\mathrm{d}s}-Q=m\end{aligned}\right\}\tag{5.1.4}$$

式(5.1.3)或式(5.1.4)称为静力平衡微分方程，其中 p,q,m 分别是轴向、横向、力偶载荷的集度。静力平衡微分方程给出了杆件在外力作用下处于平衡状态时，杆件内力和外力所需要满足的关系。

2. 静力边界条件

设杆件内力 N，Q 和 M 在端部的值分别为 F_x，F_y，F_θ，如图 5.1.2(a)所示，则杆端的静力边界条件为

$$\left.\begin{aligned}&F_x=P_x\quad(\text{在沿 } x \text{ 方向为自由的杆端处})\\&F_y=P_y\quad(\text{在沿 } y \text{ 方向为自由的杆端处})\\&F_\theta=P_\theta\quad(\text{在沿 } \theta \text{ 方向为自由的杆端处})\end{aligned}\right\}\tag{5.1.5}$$

式中，P_x, P_y, P_θ 分别为在杆端给定的外载荷分量。

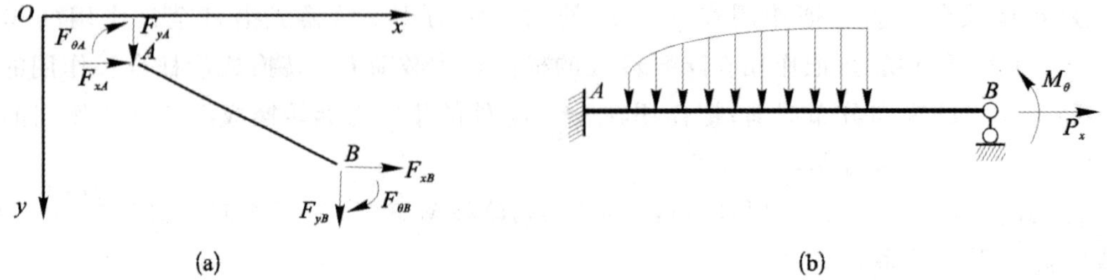

图 5.1.2　杆件受力图

例如，在图 5.1.2(b)所示结构中，杆端的静力边界条件为

$$\left.\begin{aligned} F_{xB} &= P_x \\ F_{\theta B} &= M_\theta \end{aligned}\right\}（在杆端 B 处）$$

3. 静力可能内力

如果杆件结构的内力 N, Q, M 满足全部静力方程，即静力平衡方程式(5.1.3)和力边界条件式(5.1.5)，则称为静力可能内力，简称可能内力。

应当指出，在静定结构中，静力可能内力只有一种，它就是结构在给定载荷下的真实内力。在超静定结构中，静力可能内力则不是唯一的。

5.1.2　几何方程

杆件截面有 3 个位移变形分量(见图 5.1.3)，分别是截面形心的轴向位移 u、横向位移 v 以及截面转角 ψ，其正方向与载荷 p, q, m 的正方向一致。杆端位移 u_x，u_y 和 u_θ 的正方向与杆端力 F_x，F_y，F_θ 的正方向一致。

杆件的广义应变(简称应变)有 3 个分量：轴向线应变 ε，截面平均剪应变 γ 和曲率 κ。它们以与正号内力 N, Q, M 相应时为正。

在图 5.1.1 中，杆件结构的几何方程包括杆的应变与位移间的几何微分关系、杆端的几何边界条件。

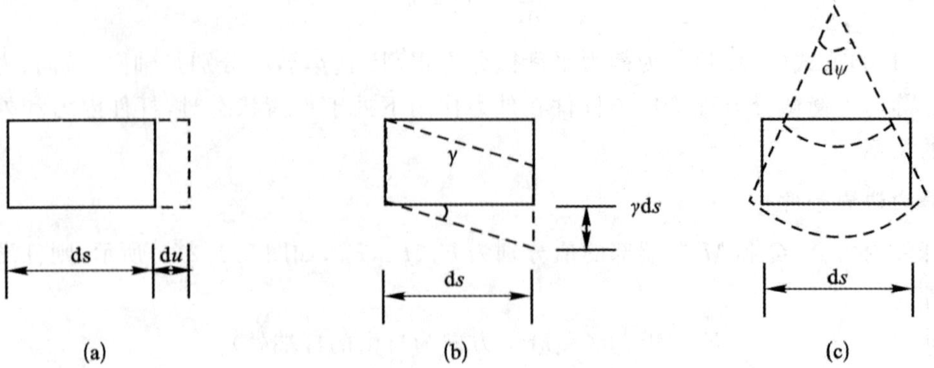

图 5.1.3　截面 3 个位移分量

1. 杆件的应变与位移关系

如图 5.1.3 所示，考虑微段的变形，可得出位移与应变之间的几何微分关系为

$$\left.\begin{aligned}\varepsilon&=\frac{\mathrm{d}u}{\mathrm{d}s}\\ \gamma&=\frac{\mathrm{d}v}{\mathrm{d}s}-\psi\\ \kappa&=-\frac{\mathrm{d}\psi}{\mathrm{d}s}\end{aligned}\right\}\tag{5.1.6}$$

如果忽略剪应变，即令 $\gamma=0$，则得

$$\psi=\frac{\mathrm{d}v}{\mathrm{d}s},\qquad \kappa=-\frac{\mathrm{d}^2v}{\mathrm{d}s^2}\tag{5.1.7}$$

这时，截面转角 ψ 与挠曲线倾角 $\frac{\mathrm{d}v}{\mathrm{d}s}$ 彼此相等，ψ 与 v 不再是彼此独立的变量。而在考虑剪应变的一般情况下，ψ 与 $\frac{\mathrm{d}v}{\mathrm{d}s}$ 一般不相等，ψ 与 v 是彼此独立的。

2. 杆端的几何边界条件

在杆件结构中，杆端的几何边界条件为

$$\left.\begin{aligned}u_x&=\overline{u}_x\quad（在沿\ x\ 方向有支承的杆端处）\\ u_y&=\overline{u}_y\quad（在沿\ y\ 方向有支承的杆端处）\\ u_\theta&=\overline{u}_\theta\quad（在沿\ \theta\ 方向有支承的杆端处）\end{aligned}\right\}\tag{5.1.8}$$

这里，$\overline{u}_x,\overline{u}_y,\overline{u}_\theta$ 是在整体坐标系中杆端支座位移的给定值。

例如，如图 5.1.2(b)所示结构中，杆端的几何边界条件为

$$\begin{cases}u_{xA}=0,u_{yA}=0,u_{\theta A}=0 & （在杆端\ A\ 处）\\ u_{yB}=0 & （在杆端\ B\ 处）\end{cases}$$

3. 几何可能位移(容许位移)

如果结构的位移满足几何方程，即位移与应变之间的几何微分关系式(5.1.6)和几何边界条件式(5.1.8)，则称为几何可能位移，简称可能位移。几何可能位移 u,v,ψ 具有连续性和必要的可微性(导数 $\frac{\mathrm{d}u}{\mathrm{d}s},\frac{\mathrm{d}v}{\mathrm{d}s},\frac{\mathrm{d}\psi}{\mathrm{d}s}$ 存在)，且满足位移边界条件。

在外载荷作用下，处于平衡状态下的结构真实状态，结构的状态变量(结构的位移、应力和应变)要满足结构的全部静力学方程、几何方程和材料的本构关系。如果结构的状态变量仅部分满足结构真实状态的要求，如仅满足静力可能内力状态，或几何可能位移状态，称为结构的可能状态。结构的可能状态有许多种，可以用能量原理的方法找出结构的真实状态的解。

5.2　应变能和余应变能

设图 5.2.1(a)所示的杆件为完全弹性体，其横截面积为 A，长度为 L。在载荷作用下杆件的轴向力由零逐渐增加到最终值 P，杆件的变形也由零逐渐增加到 Δ。力与变形之间的关系按图 5.2.1(b)曲线变化。这时外力所做的功 W 为

$$W=\int_0^\Delta P\mathrm{d}\Delta \tag{5.2.1}$$

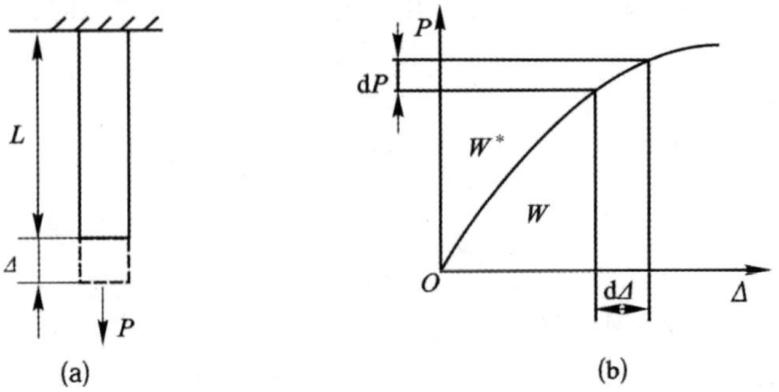

图 5.2.1 受拉伸杆件的变形及载荷位移曲线

假设施加外载荷的过程是非常缓慢的(即是静力载荷),且在施加载荷的过程中,没有温度和速度的改变,也就是没有热能或动能的改变。按照能量守恒原理,外载荷所作的功就以能量的形式贮存于杆件中。弹性体变形后具有的作功能力,称为变形能或应变能,用 U 表示。对完全弹性体来说,显然应变能就等于外力所做的功,即

$$U=W \tag{5.2.2}$$

杆件的应变能为

$$U=\int_0^\Delta P\mathrm{d}\Delta=AL\int_0^\varepsilon \sigma_x\mathrm{d}\varepsilon_x \tag{5.2.3}$$

式中,$\int_0^\varepsilon \sigma_x\mathrm{d}\varepsilon_x$ 称为应变能密度,反映了单位体积的应变能。用 $\widetilde{U}$ 表示应变能密度,有

$$\widetilde{U}=\int_0^\varepsilon \sigma_x\mathrm{d}\varepsilon_x \tag{5.2.4}$$

则应变能为

$$U=\int_V \widetilde{U}\mathrm{d}V \tag{5.2.5}$$

这里 V 代表体积。图 5.2.1(b)中曲线下面的那部分面积代表了外力所做的功 W 或应变能 U 的大小。曲线上面的那部分面积所代表的功记为 W^* 或 U^*,并称 W^* 为外力余功,称 U^* 为余应变能。对完全弹性体来说,$W^*=U^*$。杆件的外力余功 W^* 和余应变能 U^* 为

$$W^*=P\Delta-\int_0^\Delta P\mathrm{d}\Delta=\int_0^P \Delta\mathrm{d}P=AL\int_0^\sigma \varepsilon_x\mathrm{d}\sigma_x=U^* \tag{5.2.6}$$

式中,$\int_0^\sigma \varepsilon_x\mathrm{d}\sigma_x$ 称为余应变能密度(单位体积的余应变能)。用 $\widetilde{U}^*$ 表示余应变能密度,有

$$\widetilde{U}^*=\int_0^\sigma \varepsilon_x\mathrm{d}\sigma_x \tag{5.2.7}$$

则余应变能为

$$U^*=\int_V \widetilde{U}^*\mathrm{d}V \tag{5.2.8}$$

外力余功 W^* 或余应变能 U^* 并无物理意义,纯粹是为了使用上的方便而定义的一个数学量而已。但可以证明,余应变能同样服从能量守恒原理,因此,通过它所建立的一种能量方法同样可用于实际结构分析。

将式(5.2.3)和式(5.2.6)分别对 Δ 和 P 微分，可得到

$$\frac{\partial U}{\partial \Delta}=P \tag{5.2.9}$$

和

$$\frac{\partial U^*}{\partial P}=\Delta \tag{5.2.10}$$

分别表示应变能对位移的一阶导数等于外力，余应变能对外力的一阶导数等于位移。同样将式(5.2.4)和式(5.2.7)分别对 ε_x 和 σ_x 微分，可得

$$\frac{\partial \widetilde{U}}{\partial \varepsilon_x}=\sigma_x \tag{5.2.11}$$

和

$$\frac{\partial \widetilde{U}^*}{\partial \sigma_x}=\varepsilon_x \tag{5.2.12}$$

分别表示应变能密度对应变的一阶导数等于应力，余应变能密度对应力的一阶导数等于应变。这里并未涉及材料，因此，式(5.2.9)、式(5.2.10)和式(5.2.11)、式(5.2.12)可适用于线弹性或非线弹性情况。为进一步说明起见，假设图 5.2.1(b)所表示的载荷位移曲线为

$$P=a\Delta^n \text{ 或 } \Delta=\left(\frac{P}{a}\right)^{1/n} \tag{5.2.13}$$

其中 a 和 n 是与材料有关的常数。此时，应变能和余应变能分别为

$$U=\int_0^{\Delta} P\mathrm{d}\Delta=\frac{1}{n}\int_0^{P}\left(\frac{P}{a}\right)^{1/n}\mathrm{d}P \tag{5.2.14a}$$

$$U^*=\int_0^{P}\Delta\mathrm{d}P=n\int_0^{\Delta}a\Delta^n\mathrm{d}\Delta \tag{5.2.14b}$$

于是有

$$\frac{\partial U}{\partial \Delta}=P,\quad \frac{\partial U}{\partial P}=\frac{1}{n}\Delta \tag{5.2.15a}$$

$$\frac{\partial U^*}{\partial P}=\Delta,\quad \frac{\partial U^*}{\partial \Delta}=nP \tag{5.2.15b}$$

当 $n=1$ 时(即线弹性情况，这里，常数 a 与材料的弹性模量成正比)，由式(5.2.15)，有

$$\frac{\partial U}{\partial \Delta}=\frac{\partial U^*}{\partial \Delta}=P \tag{5.2.16a}$$

$$\frac{\partial U^*}{\partial P}=\frac{\partial U}{\partial P}=\Delta \tag{5.2.16b}$$

式(5.2.16)说明在线弹性情况下，应变能和余应变能是完全可以互换的。从图 5.2.1(b)也可看出，在线弹性情况下，载荷-位移曲线退化为直线，应变能 U 与余应变能 U^* 相等。实际上，式(5.2.16b)中的 $\partial U/\partial P=\Delta$ 就是我们所熟知的材料力学中的卡氏第二定理，它只适用于线弹性情况。正确的关系式应该是式(5.2.10)。

对于一般三维弹性体，应力分量为 6 个，即 $\sigma_x,\sigma_y,\sigma_z,\tau_{xy},\tau_{yz},\tau_{zx}$；相应的 6 个应变分量为 $\varepsilon_x,\varepsilon_y,\varepsilon_z,\gamma_{xy},\gamma_{yz},\gamma_{zx}$。根据应变能密度的定义，三维弹性体的应变能密度为

$$\widetilde{U}=\int_0^{\delta}(\sigma_x\mathrm{d}\varepsilon_x+\sigma_y\mathrm{d}\varepsilon_y+\sigma_z\mathrm{d}\varepsilon_z+\tau_{xy}\mathrm{d}\gamma_{xy}+\tau_{yz}\mathrm{d}\gamma_{yz}+\tau_{zx}\mathrm{d}\gamma_{zx}) \tag{5.2.17}$$

同样，根据余应变能密度的定义，三维弹性体的余应变能密度为

$$\widetilde{U}^{*}=\int_{0}^{\delta}(\varepsilon_{x}\mathrm{d}\sigma_{x}+\varepsilon_{y}\mathrm{d}\sigma_{y}+\varepsilon_{z}\mathrm{d}\sigma_{z}+\gamma_{xy}\mathrm{d}\tau_{xy}+\gamma_{yz}\mathrm{d}\tau_{yz}+\gamma_{zx}\mathrm{d}\tau_{zx}) \tag{5.2.18}$$

为了表示的简洁，采用张量的形式分别表示应变能密度式(5.2.17)和余应变能密度式(5.2.18)，有

$$\widetilde{U}(\varepsilon_{ij})=\int_{0}^{\varepsilon_{ij}}\sigma_{ij}\mathrm{d}\varepsilon_{ij}\quad(i,\ j=1,2,3) \tag{5.2.19}$$

$$\widetilde{U}^{*}(\sigma_{ij})=\int_{o}^{\sigma_{ij}}\varepsilon_{ij}\mathrm{d}\sigma_{ij}\quad(i,\ j=1,2,3) \tag{5.2.20}$$

应力与应变的关系更一般地由格林(Green)公式表达为

$$\frac{\partial\widetilde{U}(\varepsilon_{ij})}{\partial\varepsilon_{ij}}=\sigma_{ij}\quad(i,j=1,2,3) \tag{5.2.21}$$

和

$$\frac{\partial\widetilde{U}^{*}(\sigma_{ij})}{\partial\sigma_{ij}}=\varepsilon_{ij}\quad(i,j=1,2,3) \tag{5.2.22}$$

应变能 U 为“位移”或“应变”的函数，而余应变能 U^{*} 为“力”或“应力”的函数，有

$$U(\varepsilon_{ij})=\int_{V}\widetilde{U}\mathrm{d}V \tag{5.2.23}$$

$$U^{*}(\sigma_{ij})=\int_{V}\widetilde{U}^{*}\mathrm{d}V \tag{5.2.24}$$

三维弹性体外载荷所做的功为

$$\begin{aligned}W&=\int_{V}(f_{x}u_{x}+f_{y}u_{y}+f_{z}u_{z})\mathrm{d}V+\int_{S\sigma}(p_{x}u_{x}+p_{y}u_{y}+p_{z}u_{z})\mathrm{d}S=\\&\int_{V}f_{i}u_{i}\mathrm{d}V+\int_{S\sigma}p_{i}u_{i}\mathrm{d}S\quad(i,j=1,2,3)\end{aligned} \tag{5.2.25}$$

上式等号右边第一项为体力 f_i 在相应位移上所做的功，第二项为应力边界上的表面力 p_i 在相应位移上所做的功。

利用应变能密度和余应变能密度的概念，可以得到各种线弹性结构元件的应变能和余应变能的表达式。如图 5.2.2 所示的受纯弯曲作用的梁，写出其应变能和余应变能的表达式。

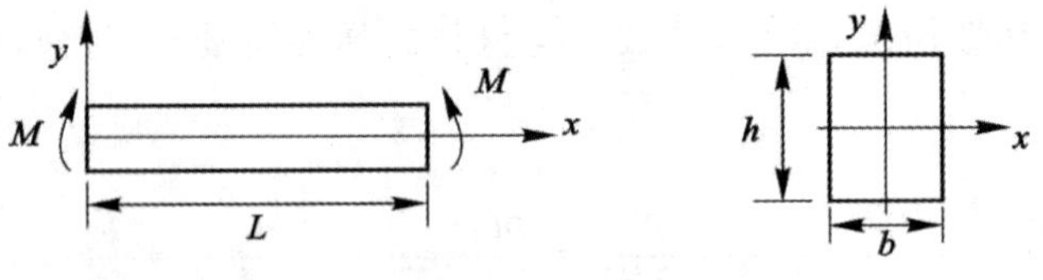

图 5.2.2　受纯弯曲作用的梁

对于一维线弹性体，利用 $\sigma=E\varepsilon$ 的关系(E 为弹性模量)，由式(5.2.4)和式(5.2.7)就可得到应变能密度和余应变能密度为

$$\widetilde{U}=\frac{1}{2}E\varepsilon^{2}\ \text{和}\ \widetilde{U}^{*}=\frac{1}{2}\frac{\sigma^{2}}{E}$$

由材料力学可知，$\sigma=\dfrac{M}{I}y$，$\varepsilon=\dfrac{\mathrm{d}^{2}w}{\mathrm{d}x^{2}}y$，$w$ 为梁的挠度，则梁的应变能为

$$U=\int_{V}\frac{1}{2}E\varepsilon^{2}\mathrm{d}V=\frac{1}{2}\int_{0}^{L}E\left(\int_{-\frac{h}{2}}^{\frac{h}{2}}y^{2}b\mathrm{d}y\right)\left(\frac{\mathrm{d}^{2}w}{\mathrm{d}x^{2}}\right)^{2}\mathrm{d}x=\frac{1}{2}\int_{0}^{L}EI\left(\frac{\mathrm{d}^{2}w}{\mathrm{d}x^{2}}\right)^{2}\mathrm{d}x \tag{5.2.26}$$

梁的余应变能为

$$U^* = \int_V \frac{1}{2E}\sigma^2 \mathrm{d}V = \frac{1}{2}\int_0^L \frac{M^2}{EI^2}\left(\int_{-\frac{h}{2}}^{\frac{h}{2}} y^2 b\mathrm{d}y\right)^2 \mathrm{d}x = \frac{1}{2}\int_0^L \frac{M^2}{EI}\mathrm{d}x \tag{5.2.27}$$

对于线弹性二力杆(见图 5.2.3(a)),其应变能和余应变能的表达式为

$$U = \frac{EA}{2L}\Delta^2 \tag{5.2.28}$$

$$U^* = \frac{1}{2}\frac{P^2 L}{EA} \tag{5.2.29}$$

对于受纯扭的线弹性柱元素(见图 5.2.3(b)),其应变能和余应变能的表达式为

$$U = \frac{GJ_\rho}{2L}\varphi^2 \tag{5.2.30}$$

$$U^* = \frac{1}{2}\frac{M_T{}^2 L}{GJ_\rho} \tag{5.2.31}$$

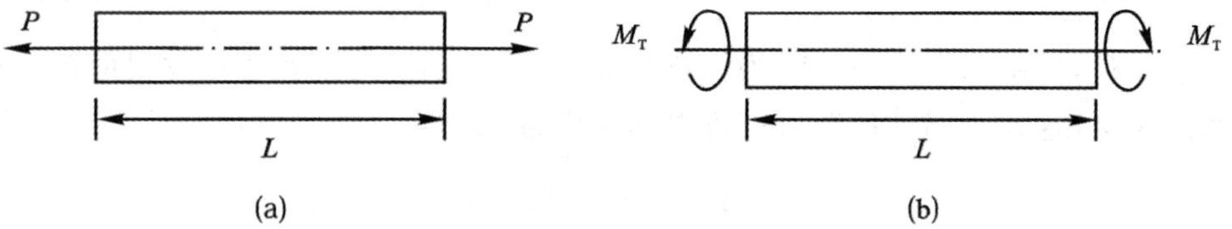

图 5.2.3　杆元素与柱元素

(a)二力杆 ;(b)受纯扭的柱

5.3　能量原理

5.3.1　虚功原理

1. 虚功原理

虚位移的概念在第 4 章中作了简单介绍,这里进一步阐明它的概念。当弹性体结构在外载荷作用下时,设 u 为结构的一组几何可能位移(也称为容许位移),则它们满足几何方程式(5.1.6)和式(5.1.8)。与几何可能位移相应的应变称为位移可能应变,它们应满足方程式(5.1.6)。由于可能位移 u 对应的不一定是结构的平衡状态,因此 u 不一定是结构的真实位移。假设可能位移 u 发生了位移边界条件所容许的微小扰动,结构仍处于变形协调状态,这种微小扰动称为**虚位移**。它是一种假想的、几何许可的任意微小位移,与结构受力状态无关。由于虚位移是可能位移函数的微小扰动,这种微小扰动在数学上称为"变分",一般用符号"δ"表示。因此,虚位移又称为位移变分,记为 δu,也可以描述为当两组可能位移场 u 和 u' 相差很小时,位移变分为

$$\delta u = u - u' \tag{5.3.1}$$

虚位移之所以强调微小,是指虚位移状态不会改变力的作用状态。

如图 5.3.1 所示的简支梁,其位移边界条件为

$$w(0)=0,\quad w(L)=0$$

式中，w 表示梁的挠度。

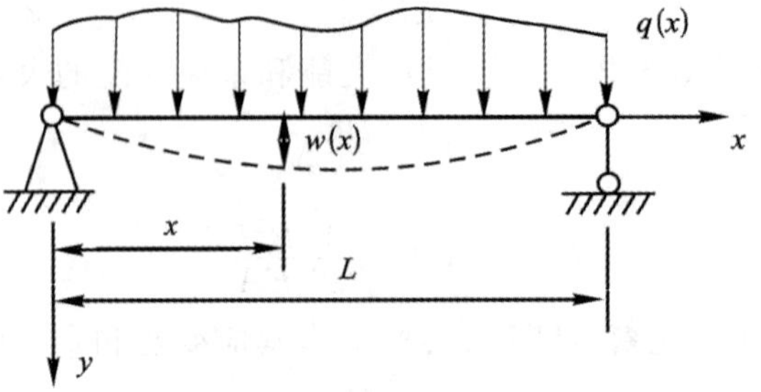

图 5.3.1　受横向载荷作用的双支点梁

函数 $A_1\sin\dfrac{\pi x}{L}$，$A_2\sin\dfrac{n\pi x}{L}$（$n=2,3,\cdots$）和 $A_3=\left(1-\dfrac{x}{L}\right)\dfrac{x}{L}$ 均满足该简支梁的边界条件和变形连续条件，其中 A_1，A_2 和 A_3 为任意常数，这几个函数可以作为简支梁的可能位移。按照虚位移的定义，这几个函数的变分都可以作为虚位移，即

$$\delta w_1=\delta A_1\sin\frac{\pi x}{L}$$

$$\delta w_2=\delta A_2\sin\frac{n\pi x}{L}\quad (n=2,3,\cdots)$$

$$\delta w_3=\delta A_3\left(1-\frac{x}{L}\right)\frac{x}{L}$$

式中，δA_1，δA_2，δA_3 均为任意微小的常数。很显然，这几个函数的变分均满足该简支梁的边界条件和变形连续条件。虚位移的几何意义如图 5.3.2 所示。

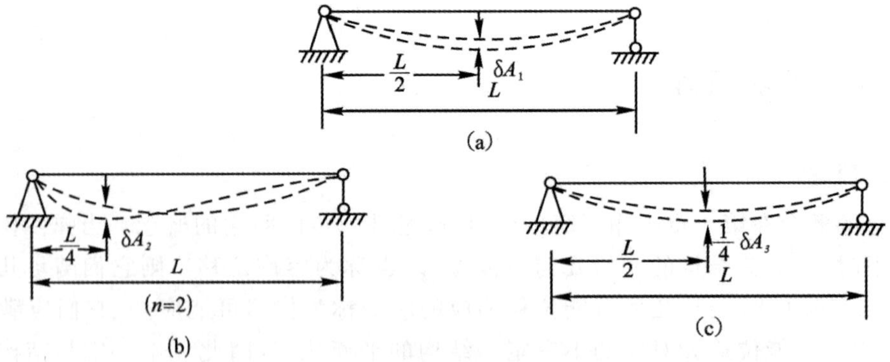

图 5.3.2　横向载荷作用下双支点梁的虚位移

根据虚位移的定义，在发生虚位移的过程中，结构中的外力与内力均保持不变，即保持原有的平衡状态。在发生虚位移的过程中，力在虚位移上所做的功，称为**虚功**。在弹性体结构中，外力所做的虚功称为外力虚功；内力所做的虚功也称为虚应变能。

虚功原理：在外力作用下处于平衡状态的弹性体结构在发生虚位移的过程中，外力所做的总虚功等于弹性体结构的总虚应变能。虚功原理的成立是以弹性体结构处于平衡状态，虚位移满足变形协调和位移边界条件为前提。

2. 虚功原理的简要证明

以图 5.1.1 为例对虚功原理作简要证明。如图 5.1.1 所示结构，设 u, v, ψ 为满足几何方程式(5.1.6)～式(5.1.8)的一组可能位移，则虚位移为 $\delta u, \delta v, \delta\psi$，它们同样满足几何方程式(5.1.6)～式(5.1.8)。图 5.1.1(a)结构的总外力虚功为

$$W_{外} = (N_B\delta u_B + Q_B\delta v_B - M_B\delta\psi_B) - (N_A\delta u_A + Q_A\delta v_A - M_A\delta\psi_A) + \sum_i P_{x_i}\delta u_i + \sum_j P_{y_j}\delta u_j + \sum_k M_k\delta\psi_k + \int_A^B (m\delta\psi + p\delta u + q\delta v)\mathrm{d}s \quad (5.3.2)$$

由式(5.1.6)求得与虚位移相应的虚应变 $\delta\varepsilon, \delta\gamma, \delta\kappa$，则图 5.1.1(b)所示微元段上的内力虚功

$$\mathrm{d}W_{内} = (N\delta\varepsilon + Q\delta\gamma + M\delta\kappa)\mathrm{d}s \quad (5.3.3)$$

结构的总内力虚功

$$W_{内} = \int (N\delta\varepsilon + Q\delta\gamma + M\delta\kappa)\mathrm{d}s \quad (5.3.4)$$

由于

$$N\mathrm{d}(\delta\varepsilon) + Q\mathrm{d}(\delta\gamma) + M\mathrm{d}(\delta\kappa) = \mathrm{d}(N\delta\varepsilon + Q\delta\gamma + M\delta\kappa) - (\delta\varepsilon\mathrm{d}N + \delta\gamma\mathrm{d}Q + \delta\kappa\mathrm{d}M) \quad (5.3.5)$$

将式(5.1.6)代入式(5.3.5)，并考虑式(5.1.7)，积分有

$$\int_A^B \left[N\frac{\mathrm{d}\delta u}{\mathrm{d}s} + Q\left(\frac{\mathrm{d}\delta v}{\mathrm{d}s} - \delta\psi\right) - M\frac{\mathrm{d}\delta\psi}{\mathrm{d}s}\right]\mathrm{d}s = -\int_A^B \left[\delta u\frac{\mathrm{d}N}{\mathrm{d}s} + \delta v\frac{\mathrm{d}Q}{\mathrm{d}s} - \left(\frac{\mathrm{d}M}{\mathrm{d}s} - Q\right)\delta\psi\right]\mathrm{d}s + [N\delta u + Q\delta v - M\delta\psi]_B - [N\delta u + Q\delta v - M\delta\psi]_A \quad (5.3.6)$$

将式(5.1.6)代入式(5.3.4)，并与上式比较，有

$$W_{内} = -\int_A^B \left[\delta u\frac{\mathrm{d}N}{\mathrm{d}s} + \delta v\frac{\mathrm{d}Q}{\mathrm{d}s} - \left(\frac{\mathrm{d}M}{\mathrm{d}s} - Q\right)\delta\psi\right]\mathrm{d}s + [N\delta u + Q\delta v - M\delta\psi]_B - [N\delta u + Q\delta v - M\delta\psi]_A \quad (5.3.7)$$

将式(5.1.3)代入上式，考虑边界条件，有

$$W_{内} = (N_B\delta u_B + Q_B\delta v_B - M_B\delta\psi_B) - (N_A\delta u_A + Q_A\delta v_A - M_A\delta\psi_A) + \sum_i P_{x_i}\delta u_i + \sum_j P_{y_j}\delta v_j + \sum_k M_k\delta\psi_k + \int_A^B (m\delta\psi + p\delta u + q\delta v)\mathrm{d}s \quad (5.3.8)$$

比较式(5.3.2)和式(5.3.8)，有

$$W_{外} = W_{内} \quad (5.3.9)$$

任一杆件结构可以仿照这一过程证明虚功原理。相反，如果有 $W_{外} = W_{内}$，可以得到力平衡方程和力边界条件。

将式(5.3.2)变为

$$W_{外} = (N_B\delta u_B + Q_B\delta v_B - M_B\delta\psi_B) - (N_A\delta u_A + Q_A\delta v_A - M_A\delta\psi_A) + \int_A^B \Big[\Big(\sum_i P_{x_i}\delta(x - x_i) + p\Big)\delta u + \Big(\sum_j P_{y_j}\delta(x - x_i) + q\Big)\delta v + \Big(\sum_k M_k\delta(x - x_k) + m\Big)\delta\psi\Big]\mathrm{d}s \quad (5.3.10)$$

由式(5.3.7)与式(5.3.10)相等，有

$$
\begin{aligned}
&[(M-M_B)\delta\psi_B+(N-N_B)\delta u_B+(Q-Q_B)\delta v_B]-\\
&[(M-M_A)\delta\psi_A+(N-N_A)\delta u_A+(Q-Q_A)\delta v_A]+\\
&\int_A^B\left[(\frac{\mathrm{d}N}{\mathrm{d}s}+\sum_i P_{x_i}\delta(x-x_i)+p)\mathrm{d}s\right]\delta u+\\
&\int_A^B\left[(\frac{\mathrm{d}Q}{\mathrm{d}s}+\sum_j P_{y_j}\delta(x-x_j)+q)\mathrm{d}s\right]\delta v+\\
&\int_A^B\left[(-\left(\frac{\mathrm{d}M}{\mathrm{d}s}-Q\right)+\sum_k M_k\delta(x-x_k)+m)\mathrm{d}s\right]\delta\psi=0
\end{aligned}
\tag{5.3.11}
$$

考虑到虚位移 $\delta u,\delta v,\delta\psi$ 的任意性，上式恒成立，显然上式等价于力平衡方程式(5.1.3)和力边界条件式(5.1.5)。

从以上的证明过程可以看出，如果弹性体结构处于平衡状态，则必有外力虚功等于弹性体结构的虚应变能；反之，如果弹性体结构的外力虚功等于虚应变能，则有弹性体结构处于平衡状态。由此可以得到弹性体结构的**虚位移原理**：弹性体结构处于平衡状态的充分且必要条件是外力所做的总虚功等于弹性体结构的总虚应变能。

这里对虚功原理的所谓证明是不严密的，关于虚功原理的严密论述与证明，有兴趣的读者可以参阅有关的力学著作。无论是虚功原理还是虚位移原理，它们的成立与材料的本构关系无关，但必须服从小变形假设。

5.3.2 最小势能原理

从虚功原理可以推导弹性体力学中的最小势能原理。由式(5.2.25)，弹性体的外力虚功为

$$
\delta W=\int_V f_i\delta u_i\mathrm{d}V+\int_{S\sigma}(p_i\delta u_i)\mathrm{d}S \tag{5.3.12}
$$

相应的虚应变能为

$$
\delta U=\int_V\sigma_{ij}\delta\varepsilon_{ij}\mathrm{d}V \tag{5.3.13}
$$

以上两式中 δu 和 $\delta\varepsilon_{ij}$ 分别为虚位移和相应的虚应变。将应力与应变关系式(5.2.21)代入式(5.3.13)有

$$
\delta U=\int_V\frac{\partial\widetilde{U}(\varepsilon_{ij})}{\partial\varepsilon_{ij}}\delta\varepsilon_{ij}\mathrm{d}V \tag{5.3.14}
$$

由虚功原理有

$$
\int_V\frac{\partial\widetilde{U}(\varepsilon_{ij})}{\partial\varepsilon_{ij}}\delta_{\varepsilon_{ij}}\mathrm{d}V-\int_V f_i\delta u_i\mathrm{d}V-\int_{S\sigma}p_i\delta u_i\mathrm{d}S=0 \tag{5.3.15}
$$

在小变形的弹性系统中，可以认为载荷和物体的变形无关，因此外载荷是有势力，当弹性体的变形为零时系统的势能为零，由式(5.2.25)，则弹性体的势能为

$$
V=-W=-\int_V f_iu_i\mathrm{d}V-\int_{S\sigma}p_iu_i\mathrm{d}S \tag{5.3.16}
$$

由变分关系 $\delta\widetilde{U}(\varepsilon_{ij})=\dfrac{\partial\widetilde{U}(\varepsilon_{ij})}{\partial\varepsilon_{ij}}\delta_{\varepsilon_{ij}}$ ，这样，式(5.3.16)可写为

$$\int_V \delta\widetilde{U}(\varepsilon_{ij})\mathrm{d}V - \int_V f_i\delta u_i\mathrm{d}V - \int_{S_\sigma} p_i\delta u_i\mathrm{d}S = 0 \tag{5.3.17}$$

上式中第一项的变分符 δ 可以拿到积分号外，则有

$$\delta U + \delta V = 0$$

或

$$\delta(U+V) = 0 \tag{5.3.18}$$

式中 $U+V$ 表示应变能与外力势能的总和，定义为弹性体的总势能，并用符号“Π”表示，有

$$\Pi = U + V = \int_V \widetilde{U}(\varepsilon_{ij})\mathrm{d}V - \int_V f_i u_i\mathrm{d}V - \int_{S_\sigma} p_i u_i\mathrm{d}S = 0 \tag{5.3.19}$$

则式(5.3.18)又可写成

$$\delta\Pi = 0 \tag{5.3.20}$$

式(5.3.20)表明，在给定外力作用下，在满足位移边界条件的所有可能位移中，实际存在的位移使弹性系统的总势能取极值。如果考虑二阶变分，对于稳定平衡状态，可以证明式(5.3.19)的二次变分

$$\delta^2\Pi \geqslant 0 \tag{5.3.21}$$

即表示系统势能取最小值，这一原理称为最小势能原理。

如果位移场 u 不是弹性体结构的真实解，而只是满足几何方程的可能位移，则由虚功原理可知，式(5.3.20)这一条件将迫使 u 满足弹性体结构的静力平衡方程和力边界条件。因为 u 不是弹性体结构的真实解，所以不能使系统的势能取最小值，而只能取极值。势能极值原理放宽了弹性体结构的静力平衡要求，只有 u 是弹性体结构的真实解，系统的势能才取最小值。

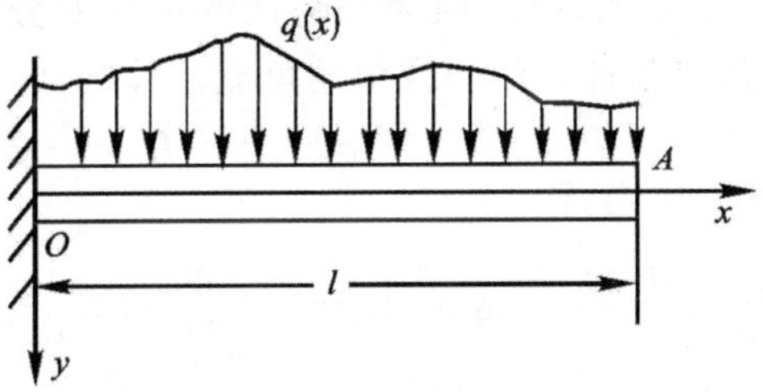

图 5.3.3　分布载荷作用下的悬臂梁

现以悬臂梁为例说明最小势能原理。如图 5.3.3 所示悬臂梁，梁的截面积为 A，受到横向分布载荷 $q(x)$ 的作用。

梁中任意一点的应力分量 $\sigma_y=\sigma_z=\tau_{yz}=\tau_{zx}=0$，$\sigma_x\neq 0$，$\tau_{xy}\neq 0$，考虑线弹性问题，由式(5.2.23)，梁的应变能为

$$U = \int_V \widetilde{U}(\varepsilon_{ij})\mathrm{d}V = \int_V (\sigma_x\varepsilon_x + \tau_{xy}\gamma_{xy})\mathrm{d}V = \frac{1}{2}\int_0^l\int_A (E\varepsilon_x^2 + G\gamma_{xy}^2)\mathrm{d}A\mathrm{d}x \tag{5.3.22}$$

式中等号右边第一项为梁的弯曲应变能，第二项为梁的剪切应变能。考虑细长梁，剪切应变能很小，可以略去不计，因此可以得到梁的应变能与式(5.2.26)相同。

令 w 为梁的真实挠度，则 w 应满足该梁的全部控制方程，即平衡微分方程

$$\frac{\mathrm{d}^2}{\mathrm{d}x^2}\left(EI\,\frac{\mathrm{d}^2 w}{\mathrm{d}x^2}\right) = q \tag{5.3.23}$$

以及位移边界条件

$$w(0)=0, \quad \left.\frac{\mathrm{d}w}{\mathrm{d}x}\right|_{x=0}=0 \tag{5.3.24}$$

和应力边界条件

$$EI\left.\frac{\mathrm{d}^2 w}{\mathrm{d}x^2}\right|_{x=L}=0, \quad EI\left.\frac{\mathrm{d}^3 w}{\mathrm{d}x^3}\right|_{x=L}=0 \tag{5.3.25}$$

梁的总势能为

$$\Pi=U+V=\int_0^L\left[\frac{1}{2}\left(EI\frac{\mathrm{d}^2 w}{\mathrm{d}x^2}\right)^2-qw\right]\mathrm{d}x \tag{5.3.26}$$

令 w^* 为仅满足位移边界条件式(5.3.24)的可能位移，并令 $w^*=w+\delta w$，显然 δw 也满足位移边界条件，即有

$$\delta w(0)=0, \quad \left(\frac{\mathrm{d}\delta w}{\mathrm{d}x}\right)=\left(\delta\left(\frac{\mathrm{d}w}{\mathrm{d}x}\right)\right)_{x=0}=0 \tag{5.3.27}$$

将 w^* 代入式(5.3.26)，有

$$\begin{aligned}\Pi(w^*)=&\int_0^L\left[\frac{1}{2}EI\left(\frac{\mathrm{d}^2 w}{\mathrm{d}x^2}+\frac{\mathrm{d}^2\delta w}{\mathrm{d}x^2}\right)^2-q(w+\delta w)\right]\mathrm{d}x=\\&\int_0^L\left[\frac{1}{2}EI\left(\frac{\mathrm{d}^2 w}{\mathrm{d}x^2}\right)^2-qw\right]\mathrm{d}x+\\&\int_0^L\left[\frac{1}{2}EI\left(\frac{\mathrm{d}^2 w}{\mathrm{d}x^2}\delta\frac{\mathrm{d}^2 w}{\mathrm{d}x^2}\right)-q\delta w\right]\mathrm{d}x+\\&\int_0^L\frac{1}{2}EI\left(\delta\left(\frac{\mathrm{d}^2 w}{\mathrm{d}x^2}\right)\right)^2\mathrm{d}x\end{aligned} \tag{5.3.28}$$

式中等号右边第一项为梁的总势能，第二项为总势能的一次变分，第三项为总势能的二次变分。所以，当为仅满足位移边界条件式(5.3.24)的可能位移时，此时的梁的总势能为

$$\Pi(w^*)=\Pi+\delta\Pi+\delta^2\Pi$$

其中

$$\begin{aligned}\delta\Pi=&\int_0^L\left[EI\left(\frac{\mathrm{d}^2 w}{\mathrm{d}x^2}\delta\frac{\mathrm{d}^2 w}{\mathrm{d}x^2}\right)-q\delta w\right]\mathrm{d}x=\int_0^L\left[\frac{\mathrm{d}^2}{\mathrm{d}x^2}\left(EI\frac{\mathrm{d}^2 w}{\mathrm{d}x^2}\right)-q\right]\delta w\mathrm{d}x-\\&EI\left[\frac{\mathrm{d}^2 w}{\mathrm{d}x^2}\delta\left(\frac{\mathrm{d}w}{\mathrm{d}x}\right)-\frac{\mathrm{d}^3 w}{\mathrm{d}x^3}\delta w\right]_{x=0}+EI\left[\frac{\mathrm{d}^2 w}{\mathrm{d}x^2}\delta\left(\frac{\mathrm{d}w}{\mathrm{d}x}\right)-\frac{\mathrm{d}^3 w}{\mathrm{d}x^3}\delta w\right]_{x=L}\end{aligned} \tag{5.3.29}$$

$$\delta^2\Pi=\int_0^L\left[\frac{1}{2}EI\left(\delta\left(\frac{\mathrm{d}^2 w}{\mathrm{d}x^2}\right)\right)^2\right]\mathrm{d}x \tag{5.3.30}$$

由于 w 是梁的真实挠度，由虚功原理可知，由式(5.3.30)，$\delta^2\Pi>0$，即$\Pi(w^*)>\Pi(w)$，这说明只有真实挠度 w 使悬臂梁的总势能取最小值。如果不是悬臂梁的真实挠度，而只是满足式(5.3.24)的可能挠度，由于 δw 和 $\delta\frac{\mathrm{d}w}{\mathrm{d}x}$ 的任意性，则由式(5.3.29) $\delta\Pi=0$ 中的第一项，有

$$\frac{\mathrm{d}^2}{\mathrm{d}x^2}\left(EI\frac{\mathrm{d}^2 w}{\mathrm{d}x^2}\right)-q=0$$

上式即梁的平衡微分方程。由式(5.3.27) $x=0$ 的边界条件可知，式(5.3.29)中等号右边第二项自然满足。在式(5.3.29)中的第三项中，则必须有

$$EI\frac{\mathrm{d}^2 w}{\mathrm{d}x^2}\big|_{x=L}=0 \text{ 和 } EI\frac{\mathrm{d}^3 w}{\mathrm{d}x^3}\big|_{x=L}=0$$

上式即悬臂梁的静力边界条件。由此可以看出，势能极值原理等价于静力平衡方程和静力边

界条件，由于 w^* 不是真实挠度，因此不能使系统的总势能取最小值，而只能取极值。

现在介绍最小势能原理的应用。

例 5.1　如图 5.3.4 所示的桁架。桁架在结点 1 处受到水平方向和垂直方向的集中力 P_x 和 P_y 的作用。用最小势能原理求结点 1 的水平和垂直位移。

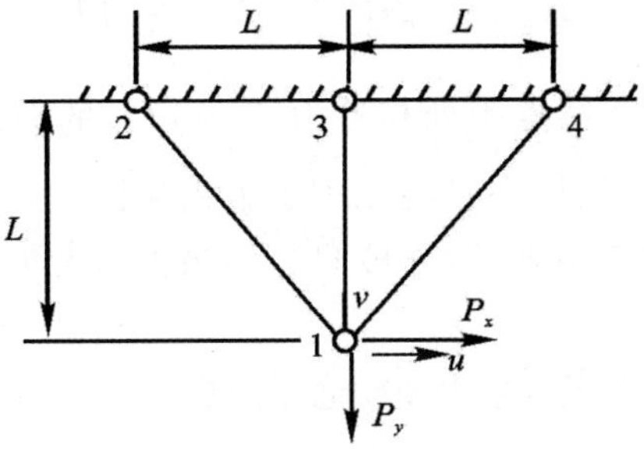

图 5.3.4　桁架结构及变形

解　用最小或极值势能原理的关键是用位移表示应变能。设结点 1 处的水平位移为 u，垂直位移为 v。根据桁架的几何参数，可以得出各杆的长度以及与结点 1 的位移相应的变形，见表 5.3.1。

表 5.3.1　桁架的几何参数

杆　号	杆　长	伸　长　量
1—2 杆	$l_{1-2}=\sqrt{2}L$	$\Delta_{1-2}=\frac{\sqrt{2}}{2}(u-v)$
1—3 杆	$l_{1-3}=L$	$\Delta_{1-3}=-v$
1—4 杆	$l_{1-4}=\sqrt{2}L$	$\Delta_{1-4}=\frac{\sqrt{2}}{2}(-u-v)$

设各杆的 EA 相同且为常数。利用式(5.2.28)，可得到桁架总的应变能

$$U=\sum U_i=\frac{EA}{4L}[\sqrt{2}u^2+(2+\sqrt{2})v^2]$$

外力势能为

$$V=-P_xu+P_yv$$

则系统的总势能为

$$\Pi=\frac{EA}{4L}[\sqrt{2}u^2+(2+\sqrt{2})v^2]-p_xu+P_yv$$

由最小势能原理，有

$$\delta\Pi=\frac{\partial\Pi}{\partial u}\delta u+\frac{\partial\Pi}{\partial \nu}\delta v=0$$

因为虚位移 δu 和 δv 为任意值，则有

$$\frac{\partial\Pi}{\partial u}=0\quad 及\quad \frac{\partial\Pi}{\partial v}=0$$

由此解得

$$u=\frac{\sqrt{2}P_xL}{EA}\quad 及\quad v=-(2-\sqrt{2})\frac{P_yL}{EA}$$

由 u 和 v 从表 5.3.1 中可以计算出各杆的 Δ，由此可以计算出各杆的内力，有

$$N_{1-2}=\frac{\sqrt{2}}{2}P_x+\left(1+\frac{\sqrt{2}}{2}\right)P_y$$

$$N_{1-3}=(2-\sqrt{2})P_y$$

$$N_{1-4}=\frac{\sqrt{2}}{2}P_x-\left(1+\frac{\sqrt{2}}{2}\right)P_y$$

不难验证，这些内力满足在结点1处与外力 P_x 和 P_y 的平衡条件，即 $\sum X=0$ 和 $\sum Y=0$。由于桁架本身是离散系统，用最小势能原理求解桁架问题，得到了精确解。但是，对比较复杂的连续系统，求精确解是比较困难的，一般只能用极值势能原理求近似解。

5.3.3 余虚功原理与最小余能原理

前面介绍了虚功原理和最小势能原理，它们是以位移或应变作为基本未知量。这里将介绍与这两个原理相对应的另外两个原理——余虚功原理和最小余能原理，它们以力或应力作为基本未知变量。在用虚功原理和最小势能原理进行结构分析时，如果可能位移（容许位移）选择得当，可以获得精度很好的结构的位移解，但是，从获得的近似位移解计算应力时，其精度较差。这是因为选取的可能位移并不能精确满足静力平衡方程和力学边界条件，在极值势能原理中弱化了静力平衡要求。而在以力或应力为未知量的能量方法中，强化了静力平衡方程和力边界条件的要求，因而求解的力或应力的精度较高。

1. 余虚功原理

与虚位移的概念相对应，同样可以定义虚力与虚应力。当弹性体结构在外载荷作用下时，有一组静力可能力或可能应力，它们满足静力平衡方程和静力边界条件，对于杆件结构，即满足静力平衡微分方程式(5.1.3)或式(5.1.4)和静力边界条件式(5.1.5)。由于可能力或可能应力对应的不一定是结构真实的平衡状态，它们不一定是结构的真实内力或应力。假设可能力或可能应力发生了微小变化，这种变化为静力方程所容许的，称为**虚力或虚应力**。它们是一种假想的、静力平衡许可的、任意微小的变化，与结构位移状态无关。这种可能力或可能应力与虚位移同样，在数学上称为“变分”，用符号“δ”表示。因此，虚力或虚应力同样可称为力变分或应力变分。

虚力在真实位移上所做的功，称为**余虚功**，虚应力在真实应变上做的功称为**余虚应变能**。

余虚功原理可以叙述为：当弹性体结构在外载荷作用下处于变形协调时，对任何满足静力平衡条件和力边界条件的任意微小的虚力或虚应力，它们在弹性体结构上所做的余虚功等于弹性体结构的余虚应变能。用 δW^* 表示余虚功，用 δU^* 表示余虚应变能，即

$$\delta W^*=\delta U^* \tag{5.3.31}$$

反过来，如果余虚功等于余虚应变能，可以证明当结构处于平衡状态，它等价于弹性体结构的几何方程，即变形协调条件和位移边界条件。余虚功原理没有涉及材料的本构关系，因此它既可以用于线性问题，也可以用于非线性问题。尽管它们的成立与材料的本构关系无关，但必须服从小变形假设。

余虚功原理的证明过程与虚功原理的证明过程相似，有兴趣的读者可以参阅有关的力学著作。

2. 最小余能原理

与最小势能原理同样的过程，可以由余虚功原理推导最小余能原理。设 V^* 为弹性结构的外力余能，则有 $V^* = -W^*$。由式(5.3.31)有

$$\delta U^* + \delta V^* = 0 \tag{5.3.32}$$

或

$$\delta(U^* + V^*) = 0 \tag{5.3.33}$$

定义 $\Pi^* = U^* + V^*$，表示外力余能与余应变能之和，并称为弹性体结构的总余能。则上式又可写成

$$\delta\Pi^* = 0 \tag{5.3.34}$$

式(5.3.34)表明，弹性体结构在外力作用下，处于平衡状态，在所有满足平衡方程和给定的力学边界条件的可能应力状态中，真实的应力状态使弹性体结构的总余能取极值。如果考虑二次变分，可以证明真实的应力状态使总余能取最小值，这就是**最小余能原理**。

如果一组可能应力状态不是弹性体结构的真实解，而只是满足静力平衡方程和力边界条件，则式(5.3.34)将迫使这一组应力状态满足弹性体结构的变形协调方程和位移边界条件。但是，因为不是真实解，因此不能使系统的总余能取最小值，而只能取极值。可见，极值余能原理放宽了变形协调要求。总余能的极值条件等价于位移协调条件。

需要注意：式(5.3.32)和式(5.3.33)中，在力边界条件 S_σ 上，给定力的变分为零，可以忽略力边界条件 S_σ 上的外力余功；因此，系统总的外力余功只须考虑给定位移边界条件 S_u 上和体积力的外力余功。这与最小势能原理相对应。在总势能原理表达式(5.3.19)中，外力势能仅考虑给定力边界条件 S_σ 上的力所做的功，因为位移边界条件 S_u 上给定位移的变分为零。另外，在最小余能原理中，事实上包含了虚应力在结构内部是自平衡，而在边界上虚应力引起的虚力为零的假设。只有具有多传力路径的结构才满足此条件。因此，最小余能原理只适用于具有多传力路径的结构。静不定结构就属于这种结构。

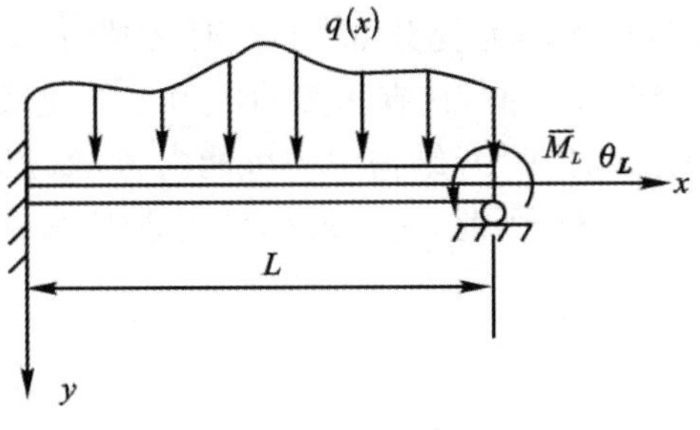

图 5.3.5　外载荷作用下的梁

以图 5.3.5 所示的梁为例，说明最小余能原理。梁一端 $(x=0)$ 固支，另一端 $(x=L)$ 简支；承受横向分布载荷 $q(x)$ 和$(x=L)$ 端给定的集中力矩的作用。设挠度 $w(x)$，弯矩 $M(x)$ 和剪力 $Q(x)$ 为该问题的精确解，它们满足前面提到的静力方程和几何方程。系统的总余能 Π^* 由两部分组成：系统的余应变能 U^* 和已知边界位移上的余能 V^*，即

$$\Pi^* = U^* + V^* = \frac{1}{2}\int_0^L \frac{1}{EI} M^2(x)\,\mathrm{d}x - M_L\theta_L \tag{5.3.35}$$

设 $M^*(x)$ 和 $Q^*(x)$ 为任意一组可能内力，由式(5.1.3)和式(5.1.5)可知，它们满足平衡

方程

$$\left.\begin{aligned}\frac{\mathrm{d}M^*(x)}{\mathrm{d}x}-Q^*(x)=0\\ \frac{\mathrm{d}Q^*(x)}{\mathrm{d}x}-q(x)=0\end{aligned}\right\}\tag{5.3.36}$$

和 $x=L$ 处的力边界条件

$$M^*(L)=\overline{M}_L\tag{5.3.37}$$

令

$$M^*(x)=M(x)+\delta M,\ Q^*(x)=Q(x)+\delta Q$$

显然，内力变分(即内力的微小变化) δM 和 δQ 满足静力平衡方程

$$\left.\begin{aligned}\frac{\mathrm{d}\delta M}{\mathrm{d}x}=\delta\frac{\mathrm{d}M}{\mathrm{d}x}=\delta Q\\ \frac{\mathrm{d}\delta Q}{\mathrm{d}x}=\delta\frac{\mathrm{d}Q}{\mathrm{d}x}=0\end{aligned}\right\}\tag{5.3.38}$$

及 $x=L$ 处的力边界条件

$$\delta M(L)=0\tag{5.3.39}$$

式(5.3.38)和式(5.3.39)表示与内力变分 δM，δQ 相对应的外力的变分为零。将可能内力 $M^*(x)$ 代入式(5.3.35)，可以写出可能内力的总余能 $\Pi^*(M^*)$ 的表达式为

$$\Pi^*(M^*)=\Pi^*(M+\delta M)=\Pi^*(M)+\delta\Pi^*+\delta^2\Pi^*\tag{5.3.40}$$

其中

$$\delta\Pi^*=\int_0^L\delta M\frac{\mathrm{d}^2w}{\mathrm{d}x^2}\mathrm{d}x\tag{5.3.41}$$

$$\delta^2\Pi^*=\frac{1}{2}\int_0^L\frac{1}{EI}(\delta M)^2\mathrm{d}x\tag{5.3.42}$$

根据余虚功原理，$\delta\Pi^*=0$，而 $\delta^2\Pi^*$ 是内力变分 δM 的二次正定函数，故有 $\delta^2\Pi^*\geqslant 0$，即 $\delta\Pi^*(M^*)\geqslant\delta\Pi^*(M)$(等号只有当内力变分 $\delta M=0$ 时才成立)，它表明可能内力虽然能使 $\delta\Pi^*=0$，但只能使系统的总余能取极值，只有真实的内力才能使系统的总余能取最小值。

另外还可以看出，在最小余能原理中，结构中的可能内力，如 δM，δQ，并不互相独立，它们必须满足一定的条件，如式(5.3.38)，因此，它与最小势能原理一样，是有条件的变分原理。

5.3.4 互等定理

互等定理适用于线弹性结构变形体，必须服从小变形假设，材料服从胡克定律。

1. 功的互等定理

下面以杆件结构为例，用虚功原理导出功互等定理。如图 5.3.6(a)(b)所示为同一线弹性变形结构的两种平衡状态。平衡状态Ⅰ中的力系用 P'，N'，M'，Q' 表示，相应的位移和应变用 Δ'，ε'，κ'，γ' 表示。平衡状态Ⅱ中的力系用 P''，N''，M''，Q'' 表示，相应的位移和应变用 Δ''，ε''，κ''，γ'' 表示。

选取状态Ⅱ中平衡力系作用下产生的位移作为平衡状态Ⅰ的虚位移，由虚功原理，平衡状态Ⅰ力系作用下的虚功方程为

$$W_{12}=\sum P'\Delta''=\sum\int\frac{N'N''}{EA}\mathrm{d}s+\sum\int\frac{M'M''}{EI}\mathrm{d}s+\sum\int\frac{kQ'Q''}{GA}\mathrm{d}s \tag{5.3.43}$$

式中，W_{12} 表示平衡状态Ⅰ的力系在状态Ⅱ的位移上做的虚功。

同样，选取状态Ⅰ中平衡力系作用下产生的位移作为平衡状态Ⅱ的虚位移，由虚功原理，平衡状态Ⅱ力系作用下的虚功方程为

$$W_{21}=\sum P''\Delta'=\sum\int\frac{N''N'}{EA}\mathrm{d}s+\sum\int\frac{M''M'}{EI}\mathrm{d}s+\sum\int\frac{kQ''Q'}{GA}\mathrm{d}s \tag{5.3.44}$$

式中，W_{21} 表示平衡状态Ⅱ的力系在状态Ⅰ的位移上做的虚功。

比较式(5.3.43)和式(5.3.44)，有

$$W_{12}=W_{21} \tag{5.3.45}$$

上式表明：两组力系分别作用在同一线弹性结构变形体上，处于平衡状态，第一组力系在第二组力系产生的位移上所做的功等于第二组力系在第一组力系产生的位移上所做的功。这就是功的互等定理。

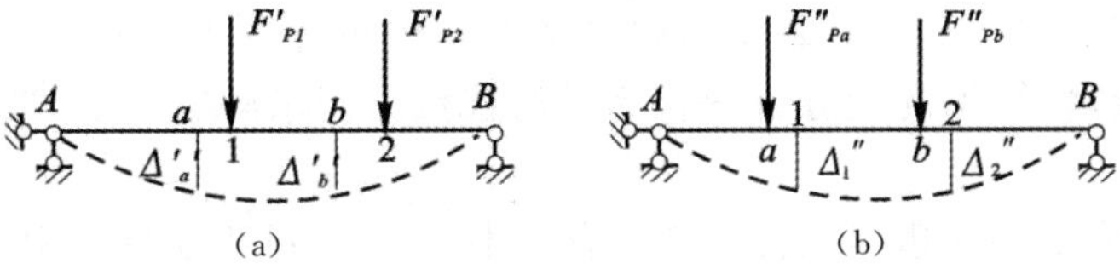

图 5.3.6　同一线弹性变形结构的两种平衡状态

(a)平衡状态Ⅰ；(b)平衡状态Ⅱ

2. 位移互等定理

在上面的功互等定理的推导中，假设状态Ⅰ和状态Ⅱ中分别只作用有一个载荷 F_1 和 F_2，如图 5.3.7 所示。图中的 Δ_{21} 表示力 F_1 在力 F_2 作用点产生的位移，Δ_{12} 表示力 F_2 在力 F_1 作用点产生的位移。一般用 Δ_{ij} 表示 j 点作用力在 i 点产生的位移。由功的互等定理有

$$F_1\Delta_{12}=F_2\Delta_{21} \tag{5.3.46a}$$

在上式中，如果取 F_1 和 F_2 为单位力，则有

$$\Delta_{12}=\Delta_{21} \tag{5.3.46b}$$

上式表明：线弹性体结构在单位力作用下，1 点的作用力在 2 点产生的位移等于 2 点作用力在 1 点产生的位移。更一般的叙述为，在线弹性体结构中，j 点单位作用力在 i 点产生的位移等于 i 点单位作用力在 j 点产生的位移，这就是位移互等定理。

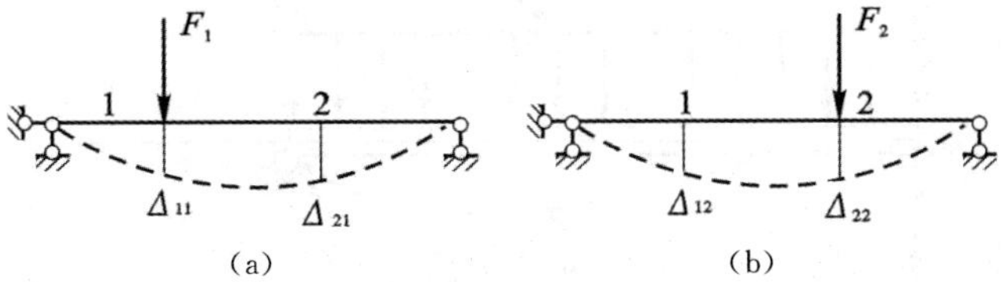

图 5.3.7　只有一个载荷时同一弹性结构的两种变形状态

(a) 状态Ⅰ；(b)状态Ⅱ

在线弹性结构中，位移 Δ_{ij} 与力 F_j 的比值是一个常数，记为 δ_{ij}，即

$$\Delta_{ij}=\delta_{ij}F_j \tag{5.3.47}$$

δ_{ij} 称为柔度系数，它的含义是 j 点作用的单位力在 i 点产生的位移。由位移互等定理有

$$\delta_{ij}=\delta_{ji} \tag{5.3.48}$$

上式表明，柔度系数 δ_{ij} 是对称的。

与柔度系数相对应，定义刚度系数 k_{ij} ，即

$$F_i=k_{ij}\Delta_{ij} \tag{5.3.49}$$

它的含义是 j 点产生单位位移在 i 点需要施加的力。显然刚度系数与柔度系数互为倒数，即 $k_{ij}=\dfrac{1}{\delta_{ij}}$ 。由式(5.3.48)，有

$$k_{ij}=k_{ji} \tag{5.3.50}$$

即刚度系数 k_{ij} 是对称的。式(5.3.50)还可以由功的互等定理或位移互等定理证明。

5.3.5 瑞利-里兹法

能量原理为我们提供了弹性体结构近似求解的有效途径，瑞利一里兹法就是其中之一，它建立在最小势能原理的基础上。其基本思路是选取一组可能状态解的试函数，根据最小势能原理的势能极值条件，将结构的微分方程化为一组代数方程求解。一般，瑞利一里兹法的解题分为 4 个步骤。

(1)根据位移连续条件和边界条件选取可能位移。这一过程实际上就是假设解的试探函数(试函数)，它们要满足给定的位移边界条件和求解域上的连续性条件，即要求试函数可导，有的要求高阶导数存在，一般试函数可以假设成多项式、幂指数等函数形式，待定参数有 n 个。

(2)将势能表示为含 n 个参数的函数。将选取的试函数代入弹性体结构中的总势能表达式，得到包含 n 个待定参数的总势能 $\Pi(a_i)$，$i=1,2,\cdots,n$ 。

(3)应用最小势能极值条件。由势能极值条件：

$$\delta\Pi(a_i)=\sum_n\frac{\partial\Pi}{\partial a_i}\delta a_i=0,\quad i=1,2,\cdots,n \tag{5.3.51}$$

由于 δa_i 相互独立，得到 n 个代数方程：

$$\frac{\partial\Pi}{\partial a_i}=0,\quad i=1,2,\cdots,n \tag{5.3.52}$$

(4)求解代数方程得到 n 个待定参数，回代就得到近似解。

例 5.2 用最小势能极值原理求图 5.3.8 所示的梁在横向均布载荷 q 和简支端轴向力 N 作用下的挠度。

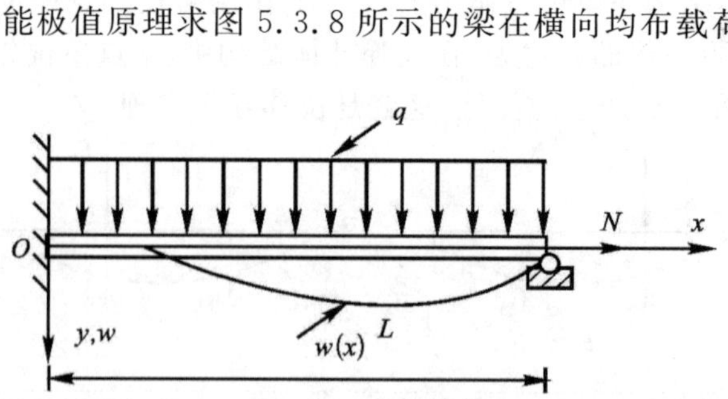

图 5.3.8 例 5.2 图

解 (1)选取可能位移函数(试函数)。根据可能位移函数的要求，它们必须满足位移边界条件和连续条件，由于在分布载荷 q 的作用下，梁的微分方程为 4 阶导数，因此，设位移函数为

$$w(x)=x^2(a_0-a_1x-a_2x^2) \tag{a}$$

式中，a_0，a_1，a_2 为待求常数。

显然，式(a)满足 $x=0$ 处的位移边界条件

$$w(0)=\left(\frac{\mathrm{d}w}{\mathrm{d}x}\right)_{x=0}=0$$

由 $x=L$ 处的位移边界条件

$$w(L)=0$$

可得

$$a_0=a_1L+a_2L^2$$

于是

$$w(x)=x^2\left[a_1(L-x)+a_2(L^2-x^2)\right] \tag{b}$$

现在，式(b)所表示的位移函数满足全部的位移边界条件。但是，还可以进一步要求它满足力的边界条件

$$\left.\left(\frac{\mathrm{d}^2w}{\mathrm{d}x^2}\right)\right|_{x=L}=0 \tag{c}$$

即有 $2a_1L+5a_2L^2=0$，即 $a_2=-0.4a_1/L$，以提高解的精确度。于是有

$$w(x)=a_1x^2L\left(0.6-\frac{x}{L}+0.4\frac{x^2}{L^2}\right) \tag{d}$$

并由式(d)得

$$\frac{\mathrm{d}^2w}{\mathrm{d}x^2}=6a_1L\left(0.2-\frac{x}{L}+0.8\frac{x^2}{L^2}\right) \tag{e}$$

$$\frac{\mathrm{d}^4w}{\mathrm{d}x^4}=9.6\frac{a_1}{L} \tag{f}$$

$$\delta w=x^2L\left(0.6-\frac{x}{L}+0.4\frac{x^2}{L^2}\right)\delta a_1 \tag{g}$$

(2)将势能表示为含 n 个参数的函数。由图 5.3.8 可得梁的总势能为

$$\Pi(w)=\int_0^L\left[\frac{1}{2}EI\left(\frac{\mathrm{d}^2w}{\mathrm{d}x^2}\right)^2+\frac{1}{2}N\left(\frac{\mathrm{d}w}{\mathrm{d}x}\right)^2-qw\right]\mathrm{d}x \tag{h}$$

(3)应用最小势能极值条件。如果直接将位移函数式(d)代入式(h)，然后展开求变分，运算将非常复杂，因此，先对式(h)进行变分，并经过分部积分有

$$\delta\Pi=\int_0^L\left[EI\left(\frac{\mathrm{d}^2w}{\mathrm{d}x^2}\right)\delta\left(\frac{\mathrm{d}^2w}{\mathrm{d}x^2}\right)+N\left(\frac{\mathrm{d}w}{\mathrm{d}x}\right)\delta\left(\frac{\mathrm{d}w}{\mathrm{d}x}\right)-q\delta w\right]\mathrm{d}x=$$

$$\int_0^L\left[EI\frac{\mathrm{d}^4w}{\mathrm{d}x^4}-N\frac{\mathrm{d}^2w}{\mathrm{d}x^2}-q\right]\delta w\mathrm{d}x+\left[-EI\frac{\mathrm{d}^2w}{\mathrm{d}x^2}\delta\left(\frac{\mathrm{d}w}{\mathrm{d}x}\right)\right]_{x=L} \tag{i}$$

将式(e)～式(g)代入式(i)，有

$$\delta a_1\int_0^L\left\{\left[9.6EI\frac{a_1}{L}-6NLa_1\left(0.2-\frac{x}{L}+0.8\frac{x^2}{L^2}\right)-q\right]\left(0.6x^2L-x^3+0.4\frac{x^4}{L}\right)\right\}\mathrm{d}x=0 \tag{j}$$

由于变分 δa_1 可取任意值，上式等价于

$$\int_0^L\left\{\left[9.6EI\frac{a_1}{L}-6NLa_1\left(0.2-\frac{x}{L}+0.8\frac{x^2}{L^2}\right)-q\right]\left(0.6x^2L-x^3+0.4\frac{x^4}{L}\right)\right\}\mathrm{d}x=0 \tag{k}$$

即

$$a_1(9.6EI+0.45714NL^2)=qL \tag{l}$$

此式即为求得的代数方程。

(4)求解。解式(l)代数方程,求得待求系数 a_1 为

$$a_1=\frac{q}{0.457\,14L\left(\frac{21EI}{L^2}+N\right)}$$

将上式的 a_1 回代到式(d)中,得到要求的位移函数为

$$w(x)=\frac{qx^2}{0.457\,14\left(\frac{21EI}{L^2}+N\right)}\left(0.6-\frac{x}{L}+0.4\frac{x^2}{L^2}\right) \tag{m}$$

从上式的 $w(x)$ 可以看出,当

$$N=-\frac{21EI}{L^2} \tag{n}$$

时,挠度 $w(x)$ 将达到无限大,此时 $q=0$。这时的轴力 N 即为等截面梁在一端固支、另一端铰支情况下的临界压力载荷的近似值。该梁的临界压力的精确值为

$$N_{cr}=-\frac{19.739\,21EI}{L^2} \tag{o}$$

由式(n)和式(o)可知,两者的相对误差为 6.388%。

当 $N=0$ 时,式(m)给出的近似挠度的最大值为

$$w_{max}(x=0.578\,465L)=5.461\,5\frac{qL^4}{EI}\times10^{-3} \tag{p}$$

而精确值为

$$w_{max}(x=0.579L)=5.405\,41\frac{qL^4}{EI}\times10^{-3} \tag{q}$$

两者的相对误差为 0.199%。

如果挠度函数取为式(b),即不同时要求满足力边界条件,此时的待求系数为 a_1 和 a_2,这时应用最小势能极值条件可以获得两个代数方程,从而求解出这两个待求系数。此时,最大挠度的相对误差为 7.7%,而临界压力载荷的相对误差则高达 41.85%,由此可见位移的精度较高,但求得的力的误差较大。

有兴趣的读者还可以降低位移函数的连续性要求,如根据梁的总势能表达式,取位移函数 2 阶可导,而不是本例中的 4 阶可导,考察一下解的误差。由该例题可以看出,问题的求解精度与位移试函数有很大的关系。

上面介绍了瑞利-里兹法的求解原理。瑞利-里兹法是一种比较通用的求解方法,在弹性静力学、结构力学、结构动力学和弹性稳定性理论等力学问题中广泛应用。事实上,在物理学问题中,只要势能原理存在,瑞利-里兹法就能应用。

如果采用最小余能原理,则选取的试函数是可能力或可能应力试函数,这时求解的未知量是力或应力未知量,在应用最小余能原理时,通常将应力函数作为问题的试函数。

5.4 静不定结构分析

在飞行器结构中为了增加结构的刚度和可靠性,经常在结构中增加构件,使其成为有多余约束的结构。这样既可以增加结构的刚度,也可以在结构中某些局部构件出现缺陷甚至破坏时,也不至于使整个结构失去承载能力。这种具有多余约束的结构就是静不定结构。

静不定结构，在组成上是指具有多余约束的几何不变系统，在求解内力上是指只用静力平衡条件无法求解的系统。“多余约束”从保证结构成为几何不变的观点来说它是多余的，但对发挥结构的性能，增加结构的刚度和可靠性来说，这些“多余约束”有时是很必要的。

静不定结构和静定结构比较，具有下述重要特性。

(1)静不定结构是具有多余约束的几何不变系统，其多余约束的数目称为结构的静不定度。

(2)在静不定结构中，内力只满足静力平衡条件的解可以有无穷多组，而同时又满足变形协调条件的解则只有一个，是唯一的结构的真实解。静不定结构的求解，内力除了应用静力平衡条件外，还要利用系统的变形协调条件。

(3)静不定结构的内力不仅与载荷有关，而且与变形有关，即与结构的材料性能、元件截面及其几何尺寸有关。

(4)静不定结构具有多余约束，即使多余约束破坏后，系统仍旧是几何不变的，仍能继续承载。因此，一般情况下，静不定结构比静定结构有较大的生存力，有较大的强度和刚度。

静不定结构的求解方法，按照基本未知数的选取方法不同，一般可分为下述 3 种。

(1)力法——选取多余约束的内力(或反力)为基本未知量，利用平衡条件和变形协调条件，首先求出这些基本未知力，然后再求出结构的其他内力。力法又称为柔度法。

(2)位移法——选取系统的满足变形连续条件的某些位移(线位移、角位移)为基本未知量，利用平衡条件先求出这些基本位移，然后再求出结构的内力。位移法又称为刚度法。

(3)混合法——在选取的基本未知量中，一部分取多余的约束力，另一部分取结构的某些位移，利用平衡条件和变形协调条件混合求解。在实际中，混合求解方法很少使用。

本节中将介绍力法与位移法的基本原理。

5.4.1　力法

1. 力法基本原理

下面先通过一个简单的例子来说明力法的基本思路。

例 5.3　如图 5.4.1(a)所示，一端根部固定，另一端被简支的梁(抗弯刚度为 EI)受集中载荷 P 作用，求端部支反力。

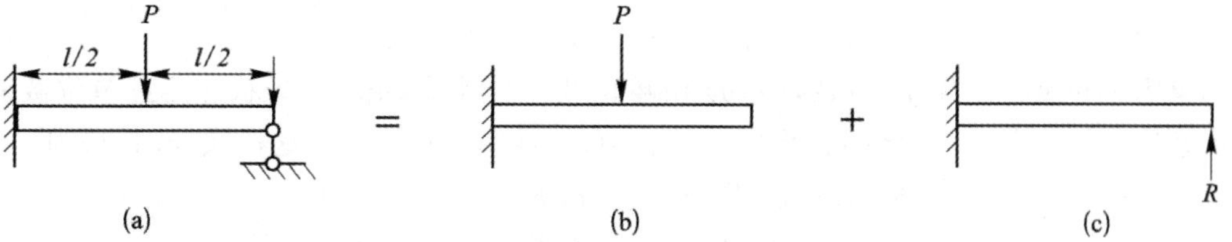

图 5.4.1　中部受集中载荷的静不定梁

(a)静不定梁；(b)中部受集中载荷的悬臂梁；(c)自由端受支承反力的悬臂梁

解　这是一个一次静不定结构，将端部的多余约束去掉，以支反力 R 代之，就得到一个静定结构。

我们考虑的是线弹性问题，所以由叠加原理可知原问题(见图 5.4.1(a))的解可以由图 5.

4.1(b)和(c)两个子问题的解叠加得到。图 5.4.1(b)问题为去掉多余约束后的载荷状态，以后称为< P >状态，图 5.4.1(c)问题为去掉多余约束后的约束载荷状态，可以在约束力作用点加上单位力，求柔度系数，这种加单位力的状态以后称为< i >状态。这样原问题的总挠度等于两个子问题的挠度之和，也即< P >状态挠度和< i >状态乘以约束力后的挠度之和，有

$$\Delta_a = \Delta_b + \Delta_c = 0 \tag{a}$$

坐标取向上为正。由单位载荷法可以得到 $\Delta_b = -\dfrac{5Pl^3}{48EI}$ 和柔度系数 $\delta_c = \dfrac{l^3}{3EI}$，参见式(4.4.28)，可得

$$\Delta_c = \delta_c R \tag{b}$$

由式(a)有

$$\delta_c R + \Delta_b = \Delta_a = 0 \tag{c}$$

将 Δ_b，δ_c 代入式(c)中得

$$\frac{Rl^3}{3EI} - \frac{5Pl^3}{48EI} = 0 \tag{d}$$

可立即求出 $R = \dfrac{5P}{16}$，有了支反力可进一步求位移等参数。

由上面的例子可见，用力法求解线弹性静不定结构时一般可分为以下几个步骤。

(1)分析静不定结构中的多余约束数，也称为静不定度。

(2)去掉多余约束，使结构成为静定结构，通常称为“基本系统”。将多余约束中的内力 $R_i(i=1,2,\cdots,n)$ 作为外力施加到基本系统上，这时的系统与原结构是等效的。将外载荷 $P_i(i=1,2,\cdots,n)$ 作用在基本系统上，称为< P >状态；分别将多余约束力取为单位力作用在基本系统上，称为< i >状态，每一个约束力对应一个单位状态，所以 $i=1,2,\cdots,n$。

(3)建立位移协调方程。外载荷 $P_i(i=1,2,\cdots,n)$ 在多余约束处产生的位移记为 Δ_{iP}，用单位载荷法由< P >状态计算。多余约束力 $R_i(i=1,2,\cdots,n)$ 在多余约束处产生的位移记为 $\Delta_{iR_j}(i,j=1,2,\cdots,n)$。记 $\Delta_i(i=1,2,\cdots,n)$ 为多余约束处的已知位移，由叠加原理可以得到位移协调方程为

$$\left.\begin{aligned}
&\Delta_{1R_1} + \Delta_{1R_2} + \cdots + \Delta_{1R_n} + \Delta_{1P} = \Delta_1\\
&\Delta_{2R_1} + \Delta_{2R_2} + \cdots + \Delta_{2R_n} + \Delta_{2P} = \Delta_2\\
&\cdots\cdots\\
&\Delta_{nR_1} + \Delta_{nR_2} + \cdots + \Delta_{nR_n} + \Delta_{nP} = \Delta_n
\end{aligned}\right\} \tag{5.4.1}$$

约束力的位移 $\Delta_{iR_j}(i,j=1,2,\cdots,n)$ 由单位载荷法计算，由< i >状态通过单位载荷法计算柔度系数 δ_{ij}，由式(4.4.28) 可得 $\Delta_{iR_j} = \delta_{ij}R_j(i,j=1,2,\cdots,n)$。这样式(5.4.1)为

$$\left.\begin{aligned}
&\delta_{11}R_1 + \delta_{12}R_2 + \cdots + \delta_{1n}R_n + \Delta_{1P} = \Delta_1\\
&\delta_{21}R_1 + \delta_{22}R_2 + \cdots + \delta_{2n}R_n + \Delta_{2P} = \Delta_2\\
&\cdots\cdots\\
&\delta_{n1}R_1 + \delta_{n2}R_2 + \cdots + \delta_{nn}R_n + \Delta_{nP} = \Delta_n
\end{aligned}\right\} \tag{5.4.2}$$

式(5.4.2)又称为力法正则方程或典型方程。

(4)求解力法正则方程式(5.4.2)，得到所有的约束力。然后就可以计算超静定结构其他力学参量，如各结构元件的内力、位移等。

例 5.4　求图 5.4.2(a)所示静不定桁架的内力。已知该桁架水平杆和垂直杆的截面面积均为 f，斜杆的截面面积为 $\sqrt{2}f$。各杆材料相同，弹性模量为 E。

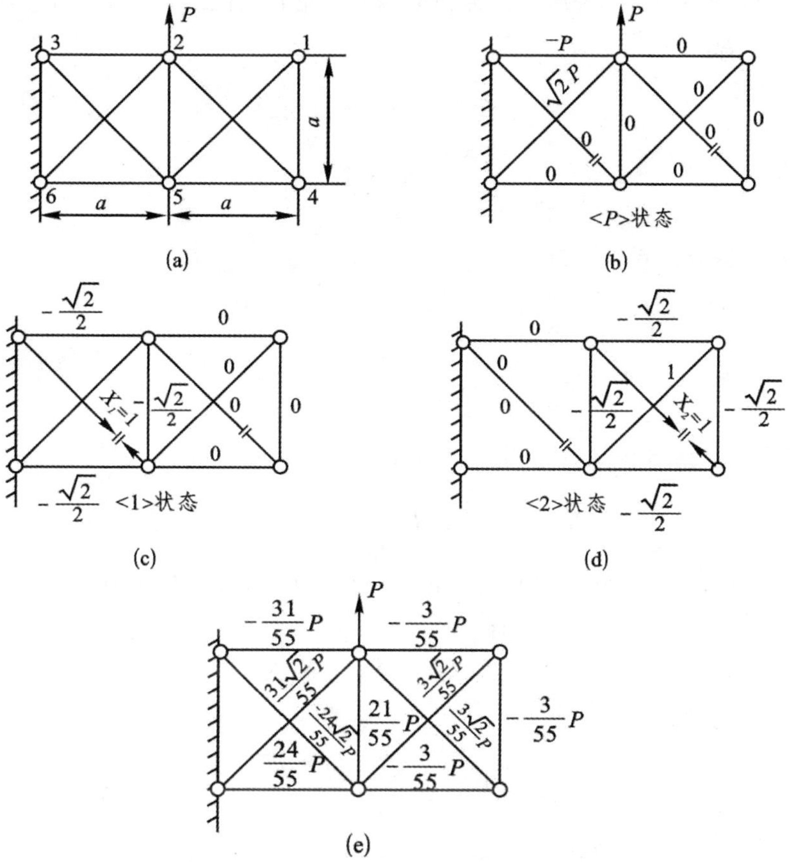

图 5.4.2　静不定桁架

解　(1)确定基本系统。分析结构的静不定度，用铰接三角形组成法可判断该结构为 $K=2$ 的静不定结构。切断杆 2—4 和 3—5 二根斜杆作为基本系统，如图 5.4.2(b)所示，此处位移 Δ_1 和 Δ_2 分别为杆 2—4 和杆 3—5 截断处的相对位移，因此这两个位移都为零。

(2)求$<P>$状态和单位$<i>$状态。$<P>$状态的内力 N_P 如图 5.4.2(b)所示。这里有两个约束力，因此分别对应有两个单位力状态如图 5.4.2(c)和(d)所示，求得的单位状态$<1>$的内力 N_1 和单位状态$<2>$的内力 N_2 分别如图 5.4.2(c)和(d)所示。

(3)列出典型方程。首先列出典型方程，有

$$\left.\begin{aligned}\delta_{11}X_1+\delta_{12}X_2+\Delta_{1P}=0\\ \delta_{21}X_1+\delta_{22}X_2+\Delta_{2P}=0\end{aligned}\right\} \tag{a}$$

然后求典型方程中的柔度系数 δ_{ij} 和载荷系数 Δ_{iP}。由单位状态$<1>$和单位状态$<2>$计算柔度系数(见图 5.4.2(c)和(d))，由单位载荷法有

$$\delta_{11}=\sum\frac{N_1^2 l_i}{Ef_i}=\frac{7a}{2Ef}$$

$$\delta_{12}=\delta_{21}=\sum\frac{N_1N_2l_i}{Ef_i}=\frac{a}{2Ef}$$

$$\delta_{22}=\sum \frac{N_2^2 l_i}{Ef_i}=\frac{4a}{Ef}$$

计算＜P＞状态位移，由＜P＞状态和单位状态＜1＞计算 Δ_{1P}，由＜P＞状态和单位状态＜2＞计算 Δ_{2P}，有

$$\Delta_{1P}=\sum \frac{N_1 N_p l_i}{Ef_i}=\frac{3\sqrt{2}}{2}\frac{pa}{Ef}$$

$$\Delta_{2P}=\sum \frac{N_2 N_p l_i}{Ef_i}=0$$

将系数代入典型方程式(a)，得

$$\left.\begin{aligned}&\frac{7}{2}X_1+\frac{1}{2}X_2+\frac{3\sqrt{2}}{2}p=0\\&\frac{1}{2}X_1+4X_2=0\end{aligned}\right\}\qquad\text{(b)}$$

(4)解典型方程。解方程式(b)，得多余未知力为

$$X_1=-\frac{24\sqrt{2}}{55}P,\quad X_2=\frac{3\sqrt{2}}{55}P$$

式中，X_1 为负，表示 X_1 的实际方向与所假设的方向相反，即 X_1 为压力。

(5)用叠加原理求出各杆的内力，有

$$N=N_P+N_1X_1+N_2X_2$$

例如，杆 2—5 的轴力为

$$N_{2-5}=0+\left(-\frac{\sqrt{2}}{2}\right)\left(-\frac{24\sqrt{2}}{55P}\right)+\left(-\frac{\sqrt{2}}{2}\right)\left(\frac{3\sqrt{2}}{55P}\right)=\frac{21}{55}P$$

计算各杆的内力，如图 5.4.2(e)所示。

例 5.5 试求图 5.4.3(a)所示平面薄壁结构的内力。已知各杆截面面积均为 f，杆长为 a，板厚为 t，弹性系数 $E/G=2.6$，$ta/f=2.6$。

解 (1)确定基本系统。该结构有两个“十”字形内部结点，因此是 $K=2$ 的静不定薄壁结构。选取中间水平杆为多余约束，在结点 5 和 6 处将水平杆切断，得静定的基本系统如图 5.4.3(b)所示。

(2)求载荷状态＜P＞和单位状态＜1＞＜2＞的内力，其内力图如图 5.4.3(b)(c)(d)所示。

(3)计算柔度系数 δ_{ij} 和载荷系数 Δ_{iP}，用图乘法求得

$$\delta_{11}=6\frac{a}{3Ef}\left(-\frac{1}{2}\right)^2+4\frac{a}{3Ef}\times 1^2+4\frac{\left(\frac{1}{2a}\right)^2a^2}{Gt}=\frac{17}{6}\frac{a}{Ef}$$

$$\delta_{12}=2\frac{a}{6Ef}\left(-\frac{1}{2}\right)\left(-\frac{1}{2}\right)+\frac{a}{Ef}\times 1\times 1+2\frac{a}{3Ef}\times 1\times\left(-\frac{1}{2}\right)+2\frac{\left(\frac{1}{2a}\right)\left(-\frac{1}{2a}\right)a^2}{Gt}=-\frac{7a}{12Ef}$$

$$\delta_{22}=4\frac{a}{3Ef}\left(-\frac{1}{2}\right)^2+\frac{a}{3Ef}+2\frac{\left(\frac{1}{2a}\right)^2a^2}{Gt}=\frac{7a}{6Ef}$$

$$\Delta_{1P}=4\,\frac{a}{2Ef}\left(-\frac{1}{2}\right)=-\frac{Pa}{Ef}$$

$$\Delta_{1P}=2\,\frac{a}{2Ef}\left(-\frac{1}{2}\right)=-\frac{Pa}{2Ef}$$

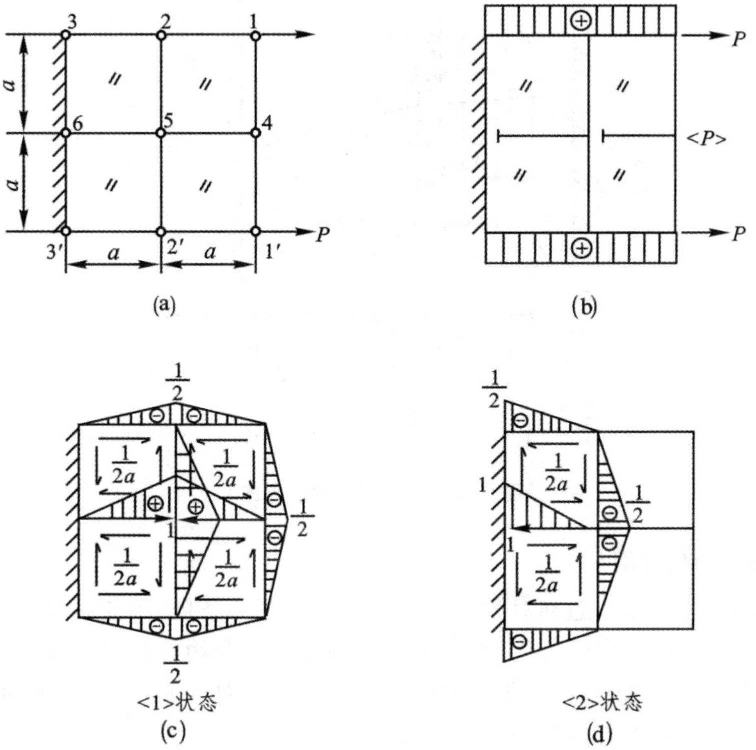

图 5.4.3　薄壁结构

(4)将系数 δ_{ij} 和 Δ_{iP} 代入典型方程,得

$$\frac{17}{6}X_1-\frac{7}{12}X_2-P=0$$

$$-\frac{7}{12}X_1+\frac{7}{6}X_2-\frac{P}{2}=0$$

解典型方程,求得多余未知力为

$$X_1=\frac{30}{61}P,\qquad X_2=\frac{288}{427}P$$

(5)利用叠加原理求结构元件内力。

杆轴力为

$$N=N_P+N_1X_1+N_2X_2$$

板剪流为

$$q=q_P+q_1X_1+q_2X_2$$

内力图绘于图 5.4.4 中。

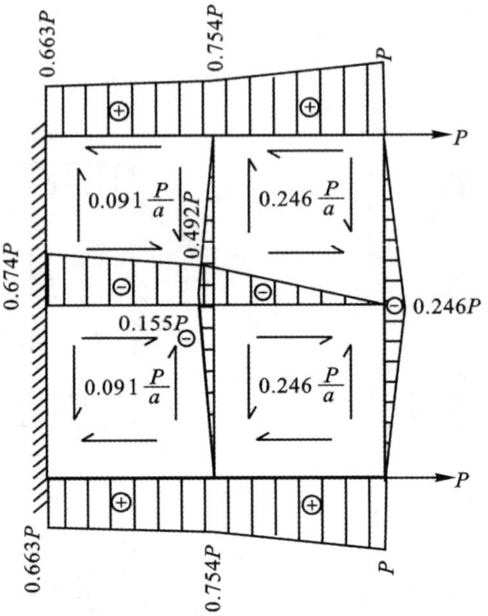

图 5.4.4 薄壁结构内力图

2. 对称结构的简化计算

在工程实际结构中,经常遇到对称结构。这时利用对称条件,可使得计算简化。

所谓对称结构,是指结构的几何形状、元件的截面尺寸和构件材料的弹性模量等均对称于某一几何轴线(或平面),此轴线(或平面)称为对称轴线(或对称面)。对于平面结构,若将结构绕对称轴对折后,处在对称轴两边的结构将完全重合。

在对称结构上,如果所受的载荷,其大小、方向和作用点都对称于结构的对称轴(或对称面),则称这种载荷为对称载荷,如图 5.4.5(a)所示。若所受的载荷,其大小和作用点对称于结构的对称轴(或对称面),而其方向则相反,则称这种载荷为反对称载荷,如图 5.4.5(b)所示。

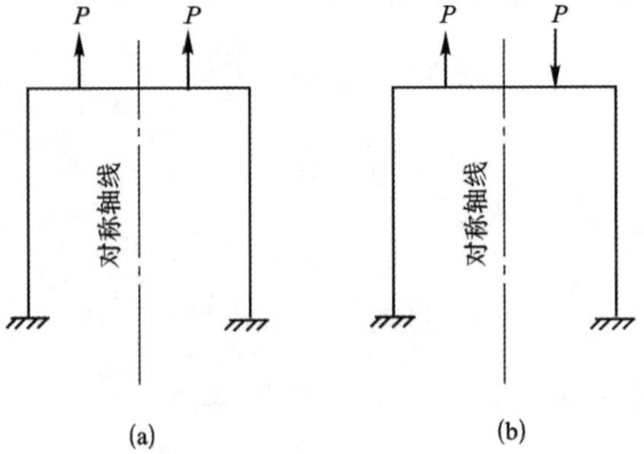

图 5.4.5 平面刚架对称结构

对称结构的受力特性:

(1)对称结构承受对称载荷时,结构的内力和变形必然是对称的。

(2)对称结构承受反对称载荷时,结构的内力和变形也是反对称的。

(3)对称结构承受对称载荷时,在对称轴的切口处只有对称的内力,而反对称的内力必为零。如图 5.4.6(a)所示的平面刚架,在对称轴切口处,其内力只可能有轴力 N 和弯矩 M ,而剪力 Q 必为零。因此,若取该系统为基本系统,则原为 $K=3$ 的静不定结构,就简化为 $K=2$ 的静不定结构。

(4)对称结构承受反对称载荷时,在对称轴的切口处只有反对称的内力,而对称的内力必为零。如图 5.4.6(b)所示的平面刚架,在对称轴的切口处,其内力只可能有剪力 Q ,而其轴力 N 和弯矩 M 必为零。因此,若取该结构为基本系统,则原为 $K=3$ 的静不定结构,就简化为 $K=1$ 的静不定结构。

利用上述对称结构的受力特性,可使计算大为简化。如果作用在对称结构上的载荷是不对称的,则可把载荷分解成对称部分和反对称部分,利用对称条件分别求出这两种载荷作用的内力,然后再进行叠加。

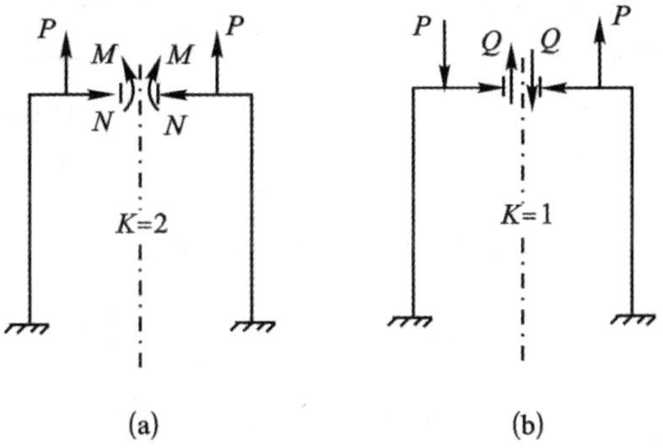

5.4.6　平面刚架对称结构简化

例 5.6　如图 5.4.7(a)所示的圆形平面刚架是连接两个机翼的机身加强框的计算模型。已知两边由机翼传来的力偶矩 $M=2PR\sin\theta$,求该加强框的弯矩图。已知框剖面 EI 为常数,半径为 R 。

解　(1)分析静不定度,确定基本系统。该圆框为三度静不定系统,由图可知,结构有两个对称轴。对于垂直对称轴 $A-A$,载荷是对称的。对于水平对称轴 $B-B$,载荷是反对称的。因此,若沿 $A-A$ 轴切开,则在切口处截面上只有对称内力弯矩和轴力,结构可化为二度静不定系统。若沿 $B-B$ 轴切开,则切口处的截面上,只有反对称的内力(剪力),结构可化为一度静不定系统。因此,我们取沿 $B-B$ 轴切开作为基本系统,如图 5.4.7(b)所示。在切口处的截面上剪力 X_1 作为多余未知力,而且只需对 1/4 圆框进行计算。

(2)作 $<P>$ 状态和 $<1>$ 状态的弯矩图。用 φ 角表示任一截面的位置。求得的 $<P>$ 状态的弯矩图如图 5.4.7(c)所示。

$$M_P=0,0\leqslant\varphi\leqslant\theta;\quad M_P=PR(\sin\varphi-\sin\theta),\theta\leqslant\varphi\leqslant\frac{\pi}{2}$$

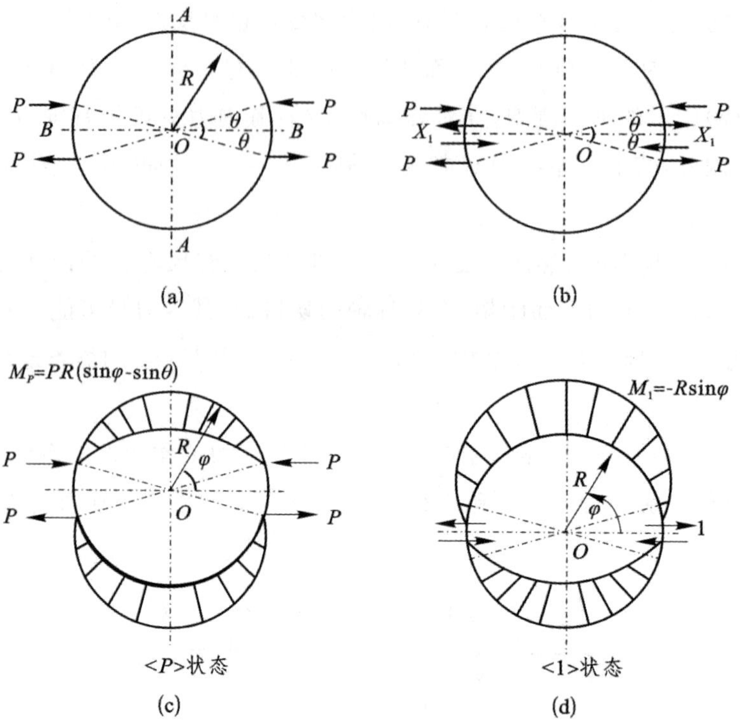

图 5.4.7　加强框的计算模型

＜1＞状态的弯矩图如图 5.4.7(d)所示。弯矩图画在框的受压面。

$$M_1=-R\sin\varphi,\quad 0\leqslant\varphi\leqslant\frac{\pi}{2}$$

(3)计算柔度系数 δ_{11} 和载荷系数 Δ_{1P} 。

$$\delta_{11}=\int\frac{M_1^2\mathrm{d}s}{EJ}=\frac{4}{EJ}\int_0^{\frac{\pi}{2}}(-R\sin\varphi)^2R\mathrm{d}\varphi=\frac{\pi R^3}{EJ}$$

$$\Delta_{1P}=\int\frac{M_PM_1\,\mathrm{d}s}{EJ}=\frac{4}{EJ}\int_\theta^{\frac{\pi}{2}}(-R\sin\varphi)PR(\sin\varphi-\sin\theta)R\mathrm{d}\varphi=$$

$$-\frac{PR^3}{EJ}(\pi-2\theta-\sin2\theta)$$

(4)把系数代入典型方程,求出多余未知力 X_1。

$$X_1=-\frac{\Delta_{1P}}{\delta_{11}}=\frac{P}{\pi}(\pi-2\theta-\sin2\theta)$$

(5)加强框的弯矩内力

$$M=M_1X_1=-\frac{PR}{\pi}\sin\varphi(\pi-2\theta-\sin2\theta),\quad 0\leqslant\varphi\leqslant\theta$$

$$M=M_P+M_1X_1=-PR\left[\sin\theta-\frac{\sin\theta}{\pi}(2\theta+\sin2\theta)\right],\quad \theta\leqslant\varphi\leqslant\frac{\pi}{2}$$

若设 $\theta=10°$,则

$$X_1 = 0.78P$$

$$M = -0.78P\sin\varphi, \quad 0^\circ \leqslant \varphi \leqslant 10^\circ$$

$$M = -PR(0.173\,6 - 0.22\sin\varphi), \quad 10^\circ \leqslant \varphi \leqslant 90^\circ$$

表 5.4.1 给出了一些特殊截面的弯矩值。

表 5.4.1　一些特殊截面的弯矩值

φ	0°	10°	30°	45°	52°5′	60°	90°
M	0	$-0.135\,4PR$	$-0.063\,6PR$	$-0.018\,04PR$	0	$0.016\,92PR$	$0.046\,4PR$

利用内力上下反对称、左右对称，可求得整个结构的弯矩，其弯矩图如图 5.4.8 所示。

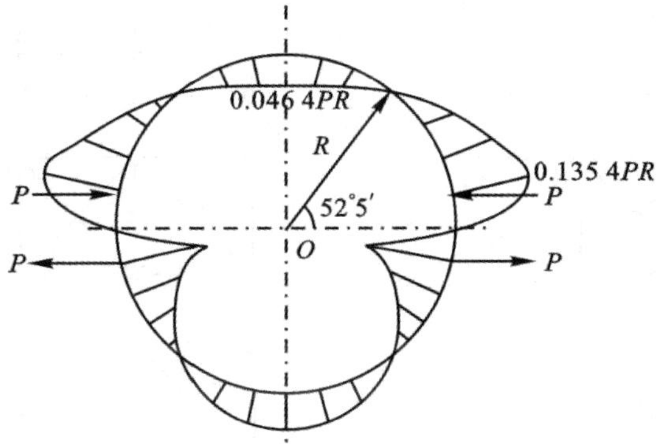

图 5.4.8　加强框弯矩内力图

3. 基本系统的选取

为了使计算简便，且产生误差较小，下面介绍基本系统的选取原则。

(1)载荷状态基本系统的选取。从简单的角度来说，载荷状态的基本系统取得越简单越好。但也有一个合理的选择问题。特别是静不定度很高的系统，典型方程的数目很多，解联立方程的过程必然会产生数字的舍入误差，以致对真实状态的内力精度带来影响。为避免这种影响，一方面可增加计算机有效数字的位数，另一方面可以将载荷状态的基本系统取成尽量接近结构传力路线的静定系统，使得载荷状态的内力与真实内力比较接近，这样，多余未知力 X_i 只起着修正的作用，其误差对真实内力的影响就会减小。

(2)单位状态基本系统的选取。单位状态是一个内力自身平衡状态，其基本系统应使计算越简单越好。也就是所选取的单位状态其内力所分布的范围越小越好，使系数 δ_{ii} 的计算量最少。另外，还应使各个单位状态之间“重叠”得越少越好，使系数 δ_{ij} 的计算量最少。

图 5.4.9(a)所示为三度静不定桁架结构，其基本系统的取法可以有许多种。如果将 3 根斜杆作多作约束，取切断 3 根斜杆的系统作为基本系统，则 3 个单位状态内力范围如图 5.4.9(b)所示。每个单位状态的内力只涉及六根杆，求 δ_{12} 和 δ_{23} 只涉及一根杆，$\delta_{13}=0$。如果取切断 3 根垂直杆的系统作基本系统，则 3 个单位状态内力的范围如图 5.4.9(c)所示。每个

单位状态所涉及的杆件较多，如单位状态<1>的内力涉及 14 根杆，每两个单位状态之间重叠的范围也较大。虽然上述两种情况所取的基本系统都是正确的，但计算工作量图 5.4.9(b)要比图 5.4.9(c)少得多。

(3) 尽量利用结构的对称条件。利用结构的对称条件，把对称结构的基本系统也取成对称系统。这样往往可降低静不定度数，且可只计算 1/2 或 1/4 结构，从而减少计算工作量。

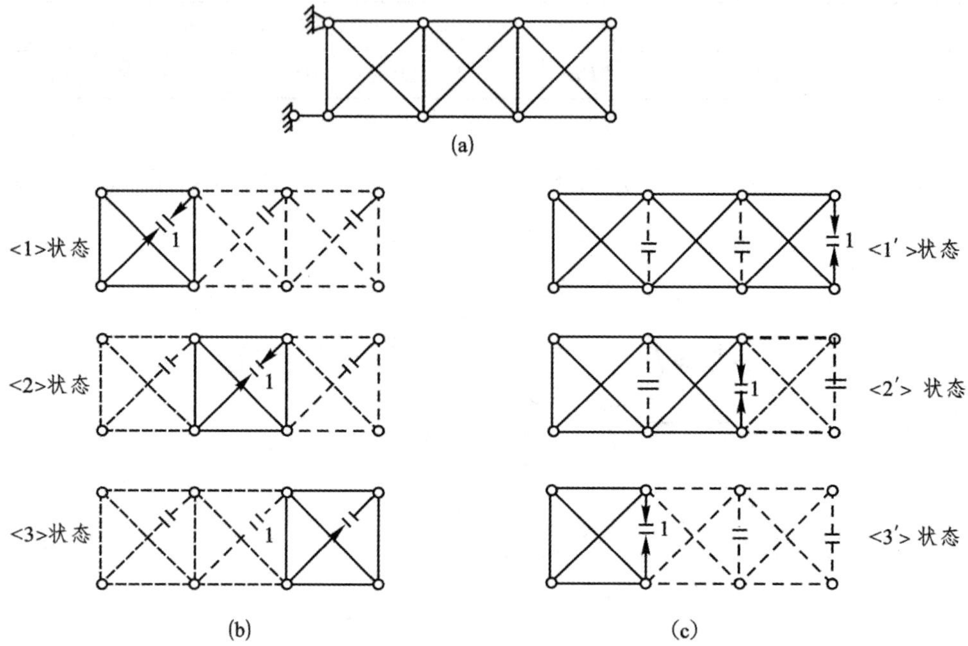

图 5.4.9 静不定桁架结构

5.4.2 位移法

位移法与力法相对应，它的基本未知量是结构的位移。下面从极小势能原理说明位移法的基本原理。

设一个系统有 n 个独立的广义位移 $\Delta_i (i=1,2,\cdots,n)$ 和对应的 n 个广义内力 P_i，以未变形时的状态为参考状态，则该系统的应变能可以表示为

$$U(\Delta_1,\Delta_2,\cdots,\Delta_n)=U(0,0,\cdots,0)+\sum_{i=1}^{n}\frac{\partial U(0)}{\partial \Delta_i}\Delta_i+\frac{1}{2}\sum_{i=1}^{n}\sum_{j=1}^{n}\frac{\partial^2 U(0)}{\partial \Delta_i \partial \Delta_j}\Delta_i\Delta_j+\cdots \tag{5.4.3}$$

因为未变形状态的应变能为零，所以上式中 $U(0,0,\cdots,0)=0$。另外未变形时的力也为零，由格林公式可知式(5.4.3)等号右边的第二项也等于零。忽略 3 次以上高阶量，最终得到

$$U(\Delta_1,\Delta_2,\cdots,\Delta_n)\approx\frac{1}{2}\sum_{i=1}^{n}\sum_{j=1}^{n}\frac{\partial^2 U(0)}{\partial \Delta_i \partial \Delta_j}\Delta_i\Delta_j \tag{5.4.4}$$

同样，外力势也可以表示为

$$V(\Delta_1,\Delta_2,\cdots,\Delta_n)=V(0,0,\cdots,0)+\sum_{i=1}^{n}\frac{\partial V(0)}{\partial\Delta_i}\Delta_x+\frac{1}{2}\sum_{i=1}^{n}\sum_{j=1}^{n}\frac{\partial^2 V(0)}{\partial\Delta_i\partial\Delta_j}\Delta_i\Delta_j+\cdots \quad (5.4.5)$$

在未变形状态下，外力势为零 $V(0,0,\cdots,0)=0$。而对于小变形问题位移的二次及二次以上项相对于位移的一次项是可以忽略的小量。这样由式(5.4.5)，可以得到

$$V(\Delta_1,\Delta_2,\cdots,\Delta_n)=\sum_{i=1}^{n}\frac{\partial V(0)}{\partial\Delta_i}\Delta_i=-\sum_{i=1}^{n}P_i\Delta_i \quad (5.4.6)$$

由式(5.4.4)和式(5.4.6)得系统的总势能为

$$\Pi(\Delta_1,\Delta_2,\cdots,\Delta_n)=U+V=\frac{1}{2}\sum_{i=1}^{n}\sum_{j=1}^{n}\frac{\partial^2 U(0)}{\partial\Delta_i\partial\Delta_j}\Delta_i\Delta_j-\sum_{i=1}^{n}P_i\Delta_i \quad (5.4.7)$$

这样，由极小势能原理可得

$$\delta\Pi(\Delta_1,\Delta_2,\cdots,\Delta_n)\approx\sum_{i=1}^{n}\left(\sum_{j=1}^{n}\frac{\partial^2 U(0)}{\partial\Delta_i\partial\Delta_j}\Delta_j-P_i\right)\delta\Delta_i=0 \quad (5.4.8)$$

由 $\delta\Delta_i$ 的任意性就可得到位移法的方程为

$$\sum_{j=1}^{n}\frac{\partial^2 U(0)}{\partial\Delta_i\partial\Delta_j}\Delta_j=P_i \quad (5.4.9)$$

定义系统的刚度系数为

$$k_{ij}=\frac{\partial^2 U(0)}{\partial\Delta_i\partial\Delta_j} \quad (5.4.10)$$

则式(5.4.9)可改写为

$$\sum_{j=1}^{n}k_{ij}\Delta_j=P_i \quad (5.4.11)$$

可见刚度系数 k_{ij} 的物理意义为，在系统第 j 个自由度上施加的单位位移所引起的第 i 个自由度处的力。

位移法方程式(5.4.11)是由极小势能原理推导出来的，它相当于系统的静力平衡方程。

例 5.7　用位移法求解如图 5.4.10 所示静不定桁架。

解　如图 5.4.10 所示，此结构一共有 4 个节点，每个节点有 x 和 y 两个方向的位移，因此一共有 8 个位移。写成矢量形式为

$$\boldsymbol{\Delta}=(\Delta_x^1,\Delta_y^1,\Delta_x^2,\Delta_y^2,\Delta_x^3,\Delta_y^3,\Delta_x^4,\Delta_y^4)^{\mathrm{T}}$$

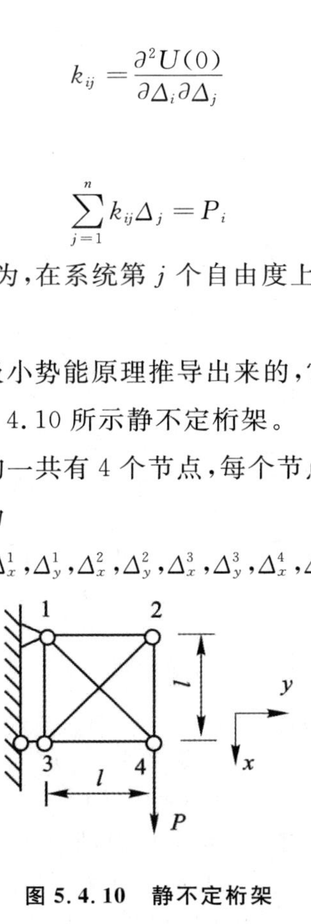

图 5.4.10　静不定桁架

系统的应变能由每一根杆件的应变能叠加而成，有

$$U=\frac{EA}{2l}(\Delta_y^2-\Delta_y^1)^2+\frac{EA}{2l}(\Delta_y^4-\Delta_y^3)^2+\frac{EA}{2l}(\Delta_x^4-\Delta_x^2)^2+\frac{EA}{2l}(\Delta_x^3-\Delta_x^1)^2+$$

$$\frac{EA}{2\sqrt{2}\,l}\left[\frac{\sqrt{2}}{2}(\Delta_x^4+\Delta_y^4-\frac{\sqrt{2}}{2}(\Delta_x^1+\Delta_y^1)\right]^2+\frac{EA}{2\sqrt{2}\,l}\left[\frac{\sqrt{2}}{2}(-\Delta_x^2+\Delta_y^2)-\frac{\sqrt{2}}{2}(-\Delta_x^3+\Delta_y^3)\right]^2$$

由刚度系数的定义式(5.4.10)以及刚度系数对称性，可得位移求解方程为

$$\frac{EA}{l}\begin{bmatrix}
\frac{4+\sqrt{2}}{4} & \frac{\sqrt{2}}{4} & 0 & 0 & -1 & 0 & -\frac{\sqrt{2}}{4} & -\frac{\sqrt{2}}{4} \\
 & \frac{4+\sqrt{2}}{4} & 0 & -1 & 0 & 0 & -\frac{\sqrt{2}}{4} & -\frac{\sqrt{2}}{4} \\
 & & \frac{4+\sqrt{2}}{4} & -\frac{\sqrt{2}}{4} & -\frac{\sqrt{2}}{4} & \frac{\sqrt{2}}{4} & -1 & 0 \\
 & & & \frac{4+\sqrt{2}}{4} & \frac{\sqrt{2}}{4} & -\frac{\sqrt{2}}{4} & 0 & 0 \\
 & & & & \frac{4+\sqrt{2}}{4} & -\frac{\sqrt{2}}{4} & 0 & 0 \\
 & & & & & \frac{4+\sqrt{2}}{4} & 0 & -1 \\
 & & & & & & \frac{4+\sqrt{2}}{4} & \frac{\sqrt{2}}{4} \\
 & & & & & & & \frac{4+\sqrt{2}}{4}
\end{bmatrix}
\begin{Bmatrix}\Delta_x^1\\ \Delta_y^1\\ \Delta_x^2\\ \Delta_y^2\\ \Delta_x^3\\ \Delta_y^3\\ \Delta_x^4\\ \Delta_y^4\end{Bmatrix}=\begin{Bmatrix}0\\0\\0\\0\\0\\0\\P\\0\end{Bmatrix}$$

由支承边界条件可以直接得到 $\Delta_x^1=\Delta_y^1=\Delta_y^3=0$，于是求解方程可改写为

$$\frac{EA}{l}\begin{bmatrix}
\frac{4+\sqrt{2}}{4} & -\frac{\sqrt{2}}{4} & -\frac{\sqrt{2}}{4} & -1 & 0 \\
-\frac{\sqrt{2}}{4} & \frac{4+\sqrt{2}}{4} & \frac{\sqrt{2}}{4} & 0 & 0 \\
-\frac{\sqrt{2}}{4} & \frac{\sqrt{2}}{4} & \frac{4+\sqrt{2}}{4} & 0 & 0 \\
-1 & 0 & 0 & \frac{4+\sqrt{2}}{4} & \frac{\sqrt{2}}{4} \\
0 & 0 & 0 & \frac{\sqrt{2}}{4} & \frac{4+\sqrt{2}}{4}
\end{bmatrix}
\begin{Bmatrix}\Delta_x^2\\ \Delta_y^2\\ \Delta_x^3\\ \Delta_x^4\\ \Delta_y^4\end{Bmatrix}=\begin{Bmatrix}0\\0\\0\\P\\0\end{Bmatrix}$$

求解上面方程得到

$$\Delta_x^2=\frac{3\sqrt{2}+5}{2(1+\sqrt{2})}\frac{Pl}{EA}$$

虽然纳维尔在19世纪就产生过位移法的思想，但是该方法一直到20世纪50年代中期才由阿吉瑞斯从能量原理出发进行了系统的论证，并采用矩阵的形式进行表述，由此奠定了现代有限单元法的基础。位移法的求解过程比较规范，特别适合于编写成计算机程序求解，使用位移法可以很方便地分析很多复杂问题。目前位移法基本取代力法，成为飞行器结构分析的主

要方法。

这里简单地介绍了位移法的基本思想，它是位移型有限元方法的基础，我们将在有限元方法中作更加详细的介绍。

习题与思考题

5.1　虚功原理和最小势能原理的内容各是什么，它们之间有什么区别和联系？

5.2　比较位移法和力法的基本原理。

5.3　试各用两种不同的单位载荷作用下的静力可能受力状态，求图 E5.1 中超静定梁跨中的竖向位移。

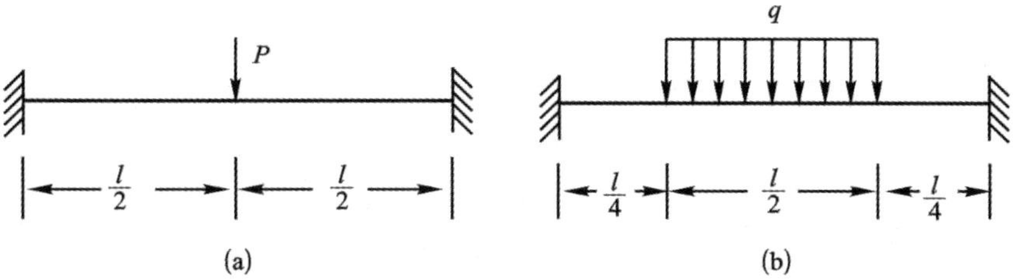

图　E5.1

5.4　试用单位支座位移法推导桁架单元的单元刚度矩阵$[\boldsymbol{k}]^e$（见图 E5.2）。杆端位移向量及杆端力向量为

$$\boldsymbol{\Delta}^e=[\Delta_1\quad\Delta_2]^{\mathrm{T}}=[u_1\quad u_2]^{\mathrm{T}}$$

$$\boldsymbol{F}^e=[F_1\quad F_2]^{\mathrm{T}}=[x_1\quad x_2]^{\mathrm{T}}$$

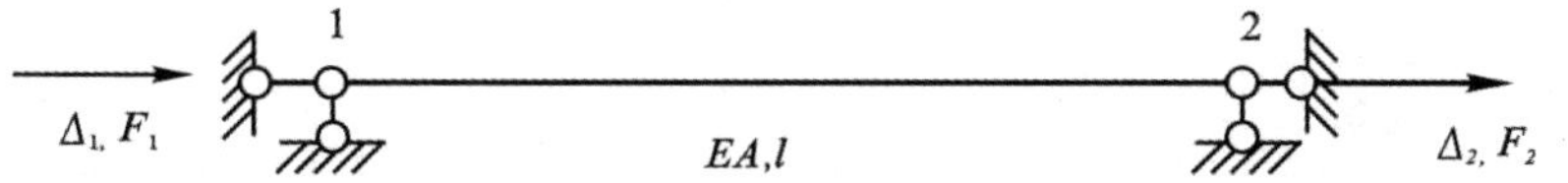

图　E5.2

5.5　试用势能原理分析图 E5.3 所示结构。设各杆截面面积相等，又设材料为线性弹性。

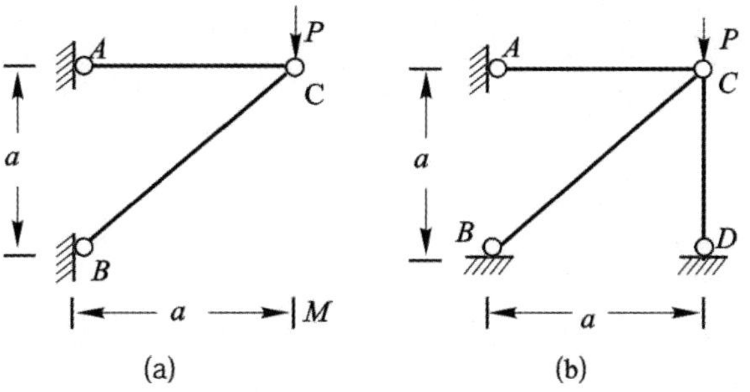

图　E5.3

5.6　试用势能原理解图 E5.4 所示钢架。

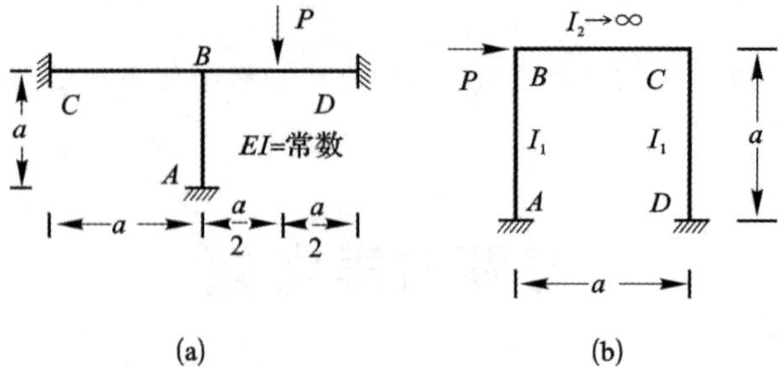

图 E5.4

5.7 试用余能原理求图 E5.1 所示超静定梁的内力。

5.8 试用余能原理求图 E5.3 所示桁架的内力。

第 6 章　薄壁梁的弯曲和扭转

6.1 引　　言

飞机结构的基本功能是传递和抵抗外载荷，从而保持必要的气动外形，以及保护乘客或有效载荷等不受飞行中环境的影响。另外，飞机结构必须质量轻。在绝大多数飞机上，上述要求促使了薄壳结构的采用，即壳的外表面或蒙皮通常由纵向加强元件和横向框架支撑，使其能抵抗弯、压、扭等载荷而不会发生失稳。这样的结构叫作半硬壳式结构（见图 6.1.1），而完全依靠蒙皮来抵御载荷的薄壳结构叫作硬壳式结构。可见，飞机基本上是由加强的壳结构组成的。这些壳结构类型很多，从单室封闭剖面的机身，到多室的机翼和尾翼结构（见图 6.1.1）。它们都受到弯曲、剪切、扭转和轴向载荷作用。

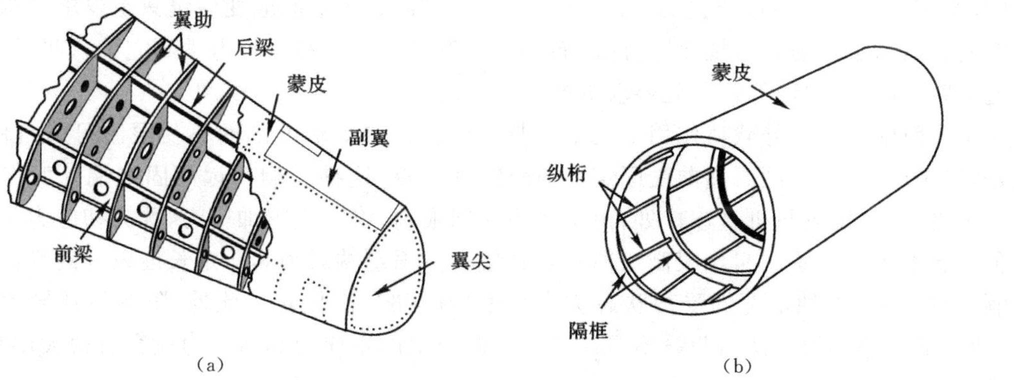

图 6.1.1　飞行器结构

(a)机翼；(b)机身

在各种飞行器结构形式中，薄壁梁结构常常被采用。薄壁梁的外形有棱柱形的，也有锥形的。所谓棱柱形薄壁结构是指其剖面的几何特征与材料沿结构纵向完全一样。结构的剖面周线有开口的、单闭室的和多闭室的。大展弦比机翼、尾翼和细长的机身，以及它们的组成元件如翼梁、桁条等都是属于这种形式的薄壁梁结构。另外，飞机上还有一小部分结构采用了 T 型、Z 型、П型或 L 型剖面的薄壁梁，其作用在于加强闭室结构的薄壁，同时承受来自地板、发动机支架等处传来的内部载荷。这种结构叫作开口剖面梁，而闭室结构部件叫作闭口剖面梁。

薄壁梁结构的特点是：①长度远远大于剖面尺寸；②在剖面上，梁的厚度远远小于剖面其他尺寸。根据上述结构特点，在进行薄壁梁分析时，除了线弹性和小变形的基本假设外，还可以采取以下一些假设。

(1)在受力变形过程中，结构的剖面的几何形状不变，但可以沿纵轴方向自由翘曲。所谓翘曲，就是剖面上各点沿纵向的相对位移所形成的剖面不再是平面的变形。这是因为结构纵向上有较多的横向加强构件(如翼肋,隔框)来维持剖面形状。这个假设在小变形情况下是合理的。

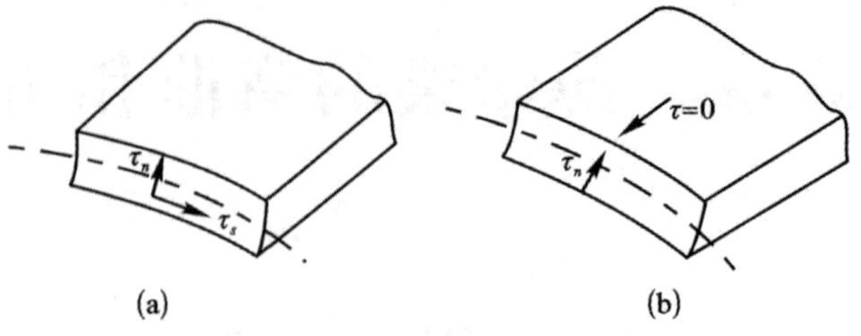

图 6.1.2 剪应力方向

(2)剖面上的正应力和剪应力沿壁厚均匀分布。由于薄壁梁的壁厚很小,因此可以忽略应力沿壁厚方向的变化。用剪流 q 表示剪应力 τ,且有 $q=\tau t$,t 为板厚。

(3)剖面上的剪应力方向与薄壁中线方向一致。这是因为壁板表面没有剪应力,若剪应力与中线方向不一致,则剪应力可分解为沿薄壁中线方向和法线方向的两个分量(见图6.1.2)。根据剪应力成对定律,则结构表面存在剪应力,与实际情况不符。

(4)平面应变假设,即假设薄壁梁任意剖面上的线应变 ε_z 可以用平面函数表示为

$$\varepsilon_z = ax + by + c \qquad (6.1.1)$$

式中,x,y 为剖面上各点位置的坐标;a,b,c 为待定常数。平面应变假设只是要求结构变形时的应变必须满足平面分布规律,允许剖面变形后不是平面。在材料力学研究纯弯曲时,假设结构变形后剖面仍然是平面,因此要求更严格。

梁式薄壁结构在外载荷作用下发生弯曲和扭转。自由端的剖面不受限制可以自由翘曲,但是,越靠近固定端,剖面翘曲受固定端的限制越严重,这种影响在远离固定端处变得非常微弱。飞机上,在机翼与机身连接处,由于翘曲受到限制,将产生附加应力,称为初应力。结构在这种情况下的受力状态叫作限制弯曲和限制扭转。固定端对距其一定长度以外的剖面翘曲的限制可以忽略,这种情况的受力状态称为自由弯曲和自由扭转。此外,限制扭转导致截面翘曲,使得梁理论中的平截面假设不再成立。由此得出的正应力和剪应力就会有很大误差,引起所谓剪切滞后问题。

本章主要研究棱柱形薄壁梁在自由弯曲和自由扭转受力状态下的内力计算,仅简要阐明限制扭转和剪切滞后的受力特点及其物理概念。

6.2 自由弯曲的正应力

当梁受到向下的垂向载荷时,会产生下陷(∪)弯曲,因此上表面就比下表面短,即梁上表面纵向材料被压缩,下表面被拉伸;当受到向上的垂向载荷时,会产生突起(∩)弯曲,情况正好相反。可见,梁上部和下部的应变是不同的。由于应力和应变成正比,因此应力也会沿梁的高度方向变化。

根据平面应变假设式(6.1.1)和剖面无畸变假设,薄壁梁剖面上任一点的正应力可以写成

$$\sigma = E\varepsilon_z = aEx + bEy + cE = Ax + By + C \qquad (6.2.1)$$

式中,E 是材料弹性模量;$A=Ea$;$B=Eb$;$C=Ec$。A,B,C 为待定常数,可由剖面上静力平衡

条件来确定。

如图 6.2.1 所示，机翼在气动载荷、机翼质量载荷，以及发动机、油箱等集中载荷作用下会发生弯曲和扭转。此时，各剖面上的合内力有弯矩 M_x 和 M_y，扭矩 M_z，剪力 Q_x 和 Q_y 以及轴向力 N_z。

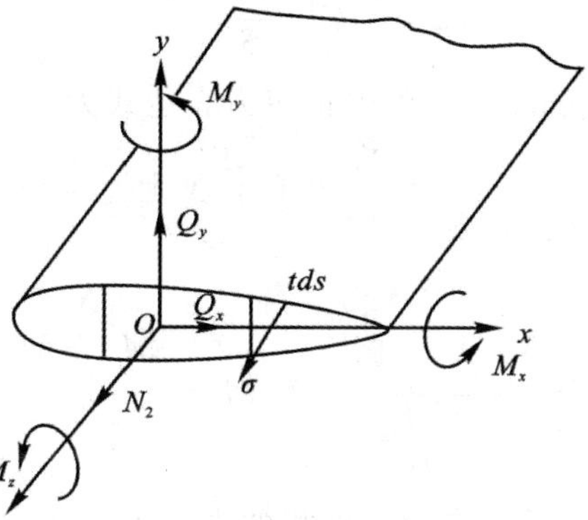

图 6.2.1　机翼受力图

本章符号规定：剖面上内力的合弯矩为 M_x，M_y，合扭矩为 M_z，当按右手螺旋确定的矢量与坐标方向一致为正；剪力 Q_x，Q_y，轴力 N_z 与坐标轴正向一致为正。正应力 σ 以微元面受拉为正，剪流 q 的方向将在有关章节中指出。

其中，M_x，M_y，N_z 是剖面上正应力引起的，即

$$\left.\begin{aligned} M_x &= \int y\sigma t\,\mathrm{d}s \\ -M_y &= \int x\sigma t\,\mathrm{d}s \\ N_z &= \int \sigma t\,\mathrm{d}s \end{aligned}\right\} \tag{6.2.2}$$

式中，$\int$ 表示沿整个剖面周向积分，t 为壁厚，$\mathrm{d}s$ 为微元弧长。将式(6.2.1)代入式(6.2.2)，可得

$$\left.\begin{aligned} M_x &= AJ_{xy} + BJ_x + CS_x \\ -M_y &= AJ_y + BJ_{xy} + CS_y \\ N_z &= AS_y + BS_x + CS \end{aligned}\right\} \tag{6.2.3}$$

式中，J_x，J_y 分别是剖面上承受正应力的面积对 x 轴和 y 轴的惯性矩，J_{xy} 是承受正应力的面积对 x、y 轴的惯性积，S_x 和 S_y 分别是剖面上承受正应力的面积对 x 轴和 y 轴的静矩，S 是承受正应力的面积，它们的表达式为

$$J_{xy} = \int xyt\,\mathrm{d}s,\quad J_x = \int y^2 t\,\mathrm{d}s,\quad J_y = \int x^2 t\,\mathrm{d}s,$$

$$S_x = \int yt\,\mathrm{d}s,\quad S_y = \int xt\,\mathrm{d}s,\quad S = \int t\,\mathrm{d}s$$

为使公式简单，可以把坐标原点 O 取在剖面承受正应力面积的形心上，则沿整个剖面的静矩为零，即 $S_x = S_y = 0$。这样，就可以从式(6.2.3) 中求得系数 A，B，C 为

$$A=-\frac{M_yJ_x+M_xJ_{xy}}{J_xJ_y-J_{xy}^2}$$

$$B=\frac{M_yJ_y+M_yJ_{xy}}{J_xJ_y-J_{xy}^2}$$

$$C=\frac{N_z}{S}$$

将求得的 A,B,C 代回式(6.2.1),可得正应力表达式为

$$\sigma=-\frac{\overline{M}_y}{J_y}x+\frac{\overline{M}_x}{J_x}y+\frac{N_z}{S} \tag{6.2.4}$$

式中

$$\overline{M}_x=\frac{M_x+M_y\dfrac{J_{xy}}{J_y}}{1-\dfrac{J_{xy}^2}{J_xJ_y}},\quad \overline{M}_y=\frac{M_y+M_x\dfrac{J_{xy}}{J_x}}{1-\dfrac{J_{xy}^2}{J_xJ_y}}$$

若取 x 轴和 y 轴与剖面承受正应力的面积的中心主轴重合,则 $J_{xy}=0$。于是,式(6.2.4)简化为

$$\sigma=-\frac{M_y}{J_y}x+\frac{M_x}{J_x}y+\frac{N_z}{S} \tag{6.2.5}$$

式中,J_x,J_y 分别为剖面上承受正应力的面积对其中心主轴 x 和 y 的惯性矩。

对于一些飞行器结构,当桁条和突缘较强时,往往假设蒙皮和腹板不能承受正应力,因此全部的正应力由桁条和突缘来承担。这时,式(6.2.4)和式(6.2.5)仍然适用,只是在计算剖面的形心、惯性矩和面积时,仅仅考虑桁条和突缘面积即可,并且假设这些面积分别集中在各自形心处。例如,对于图 6.2.2 所示的翼剖面,如果它的蒙皮和腹板不能承受正应力,则其惯性矩、惯性积和面积的计算方法为

$$J_x=\sum^n f_iy_i^2,\quad J_y=\sum^n f_ix_i^2,\quad J_{xy}=\sum^n f_ix_iy_i,\quad S=\sum^n f_i$$

式中,n 为桁条和突缘总数,f_i 是第 i 个桁条或突缘的面积,x_i 和 y_i 是第 i 个桁条或突缘的形心坐标。

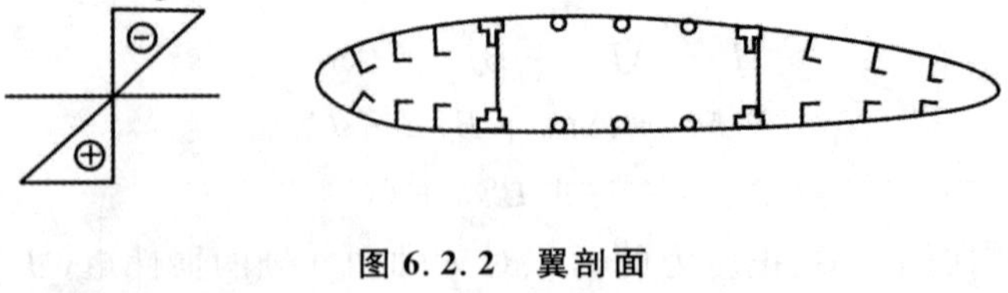

图 6.2.2 翼剖面

还要指出的是,式(6.2.4)和式(6.2.5)只适用于结构元件(桁条、突缘、蒙皮等)材料相同,且处于比例极限内受力的情况。但是,飞行器结构经常是由不同材料的元件组成的。如图 6.2.2 所示,翼剖面是由不同材料的蒙皮、桁条、缘条所组成的。它们的弹性系数各不相同。因此,式(6.2.4)和式(6.2.5)不能直接使用,必须加以修正。

这里引入折算系数的概念,即在分析由不同材料组成的结构时,将不同材料的元件都折算为一种符合线性规律的理想材料,折算后的结构元件便具有相同的弹性系数,于是就可以采用式(6.2.4)和式(6.2.5)了。

以图 6.2.2 中的翼剖面为例，其缘条、桁条和蒙皮采用不同材料，弹性模量分别为 $E_{缘}$，$E_{桁}$ 和 $E_{蒙}$，各元件的正应力分别为 $\sigma_{缘}$，$\sigma_{桁}$ 和 $\sigma_{蒙}$。根据变形协调条件，在同一剖面高度处的应变相同，在线弹性范围内，有

$$\frac{\sigma_{缘}}{E_{缘}}=\frac{\sigma_{桁}}{E_{桁}}=\frac{\sigma_{蒙}}{E_{蒙}}=\varepsilon_z \tag{6.2.6}$$

如果取桁条为理想材料，由式(6.2.6)可得

$$\varphi_{缘}=\frac{\sigma_{缘}}{\sigma_{桁}}=\frac{E_{缘}}{E_{桁}},\quad \varphi_{蒙}=\frac{\sigma_{蒙}}{\sigma_{桁}}=\frac{E_{蒙}}{E_{桁}} \tag{6.2.7}$$

式中，$\varphi_{缘}$ 和 $\varphi_{蒙}$ 分别是缘条和蒙皮的折算系数。因此有

$$\sigma_{缘}=\varphi_{缘}\sigma_{桁},\quad \sigma_{蒙}=\varphi_{蒙}\sigma_{桁} \tag{6.2.8}$$

对于一般情况，某种材料元件的应力为 σ_i，理想材料元件应力为 $\bar{\sigma}_i$，那么折算系数 φ_i 等于两者应力之比，即

$$\varphi_i=\frac{\sigma_i}{\bar{\sigma}_i} \tag{6.2.9}$$

尽管结构由不同材料组成，但都工作在弹性极限内，因此由式(6.2.9)可得折算系数为

$$\varphi_i=\frac{E_i\varepsilon_i}{E_o\varepsilon_i}=\frac{E_i}{E_0} \tag{6.2.10}$$

式中，E_0 为理想材料的弹性模量。因此，材料的应力可以写成

$$\sigma_i=\varphi_i\bar{\sigma}_i \tag{6.2.11}$$

为了使折算前后元件承受的内力保持不变，必须有

$$\sigma_i f_i=\bar{\sigma}_i\bar{f}_i \tag{6.2.12}$$

式中，f_i 为元件 i 原来的横截面积，$\bar{f}_i$ 为元件 i 的折算面积，有

$$\bar{f}_i=\frac{\sigma_i}{\bar{\sigma}_i}f_i=\varphi_i f_i \tag{6.2.13}$$

归纳起来，在计算组合剖面应力时，采用折算系数法求截面正应力采用下述步骤：

(1)将某种材料作为理想材料，其弹性系数为 E_0。

(2)计算各元件的折算系数 φ_i。对于在线弹性范围内受力，则 $\varphi_i=E_i/E_0$。

(3)计算各元件的折算面积，$\bar{f}_i=\varphi_i f_i$。

(4)确定折算后整个剖面的中心轴或中心主轴 x 轴和 y 轴。

(5)计算折算后的剖面对坐标轴的惯性矩、惯性积和面积，即

$$J_{\bar{x}}=\sum\bar{f}_i\bar{y}_i^2,\quad J_{\bar{y}}=\sum\bar{f}_i\bar{x}_i^2,\quad J_{\bar{x}\bar{y}}=\sum\bar{f}_i\bar{x}_i\bar{y}_i,\quad S=\sum\bar{f}_i$$

(6)由式(6.2.4)或式(6.2.5)算出折算后各元件应力 $\bar{\sigma}_1$。

(7)求出各元件真实的正应力，即 $\sigma_1=\varphi_i\bar{\sigma}_1$。

当各元件的受力在线弹性范围以外(非弹性范围)时，一般采用逐次逼近法求折算系数。计算步骤如下：

(1)假设一种理想材料 E_0，并为每一个元件假设一个折算系数，如 $\varphi_i^{(0)}=1$。

(2)按折算系数法求截面正应力的第(2)～(6)步计算，得到折算为理想材料的各元件正应力 $\bar{\sigma}_i^{(1)}$。

(3)由各元件应力-应变关系曲线查得对应的真实材料的应力值 $\sigma_i^{(1)}$。一般折算前后的应

力值 $\sigma_i^{(1)}$ 和 $\bar{\sigma}_i^{(1)}$ 是不相等的。以这两值之比作为下一次计算的折算系数，即 $\varphi_i^{(1)}=\sigma_i^{(1)}/\bar{\sigma}^{(1)}$。重复前面的计算，便可得到 $\varphi_i^{(1)}$，$\varphi_i^{(2)}$，…，直到大多数元件相邻两次的折算系数 $\varphi_i^{(n+1)}$ 与 $\varphi_i^{(n)}$ 的值非常接近为止。此时算出的正应力将收敛于真实的应力值。

6.3 开剖面系统的弯曲剪流

飞机结构通常采用薄的蒙皮和腹板通过纵向和横向加强件支撑。对于这样的薄壁结构来说，剪应力可能导致薄壁屈曲，因此非常重要。在薄壁梁中，垂直于梁表面的剪应力可以忽略，因为它们在每个面上为零，而且壁很薄。为了方便，通常用剪流 $q=\tau\cdot t$（即单位长度上的剪力），而不是剪应力 τ 来进行分析。6.2 节讨论了柱形薄壁梁的弯曲正应力计算，其公式适用于各种剖面形状。本节讨论开剖面系统的弯曲剪流计算。

对于图 6.3.1(a)所示长直开剖面薄壁梁，外载荷在某剖面上引起的内力包括剪力 Q_x，Q_y，轴力 N_z，弯矩 M_x 和 M_y，以及扭矩 M_z。但是，由于开剖面薄壁结构承扭能力很小，轴力又与剪流无关，所以可以不考虑 N_z 和 M_z。要求剪流 q 在剖面上的分布规律和大小。

为了和闭室剖面的剪流 q 相区别，这里用 $\bar{q}$ 表示开剖面的剪流。下面确定弯曲载荷作用下的剪流 $\bar{q}$。如图 6.3.1(b)所示，取微元体 $abcd$，弯曲载荷在 cd 边上引起的正应力合力为 $\int_0^s \sigma_z t\,\mathrm{d}s$，$ab$ 边上的正应力合力为 $\int_0^s\left(\sigma_z+\frac{\partial\sigma_z}{\partial z}\mathrm{d}z\right)t\,\mathrm{d}s$。由于 ad 边为自由边，其上剪流为零，设 bc 处剪流为 $\bar{q}$，方向如图 6.3.1(b)所示。微元体在 z 方向处于平衡，即

$$\int_0^s\left(\sigma_z+\frac{\partial\sigma_z}{\partial z}\mathrm{d}z\right)t\,\mathrm{d}s-\int_0^s\sigma_z t\,\mathrm{d}s-\bar{q}\,\mathrm{d}z=0 \tag{6.3.1}$$

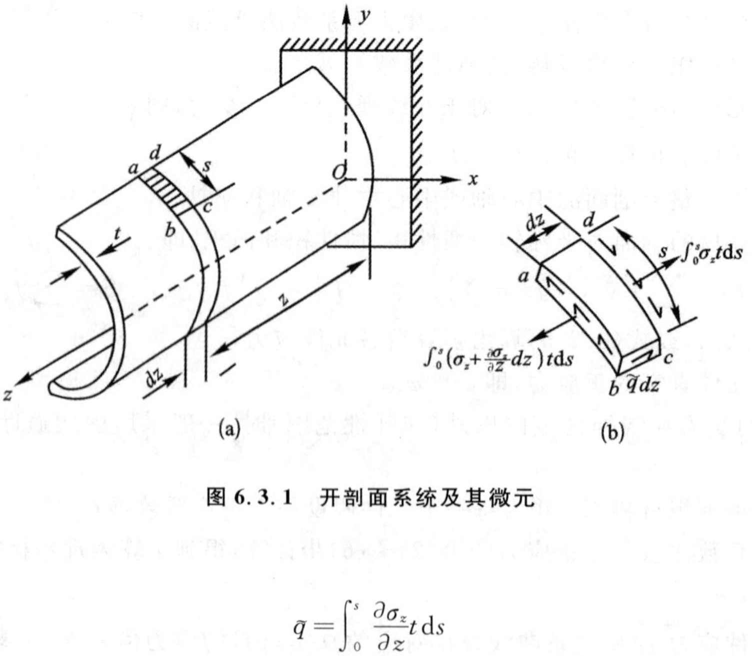

图 6.3.1 开剖面系统及其微元

上式化简后，得

$$\bar{q}=\int_0^s\frac{\partial\sigma_z}{\partial z}t\,\mathrm{d}s \tag{6.3.2}$$

式中，$\bar{q}$ 就是 s 处沿纵剖面上的剪流。根据剪应力互等定理，这个 $\bar{q}$ 等于横剖面上 s 处的剪流。它是为了平衡微元体两端的弯曲正应力差而出现的，因此又叫弯曲剪流。

当剖面上有 M_x，M_y，Q_x 和 Q_y 作用时，由式(6.2.5)可得正应力为

$$\sigma_z = -\frac{M_y}{J_x}x + \frac{M_x}{J_y}y$$

将 σ_z 代入式(6.3.2)，可得剪流为

$$\bar{q} = -\int_0^s \frac{\partial M_y}{\partial z}\frac{x}{J_y}t\,\mathrm{d}s + \int_0^s \frac{\partial M_x}{\partial z}\frac{y}{J_x}t\,\mathrm{d}s \tag{6.3.3}$$

因为所讨论的是棱柱形开剖面薄壁梁，惯性矩 J_x，J_y 沿 z 轴为常值，弯矩 M_x，M_y 为 z 的函数，并且有 $\partial M_x/\partial z = Q_y$，$\partial M_y/\partial z = -Q_x$，故式(6.3.3)可改写为

$$\bar{q} = \frac{Q_x}{J_y}S_y + \frac{Q_y}{J_x}S_x \tag{6.3.4}$$

式中

$$S_x = \int_0^s yt\,\mathrm{d}s,\quad S_y = \int_0^s xt\,\mathrm{d}s \tag{6.3.5}$$

S_x（或 S_y）表示从自由边开始至所求剪流点处 s 为止，受正应力的面积对剖面中心主轴 x（或 y）轴的静矩。

当坐标轴不是中心主轴而是任意形心轴时，剖面的剪流表达式变为

$$\bar{q} = \frac{\overline{Q}_y}{J_x}S_x + \frac{\overline{Q}_x}{J_y}S_y \tag{6.3.6}$$

式中

$$\overline{Q}_x = \frac{Q_x - Q_y\dfrac{J_{xy}}{J_x}}{1 - \dfrac{J_{xy}^2}{J_xJ_y}},\quad \overline{Q}_y = \frac{Q_y - Q_x\dfrac{J_{xy}}{J_y}}{1 - \dfrac{J_{xy}^2}{J_xJ_y}} \tag{6.3.7}$$

式(6.3.4)和式(6.3.6)表明，剪流 $\bar{q}$ 只与剪力 Q_x 和 Q_y 有关，而与弯矩无关。由 Q_x 和 Q_y 引起的剪流的分布规律分别与 S_y 和 S_x 成比例变化，即 $\bar{q}$ 的分布规律只与剖面的几何性质有关。式(6.3.4)表明，$\bar{q}$ 在 x 和 y 方向的合力分别与 Q_x 和 Q_y 平衡。

现在讨论剪流方向的确定。

如图 6.3.1(b)所示，Q_x 和 Q_y 的方向与坐标轴一致时为正。如果在计算 S_x 和 S_y 时，沿图中 s 方向积分，利用式(6.3.4)和式(6.3.6)算得的剪流 $\bar{q}$ 是正值，其方向如图 6.3.2(a)所示。为了方便起见，通常都不画立体图，而只画出剖面的平面图。这样，剪流的方向就有以下两种表示法：

(1)合力观点。Q_y 沿 y 轴正方向，取所计算剖面线 s 的积分方向绕剖面内任一参考点顺时针为正方向，则 $\bar{q}$ 绕同一点逆时针方向为正。图 6.3.2(b)画出了正的 $\bar{q}$。它等价于图 6.3.2(a)中微元段前面剖面上的剪流。此时，$\bar{q}$ 的合力等于作用在该剖面上的剪力。

(2)平衡观点。Q_y 沿 y 轴正方向，取所计算剖面线 s 的积分方向绕剖面内任一参考点顺时针为正方向，则 $\bar{q}$ 绕同一点顺时针方向为正。图 6.3.2(c)画出了正的 $\bar{q}$。它等价于图 6.3.2(a)中微元段后面剖面上的剪流。此时，$\bar{q}$ 的合力与作用在该剖面上的剪力平衡。

本章采用第二种表示法，即所画剪流都是与剪力相平衡的。

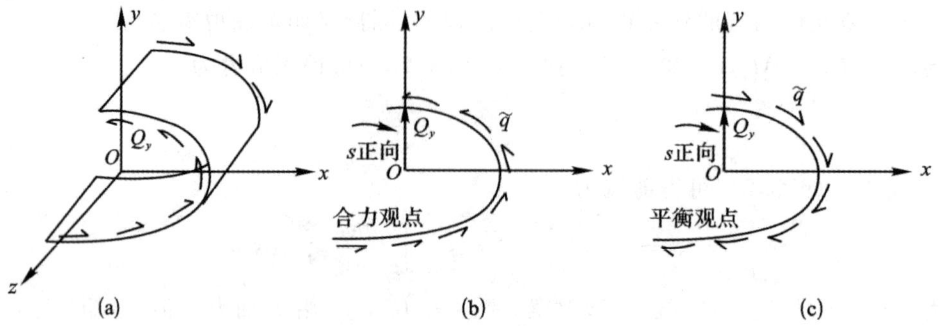

图 6.3.2　剪流方向的确定

由式(6.3.4)和式(6.3.6)，Q_x 和 Q_y 与坐标轴方向一致为正，$\tilde{q}$ 的正负与相应的静矩一致。而在计算静矩时，计算方向总是从自由边起，沿周线坐标 s 的方向积分的。因此，当式(6.3.4)或式(6.3.6)算得的 $\tilde{q}$ 为正(负)时，其方向与所取的 s 坐标方向相同(反)。计算开剖面弯曲引起的剪流时，所取的坐标轴必须与剖面的中心轴或中心主轴重合。这样，在自由边处，静矩 S_x 和 S_y，以及自由边上的剪流都为零。剪流的方向总是连续地从剖面的一个自由边流到另一自由边，我们也可用这个简单方法确定剪流方向。

6.4　开剖面系统的弯心

若剖面上存在这样一点，在这点上施加任何外力都不会使该剖面扭转，则该点叫作弯心或剪切中心(shear center)。外力作用在剖面其他点上，都会引起剖面扭转。

我们知道，当施加在梁上的载荷通过梁的对称面，或弯曲平面时，不会在梁剖面上产生扭矩，也就不会引起扭转。对于一些简单的或具有对称轴的剖面，可以用一些简单方法确定其弯心位置。例如，具有两个垂直对称面的闭室梁(见图 6.4.1(a))，弯心 S 总是在对称面交点。对于角形剖面(见图 6.4.1(b)(c)(d)，弯心 S 位于侧边交点，因为内部剪切载荷的合力都通过上述点。对于非对称剖面和开口剖面(见图 6.4.1(e))，必须计算弯心位置，以避免剖面在弯曲载荷作用下发生扭转。薄壁梁弯心位置取决于剪流分布。

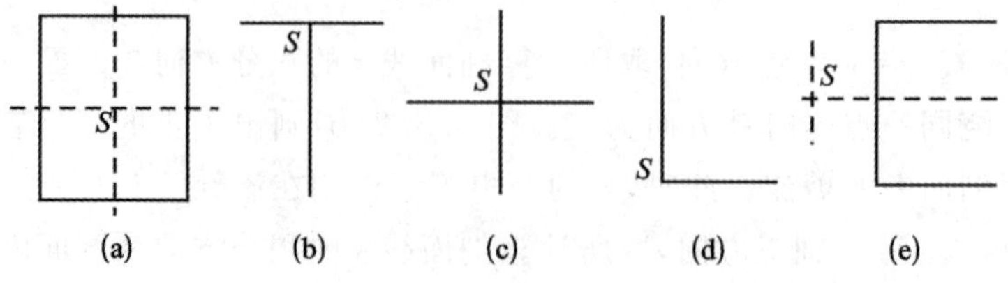

图 6.4.1　不同截面梁的弯心 S 位置

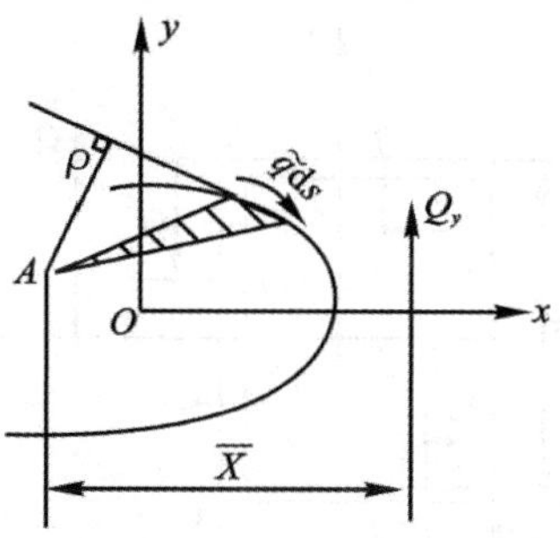

图 6.4.2　弯心位置的确定

由 6.3 节可知，开剖面的弯曲剪流与剖面上的剪力平衡。因此剪力和剪流合力作用点必定相同。这个剪流合力作用点就是开剖面的剪切中心或弯心。连接结构所有剖面弯心的直线称为弯轴。当剪力通过剖面的弯心时，结构只发生弯曲而不发生扭转，即其扭角为零。若剪力不通过弯心，就相当于过弯心的剪力和一个扭矩。但从 6.3 节可知，开剖面剪流 $\bar{q}$ 只与过弯心的剪力相平衡，因此扭矩无法平衡。这说明开剖面系统不能承受扭矩①。

由于开剖面的弯心就是剪流合力的作用点。因此，可通过力矩平衡求得其位置。取剖面内任一点 A 为力矩中心，总剪力 Q 可分解为 Q_x 和 Q_y 两个分量。先假设只有 Q_y 作用，且作用在弯心上。剪流 $\bar{q}$ 可由式(6.3.4)求得(见图 6.4.2)。根据力矩平衡条件，Q_y 对剖面上任一点的力矩等于剖面上全部剪流 $\bar{q}$ 对同一点的力矩，即

$$Q_y\overline{X}=\int_s \bar{q}\rho\,\mathrm{d}s \tag{6.4.1}$$

式中，ρ 是力矩中心 A 到 $\mathrm{d}s$ 的垂直距离。ρ 始终为正。

由于只有 Q_y 作用(即 $Q_x=0$)，由式(6.3.4)可得 $\bar{q}=Q_yS_x/J_x$ 。将其代入式(6.4.1)，可得弯心到力矩中心沿 x 方向的距离 $\overline{X}$ 为

$$\overline{X}=\frac{1}{J_x}\int_s S_x\rho\,\mathrm{d}s \tag{6.4.2}$$

同理可得力矩中心沿 y 方向的距离 $\overline{Y}$ 为

$$\overline{Y}=-\frac{1}{J_y}\int_s S_y\rho\,\mathrm{d}s \tag{6.4.3}$$

从式(6.4.2)和式(6.4.3)算出的弯心坐标是从力矩中心算起的。若得到的 $\overline{X}$ 和 $\overline{Y}$ 值为正，则说明它们分别在力矩中心的右方和上方；若为负，则反之。由弯心坐标公式可以看出，弯心的位置只与剖面的几何性质有关，而与载荷无关，它只是剖面的一个几何特征点。

例 6.1　试求图 6.4.3 所示槽形剖面薄壁梁在剪力 Q_y 作用下的剪流。设壁厚都是 t，而且都能承受正应力。并求该剖面弯心位置。

---

①　该结论对壁很薄的结构比较符合实际。但对于壁较厚的结构，剪应力沿壁厚均匀分布的假设不成立，而是沿壁厚呈线性变化，可构成分布的扭矩与外载扭矩平衡。因此，壁较厚的结构具有一定的抗扭能力。

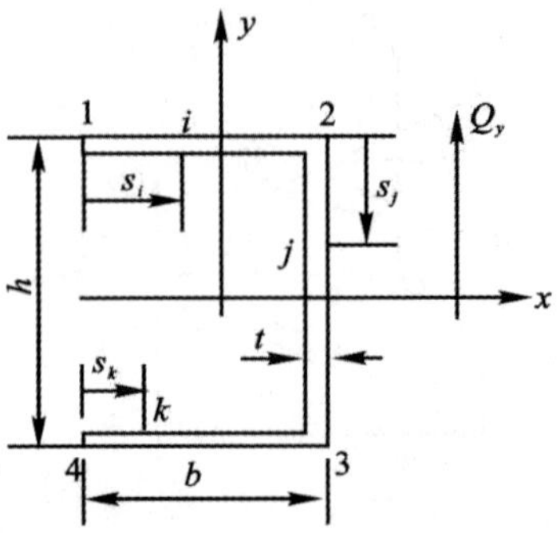

图 6.4.3 槽型剖面

解 首先确定剖面中心轴。由于剖面上下对称（$J_{xy}=0$），所以对称轴 x 就是中心主轴。而且因为只有 Q_y 作用，y 轴位置可不必求出（垂直于 x 轴且过剖面形心）。

(1)求剪流。

由式(6.3.4)，可得剪流为

$$\tilde{q}=\frac{Q_y}{J_x}S_x$$

式中，剖面对 x 轴的惯性矩 J_x 为

$$J_x=2bt\left(\frac{h}{2}\right)^2+\frac{1}{12}th^3=\frac{th^2}{2}\left(b+\frac{h}{6}\right)$$

要求剪流，还要求剖面上静矩 S_x 的分布。由自由边到上凸缘 1—2 上任意点 i 的静矩 S_{xi}^{1-2} 可以写成

$$S_{xi}^{1-2}=\int_0^{s_i}yt\,\mathrm{d}s=\frac{1}{2}htS_i$$

可见，S_x^{1-2} 为线性分布，最大值在点 2 处，即 $S_i=b$ 处，有

$$S_x^{(2)}=\frac{1}{2}htb$$

自由边到腹板 2—3 上某点 j 的静矩为

$$S_{xj}^{2-3}=\frac{htb}{2}+\int_0^{S_i}yt\,\mathrm{d}s=\frac{htb}{2}+\int_0^{S_i}\left(\frac{h}{2}-s\right)t\mathrm{d}s=\frac{htb}{2}+\frac{h}{2}tS_j-\frac{t}{2}S_j^2$$

上式表示腹板各点静矩 S_{xj}^{2-3} 按抛物线变化，最大值在腹板中点 A 处，即 $S_j=\dfrac{h}{2}$ 处，有

$$S_x^{(A)}=\frac{htb}{2}+\frac{1}{8}th^2$$

由于剖面关于 x 轴对称，因此剖面下半部静矩可由对称关系得到，全部剖面的静矩 S_x 的分布图如图 6.4.4(a)所示。

为了说明符号的规则与运用，下凸缘 4—3 的静矩 S_x^{4-3} 也可从自由边 4 算起，其上某点 k 的静矩为

$$S_{xk}^{4-3}=\int_0^{S_k} yt\,\mathrm{d}s=-\frac{h}{2}tS_k$$

可见，S_x^{4-3} 作线性变化，负号表示静矩方向与 S_k 流向相反，这与按对称关系得到的结果相同。

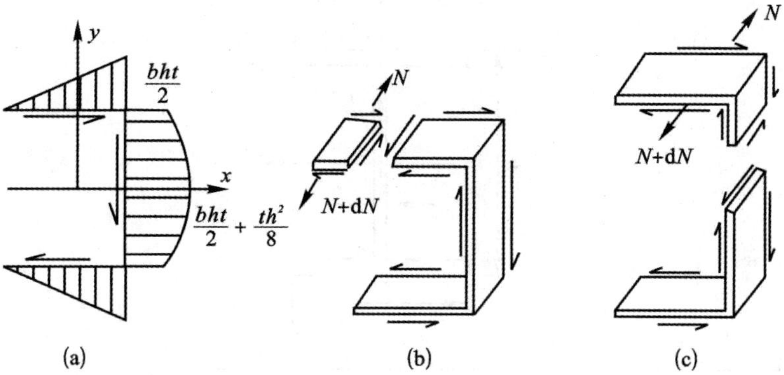

图 6.4.4　]型剖面静矩分布及剪流方向

将 S_x 分布乘以 Q_y/J_x 就得到 $\bar{q}$ 的分布，根据平衡条件，剪流的方向是顺时针的，如图 6.4.4(b)(c)所示。剪流的方向也可按算得的剪流值正负来定，若 s 坐标从上突缘自由边算起，静矩为正，算得的剪流值为正，则表示剪流方向与 s 坐标方向一致，即顺时针；若 s 坐标是从下突缘自由边算起，s 为逆时针，静矩 S_x 为负，算得的剪流是负值，则表示剪流方向与 s 坐标方向相反，故剪流方向也是顺时针的。

(2)求剖面弯心位置。由于 x 轴为对称轴，所以弯心就在 x 轴上。为求弯心的横坐标，取 3 点为力矩中心(见图 6.4.5(a))，弯心至力矩中心的水平距离用 $\overline{X}$ 表示，由式(6.4.2)，有

$$\overline{X}=\frac{1}{J_x}\int_s S_x\rho\,\mathrm{d}s$$

S_x 和 ρ 的分布如图 6.4.5(b)和(c)所示，由图乘法得到 $\int_x S_x\rho\,\mathrm{d}s=\frac{1}{2}\ \frac{bth}{2}hb=\frac{1}{4}b^2th^2$，代入上式可得

$$\overline{X}=\frac{b}{2\left(1+\dfrac{h}{6b}\right)}$$

$\overline{X}$ 为正值，表示沿 x 轴正向，即弯心在腹板右侧。

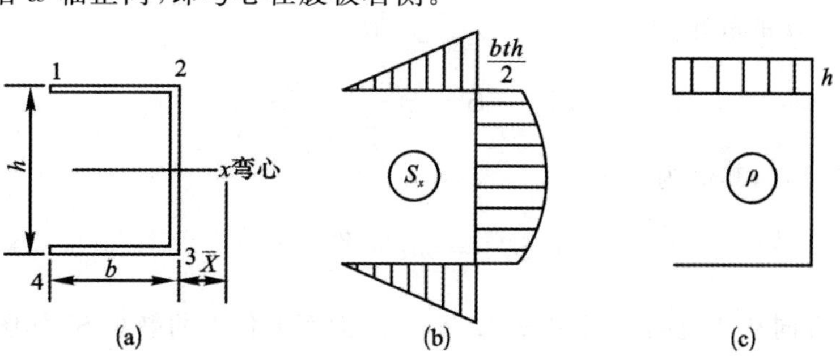

图 6.4.5　]型剖面静矩和密度分布

例 6.2　试求图 6.4.6 所示工字型剖面的薄壁梁在 Q_y 作用下的剪流。设壁板厚度为 t，且能承受正应力。

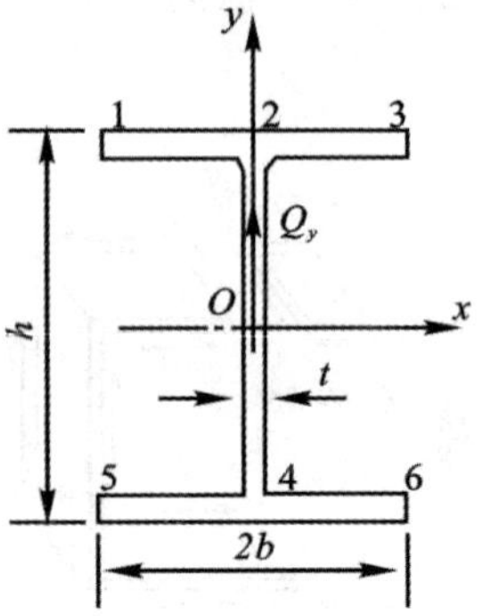

图 6.4.6　工字型剖面

解　因为剖面有两个对称轴，所以坐标轴 Ox 和 Oy 就是中心主轴。因为剪流 $\bar{q}$ 与静矩 S_x 成正比，所以只要求得 S_x，就可由式(6.3.4)求得剪流的大小与分布规律。

S_x 必须从自由边开始计算。左上凸缘 1—2 的 S_x 是从 1 点开始的，按线性变化，其最大值在 2 点左边，即

$$(S_x^{(2)})_{左} = \frac{1}{2}bht$$

S_x 为正，算得剪流 $\bar{q}$ 为正，方向从 1 流向 2。右上凸缘 3—2 的 S_x 则应从右边自由边 3 点开始。同样，可以求出 2 点右边的静矩为

$$(S_x^{(2)})_{右} = \frac{1}{2}bht$$

剪流 $\bar{q}$ 为正，方向从 3 流向 2，如图 6.4.7(c)所示。

计算腹板上 2 点的剪流时，首先计算相应的 S_x。这时，S_x 应包含上凸缘的全部面积和计算点以上的腹板面积对 x 轴的静矩。例如，腹板 2 点的静矩为

$$S_x^{(2)} = (S_x^{(2)})_{左} + (S_x^{(2)})_{右} = bht$$

腹板上任意点 i 的静矩为

$$S_{xi}^{2-4} = S_x^{(2)} + \frac{hts_i}{2} - \frac{ts_i^2}{2}$$

其最大值在 O 点，其值为

$$S_x^{(O)} = bht + \frac{th^2}{8}$$

腹板的剪流方向从 2 流向 4(见图 6.4.7(c))。剖面上各点的静矩 S_x 如图 6.4.7(c)所示。剖面上各点剪流 $\bar{q}$ 的大小，只要将 S_x 乘上因子 Q_y/J_x 就可得到。剪流 $\bar{q}$ 的方向也绘在图 6.4.7(c)中。

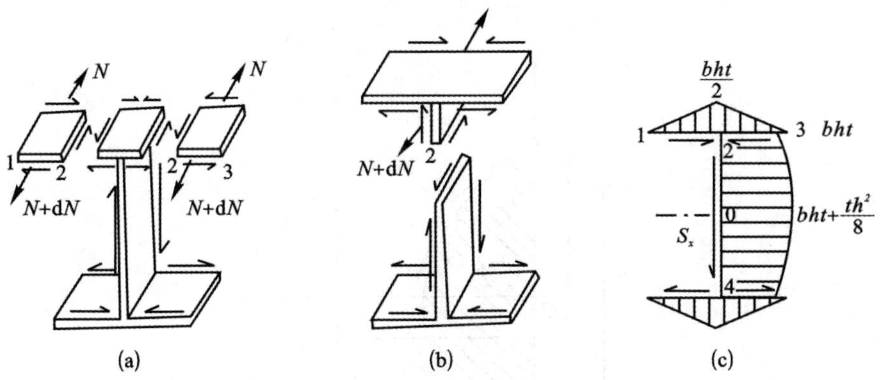

图 6.4.7　工字型剖面薄壁梁剪流分布

例 6.3　在开剖面圆筒形壳体上作用剪力 Q_y，如图 6.4.8(a)所示，壁厚为 t，可承受正应力。试求剪流沿周线的分布规律。

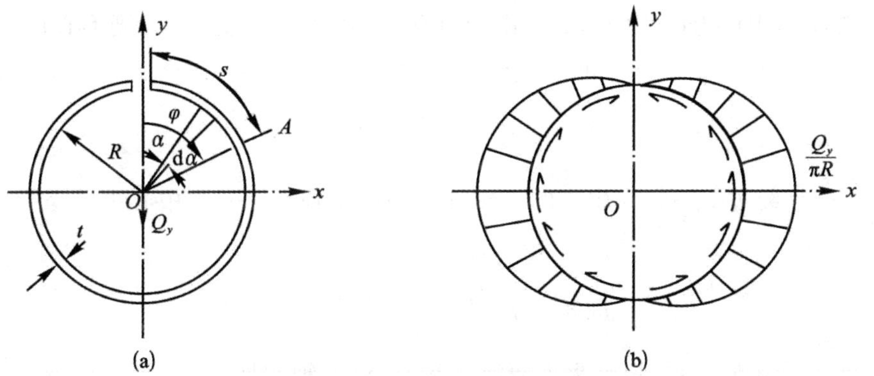

图 6.4.8　开剖面圆筒壳体

解　取圆心为剖面坐标系 xOy 原点，由于结构具有对称性，xOy 坐标系为中心主轴坐标系。由于壁厚 t 与圆的半径 R 相比很小，剖面惯性矩 J_x 近似取为

$$J_x \approx \pi R^3 t$$

从开口自由边计算静矩 S_x，周边上任一点 A 处，与中心角 φ 相应的弧段对 x 轴的静矩为

$$S_x = \int_0^s yt\,\mathrm{d}s = \int_0^\varphi R\cos\alpha t R\,\mathrm{d}\alpha = R^2 t\sin\varphi, \quad 0 \leqslant \alpha \leqslant \varphi$$

将 J_x 及 S_x 代入式(6.3.4)，可得

$$\bar{q} = -\frac{Q_y S_x}{J_x} = -\frac{Q_y}{\pi R}\sin\varphi$$

Q_y 方向与 y 轴方向相反，故为负号。求得的剪流也为负值，表示其方向与 s 坐标方向相反，剪流分布如图 6.4.8(b)所示。根据结构对称性，左、右剪流分布对称。

例 6.4　试求图 6.4.9 所示具有两缘条而壁板不承受正应力的开剖面的剪流 $\bar{q}$ 与弯心位置 $\overline{X}$。上缘条面积为 f_1，下缘条面积为 f_2。

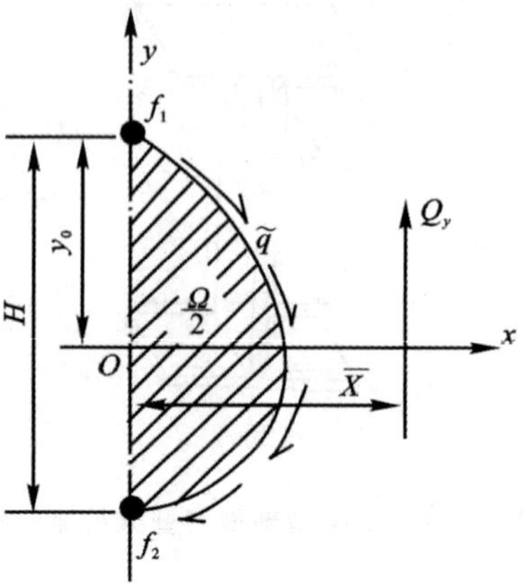

图 6.4.9　例 6.4 的薄壁梁剖面

解　首先求出正应力面积的形心。由于只有 f_1 和 f_2 承受正应力，则形心位置为

$$x_0 = 0$$

$$y_0 = \frac{f_2}{f_1 + f_2}H$$

因此，过形心 O 且经过 f_1 和 f_2 中心的 y 轴即为中心主轴，xOy 为中心主轴坐标系。剖面惯性矩为

$$J_x = f_1 y_0^2 + f_2(H - y_0)^2 = \frac{f_1 f_2}{f_1 + f_2}H^2$$

由于壁板不受正应力，所以壁板上剪流为常值，对 x 轴的静矩为

$$S_x = f_1 y_0 = \frac{f_1 f_2}{f_1 + f_2}H$$

壁板剪流为

$$\tilde{q} = \frac{Q_y S_x}{J_x} = \frac{Q_y}{H}$$

为求剖面弯心位置 $\overline{X}$，对 O 点取力矩平衡，有

$$Q_y\overline{X} = \int \tilde{q}\rho\, \mathrm{d}s = \frac{Q_y}{H}\Omega$$

$$\overline{X} = \frac{\Omega}{H}$$

式中，$\Omega = \int \rho \mathrm{d}s$ 为周线与连接缘条的直线所围面积的 2 倍。这种剖面结构只能承受平行弦线的剪力，且剪力作用在周线外侧的弯心上。

例 6.5　图 6.4.10 所示的薄壁梁剖面，它的壁板不能承受正应力。4 个缘条的面积如图所示，求剖面的弯心位置。

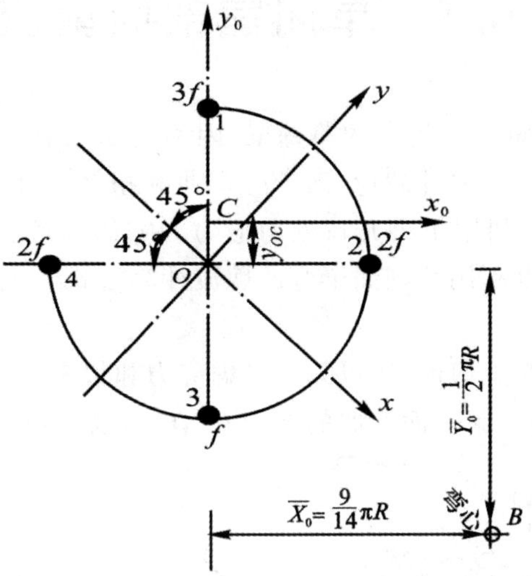

图 6.4.10　例 6.5 的薄壁梁剖面

解　x 轴和 y 轴不是中心主轴，y_0 轴是正应力面积的对称轴，所以是一个中心主轴，剖面所有缘条面积的形心在 C 点，C 点到圆心的距离为

$$y_{OC}=\frac{3fR-fR}{8f}=\frac{R}{4}$$

因此，很容易就可确定另一中心主轴 x_0 轴（见图 6.4.10）。

剖面对中心主轴的惯性矩为

$$J_{x_0}=\sum f_i y_{i0}^2=3f\left(\frac{3}{4}R\right)^2+2\times 2f\left(\frac{R}{4}\right)^2+f\left(\frac{5}{4}R\right)^2=\frac{7}{2}fR^2$$

$$J_{y_0}=\sum f_i x_{i0}^2=2\times 2fR^2=4fR^2$$

各壁板的静矩为

$$S_{x_0}^{1-2}=3f\,\frac{3}{4}R=\frac{9}{4}fR,\quad S_{y_0}^{1-2}=0$$

$$S_{x_0}^{2-3}=\frac{9}{4}fR-2f\,\frac{R}{4}=\frac{7}{4}fR,\quad S_{y_0}^{2-3}=2fR$$

$$S_{x_0}^{3-4}=\frac{7}{4}fR-f\,\frac{5}{4}R=\frac{1}{2}fR,\quad S_{y_0}^{3-4}=2fR$$

由式(6.4.2)、式(6.4.3)可求得弯心位置，选 O 点为力矩中心，可得

$$\overline{X}_0=\frac{1}{J_{x_0}}\int S_{x_0}\rho\,\mathrm{d}s=\frac{2}{7fR^2}\left[\frac{9}{4}fR+\frac{7}{4}fR+\frac{1}{2}fR\right]\frac{\pi R^2}{2}=\frac{9\pi R}{14}$$

$$\overline{Y}_0=-\frac{1}{J_{y_0}}\int S_{y_0}\rho\,\mathrm{d}s=-\frac{1}{4fR^2}[2fR+2fR]\frac{\pi R^2}{2}=-\frac{\pi R}{2}$$

弯心位置如图 6.4.10 所示。

6.5 单闭室剖面剪流

图 6.5.1(a)所示为剖面周线闭合的薄壁梁,因为剖面只有一个闭室,又称为单闭室薄壁梁。这种结构能承受任意形式的外载荷,而产生弯曲和扭转。在 6.3 节关于开剖面系统弯曲剪流计算方法推导过程中,利用了梁开口处剪应力为零的条件。但是,闭室薄壁梁不存在开口,无法利用此条件,但可以利用开剖面梁弯曲剪流计算公式与微元平衡条件得到闭室薄壁梁弯曲剪流计算方法。

因为弯矩和轴力不会产生剪流,所以只须考虑剪力和扭矩。以图 6.5.1(a)所示单闭室薄壁梁为对象,其剖面上只有引起平面弯曲的剪力 Q_x,Q_y ,以及扭矩 M_z ,要计算剪流分布。

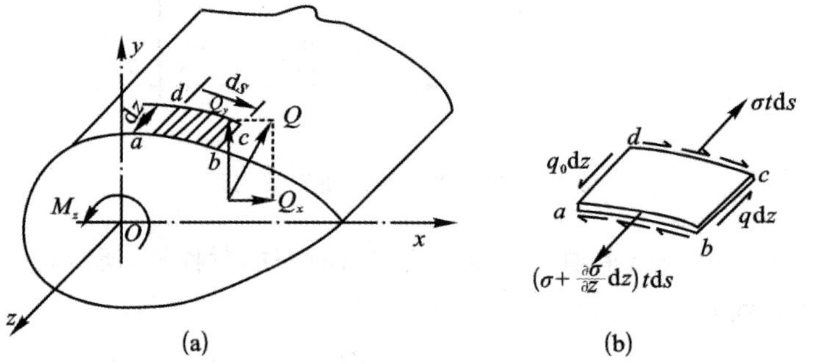

图 6.5.1 单闭室薄壁梁

为计算剪流,如图 6.5.1(b)所示,从梁上任取一微元体 $abcd$,微元体在 z 轴处于平衡,有

$$\int_0^s\left(\sigma+\frac{\partial\sigma}{\partial z}\mathrm{d}z\right)t\,\mathrm{d}s-\int_0^s\sigma t\,\mathrm{d}s+q_0\,\mathrm{d}z-q\,\mathrm{d}z=0 \tag{6.5.1}$$

上式化简后,可得

$$q=\int_0^s\frac{\partial\sigma}{\partial z}t\,\mathrm{d}s+q_0 \tag{6.5.2}$$

这说明,微元体垂直 z 轴的两个端面上正应力合力之差,将由壁板内引起的相应剪流来平衡。式中,q_0 为选定的积分起点处(即 $s=0$ 处)的剪流值。观察式(6.5.2)发现,等号右边第一项相当于在 $s=0$ 处沿母线切一条缝得到的开剖面系统的剪流 $\bar{q}$ 。于是,单闭室剖面的剪流为

$$q=\bar{q}+q_0 \tag{6.5.3}$$

这样,就可以把单闭室剖面的受力情况,看成是以下两种情况的叠加(见图 6.5.2):

(1)开剖面剪流 $\bar{q}$ 。相当于剪力 Q 作用在假想的开剖面弯心上,在剖面上引起剪流 $\bar{q}$,如图 6.5.2(a)所示。

(2)扭矩引起的剪流 q_0。相当于剪力 Q 从假想开剖面的弯心移到实际作用点时所构成的扭矩,与原来的扭矩 M_z 共同作用下引起的剪流 q_0。q_0 在单闭室的周线上为常值,如图 6.5.2(b)所示。

1. $\bar{q}$ 的计算

$\bar{q}$ 可由开剖面剪流计算公式求得,若 xOy 坐标轴是剖面的中心主轴,则采用式(6.3.4),有

$$\tilde{q}=\frac{Q_y}{J_x}S_x+\frac{Q_x}{J_y}S_y$$

若 x 轴和 y 轴是剖面形心坐标轴，则采用式(6.3.6)，有

$$\tilde{q}=\frac{\overline{Q}_y}{J_x}S_x+\frac{\overline{Q}_x}{J_y}S_y$$

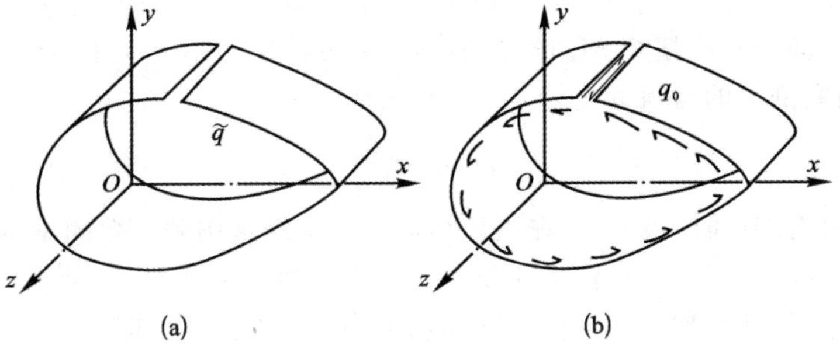

图 6.5.2　单闭室剖面剪流

2. q_0 的计算

常剪流 q_0 的值与计算 $\tilde{q}$ 的起点(即切口)有关。对于闭剖面来说，这个起始点可任选。然后利用力矩平衡条件可求出 q_0。任选一点 A 作为矩心，由力矩平衡条件 $\sum M_z=0$，有

$$M_0=\int_s q\rho\,\mathrm{d}s \tag{6.5.4}$$

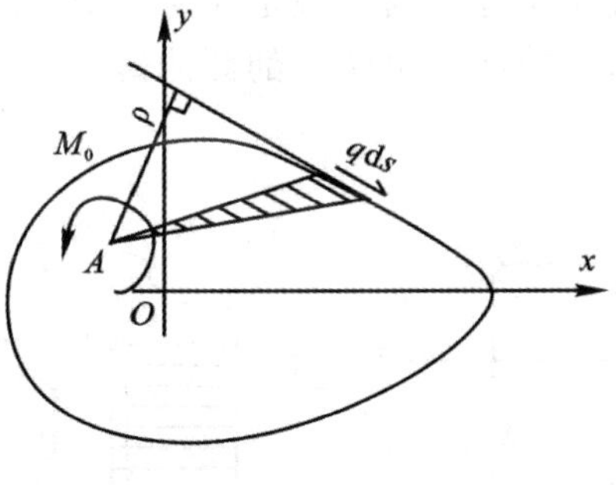

图 6.5.3　剪流对某点力矩计算

式(6.5.4)中，M_0 为全部外载荷(包括剪力 Q 和扭矩 M_z)对点 A 的合力矩，以符合右手定则为正，等式右边为剖面上剪流 $(\tilde{q}+q_0)$ 沿整个剖面周线积分得到的对点 A 的力矩(顺时针为正，见图 6.5.3)，ρ 表示剖面周线上的剪流到力矩中心点 A 的垂直距离。把式(6.5.3)代入式(6.5.4)，得

$$M_0=\int_s(\tilde{q}+q_0)\rho\mathrm{d}s=\int_s\tilde{q}\rho\,\mathrm{d}s+\int_s q_0\rho\mathrm{d}s \tag{6.5.5}$$

式中，等号右边第二项常剪流 q_0 只在剖面中闭合周线内存在，而在非闭合部分剖面上不存在，因此可以提到积分号外面，其积分范围只包括周线中闭合部分，用 $\oint$ 表示。令

$$\oint\rho\mathrm{d}s=\Omega \tag{6.5.6}$$

而 Ω 等于闭剖面面积的 2 倍，称为扇形面积。于是式(6.5.5)又可写成

$$M_0 = \int_s \bar{q}\rho \mathrm{d}s + q_0 \Omega$$

从而求得 q_0，有

$$q_0 = \frac{1}{\Omega}\left[M_0 - \int_s \bar{q}\rho \mathrm{d}s\right] \tag{6.5.7}$$

若算出的剪流 q_0 为正，表示 q_0 的方向绕力矩中心为顺时针方向；若 q_0 为负，则方向相反。

若在单闭室剖面上只有扭矩 M_z 作用，而没有剪力作用，则 $\bar{q}=0$，且 $M_0=M_z$，于是得到纯扭矩作用下，单闭室剖面的剪流为

$$q = q_0 = \frac{M_z}{\Omega} \tag{6.5.8}$$

该公式称为白雷特(Bredt)公式，在飞机结构设计中经常用到。单闭室剖面结构扭转时产生的剪流沿剖面周线为常值，且剪流大小仅与闭室周线所围面积有关，与剖面周线形状及各边厚度无关。因此，为保证结构在相同外载荷作用下内力最小，应尽可能扩大剖面面积。所以在剖面周长一定时，圆形剖面是所有闭合曲线外形中最有利的；在矩形剖面中，以方形剖面最有利。

由式(6.5.8)还发现，在纯扭矩作用下，单闭室剖面剪应力大小为 $\tau = q_0/t$，由于单闭室周边各点上剪流相等，所以对于周边厚度不均匀的结构，各点的剪应力大小不等。边缘厚度较薄的部分的强度必然最弱。

最后，将式(6.5.7)和式(6.3.4)或式(6.3.6)代入式(6.5.3)，就得到单闭室剖面剪流。由以上分析可知，单闭室剖面的薄壁梁可承受任意形式的外载荷。而且在求剪流时只用了静力平衡条件，因此单闭室剖面薄壁梁对于剪流来说是几何不变的静定系统。

例 6.6 图 6.5.4(a)所示为四缘条单闭室剖面的薄壁梁，假设壁板不承受正应力，求在 Q_y 作用下剖面的剪流 q 。

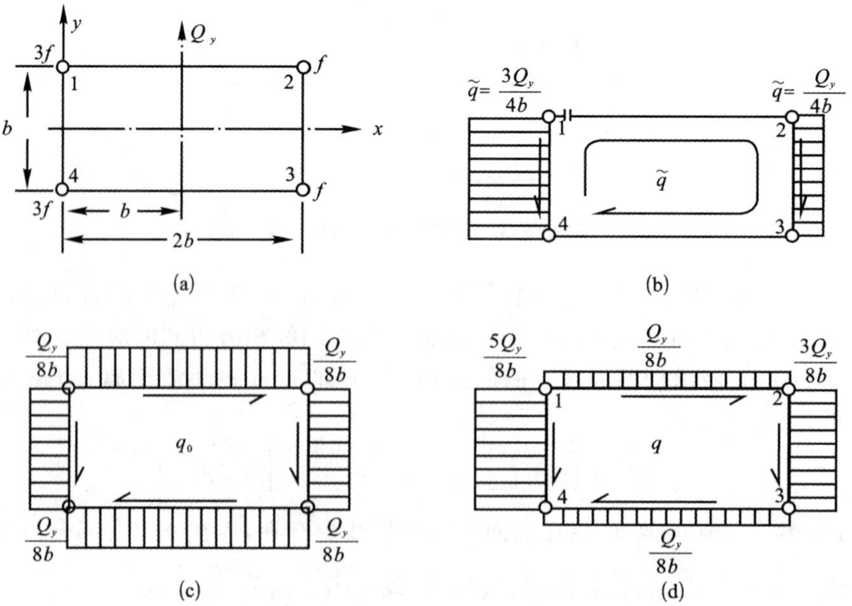

图 6.5.4 四缘条单闭室剖面的薄壁梁及其剪流

解 因为剖面上下对称，所以 x 轴是剖面的中心主轴。剖面对 x 轴的惯性矩为

$$J_x = \sum f_i y_i^2 = 2(3f + f)\left(\frac{b}{2}\right)^2 = 2fb^2$$

在缘条 1 右侧开口，先求开口剖面剪流，有

$$\bar{q}_{1-2} = 0,\quad \bar{q}_{2-3} = \frac{Q_y}{2fb^2}\frac{fb}{2} = \frac{Q_y}{4b},\quad \bar{q}_{3-4} = 0,\quad \bar{q}_{4-1} = -\frac{3Q_y}{4b}$$

$\bar{q}$ 的大小及方向如图 6.5.4(b)所示。

利用力矩平衡求 q_0。对 4 点取力矩平衡，得

$$q_0 = \frac{1}{\Omega}\left[M - \int \bar{q}\rho\,\mathrm{d}s\right] = \frac{1}{4b^2}\left[Q_y b - \frac{Q_y}{4b}b \times 2b\right] = \frac{Q_y}{8b}\text{（顺时针）}$$

最后，将 $\bar{q}$ 与 q_0 叠加，得到剖面剪流 q，如图 6.5.4(c)所示。

6.6　单闭室剖面刚心

6.6.1　单闭室剖面扭角

对于单闭室剖面结构，为求距固定端 $z=l_1$ 处剖面上某点 i 在外载作用下的弹性位移 Δ_{ip}，可采用单位载荷法。方法是在 i 点作用一个单位力。令 σ_1 和 τ_1 分别为单位力引起的结构内的正应力和剪应力，称为单位状态"1"的内力。令 σ_P 和 τ_P 为外载荷引起的结构内的正应力和剪应力，称为载荷状态"P"的内力。将 P 状态所产生的变形和位移作为真实变形状态，将 1 状态下的外力和内力作为虚力状态，由虚功原理可得

$$\Delta_{ip} = \int_s\int_0^{l_1} \frac{\sigma_1\sigma_P}{E} t\,\mathrm{d}z\mathrm{d}s + \int_s\int_0^{l_1} \frac{\tau_1\tau_P}{G} t\,\mathrm{d}z\mathrm{d}s$$

将剪应力 τ 用剪流 q/t 表示，则上式可写为

$$\Delta_{ip} = \int_s\int_0^{l_1} \frac{\sigma_1\sigma_P}{E} t\,\mathrm{d}z\mathrm{d}s + \int_s\int_0^{l_1} \frac{q_1 q_P}{tG}\mathrm{d}z\mathrm{d}s \tag{6.6.1}$$

式中，t 为壁板厚度；$\int_s$ 表示沿结构剖面周线积分；$\int_0^{l_1}$ 表示沿结构长度积分；E 和 G 分别是材料的线弹性模量和剪切弹性模量。

根据式(6.6.1)，要求结构自由端的扭角 φ，只须在端部剖面上加单位扭矩。由于只有扭矩作用，因此 $\sigma_1 = 0$。此外，根据式(6.5.8)，$q_1 = 1/\Omega$，式中 Ω 为剖面闭室周线所围面积的 2 倍。将这些关系代入式(6.6.1)，可得扭角 φ 为

$$\varphi = \frac{1}{\Omega}\int_0^{l_1}\oint \frac{q_P}{Gt}\mathrm{d}s\mathrm{d}z \tag{6.6.2}$$

式中，由于 q_1 只在闭室周线部分存在，所以 $\oint$ 只沿闭室周线积分。

由式(6.6.2)还可算出单位长度上的扭角（也称相对扭角）为

$$\theta = \frac{\mathrm{d}\varphi}{\mathrm{d}z} = \frac{1}{\Omega}\oint \frac{q_P}{Gt}\mathrm{d}s \tag{6.6.3}$$

若式(6.6.2)或式(6.6.3)得到的 φ 或 θ 为正，则表示扭角方向与所施单位扭矩同向，否则相反。

式(6.6.3)可用来计算单闭室剖面的扭转刚度。扭转刚度是指产生单位相对扭角所需施加的外扭矩,用 C 表示。要求扭转刚度,可根据定义,在悬臂梁自由端施加一集中扭矩 M_z,将其产生的剪流 $q_P = M_z/\Omega$ 代入式(6.6.3),得到 M_z 产生的相对扭角为

$$\theta = \frac{M_z}{\Omega^2}\oint \frac{\mathrm{d}s}{Gt}$$

根据定义,单闭室剖面的扭转刚度为

$$C = \frac{M_z}{\theta} = \frac{\Omega^2}{\oint \frac{\mathrm{d}s}{Gt}} \tag{6.6.4}$$

可见,当剖面周线长度一定时,增加壁板厚度 t 和使周线所围面积最大,可以提高单闭室结构的抗扭刚度。

6.6.2 单闭室剖面弯心

与6.4节介绍的开剖面系统类似,闭室剖面也存在这样一点,当剖面上的剪力作用线通过该点时,剖面只发生移动而没有转动,即剖面的相对扭角等于零,这点就叫作弯心。

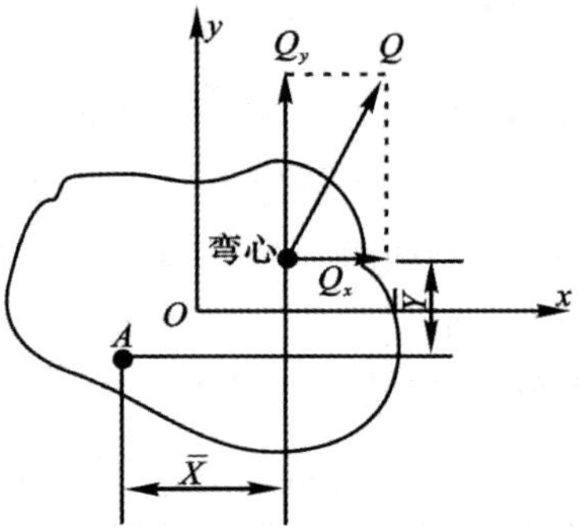

图6.6.1 求闭室剖面弯心

利用上述变形条件,可确定闭室剖面的弯心位置。假设剪力 Q_x 和 Q_y 作用于弯心,如图6.6.1所示,图中 x 轴和 y 轴是剖面的中心主轴。设弯心到任意选定的力矩中心 A 的距离为 $\overline{X}$ 和 $\overline{Y}$。相对扭角为

$$\theta = \frac{1}{\Omega}\oint \frac{q}{Gt}\mathrm{d}s \tag{6.6.5}$$

式中,q 为 Q_y 和 Q_x 作用引起的剪流。这里可以利用力作用的互不相关原理,分别求出 Q_y 和 Q_x 作用时的弯心位置 $\overline{X}$ 和 $\overline{Y}$。

首先计算 Q_y 作用时的弯心位置。Q_y 作用在弯心上,A 点为力矩中心,根据式(6.5.3)、式(6.3.4)和式(6.5.7)可得剪流为

$$q = \frac{Q_y}{J_x}S_x + \frac{Q_y\overline{X}}{\Omega} - \frac{Q_y}{\Omega J_x}\int_s S_x\rho\,\mathrm{d}s$$

代入式(6.6.5),得到相对扭角为

$$\theta = \frac{Q_y}{\Omega}\left[\frac{1}{J_x}\oint \frac{S_x}{Gt}\mathrm{d}s + \frac{\overline{X}}{\Omega}\oint \frac{\mathrm{d}s}{Gt} - \frac{\int_s S_x\rho\,\mathrm{d}s}{\Omega J_x}\oint \frac{\mathrm{d}s}{Gt}\right] \tag{6.6.6}$$

当 $\theta=0$ 时，从式中解得 $\overline{X}$，即

$$\overline{X}=\frac{1}{J_x}\left[\int_s S_x\rho\,\mathrm{d}s-\Omega\frac{\oint\frac{S_x}{Gt}\mathrm{d}s}{\oint\frac{\mathrm{d}s}{Gt}}\right]\tag{6.6.7}$$

同理，假设 Q_x 作用点过弯心，得到弯心位置 $\overline{Y}$，即

$$\overline{Y}=\frac{1}{J_y}\left[\int_s S_y\rho\,\mathrm{d}s-\Omega\frac{\oint\frac{S_y}{Gt}\mathrm{d}s}{\oint\frac{\mathrm{d}s}{Gt}}\right]\tag{6.6.8}$$

式中，$\int_s$ 表示沿剖面全部周线积分；$\oint$ 表示沿剖面中闭合周线部分积分。

式(6.6.7)和式(6.6.8)为单闭室剖面弯心计算公式。可见，弯心位置与载荷无关，只取决于剖面的几何性质。

在实际计算工作中，如果结构在给定外载荷作用下的内力已算出，要确定剖面的弯心位置，可采用下述方法。

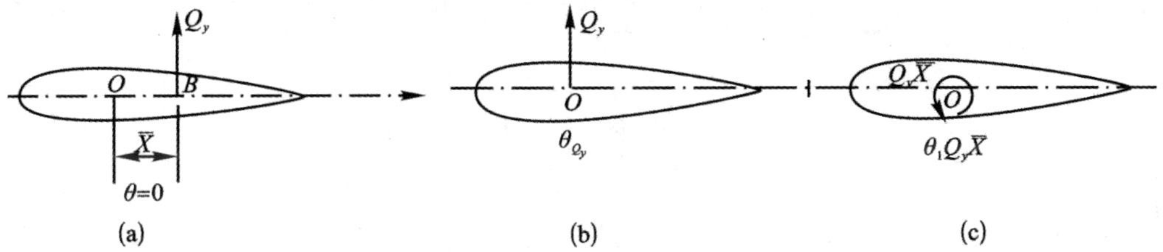

图 6.6.2　外载荷及其产生的剪流已知，求弯心位置

如图 6.6.2 所示，设剪力 Q_y 通过 O 点作用时，剖面中的剪流 q 已知，由于 Q_y 不通过弯心，就会使剖面产生相对扭角 θ_{Q_y}（逆时针为正），由式(6.6.5)可知

$$\theta_{Q_y}=\frac{1}{\Omega}\oint\frac{q\,\mathrm{d}s}{Gt}$$

若 Q_y 通过弯心 B，则剖面将不产生扭转，即 $\theta=0$。为求弯心 B 到 O 点的距离 $\overline{X}$，可把通过弯心 B 的剪力 Q_y 用通过 O 点的剪力 Q_y 和力矩 $M_z=Q_y\overline{X}$ 来代替（见图 6.6.2)，在该力和力矩共同作用下，剖面的相对扭角为 0，即

$$\theta_{Q_y}+\theta_1 M_z=0\tag{6.6.9}$$

式中，θ_1 为单位扭矩所产生的相对扭角（逆时针方向为正），有

$$\theta_1=\frac{1}{\Omega^2}\oint\frac{\mathrm{d}s}{Gt}$$

代入式(6.6.9)可得

$$\overline{X}=-\frac{\theta_{Q_y}}{\theta_1}\frac{1}{Q_y}\tag{6.6.10}$$

同理可得

$$\overline{Y}=\frac{\theta_{Q_x}}{\theta_1}\frac{1}{Q_x}\tag{6.6.11}$$

$\overline{X}$ 和 $\overline{Y}$ 为正时，表示弯心在 O 点的右边和上边。

该方法尤其适合计算多闭室剖面的弯心。

6.6.3 单闭室剖面扭心

所谓扭心，就是在扭矩作用下，剖面上线位移为零的点，或剖面的转动中心。

如图 6.6.1 所示单闭室剖面，假设受到扭矩 M_z 作用，且扭心位于 $\overline{X}$ 处，当在 $\overline{X}$ 处作用单位力 $Q_y=1$ 时，其线位移为零，即

$$\int_s\int_0^{l_1}\frac{q_1q_p}{Gt}\mathrm{d}z\mathrm{d}s=0 \tag{6.6.12}$$

式中，外载荷引起的剪流为 $q_p=M_z/\Omega$ 。另外，根据式(6.5.3)、式(6.3.14)和式(6.5.7)可得单位力引起的剪流为

$$q=\frac{1}{J_x}S_x+\frac{\overline{X}}{\Omega}-\frac{1}{\Omega J_x}\int_s S_x\rho\,\mathrm{d}s \tag{6.6.13}$$

代入式(6.6.12)可得

$$\int_0^l\frac{M_z}{G\Omega}\mathrm{d}z\left[\frac{1}{J_x}\oint\frac{S_x}{t}\mathrm{d}s+\frac{\overline{X}}{\Omega}\oint\frac{\mathrm{d}s}{t}-\frac{1}{\Omega J_x}\int_s S_x\rho\,\mathrm{d}s\oint\frac{\mathrm{d}s}{t}\right]=0 \tag{6.6.14}$$

即

$$\frac{1}{J_x}\oint\frac{S_x}{t}\mathrm{d}s+\frac{\overline{X}}{\Omega}\oint\frac{\mathrm{d}s}{t}-\frac{1}{\Omega J_x}\int_s S_x\rho\,\mathrm{d}s\oint\frac{\mathrm{d}s}{t}=0 \tag{6.6.15}$$

解之得

$$\overline{X}=\frac{1}{J_x}\left[\int_s S_x\rho\,\mathrm{d}s-\Omega\frac{\oint\frac{S_x}{Gt}\mathrm{d}s}{\oint\frac{\mathrm{d}s}{Gt}}\right] \tag{6.6.16}$$

同理，假设单位力 $Q_x=1$ 作用点过扭心，可求得扭心位置 $\overline{Y}$，即

$$\overline{Y}=\frac{1}{J_y}\left[\int_s S_y\rho\,\mathrm{d}s-\Omega\frac{\oint\frac{S_y}{Gt}\mathrm{d}s}{\oint\frac{\mathrm{d}s}{Gt}}\right] \tag{6.6.17}$$

上述结果与弯心相同。可见，单闭室剖面的弯心与扭心重合。所以闭剖面的弯心就是扭心，也称为剖面刚心。这一结论可推广到多闭室剖面和其他结构形式。

例 6.7 试求例 6.6 所示单闭室剖面系统的相对扭角 θ 和剖面的弯心位置。

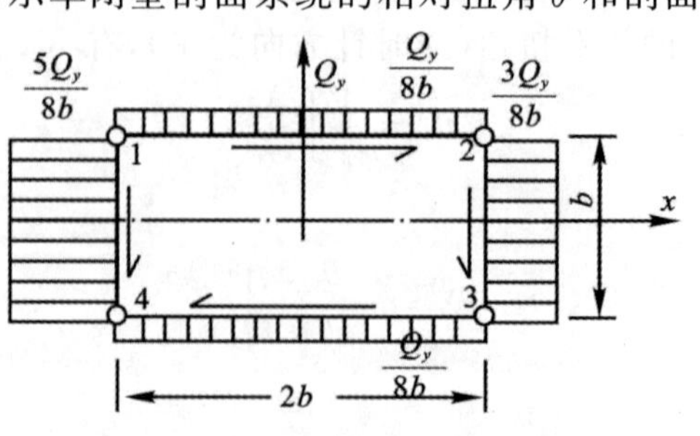

图 6.6.3 单闭室剖面剪流分布

解 已求得的剪流如图 6.6.3 所示。

求相对扭角，有

$$\theta = \frac{1}{\Omega}\oint \frac{q\mathrm{d}s}{Gt}$$

假设材料剪切弹性模量 G 和壁板厚 t 为常值，则

$$\theta = \frac{1}{Gt \times 2 \times 2b \times b}\left(\frac{Q_y}{8b} \times 2b \times 2 + \frac{3Q_y}{8b}b - \frac{5Q_y}{8b}b\right)$$

化简后可得

$$\theta = \frac{Q_y}{16b^2 Gt}$$

θ 为正，表明扭角为逆时针方向。

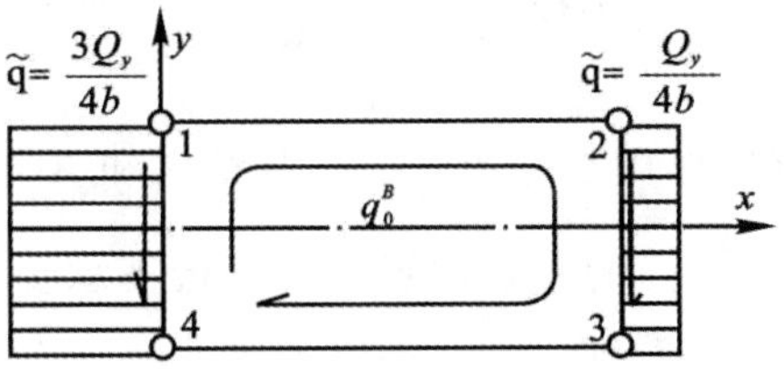

(a)

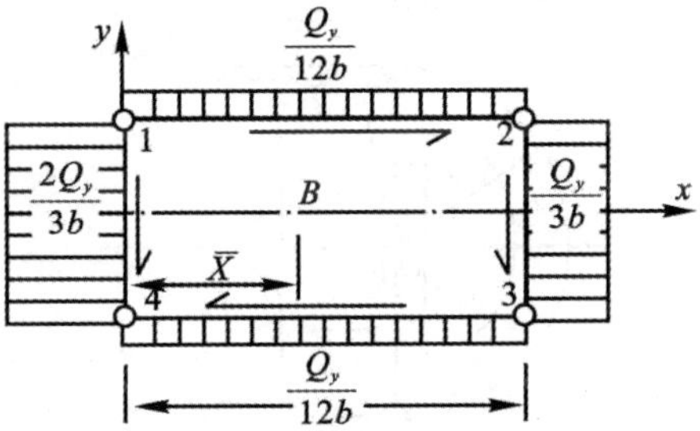

(b)

图 6.6.4　单闭室剖面的 q 与 q_0^B

求弯心：

由剖面对称性可知，x 轴是中心主轴，又是对称轴，因此弯心在 x 轴上。假设剪力 Q_y 通过弯心 B，设 B 点到 y 轴距离为 $\overline{X}$。

(1)求剪力通过弯心时的剪流 $q=\tilde{q}+q_0^B$，由例 6.6 求得 $\tilde{q}$（见图 6.6.4(a)）。

利用相对扭角为零的条件求得

$$q_0^B = \frac{\oint \frac{\tilde{q}}{Gt}\mathrm{d}s}{\oint \frac{\mathrm{d}s}{Gt}} = -\frac{-\frac{3Q_y}{4b}b + \frac{Q_y}{4b}b}{2(b+2b)} = \frac{Q_y}{12b}$$

所以 $q=\tilde{q}+q_0^B$，如图 6.6.4(b)所示。

(2)求弯心。对 4 点取力矩平衡，有

$$Q_y\overline{X} = \frac{Q_y}{12b} \times 2b \times b + \frac{Q_y}{3b} \times b \times 2b$$

故得

$$\overline{X} = \frac{5}{6}b$$

$\overline{X}$ 为正，所以弯心在 y 轴右边。

也可用式(6.6.10)求弯心位置。Q_y 作用下的相对扭角已求得，即

$$\theta_{Q_y} = \frac{Q_y}{16b^2 Gt}$$

单位扭矩产生的相对扭角为

$$\theta_1 = \frac{1}{\Omega^2}\oint\frac{ds}{Gt} = \frac{(2b+b)\times 2}{Gt(2\times 2b\times b)^2} = \frac{3}{8Gtb^3}$$

故得

$$\overline{X} = -\frac{\theta_{Q_y}}{\theta_1 Q_y} = \frac{-\dfrac{Q_y}{16Gtb^2}}{\dfrac{3}{8Gtb^3}Q_y} = -\frac{b}{6}$$

$\overline{X}$ 为负，表示弯心在剪力 Q_y 作用点左边 $\dfrac{b}{6}$ 处，其结果和 $\overline{X} = \dfrac{5b}{6}$ 相同。

例 6.8 试求图 6.6.5 所示剖面的弯心位置。设壁板不承受正应力，壁厚均为 t，缘条面积均为 f。

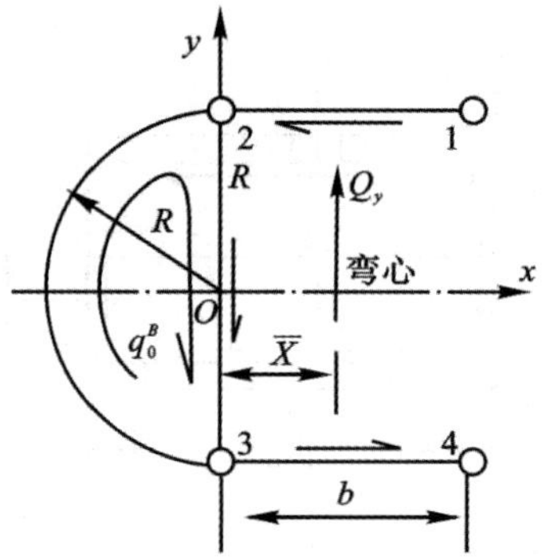

图 6.6.5

解 由结构对称性可知，弯心在 x 轴上，设弯心到 y 轴距离为 $\overline{X}$，在弯心上作用剪力 Q_y。

首先，求剪流 $\bar{q}$。在缘条 2 左边开口，有

$$\bar{q}_{1-2} = \frac{Q_y fR}{4fR^2} = \frac{Q_y}{4R} = \bar{q}_{3-4} = \frac{Q_y S_x}{J_x}$$

$$\bar{q}_{2-3} = \frac{Q_y}{2R}$$

$$\bar{q}_{曲板} = 0$$

其次，求 q_0^B。因为剪力过弯心，则有

$$\theta = \frac{1}{\Omega}\oint\frac{(\bar{q}+q_0^B)ds}{Gt} = 0$$

注意，上式中 $\oint$ 仅沿闭室周线积分，有

$$\bar{q}_{2-3}\frac{2R}{Gt} + q_0^B\frac{\pi R + 2R}{Gt} = 0$$

故得

$$q_0^B = -\frac{Q_y}{\pi R + 2R}$$

最后，由力矩平衡求弯心位置。以 3 点为力矩中心，有

$$Q_y\overline{X} + \bar{q}_{1-2}b2R - q_0^B\pi R^2 = 0$$

故弯心位置为

$$\overline{X} = -\left(\frac{b}{2} + \frac{\pi R}{\pi + 2}\right)$$

6.7　多闭室剖面剪流

从上述讨论可知，开剖面系统不能受扭，若将开剖面闭合形成单闭室剖面，就可以承受扭矩。可见单闭室剖面是静定的。在单闭室剖面剪流计算中，我们只用了平衡条件，而未引入变形协调关系。

图 6.7.1 所示为双闭室剖面。假如在剖面任一点 a 沿结构纵向切开一道裂缝，就形成单闭室剖面，其剪流可由平衡条件确定。但实际上 a 处并没有切口，该处剪流也不等于零。为确定 a 处的剪流，必须补充一个变形协调条件。因此，求双闭室剖面中的剪流是一次静不定问题。可见，每增加一个闭室，相当于增加一个约束。依此类推，n 个闭室的多闭室剖面为 $n-1$ 次静不定。仅用平衡方程还不够，必须补充 $n-1$ 个变形协调条件。

现在以受剪力 Q 作用的三闭室剖面(见图 6.7.2)为例，来说明多闭室剖面剪流的求解过程。

求三闭室剖面剪流是一个两次静不定问题。按前面方法，可将任意两个闭室假想切开，然后用平衡条件确定形成的单闭室剖面剪流，再用变形协调条件确定切口处的剪流。但在计算单闭室剖面的剪流时，仍要将其切开，求开剖面系统的剪流和切口处的剪流，只不过这两个剪流用平衡条件就可确定。因此，为计算方便，在计算多闭室剖面中的剪流时，把每个闭室都沿纵向切开，形成开剖面系统。该开剖面的剪流 $\bar{q}$ 可用式(6.3.4)或式(6.3.6)求出，即

$$\bar{q} = \frac{Q_x}{J_y}S_y + \frac{Q_y}{J_x}S_x$$

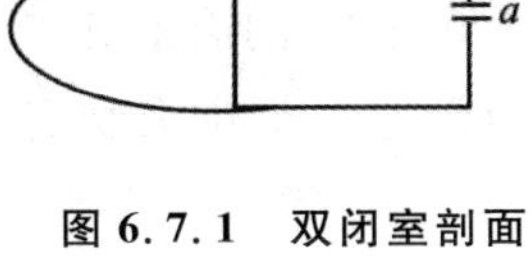

图 6.7.1　双闭室剖面

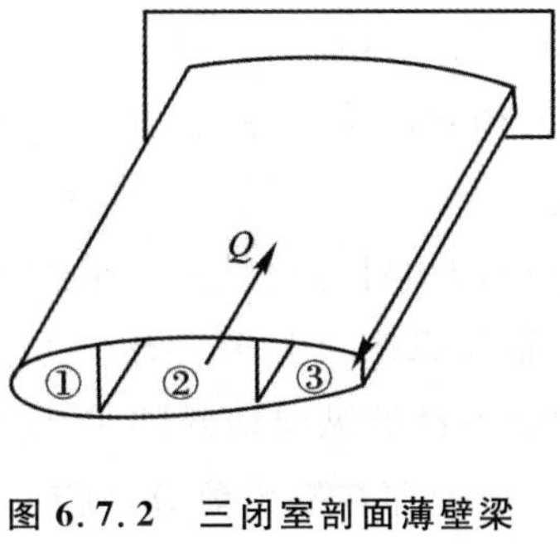

图 6.7.2　三闭室剖面薄壁梁

$\bar{q}$ 只与剪力 Q 平衡，尚未满足力矩平衡条件。为保证切口处变形连续，假设在各切口处

分别施加未知剪流 q_{01}，q_{02}，q_{03}。根据剪应力成对定理，剖面上各闭室周线上也将产生相应的剪流，如图 6.7.3 所示。在①闭室的壁上剪流为 q_{01}，在①—②室相邻的直壁上的剪流应等于两边剪流之差，即 $q_{02}-q_{01}$。

多闭室剖面中的剪流 q 应等于 $\bar{q}$，q_{01}，q_{02}，q_{03}的叠加。用平衡观点的平面图表示的剪流如图 6.7.4 所示，剪流公式可表示为

$$q=\bar{q}+q_{01}+q_{02}+q_{03} \tag{6.7.1}$$

在使用上式时应看剪流图对应叠加。

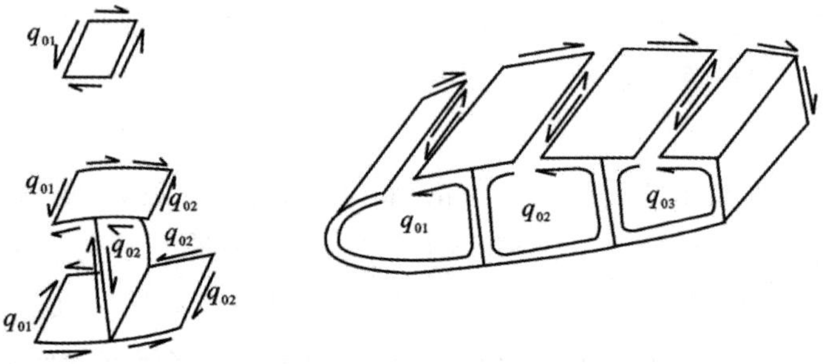

图 6.7.3　三闭室剖面薄壁梁

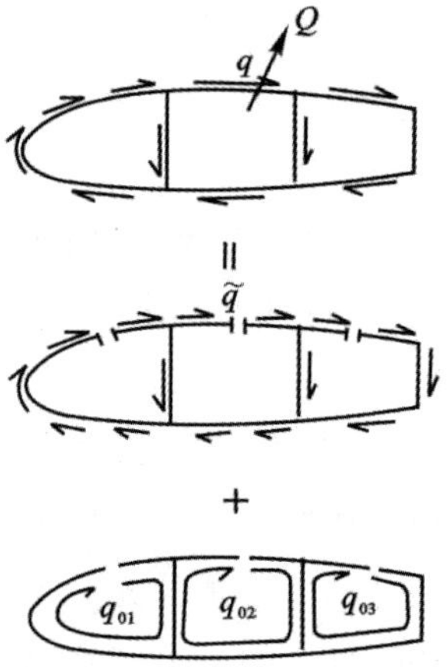

图 6.7.4　叠加法求三闭室剖面剪流

剪流 q 应与外载荷平衡，而求 $\bar{q}$ 时只满足了与剪力 Q 的平衡方程，所以，q 还应满足力矩平衡方程，可以剖面上任一点为力矩中心，列出力矩平衡方程为

$$M_0=\int_s q\rho\,\mathrm{d}s$$

将式(6.7.1)代入上式得

$$M_0=\int_s \bar{q}\rho\,\mathrm{d}s+\Omega_1 q_{01}+\Omega_2 q_{02}+\Omega_3 q_{03} \tag{6.7.2}$$

式中，M_0 为剖面上全部外力(包括剪力和扭矩)对力矩中心的力矩；Ω_1，Ω_2，Ω_3 分别为闭室①，②，③周线所围面积的 2 倍。

为了求出未知剪流 q_{01}，q_{02}，q_{03}，还应补充变形协调条件。根据横剖面无畸变假设，变形协调条件为：各闭室的相对扭角相等，且都等于整个剖面的相对扭角，即

$$\theta_1=\theta_2=\theta_3=\theta \tag{6.7.3}$$

求解多闭室剖面的相对扭角是一个求静不定系统的位移问题，可用单位载荷法求得。单位状态可取任意的静定系统。为求 i 闭室剖面的相对扭角，在该剖面上施加单位力矩，可取除第 i 闭室外的其他闭室都沿纵向切开的单闭室系统作为静定的单位力状态，在单位扭矩作用下，仅在该闭室的周线上存在平衡剪流，则有

$$q_i=\frac{1}{\Omega_i}$$

将载荷作用下的静不定系统的变形作为位移状态，由式(6.6.5)可得多闭室剖面的相对扭角为

$$\theta=\theta_i=\int_s \frac{q_i q_p}{Gt}\mathrm{d}s=\frac{1}{\Omega_i}\oint_i \frac{q\,\mathrm{d}s}{Gt} \tag{6.7.4}$$

式中，$\oint_i$ 仅沿第 i 闭室积分，上式也就是第 i 闭室相对扭角的公式。分别选取图 6.7.5 中的 3 个单位力状态，可得各闭室的相对扭角，且都等于整个剖面的相对扭角。不过，在具体计算各闭室的相对扭角时，应注意相邻闭室的腹板中的剪流方向。为避免出错，常将多闭室分解为单闭室，如图 6.7.6 所示。将式(6.7.1)代入式(6.7.4)，得到各闭室的相对扭角为

$$\left.\begin{aligned}
\theta&=\frac{1}{\Omega_1}\left[\oint_1 \frac{\tilde{q}}{Gt}\mathrm{d}s+q_{01}\oint_1 \frac{\mathrm{d}s}{Gt}-q_{02}\int_{1-2}\frac{\mathrm{d}s}{Gt}\right]\\
\theta&=\frac{1}{\Omega_2}\left[\oint_2 \frac{\tilde{q}}{Gt}\mathrm{d}s-q_{01}\int_{1-2}\frac{\mathrm{d}s}{Gt}+q_{02}\oint_2 \frac{\mathrm{d}s}{Gt}-q_{03}\int_{2-3}\frac{\mathrm{d}s}{Gt}\right]\\
\theta&=\frac{1}{\Omega_3}\left[\oint_3 \frac{\tilde{q}}{Gt}\mathrm{d}s-q_{02}\int_{2-3}\frac{\mathrm{d}s}{Gt}+q_{03}\oint_3 \frac{\mathrm{d}s}{Gt}\right]
\end{aligned}\right\} \tag{6.7.5}$$

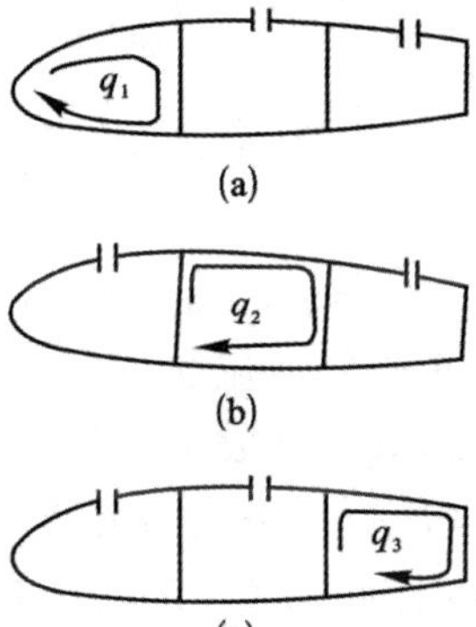

图 6.7.5　分别在每个闭室施加一个单位扭矩

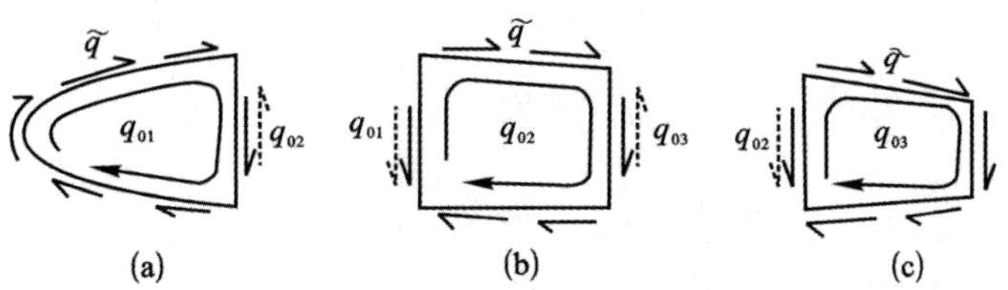

图 6.7.6　各个闭室的剪流

将变形协调方程式(6.7.5)和力矩平衡方程式(6.7.2)联立求解，可求出未知剪流 q_{01}，q_{02}，q_{03}，以及剖面相对扭角 θ。将结果代入式(6.7.1)，从而得到剖面实际剪流 q 的大小和方向。

为计算方便，求 $\bar{q}$ 时，剖面切口可与求 q_{01}，q_{02}，q_{03} 时的剖面切口位置不同。例如，当腹板不承受正应力时，将切口取在腹板上求 $\bar{q}$ 比较方便。剖面中的真正剪流，等于 $\bar{q}$ 加上切口处的未知剪流 q_1，q_2，q_3，如图 6.7.7(a)所示。由于 q_1 和 q_2 的计算分别涉及 3 个闭室和 2 个闭室，因而求解起来较为烦琐。

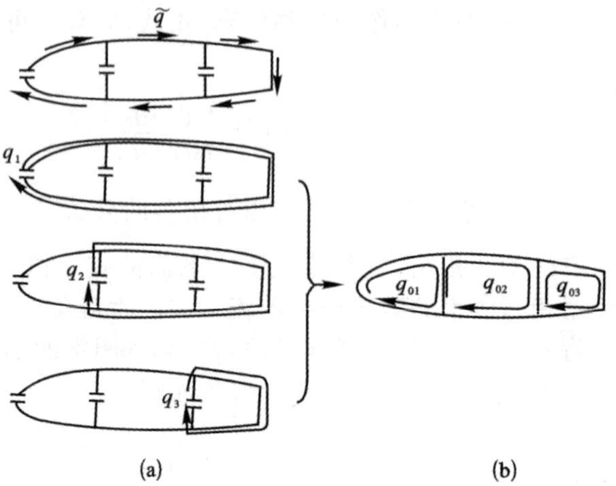

图 6.7.7 三闭室剖面薄壁梁剪流计算

若用分别只沿一个闭室作用的 3 个未知剪流代替 q_1, q_2, q_3 的作用，计算将会较为简单。如图 6.7.7(b)所示，设有 3 个未知剪流 q_{01}, q_{02}, q_{03}，分别只沿一个闭室作用。对比图 6.7.7(a)和(b)，各闭室蒙皮上的剪流分别为

$$q_{01}=q_1,\quad q_{02}=q_1+q_2,\quad q_{03}=q_1+q_2+q_3$$

相邻两闭室的腹板上的剪流分别为

$$q_{1-2}=q_{02}-q_{01}=q_2,\quad q_{2-3}=q_{03}-q_{02}=q_3$$

因此，分别沿一个闭室作用的 3 个未知剪流 q_{01}, q_{02}, q_{03} 作用的结果与原来的 3 个剪流 q_1，q_2, q_3 作用的总和相同。用剪流 q_{01}, q_{02}, q_{03} 来表示未知剪流相当于把切口放在每个闭室的蒙皮上。这种作法在求解多闭室剖面剪流时有更大的灵活性。

对于图 6.7.2 所示三闭室剖面，若剪力 Q_y 作用于弯心，则各闭室的相对扭角为零，式(6.7.5)变为

$$\left.\begin{aligned}&\oint_1\frac{\bar{q}}{Gt}\mathrm{d}s+q_{01}\oint_1\frac{\mathrm{d}s}{Gt}-q_{02}\int_{1-2}\frac{\mathrm{d}s}{Gt}=0\\&\oint_2\frac{\bar{q}}{Gt}\mathrm{d}s-q_{01}\int_{1-2}\frac{\mathrm{d}s}{Gt}+q_{02}\oint_2\frac{\mathrm{d}s}{Gt}-q_{03}\int_{2-3}\frac{\mathrm{d}s}{Gt}=0\\&\oint_3\frac{\bar{q}}{Gt}\mathrm{d}s-q_{02}\int_{2-3}\frac{\mathrm{d}s}{Gt}+q_{03}\oint_3\frac{\mathrm{d}s}{Gt}=0\end{aligned}\right\}\tag{6.7.6}$$

此外，力矩平衡方程式(6.7.2)变成

$$M_0=Q_y\overline{X}=\int_s\bar{q}\rho\,\mathrm{d}s+\Omega_1q_{01}+\Omega_2q_{02}+\Omega_3q_{03}\tag{6.7.7}$$

联立求解式(6.7.6)和式(6.7.7)可得弯心位置。

例 6.9 求图 6.7.8 所示双闭室剖面结构在剪力 Q_y 作用下的剪流。设壁板不承受正应力。已知结构上下对称，且

$$Q_y=10\text{kN},\qquad H=100\text{cm},\qquad B=50\text{cm}$$
$$f_a=2\text{cm}^2,\qquad f_b=f_d=0.5\text{cm}^2,\qquad f_c=f_e=1\text{cm}^2$$

蒙皮厚 $t_1=0.15$cm，前腹板 aa' 厚 $t_2=0.25$cm，中腹板 cc' 厚 $t_3=0.15$cm，后腹板 ee' 厚 $t_4=0.2$cm。

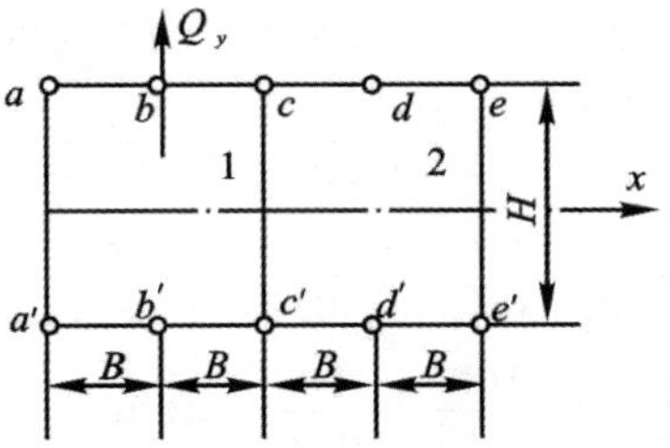

图 6.7.8　双闭室剖面

解　由于结构上下对称，对称轴 x 为中心主轴。

(1)在上蒙皮 bc 之间和 cd 之间开切口，开剖面剪流为

$$\tilde{q}=\frac{Q_y}{J_x}S_x$$

式中，剖面对 x 轴的惯性矩为

$$J_x=2(f_a+f_b+f_c+f_d+f_e)\left(\frac{H}{2}\right)^2=25\ 000\text{cm}^4$$

以开口处自由边作为 s 坐标起始点，计算静矩 S_x 和剪流 $\tilde{q}$，有

$S^{cb}=0$，　　　　$S_x^{cd}=0$

$S_x^{ba}=f_b\dfrac{H}{2}=25\text{cm}^3$，　　　　$S_x^{de}=f_d\dfrac{H}{2}=25\text{cm}^3$

$S_x^{aa'}=(f_b+f_a)\dfrac{H}{2}=125\text{cm}^3$，　　　　$S_x^{ee'}=(f_d+f_e)\dfrac{H}{2}=75\text{cm}^3$

$S_x^{cc'}=f_c\dfrac{H}{2}=50\text{cm}^3$

故得

$\tilde{q}_{cb}=0$，　　　　$\tilde{q}_{cd}=0$

$\tilde{q}_{ba}=10\text{N/cm}$，　　　　$\tilde{q}_{de}=10\text{N/cm}$

$\tilde{q}_{aa'}=50\text{N/cm}$，　　　　$\tilde{q}_{ee'}=30\text{N/cm}$

$\tilde{q}_{cc'}=20\text{N/cm}$，

利用对称关系，可得出下蒙皮剪流。开剖面剪流分布如图 6.7.9 所示。

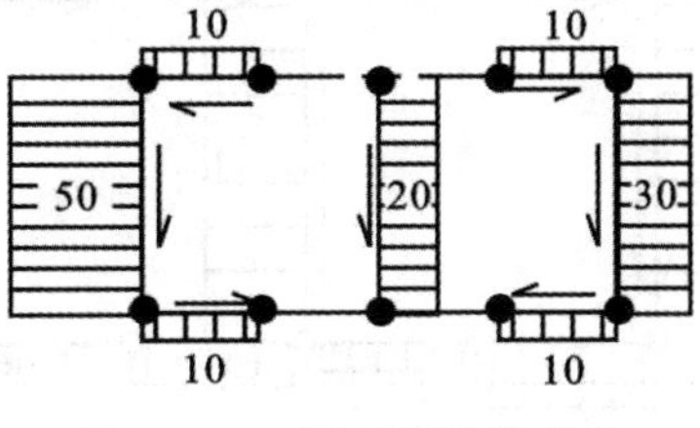

图 6.7.9　开剖面剪流分布

(2)设第 1 闭室常剪流为 q_{01}，第 2 闭室常剪流为 q_{02}，且为顺时针方向。利用扭角一致条件和力矩平衡条件可求得 q_{01} 和 q_{02}。扭角一致条件为

$$\left.\begin{aligned}\theta&=\frac{1}{\Omega_1}\left(\oint_1\frac{\tilde{q}}{Gt}\mathrm{d}s+q_{01}\oint_1\frac{\mathrm{d}s}{Gt}-q_{02}\int_{1-2}\frac{\mathrm{d}s}{Gt}\right)\\\theta&=\frac{1}{\Omega_2}\left(\oint_2\frac{\tilde{q}}{Gt}\mathrm{d}s-q_{01}\int_{1-2}\frac{\mathrm{d}s}{Gt}+q_{02}\oint_2\frac{\mathrm{d}s}{Gt}\right)\end{aligned}\right\}\quad\text{(a)}$$

式中
$$\Omega_1=\Omega_2=2\times 2B\times H=20\ 000\text{cm}^2$$

$$\oint_1\frac{\bar q}{t}\mathrm{d}s=\frac{20\times 100}{0.15}-2\,\frac{10\times 50}{0.15}-\frac{50\times 100}{0.25}=-\frac{40\ 000}{3}\text{N/cm}$$

$$\oint_2\frac{\bar q}{t}\mathrm{d}s=2\times\frac{10\times 100}{0.15}+\frac{30\times 100}{0.2}-\frac{20\times 100}{0.15}=\frac{25\ 000}{3}\text{N/cm}$$

$$\oint_1\frac{\mathrm{d}s}{t}=\frac{100}{0.15}+2\times\frac{100}{0.15}+\frac{100}{0.25}=2\ 400$$

$$\oint_2\frac{\mathrm{d}s}{t}=\frac{100}{0.2}+2\times\frac{100}{0.15}+\frac{100}{0.15}=2\ 500$$

$$\int_{1-2}\frac{\mathrm{d}s}{t}=\frac{100}{0.15}=\frac{2\ 000}{3}$$

c' 点为力矩中心，力矩方程为

$$-Q_yB=\int_s\bar q\rho\,\mathrm{d}s+q_{01}\Omega_1+q_{02}\Omega_2 \tag{b}$$

式中

$$\int_s\bar q\rho\,\mathrm{d}s=10\times 50\times 100+30\times 100\times 100-10\times 50\times 100-50\times 100\times 100=$$
$$-200\ 000\text{N}\cdot\text{cm}$$

$$Q_yB=10\ 000\times 50=500\ 000\text{N}\cdot\text{cm}$$

将式(a)、式(b)联立求解得

$$G\theta=-\frac{2}{3}+\frac{3}{25}q_{01}-\frac{1}{30}q_{02}$$

$$G\theta=\frac{5}{12}-\frac{1}{30}q_{01}+\frac{1}{8}q_{02}$$

$$-15=q_{01}+q_{02}$$

所以
$$q_{01}=-4.144\text{N/cm}$$
$$q_{02}=-10.856\text{N/cm}$$
$$\theta=-0.802\ 2/G（顺时针方向）$$

(3)将 $\bar q$ 与 q_{01}，q_{02} 叠加得到剖面剪流(见图 6.7.10)。

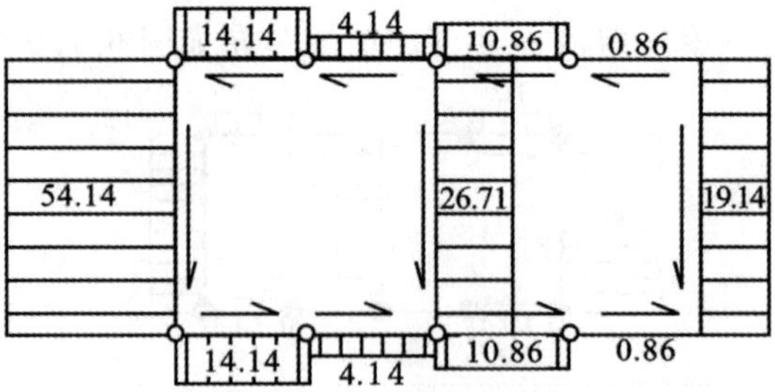

图 6.7.10　剖面剪流

6.8　限制扭转的概念

对于两端自由的开剖面薄壁杆件，在扭矩作用下，会产生很大的变形，因此可以认为它不能受扭，或者说它对扭转是几何可变的。当非圆剖面直杆受扭时，其剖面不再保持平面，而会发生翘曲变形。若所有剖面都自由翘曲，则杆件所有横剖面的翘曲量都相同，因此剖面上不会产生正应力，只产生与外扭矩相平衡的剪应力。这称为自由扭转。图 6.8.1(a)显示了两端自由的工字梁受扭矩作用，图 6.8.1(b)表示变形后的情况，垂直于杆轴的剖面 $ABCD$ 发生翘曲，且不再是平面。在飞机结构中，结构开剖面的情况不少，如机翼下表面的起落架舱门开口，机身侧壁的舱门开口，机身底部的起落架舱或弹舱开口，运输机尾段货舱门开口等。因此必须采取相应措施，增强上述部位的抗扭能力。

如果受到边界约束或载荷的限制，使得杆件受扭时，剖面不能自由翘曲，就称为限制扭转。这时由于各剖面的翘曲量不等，使纵向纤维长度发生变化，剖面上产生附加正应力。在实心杆件中，限制扭转产生的附加正应力一般很小，可以忽略。对于自由扭转刚度很小的开口薄壁杆件，限制扭转所产生的附加正应力可能达到很大的数值，它大大提高了杆件的总体扭转刚度，因此必须重视。限制扭转问题的分析与计算很复杂，这里只简单介绍其概念。

对于图 6.8.2 所示的悬臂工字形剖面杆件，自由端受扭矩 M_z 作用，固定端剖面始终保持平面，不发生翘曲。这种情况就属于限制扭转。在自由端，工字形的两缘板在自身平面内作相反方向的弯曲，因此限制扭转又称为弯曲扭转。

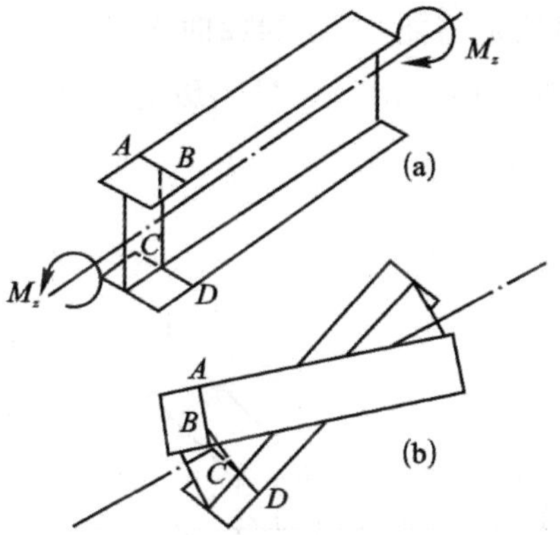

图 6.8.1　两端自由的工字形剖面杆件

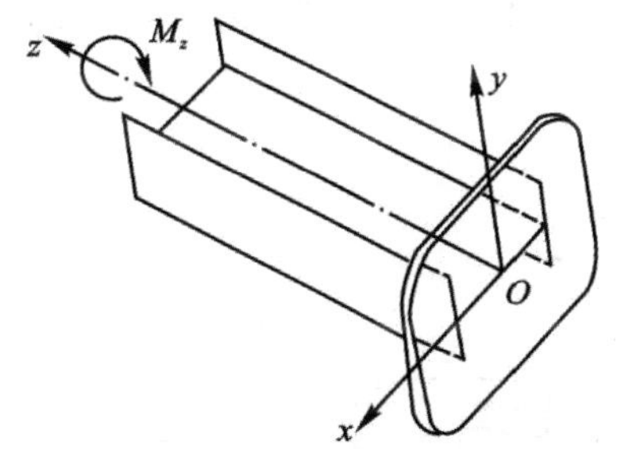

图 6.8.2　悬臂工字形剖面杆件

工字形剖面杆件限制扭转时，由于各横剖面翘曲沿纵向不同，两缘板在其自身平面内作相反方向的弯曲，因此在缘板内产生附加的正应力 σ_ω，在腹板上附加正应力为零，σ_ω 在剖面上形成自身平衡力系，如图 6.8.3(a)所示。由于正应力沿纵向是变化的，因而在剖面上又有附加的剪应力，用 τ_ω 表示，腹板上的 τ_ω 也为零，如图 6.8.3(b)所示。这种附加的剪应力 τ_ω 只能平衡一部分外扭矩 M_ω，其余的外扭矩 $M_K = M - M_\omega$ 将由自由扭转剪应力 τ_K 来平衡，如图 6.8.3(c)所示。

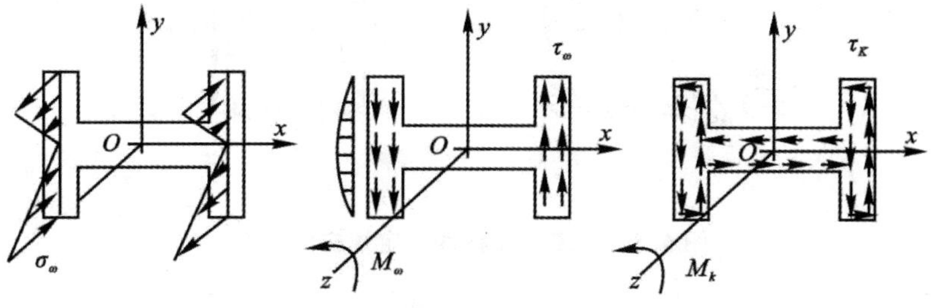

(a)　　(b)　　(c)

图 6.8.3　悬臂工字形杆件剖面应力分布

(a)正应力；(b)剪应力；(c)自由扭转剪应力

在 6.4 节讨论开剖面薄壁梁的弯心时曾指出，若假设剪应力沿壁厚均匀分布，就会得出开剖面薄壁结构不能承受扭矩的结论。但这个结论并不适合限制扭转情况。另外，当壁板较厚时，剪应力 τ_ω 沿壁厚均匀分布的假设也不适用，剪应力沿壁厚呈线性分布，自由扭转的剪应力沿壁厚分布如图 6.8.4(b)所示。由此可知，限制扭转时，剖面上将产生 3 种应力，即限制扭转附加正应力 σ_ω、限制扭转附加剪应力 τ_ω 和自由扭转的剪应力 τ_κ。根据静力平衡条件，σ_ω 在剖面内自身平衡，而扭矩 M_z 由 τ_ω 和 τ_κ 来平衡。

闭剖面薄壁结构在扭矩 M_z 作用下也存在限制扭转问题，如图 6.8.5 所示，由于扭转，剖面将发生翘曲，在固定端翘曲受到限制，于是在剖面上引起相应的正应力 σ_ω 和剪应力 τ_ω，其分布规律如图 6.8.6 所示。由于自由端的翘曲不受限制，因此自由端的 σ_ω 和 τ_ω 均为零。显然，越靠近固定端限制扭转的效应越严重，而自由端则不会出现限制扭转现象。因此，附加正应力 σ_ω 和剪应力 τ_ω 沿纵向是变化的。实验与理论分析表明，σ_ω 沿纵向的变化规律按指数衰减，在固定端附近 σ_ω 变化急剧，其值也较大；在离约束端较远处，用自由扭转理论就可以得到比较精确的结果。由于闭剖面薄壁杆件具有较强的抗扭能力，它的翘曲变形较小，根部固支产生的限制作用一般不太大，工程应用中有时就忽略这种作用。如果要较为详细地分析约束端附近的情况，可以采用苏联学者提出的乌曼斯基理论。

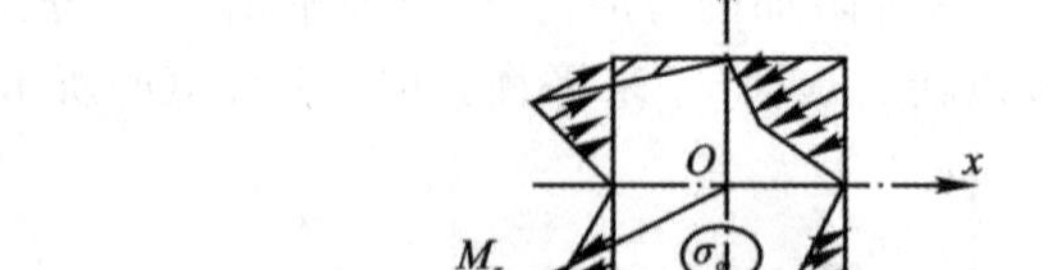

图 6.8.4　剪应力沿厚度分布

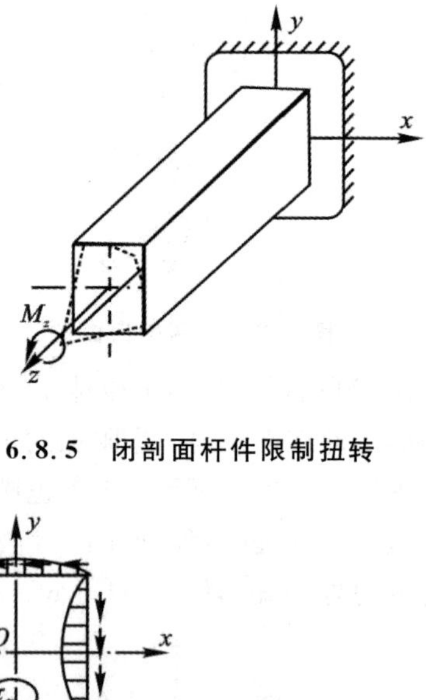

图 6.8.5　闭剖面杆件限制扭转

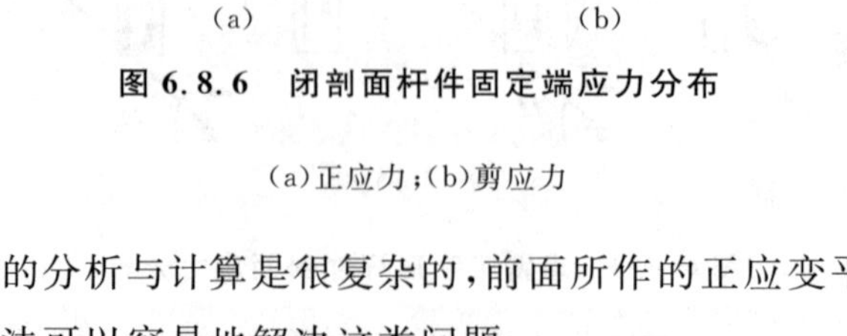

(a)　　(b)

图 6.8.6　闭剖面杆件固定端应力分布

(a)正应力；(b)剪应力

关于限制扭转问题的分析与计算是很复杂的，前面所作的正应变平面分布假设已不再适用。目前采用有限单元法可以容易地解决这类问题。

6.9　剪切滞后

简单梁理论中采用了两个假设：①在弯曲前后横截面保持平面；②弯曲应力与到中性轴的距离成正比。但是，对于飞机上采用的半硬壳结构来说，上述假设就不完全正确。与厚型材不同，薄的腹板的剪切变形较大，不可忽略。薄壁梁壁面的剪应变会引起截面翘曲。在盒型梁中，剪切变形对弯曲应力的重新分布的影响被称为剪切滞后。

矩形截面梁限制扭转就会引出剪切滞后问题。例如，对于盒形薄壁梁，扭转在壁面上产生剪应力，从而引起剪应变，导致截面翘曲。若翘曲受到约束，就会引起正应力从而改变剪应力。类似地，薄壁梁中剪切载荷引起的剪应变也会导致截面翘曲，使得梁理论中的平截面假设不再成立。由此得出的正应力和剪应力就会有很大误差。这说明，工程梁理论分析薄壁结构时，约束附近的应力误差较大。此外，当结构约束阻止梁的截面自由变形时，也会对正应力和剪应力产生影响。

如图 6.9.1 所示盒型梁，关于中垂面对称，其尖部受到剪力作用弯曲，根据前面的工程梁理论，任意横截面上的正应力沿上表面宽度方向均匀分布，但是，截面剪应变导致翘曲成 $a'-b'-c'-d'-e'$ 状，而不是直线 $a'-e'$。因此，上表面每根桁条承受不同的弯曲载荷，这与工程梁理论结果差别很大。在固支端，截面受约束不发生翘曲，因此 $a-b-c-d-e$ 仍然保持直线。由于 $c-c'$ 要比 $a-a'$ 长，因此桁条在 c 点受到的压应力要比 a 点小。因此 a 点的弯曲应力一定比工程梁理论的结果高，而 c 点的弯曲应力则比工程梁理论的结果低。离开支持端一定距离后，所有桁条的应力和应变几乎相同。可见，剪切滞后是一种局部现象，距离约束越远，剪切滞后效应越小，用工程梁理论得出的结果和实际值之间的误差也会越小。通常，对于宽度大而高度小的薄壁梁，如机翼，上下表面的薄蒙皮剪切翘曲会导致桁条和大梁端盖中的应力重新分布；厚度较大，而高度较小的大梁腹板则影响较小。

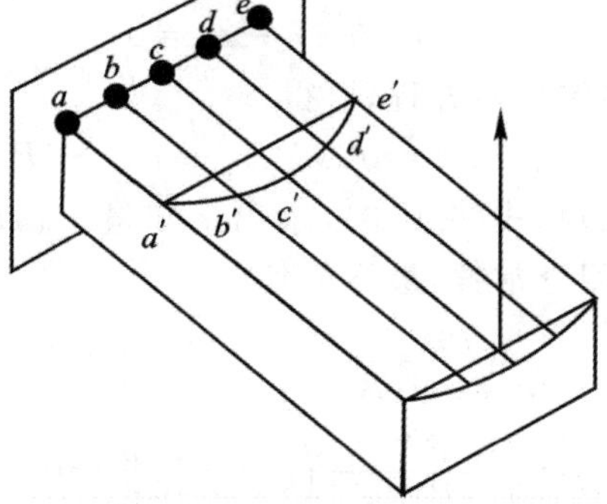

图 6.9.1　盒型梁表面剪切滞后现象

现在用以一个例子来说明边界约束引起的不同桁条中轴向载荷的变化。如图 6.9.2 所示悬臂盒型梁，A，B 分别为中间和角上桁条的横截面积，剪力 P 作用在自由端上表面中间，因此不引起截面扭矩。图 6.9.3 显示了盒型梁中，长度为 dz 的微段上，桁条和面板上的受力情况。

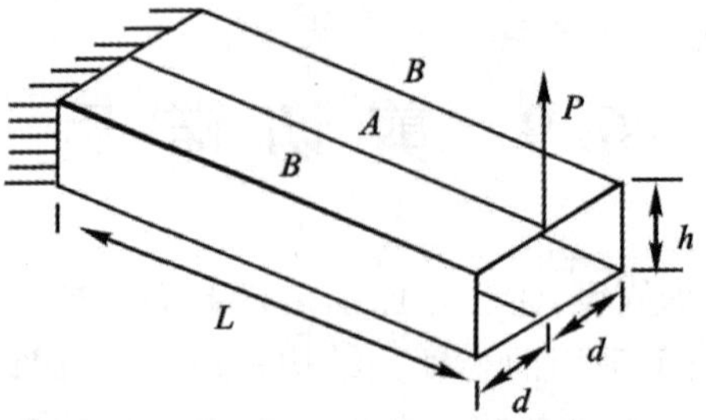

图 6.9.2 盒型梁受剪力作用

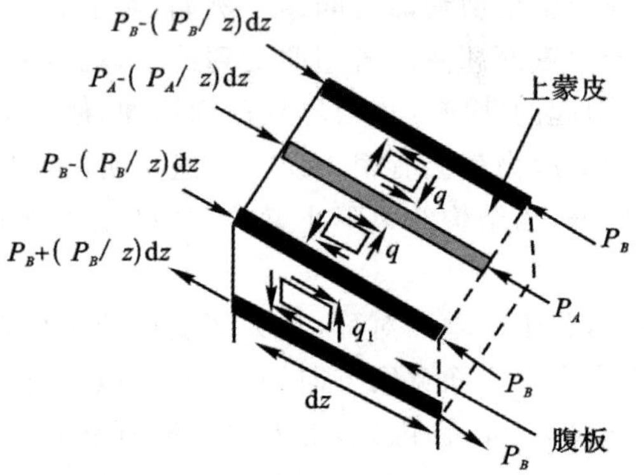

图 6.9.3 盒形梁尾端受力情况

由于对称性，每个腹板承受载荷 $P/2$，其上的剪流 $q_1=(P/2)/h$ 。腹板底部的桁条的平衡方程为

$$P_B+(\partial P_B/\partial z)\mathrm{d}z-P_B-q\mathrm{d}z+q_1\mathrm{d}z=0$$

化简后，得

$$(\partial P_B/\partial z)-q+(P/2h)=0 \tag{6.9.1}$$

同理，根据中间桁条的平衡方程，可得

$$(\partial P_A/\partial z)+2q=0 \tag{6.9.2}$$

考虑上表面或下表面的整体平衡方程，可得

$$2P_B+P_A+2q_1z=0 \text{ 或 } 2P_B+P_A+(P/h)z=0 \tag{6.9.3}$$

联立式(6.9.1)、式(6.9.2)和式(6.9.3)，求出未知量 P_A，P_B 和 q，并对桁条和相邻腹板施加变形协调条件，从而求得积分常数，最终得到

$$\left.\begin{aligned} q&=\frac{PA}{2h(2B+A)} \\ P_A&=\frac{PA}{h(2B+A)}\left(z-\frac{\sinh\lambda z}{\lambda\cosh\lambda L}\right) \\ P_B&=\frac{PB}{h(2B+A)}\left(z+\frac{A\sinh\lambda z}{2B\lambda\cosh\lambda L}\right)\end{aligned}\right\} \tag{6.9.4}$$

其中

$$\lambda=\sqrt{\frac{Gt(2B+A)}{dEAB}} \tag{6.9.5}$$

式中，G 和 E 分别是结构的剪切模量和弹性模量。

结构变形形式如图 6.9.4 所示。

对于很多机翼，只有翼梁与机身相连(见图 6.9.5)，因此中间的桁条不受弯曲应力。因此中间桁条的边界条件为其两端 $P_A=0$，因此，最终的解变为

$$\left.\begin{aligned} q &= \frac{PA}{2h(2B+A)}\left(1-\lambda L\ \frac{\cosh\lambda z}{\sinh\lambda L}\right) \\ P_A &= \frac{PA}{h(2B+A)}\left(z-L\ \frac{\sinh\lambda z}{\sinh\lambda L}\right) \\ P_B &= \frac{PB}{h(2B+A)}\left(z+\frac{AL}{2B}\ \frac{\sinh\lambda z}{\sinh\lambda L}\right) \end{aligned}\right\} \tag{6.9.6}$$

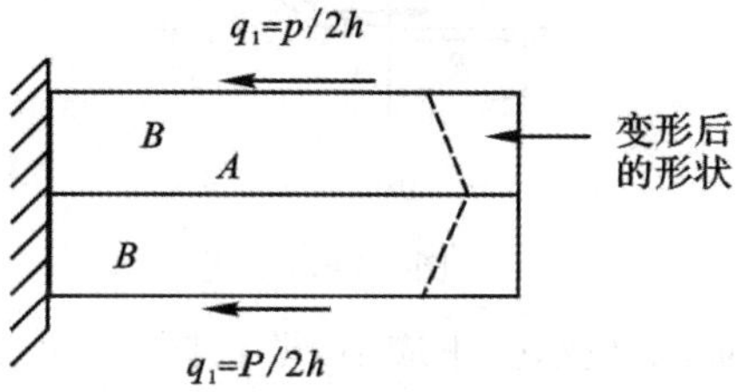

图 6.9.4　悬臂盒型梁桁条变形后形状

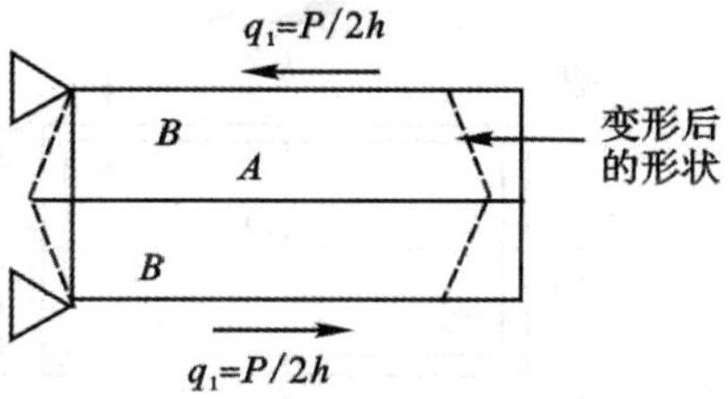

图 6.9.5　翼梁与机身相连，中间的桁条不与机身相连

习题与思考题

6.1　对于图 E6.1 所示各种形式的薄壁梁横剖面，设缘条(集中面积)承受正应力，截面积为 f，壁板不承受正应力，求：

(1)剖面各点对 x 轴的静矩 S_x；

(2)剖面对 x 轴的惯性矩；

(3)剖面的弯心位置。

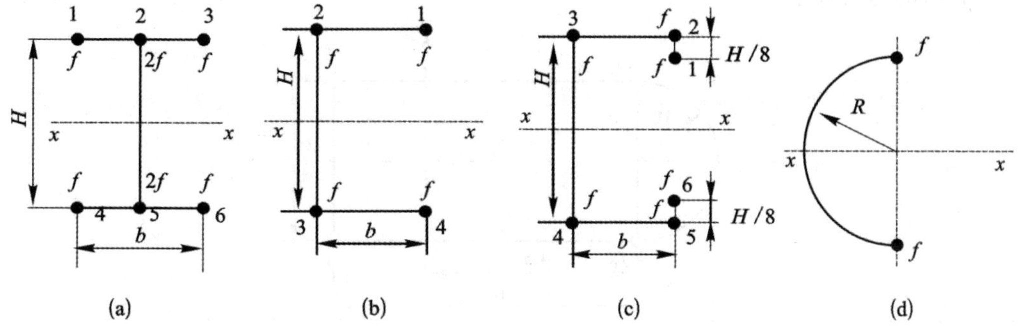

图　E6.1

6.2　已知薄壁梁横剖面形状如图 E6.2 所示，壁厚均为 t，壁板可承受正应力。求：

(1)剖面弯心位置；

(2)弯心处剪力 Q_y 作用下的剪流分布。

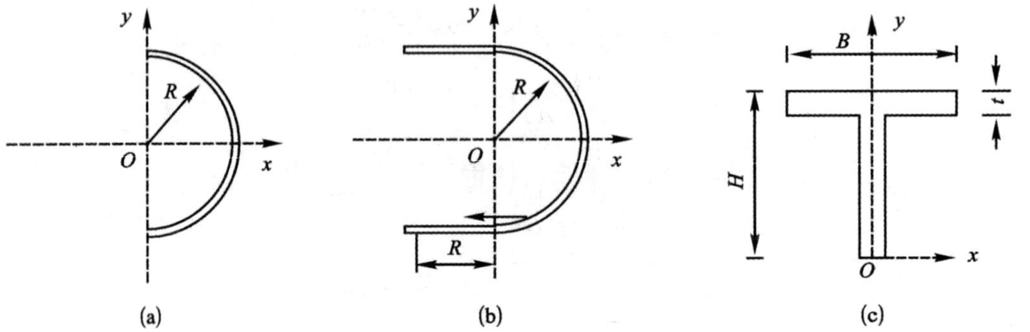

图　E6.2

6.3　如图 E6.3 所示剖面，壁板承受正应力，壁板厚 $t=0.1\text{cm}$，$Q_y=10\text{kN}$，图上数据的单位为 cm。求剪流分布。

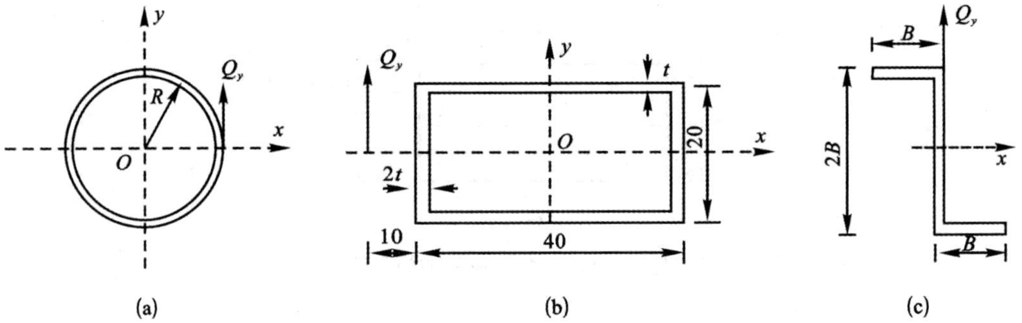

图　E6.3

6.4　求图 E6.3(a)(b)剖面的弯心位置和相对扭角。

6.5　一双梁长直机翼的剖面形状及尺寸如图 E6.4 所示，图中数据单位为 cm。蒙皮厚度 $t_1=0.1\text{cm}$，梁腹板厚度 $t_2=0.2\text{cm}$，前梁缘条面积 $f_1=10\text{cm}^2$，后梁缘条面积 $f_2=5\text{cm}^2$。假设蒙皮和腹板均不承受正应力，只承受剪应力。求：

(1)各壁板剪流；

(2)剖面的相对转角；

(3)剖面的弯心位置。

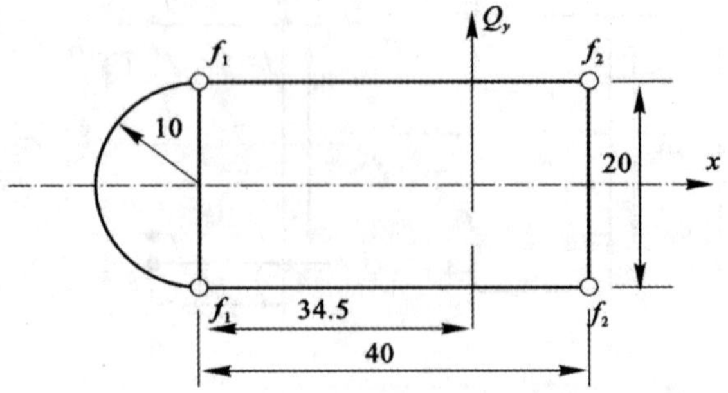

图　E6.4

6.6　如图 E6.5 所示双梁机翼剖面，几何尺寸单位为 cm，缘条面积 $f_1 = 5\text{cm}^2$，$f_2 = 3\text{cm}^2$，桁条面积 $f = 0.5\text{cm}^2$，假设蒙皮和梁腹板均不承受正应力，厚度 $t = 0.1\text{cm}$。求：

(1)当施加如图所示弯矩矢量 $M = 150\text{kN}\cdot\text{m}$，$\theta = 30°$时，梁缘条和桁条的正应力；

(2)当作用如图所示剪力 $Q_y = 150\text{kN}$ 时，各壁板的剪流。

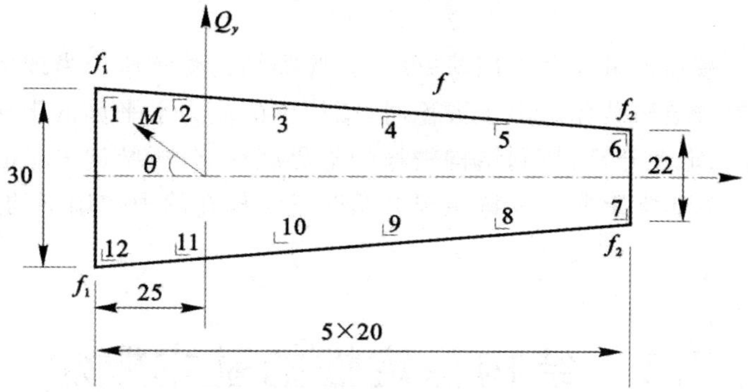

图　E6.5

6.7　图 E6.6 显示了一个单闭室薄壁结构剖面形状、尺寸、受载情况，设缘条(集中面积)面积均为 f，壁板不承受正应力，壁厚均为 t。求：

(1)剖面在给定载荷下的剪流；

(2)薄壁结构的相对扭角；

(3)剖面的弯心位置。

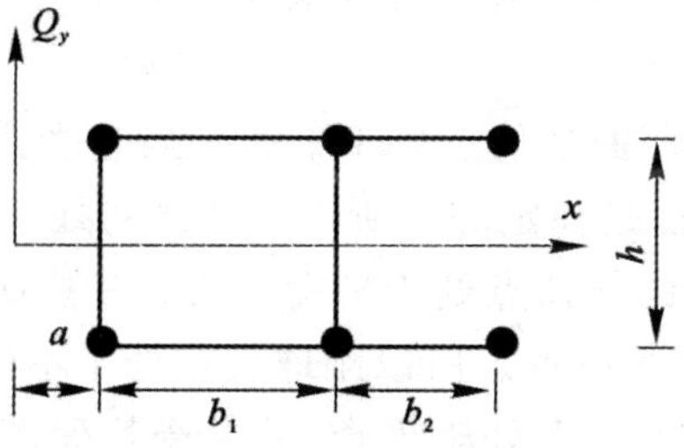

图　E6.6

第 7 章　薄壁结构的弹性静力稳定性

现代飞行器为了减轻重量大多采用薄壁结构，此类结构受到压应力或剪应力作用时，可能会丧失稳定性从而导致结构破坏。由于失稳时，结构中的应力水平远低于材料的许用应力，因此，对薄壁结构进行稳定性分析，找到结构失稳的临界载荷，分析结构失稳的有关因素，对于指导结构设计和强度计算非常重要。本章主要介绍薄壁结构在静力作用下的稳定性分析的基本理论和计算方法。

7.1　结构稳定性的基本概念

稳定性分析主要是研究结构在外界的微小扰动下，能否保持原有的平衡状态。

7.1.1　平衡状态类型

在刚体力学中，对于图 7.1.1 所示的处于平衡状态刚球，当受到微小的侧向扰动时，会出现以下情形：

(1)图 7.1.1(a)中，刚球在凹面最低点处于平衡。当它受扰而稍微离开平衡位置后，仍能回到原来的平衡位置。这种平衡是稳定的。所以刚球最初处于稳定平衡状态。

(2)图 7.1.1(b)中，刚球在凸面顶点处于平衡。当它受扰而稍微偏离平衡位置后，刚球将沿凸面滚动，无法回到原来的平衡位置。所以刚球最初处于不稳定平衡状态。

(3)图 7.1.1(c)中，刚球在平面上处于平衡，若它受扰偏离原来的平衡位置后，都会偏离最初的平衡位置，而达到另一个新的平衡位置。这种平衡叫随遇(或中性)平衡。所以刚球最初处于随遇(或中性)平衡状态。

可见，刚球的平衡稳定性取决于它所处位置的几何形状。

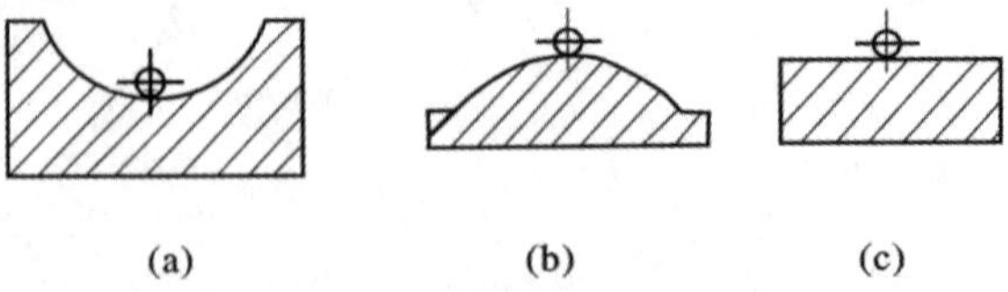

图 7.1.1　刚球的 3 种平衡状态

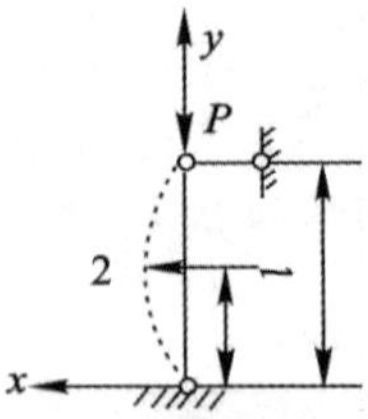

图 7.1.2　两端受压的简支杆

对于弹性系统，也有 3 种平衡状态。图 7.1.2 所示是材料力学中压杆失稳的一种简单情况，杆受到无偏心的轴向压力 P 的作用：

(1)当 P 小于某一临界值 P_{cr} 时，杆保持挺直状态。此时，若给杆一个横向小扰动，使其产生微小的弯曲，当扰动除去后，杆仍能恢复到挺直状态。所以杆处于稳定平衡状态。

(2)当 P 等于临界值 P_{cr} 时，杆受到横向小扰动引起微小弯曲，不管扰动是否消除，此小挠度并不消失。此时，杆处于随遇平衡状态。

(3)当 P 大于临界值 P_{cr} 时，若给杆一个横向小扰动，其产生的弯曲在扰动去除后还会继续增加，直到远离原来的直立平衡位置，达到一个新的平衡位置，甚至破坏。此时，杆处于不稳定平衡状态。

结构从稳定平衡状态转变为不稳定平衡状态的转变点称为临界点，对应的载荷称为临界载荷。

7.1.2　结构屈曲的概念

所谓屈曲，就是在临界点处，结构可能沿着多条不同的平衡路径发展。在微小扰动下，结构最终会选择能量最小的那条平衡路径，这样的临界点又称为分叉点。具有分叉点的结构失稳现象叫作屈曲(buckling)。

屈曲可能导致结构破坏。例如，7.1.1 节的压杆，当它屈曲时，横向变形不受任何限制，以致变形迅速增加，最后破坏。屈曲也可能导致结构功能丧失。例如高超声速飞行器蒙皮在热应力作用下发生屈曲后，形状发生改变，破坏了原有的气动外形，导致严重后果。此外，如果发生屈曲后，结构变形并没有产生灾难性后果，那么，结构就还能承受使之屈曲的载荷。如果一个大型结构中的某个元件在某一载荷下发生屈曲，那么当载荷继续增加时，超过临界值的那部分载荷会在结构内部重新分布。

对屈曲问题，载荷到达临界点之前，结构处于前屈曲(pre-buckling)阶段，载荷超过临界点后，结构进入后屈曲(post-buckling)阶段。结构发生屈曲时的变形模式称为屈曲模态。

7.1.3　结构屈曲分析方法

求临界载荷的方法很多，常用的有静力法和能量法。现对这两种方法加以介绍。

1. 静力法

静力法是根据结构处于临界状态时的静力特征而提出的方法。它是从静力学角度来研究平衡的稳定性，即在外载荷不变的情况下，对处于初始平衡位置的结构施加小扰动，使其偏离平衡位置，然后看干扰除去后结构能否回到初始的平衡位置。它需要在外载荷不变的情况下，对初始平衡状态附近的所有干扰状态建立变形后的静平衡方程。如果假设小变形，就可以采用线性几何关系，则平衡方程的特征值就是系统临界载荷，每个特征值对应的特征函数就是屈曲模态。如果是大变形，就要追踪整个载荷-变形曲线，曲线分叉点就对应着相应的临界载荷，该分支的变形曲线就是屈曲模态。

现在以图 7.1.2 中的压杆屈曲为例，介绍计算屈曲载荷的静力法。

杆初始状态为在轴向压力 P 作用下处于挺直的平衡状态，假设杆受到侧向干扰，产生弯

曲，此时仍处于平衡状态，由材料力学知识可知，平衡方程为

$$\frac{\mathrm{d}^2 u}{\mathrm{d}y^2}+\frac{Pu}{EI}=0 \tag{7.1.1}$$

上式的解可以写成

$$u=A\cos\left(\sqrt{\frac{P}{EI}}y\right)+B\sin\left(\sqrt{\frac{P}{EI}}y\right) \tag{7.1.2}$$

式中，A，B 为积分常数，由边界条件确定。由于直杆为两端铰支，所以边界条件为 $u(0)=0$，得出 $A=0$，$u(l)=0$，得出 $B\sin\sqrt{P/EI}\,l=0$。可见，若要有非零解，必须有

$$\sin\sqrt{\frac{P}{EI}}l=0\Rightarrow\sqrt{\frac{P}{EI}}l=n\pi,\quad n=1,2,\cdots \tag{7.1.3}$$

由上式可以求出各阶临界载荷和对应的屈曲模态为

$$\left.\begin{aligned}P_{\mathrm{cr}}^{n}&=\frac{(n\pi)^2 EI}{l^2},\qquad n=1,2,\cdots\\ u^{n}(y)&=B\sin\frac{n\pi y}{l},\qquad n=1,2,\cdots\end{aligned}\right\} \tag{7.1.4}$$

注意，在式(7.1.4)中，系数 B 无法求出，因此挠度 u 是无法解出的，不管施加多少个边界条件。这是因为在中性平衡状态下，u 是静不定的。

工程上往往关心压杆的最小的屈曲载荷，也就是说，能使杆保持中性平衡状态的最小的压力 P，可令 $n=1$，代入式(7.1.4)，得到

$$P_{\mathrm{cr}}=\frac{\pi^2 EI}{l^2}$$

注意，上述结果是在小变形假设下得到的线性分析结果。压力 P 超过一阶临界值后，杆的侧向挠度会迅速增大，线性分析不再适用，必须采用非线性方法。

2. 能量法

能量法是根据临界状态时结构的能量特征而提出的方法。从能量角度看，弹性体总势能在平衡状态下为定值。因此可以利用这一点研究屈曲结构的中性平衡状态。当屈曲结构变形后的形状不知道，必须猜测时，能量法非常有用。

现在仍以图 7.1.2 所示的压杆为例，介绍计算屈曲载荷的能量法。对于图 7.1.2 中的压杆，假设它的应变能 U 是由弯曲产生，表达式为

$$U=\int_0^l\frac{M^2}{2EI}\mathrm{d}y \tag{7.1.5}$$

由 $M=-EI(\mathrm{d}^2u/\mathrm{d}y^2)$，上式可以写成

$$U=\frac{EI}{2}\int_0^l\left(\frac{\mathrm{d}^2 u}{\mathrm{d}y^2}\right)^2\mathrm{d}y \tag{7.1.6}$$

以杆挺直状态为基准，屈曲载荷 P_{cr} 的势能可以写成

$$V=-P_{\mathrm{cr}}\delta \tag{7.1.7}$$

式中，δ 是杆在 P_{cr} 作用下弯曲引起的轴向位移，可以写成

$$\delta=\frac{1}{2}\int_0^l\left(\frac{\mathrm{d}u}{\mathrm{d}y}\right)^2\mathrm{d}y \tag{7.1.8}$$

在中性平衡位置处，压杆的总势能为

$$U+V=\frac{EI}{2}\int_0^l\left(\frac{\mathrm{d}^2u}{\mathrm{d}y^2}\right)^2\mathrm{d}y-\frac{P_{cr}}{2}\int_0^l\left(\frac{\mathrm{d}u}{\mathrm{d}y}\right)^2\mathrm{d}y \tag{7.1.9}$$

对于两端简支的杆，可采用如下变形函数，即

$$u=\sum_{n=1}^{\infty}A_n\sin\frac{n\pi y}{l} \tag{7.1.10}$$

它满足杆的边界条件，A_n 为常系数。这样就可以求 P_{cr} 的解析解。将式(7.1.10)代入式(7.1.9)，可得

$$U+V=\frac{EI}{2}\int_0^l\left(\frac{\pi}{l}\right)^4\left(\sum_{n=1}^{\infty}n^2A_n\sin\frac{n\pi y}{l}\right)^2\mathrm{d}y-\frac{P_{cr}}{2}\int_0^l\left(\frac{\pi}{l}\right)^2\left(\sum_{n=1}^{\infty}nA_n\cos\frac{n\pi y}{l}\right)^2\mathrm{d}y$$

沿杆长积分后得到

$$U+V=\frac{\pi^4EI}{4l^3}\sum_{n=1}^{\infty}n^4A_n^2-\frac{\pi^2P_{cr}}{4l}\sum_{n=1}^{\infty}n^2A_n^2 \tag{7.1.11}$$

在式(7.1.11)中，对每一个 A_n，总势能为一定值，因此，对 A_n 求导可得

$$\frac{\partial(U+V)}{\partial A_n}=\frac{\pi^4EIn^4A_n}{2l^3}-\frac{\pi^2P_{cr}n^2A_n}{2l}=0 \tag{7.1.12}$$

由此得到

$$P_{cr}=\frac{n^2\pi^2EI}{l^2} \tag{7.1.13}$$

实际工程中，我们只对最小临界值感兴趣，因此取第一项可得 $P_{cr}=\pi^2EI/l^2$。这个结果与静力法完全相同。

本章主要讨论静力法。而且在研究的问题中，均假设系统的失稳是在小变形的弹性范围内发生，属于线性稳定问题。

7.2　压杆稳定性

7.1.2 节推导了两端铰支的压杆临界压力 P_{cr}表达式。对于其他边界约束形式，材料力学中给出了临界压力 P_{cr}和临界应力 σ_{cr}的一般表达式为

$$P_{cr}=\frac{\pi^2EI}{(Cl)^2}$$

$$\sigma_{cr}=\frac{\pi^2E}{(Cl/r)^2} \tag{7.2.1}$$

式中，r 是压杆截面惯性半径，$r=\sqrt{I/A}$，A 是压杆的截面积；C 是与压杆两端边界条件有关的系数。两端简支，$C=1$；两端固支，$C=0.5$；一端简支一端固支，$C=0.699\ 8$；一端自由一端固支，$C=2$。

需要指出的是，式(7.2.1)是基于以下假设得到的：

(1)失稳发生在弹性范围，临界应力不能超过材料的比例极限。

(2)压杆为等剖面的直杆。

(3)压力沿杆轴线作用。

7.3 薄壁杆的局部失稳与总体失稳

飞机结构中，纵向加强件（如桁条、梁缘条）常采用薄壁杆件。这些薄壁杆件通常是由挤压型材（见图 7.3.1(a)）或薄板弯曲（见图 7.3.1(b)）而成的。挤压型材各壁板的连接处比板弯型材刚硬，因此，在同样条件下，挤压型材的临界应力比板弯型材高。如图 7.3.1 所示，薄壁杆通常由平板元件构成角状、槽型等多种截面形状，其中平板元件分成两类：一类是缘条，它有一条不受载荷作用的自由边；另一类是腹板，它的两条不受载荷的边由相临的平板元件支持。

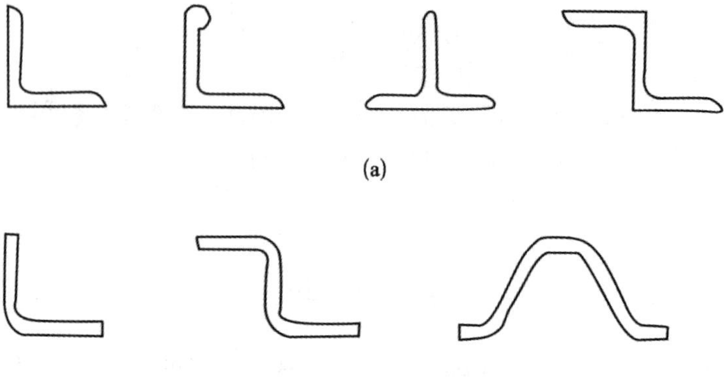

(a)

(b)

图 7.3.1 薄壁杆件

(a)挤压型材；(b)弯曲型材

薄壁杆件的稳定性可分为下述两类。

1. 总体失稳

对于较长（等效细长比 $l_e/r>80$）的薄壁杆，当轴向压力达到临界值时，杆件将发生纵向弯曲而失去稳定性，通常称总体失稳。总体失稳时，杆的横截面形状不变，而屈曲模态的波长和单元长度具有同样数量级。通常实心杆和厚壁杆容易产生这种不稳定。

其临界应力可用压杆的欧拉公式，即式(7.2.1)来计算，即

$$\sigma_{cr}=\frac{\pi^2 E}{(Cl/r)^2}$$

在飞机结构中，桁条两端为弹性支持，一般取 $C=\sqrt{2/3}\sim\sqrt{2}/2$。由于桁条与蒙皮、腹板铆接在一起，因此受板的牵制，其总体失稳只能发生在与板中线平行的轴上，如图 7.3.2 中的 xx 轴。其惯性半径近似取为

$$r=\sqrt{\frac{I_{xx}}{A}}$$

式中，A 为桁条截面积与板的有效面积之和；I_{xx} 为组合面积 A 对过其形心而平行于板的 xx 轴的惯性矩。

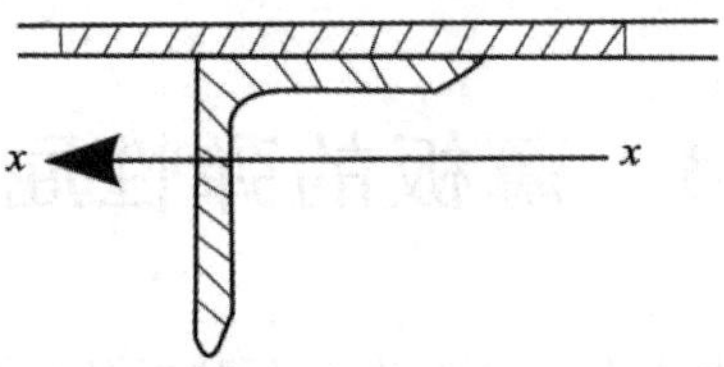

图 7.3.2　薄壁杆与薄板相连

2. 局部失稳

对于较短(等效细长比 $l_e/r < 20$)的薄壁杆件，当两端受压时，杆件壁上的某些区域(缘条和腹板)可能失稳而压曲(产生鼓包)，但杆的纵轴仍然是直线，这种现象称为杆的局部失稳，如图 7.3.3 所示。局部失稳时，缘条和腹板像板一样屈曲，导致杆的横截面形状发生变化，屈曲模态的波长与杆的横截面尺寸具有相同数量级。需要指出的是，对于等效细长比 l_e/r 在 20～80 之间的薄壁杆，失稳时，既有总体屈曲，又有局部屈曲。

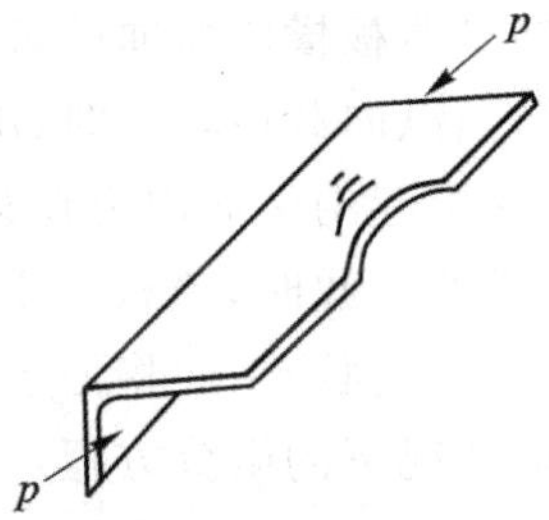

图 7.3.3　薄壁杆局部失稳

当薄壁杆受轴压时，最弱的壁板(厚度较小或宽度较大，或支持条件较弱等原因)首先失稳，该壁板承载能力不再增加。这时杆轴并不弯曲，其余较强的壁板尚未失稳，杆仍然能继续承受载荷，但截面上的应力呈不均匀分布，继续增加的载荷由尚未失稳的壁板承担，直到所有的壁板都失稳，就认为杆已经失去承载能力了，所以薄壁杆局部失稳的应力一般是指截面的平均应力。对于由 n 个壁板组成的板弯型材薄壁杆，其临界应力为

$$\sigma_{cr} = \frac{\sum \sigma_{cr_i} A_i}{\sum A_i} \tag{7.3.1}$$

其中，A_i 为第 i 个壁板的截面面积；σ_{cr_i} 为第 i 个壁板失稳临界应力。

每个壁板的失稳临界应力 σ_{cr_i}，可按 7.4 节中表 7.4.1 给出的各种支持情况的矩形板在单向受压时的临界应力公式计算。例如“Z”型材，上下缘板可认为是三边简支一边自由的矩形板，中间腹板可看成是四边简支板。这样算得的临界应力仅是粗糙的估算值。一般多利用经验公式或通过试验确定。《飞机设计员手册：第 4 册 强度计算和重量计算》(《飞机设计员手册》编辑委员会编，国防工业出版社，1965 年)中给出一些常用型材的试验曲线和经验公式，可供确定薄壁杆临界应力时查阅。

7.4 薄板的弹性屈曲

薄板是飞行器上大量使用的结构。由于薄板在较低的面内压力下就会发生屈曲，因此需要加强来避免失稳。例如，机翼上的应力蒙皮由相邻的桁条和翼肋支持，机身上的应力蒙皮由相邻桁条和隔框支持。单块薄板的屈曲载荷分析较为直接，但是，采用翼肋和桁条增强后，问题就变得非常复杂。这是因为增强件可能在板之前发生屈曲，而且根据增强件形状不同，可能发生整体或局部屈曲。本节主要介绍薄板屈曲载荷的确定，加筋板的屈曲分析，最后介绍圆柱薄壳的屈曲。

7.4.1 薄板压曲微分方程

要分析单块薄板的屈曲，首先需要建立薄板同时受到横向和纵向载荷时的平衡方程。当纵向载荷很小时，中面内力也很小，对于薄板横向弯曲的影响可以忽略。此时可以分别计算两种载荷引起的应力，然后叠加。但是，当纵向载荷较大时，中面内力并非很小，就必须考虑对横向弯曲的影响。特别是，如果纵向载荷引起的中面内力在某处是压力，则当纵向载荷达到临界值时，薄板的平面平衡状态将是不稳定的。此时，薄板一受到干扰力，就会发生弯曲，而且，干扰力除去后，薄板也不会恢复到原来的平衡状态，而将处于某一弯曲平衡状态。这种现象称为失稳或压曲。下面来推导薄板在这种情况下的微分方程。

对于薄板上任一微元体，为简明起见，只画出它的中面(见图 7.4.1)，并将横向载荷及薄板横截面上的内力用力矢和矩矢表示在中面上。由于薄板在边界上受纵向载荷，可以假定只产生平行于中面、且不沿板厚度变化的应力。这时，薄板单位宽度上的平面应力将合成如下中面内力，即

$$\left.\begin{aligned} N_x &= t\sigma_x \\ N_y &= t\sigma_y \\ N_{xy} &= t\tau_{xy}, \quad N_{yx} = t\tau_{yx} \end{aligned}\right\} \tag{7.4.1}$$

其中，t 是薄板厚度；N_x 和 N_y 是单位宽度上的拉力；N_{xy} 和 N_{yx} 是单位宽度上的纵向剪力。根据剪力互等关系 $\tau_{xy}=\tau_{yx}$，可知

$$N_{xy} = N_{yx} \tag{7.4.2}$$

板在 x 轴和 y 轴上的平衡方程为

$$\left.\begin{aligned} \frac{\partial N_x}{\partial x} + \frac{\partial N_{yx}}{\partial y} = 0 \\ \frac{\partial N_{xy}}{\partial x} + \frac{\partial N_y}{\partial y} = 0 \end{aligned}\right\} \tag{7.4.3}$$

各力在 z 轴上的分量分别为

横向载荷：

$$q\mathrm{d}x\mathrm{d}y \tag{7.4.4}$$

横向剪力：

$$\left(Q_x+\frac{\partial Q_x}{\partial x}\mathrm{d}x\right)\mathrm{d}y+Q_x\mathrm{d}y+\left(Q_y+\frac{\partial Q_y}{\partial y}\right)\mathrm{d}x-Q_y\mathrm{d}x=\left(\frac{\partial Q_x}{\partial x}+\frac{\partial Q_y}{\partial y}\right)\mathrm{d}x\mathrm{d}y \tag{7.4.5}$$

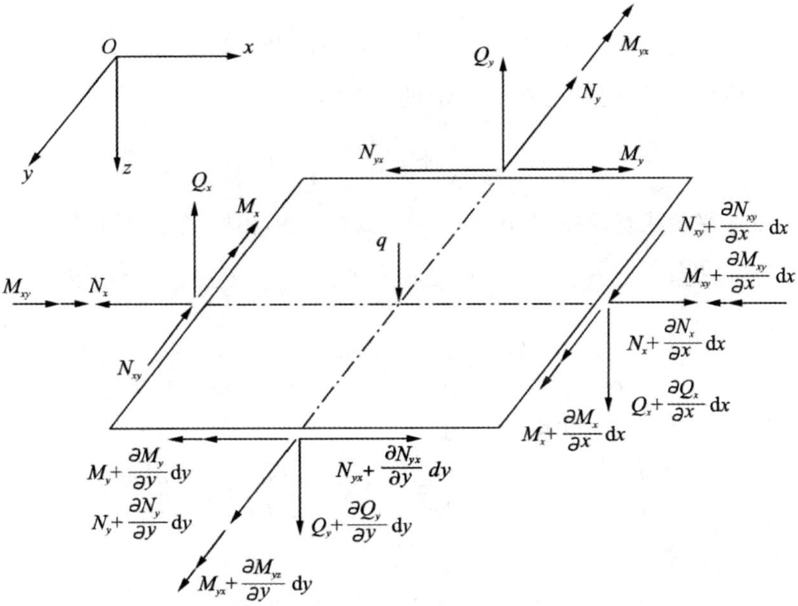

图 7.4.1　板微元体受力图

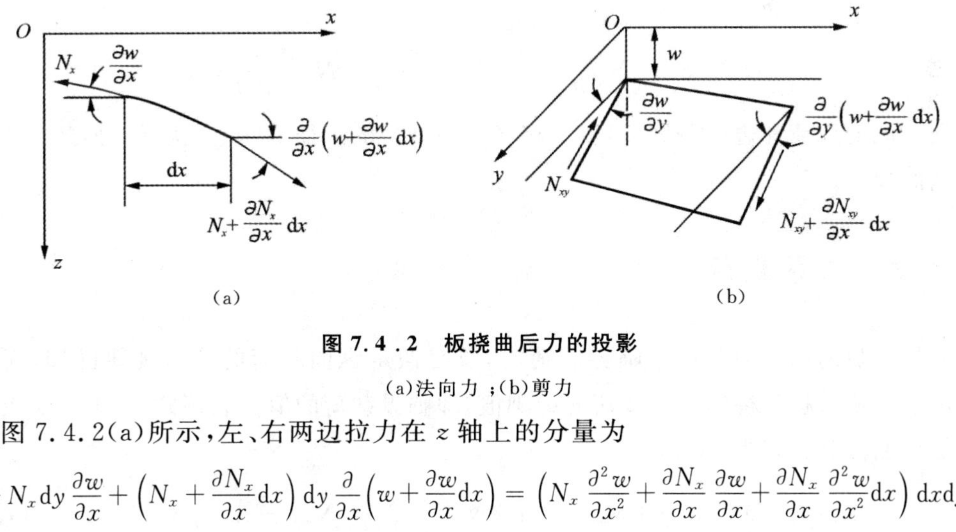

(a)　　　　　　(b)

图 7.4.2　板挠曲后力的投影

(a)法向力；(b)剪力

如图 7.4.2(a)所示，左、右两边拉力在 z 轴上的分量为

$$-N_x\mathrm{d}y\frac{\partial w}{\partial x}+\left(N_x+\frac{\partial N_x}{\partial x}\mathrm{d}x\right)\mathrm{d}y\frac{\partial}{\partial x}\left(w+\frac{\partial w}{\partial x}\mathrm{d}x\right)=\left(N_x\frac{\partial^2 w}{\partial x^2}+\frac{\partial N_x}{\partial x}\frac{\partial w}{\partial x}+\frac{\partial N_x}{\partial x}\frac{\partial^2 w}{\partial x^2}\mathrm{d}x\right)\mathrm{d}x\mathrm{d}y$$

将上式略去高阶小量后，可得

$$\left(N_x\frac{\partial^2 w}{\partial x^2}+\frac{\partial N_x}{\partial x}\frac{\partial w}{\partial x}+\frac{\partial N_x}{\partial x}\frac{\partial^2 w}{\partial x^2}\mathrm{d}x\right)\mathrm{d}x\mathrm{d}y\approx\left(N_x\frac{\partial^2 w}{\partial x^2}+\frac{\partial N_x}{\partial x}\frac{\partial w}{\partial x}\right)\mathrm{d}x\mathrm{d}y \tag{7.4.6}$$

同理，前、后两边上的拉力在 z 轴上的分量为

$$\left(N_y\frac{\partial^2 w}{\partial y^2}+\frac{\partial N_y}{\partial y}\frac{\partial w}{\partial y}\right)\mathrm{d}x\mathrm{d}y \tag{7.4.7}$$

如图 7.4.2(b)所示，左、右两边上纵向剪力在 z 轴上的分量为

$$-N_{xy}\mathrm{d}y\frac{\partial w}{\partial y}+\left(N_{xy}+\frac{\partial N_{xy}}{\partial x}\mathrm{d}x\right)\mathrm{d}y\frac{\partial}{\partial y}\left(w+\frac{\partial w}{\partial x}\mathrm{d}x\right)=\left(N_{xy}\frac{\partial^2 w}{\partial x\partial y}+\frac{\partial N_{xy}}{\partial x}\frac{\partial w}{\partial y}+\frac{\partial N_{xy}}{\partial x}\frac{\partial^2 w}{\partial x\partial y}\mathrm{d}x\right)\mathrm{d}x\mathrm{d}y$$

上式略去高阶小量后，可得

$$\left(N_{xy}\frac{\partial^2 w}{\partial x\partial y}+\frac{\partial N_{xy}}{\partial x}\frac{\partial w}{\partial y}\right)\mathrm{d}x\mathrm{d}y \tag{7.4.8}$$

同理，前、后两边上的纵向剪力在 z 轴上的分量为

$$\left(N_{yx}\frac{\partial^2 w}{\partial x\partial y}+\frac{\partial N_{yx}}{\partial y}\frac{\partial w}{\partial x}\right)\mathrm{d}x\mathrm{d}y \tag{7.4.9}$$

板在 z 轴上处于平衡状态，因此将式(7.4.4)～式(7.4.9)相加，令其等于零，再除以 $\mathrm{d}x\mathrm{d}y$，可得

$$q+\frac{\partial Q_x}{\partial x}+\frac{\partial Q_y}{\partial y}+N_x\frac{\partial^2 w}{\partial x^2}+\frac{\partial N_x}{\partial x}\frac{\partial w}{\partial x}+N_y\frac{\partial^2 w}{\partial y^2}+\frac{\partial N_y}{\partial y}\frac{\partial w}{\partial y}+$$

$$N_{xy}\frac{\partial^2 w}{\partial x\partial y}+\frac{\partial N_{xy}}{\partial x}\frac{\partial w}{\partial y}+N_{yx}\frac{\partial^2 w}{\partial x\partial y}+\frac{\partial N_{yx}}{\partial y}\frac{\partial w}{\partial x}=0$$

利用式(7.4.2)和式(7.4.3)，上式可简化为

$$q+\frac{\partial Q_x}{\partial x}+\frac{\partial Q_y}{\partial y}+N_x\frac{\partial^2 w}{\partial x^2}+2N_{xy}\frac{\partial^2 w}{\partial x\partial y}+N_y\frac{\partial^2 w}{\partial y^2}=0 \tag{7.4.10}$$

再利用薄板横向弯曲的关系式，有

$$\frac{\partial Q_x}{\partial x}+\frac{\partial Q_y}{\partial y}=D\left(\frac{\partial^2}{\partial x^2}+\frac{\partial^2}{\partial y^2}\right)\left(\frac{\partial^2}{\partial x^2}+\frac{\partial^2}{\partial y^2}\right)w=-D\nabla^4 w$$

则式(7.4.10)可简化为

$$D\nabla^4 w-\left(N_x\frac{\partial^2 w}{\partial x^2}+2N_{xy}\frac{\partial^2 w}{\partial x\partial y}+N_y\frac{\partial^2 w}{\partial y^2}\right)=q \tag{7.4.11}$$

根据不同的载荷和边界条件，通过求解式(7.4.11)的特征值问题，就可以得到薄板的临界载荷和屈曲模态。

7.4.2 临界载荷

在分析薄板的压曲问题或求临界载荷时，总是假定纵向载荷的分布规律已知，而大小未知。然后求解使薄板失稳的纵向载荷的最小值，即临界载荷的值。利用式(7.4.11)，令 $q=0$，得出薄板压曲微分方程为

$$D\nabla^4 w-\left(N_x\frac{\partial^2 w}{\partial x^2}+2N_{xy}\frac{\partial^2 w}{\partial x\partial y}+N_y\frac{\partial^2 w}{\partial y^2}\right)=0 \tag{7.4.12}$$

式(7.4.12)是挠度 w 的齐次微分方程，其中系数 N_x，N_y 和 N_{xy} 是用已知分布而未知大小的纵向载荷表示的，薄板可能发生压曲是以式(7.4.12)具有满足边界条件的非零解表示的。于是求临界载荷的问题就成为：为使压曲微分式(7.4.12)具有满足边界条件的非零解，纵向载荷的最小值是多大。

现在以单向受压的四边简支矩形板为例，说明薄板临界载荷的求法。

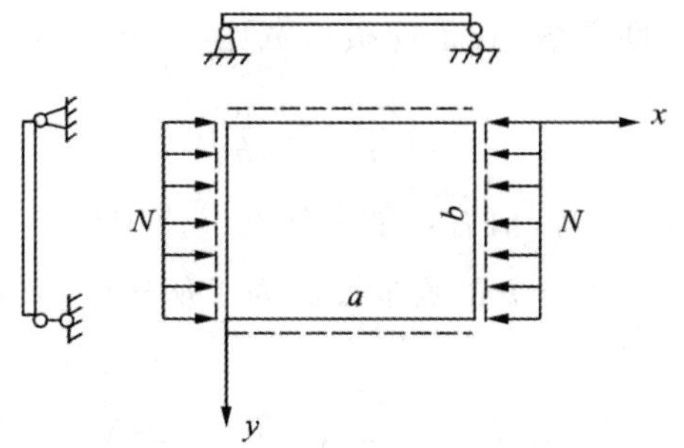

图 7.4.3　四边简支矩形板

图 7.4.3 所示为一四边简支矩形板，两对边受均布压力 N 作用。中面内力为

$$N_x = -N, \quad N_y = 0, \quad N_{xy} = 0$$

代入式(7.4.12)，可得

$$D\nabla^4 w + N\frac{\partial^2 w}{\partial x^2} = 0 \tag{a}$$

与薄板小挠度弯曲问题一样，假设挠度表达式为

$$w = \sum_{m=1}^{\infty}\sum_{n=1}^{\infty} A_{mn}\sin\frac{m\pi x}{a}\sin\frac{n\pi y}{b} \tag{b}$$

式中，m 和 n 分别表示薄板压曲以后沿 x 及 y 方向的正弦半波数。可以证明，式(b)满足四边简支的边界条件。将式(b)代入式(a)，可得

$$D\sum_{m=1}^{\infty}\sum_{n=1}^{\infty} A_{mn}\left(\frac{m^2\pi^2}{a^2}+\frac{n^2\pi^2}{b^2}\right)^2\sin\frac{m\pi x}{a}\sin\frac{n\pi y}{b} - N\sum_{m=1}^{\infty}\sum_{n=1}^{\infty} A_{mn}\,\frac{m^2\pi^2}{a^2}\sin\frac{m\pi x}{a}\sin\frac{n\pi y}{b} = 0$$

两边除以 π^4 后，得

$$\sum_{m=1}^{\infty}\sum_{n=1}^{\infty} A_{mn}\left[D\left(\frac{m^2}{a^2}+\frac{n^2}{b^2}\right)^2 - N\frac{m^2}{\pi^2 a^2}\right]\sin\frac{m\pi x}{a}\sin\frac{n\pi y}{b} = 0 \tag{c}$$

式(c)中，当 N 很小时，m 及 n 取任何整数值，方括号内的值总是大于零，而 $\sin\frac{m\pi x}{a}\sin\frac{n\pi y}{b}$ 在板内不一定为零，因此，所有系数 A_{mn} 都必须等于零。根据式(b)，板挠度等于零，它对应于薄板的平面平衡状态。当 N 增大到一定值，使某一方括号内的数值为零，而系数 A_{mn} 又不为零时，薄板可能压曲，纵向载荷 N 的临界值满足

$$D\left(\frac{m^2}{a^2}+\frac{n^2}{b^2}\right)^2 - N\frac{m^2}{\pi^2 a^2} = 0$$

从中求得

$$N = \frac{\pi^2 a^2 D}{m^2}\left(\frac{m^2}{a^2}+\frac{n^2}{b^2}\right)^2 \tag{7.4.13}$$

为求得临界载荷，需要选取适当的 m 和 n，使式(7.4.13)有最小值。为此，将式(7.4.13)写成

$$N_{cr} = k\frac{\pi^2 D}{b^2} \tag{7.4.14}$$

其中，k 叫作屈曲系数或稳定性系数，它是薄板长宽比（a/b）的函数，有

$$k=\left(\frac{mb}{a}+\frac{n^2a}{mb}\right)^2 \tag{7.4.15}$$

观察式(7.4.15)发现，$n=1$ 时，值有可能在所有 n 值中最小。这表示在薄板屈曲模态中，垂直于压力方向(沿 y 方向) 只有一个正弦半波。为了从式(7.4.15) 中找到对应于 m 的极小值，令 $n=1$，然后对其微分，得到

$$\frac{\mathrm{d}k}{\mathrm{d}m}=2\left(\frac{mb}{a}+\frac{a}{mb}\right)\left(\frac{b}{a}-\frac{a}{m^2b}\right)=0$$

由于 m 和 n 均为正整数，式中第一个括号为正，因此有

$$\left(\frac{b}{a}-\frac{a}{m^2b}\right)=0 \tag{7.4.16}$$

或

$$m=\frac{a}{b} \tag{7.4.17}$$

可见，只有当 m 等于两边之比时，对应的临界载荷最小。在实际应用中，板的长宽比不一定刚好满足式(7.4.7)。因此，令 $m=1,2,3,\cdots$，然后绘出一系列屈曲系数 k 随薄板长宽比(a/b) 的变化曲线(见图 7.4.4)。每根曲线的最小值均为当 $m=a/b$ 时的值。例如，$m=2$ 的曲线，当 $a/b=2$ 时，有最小值，此时 $k=4$，曲线上其他点的 k 值均大于 4。对应 a/b 不是正整数的情况，可采用如下方法确定半波数目：相邻两曲线间的交点处，k 相同，即 $k_m=k_{m+1}$，由式(7.4.15)可得

$$\left(\frac{mb}{a}+\frac{a}{mb}\right)^2=\left[\frac{(m+1)b}{a}+\frac{a}{(m+1)b}\right]^2$$

从中求出

$$\frac{a}{b}=\sqrt{m(m+1)}$$

可见，$\sqrt{m}<a/b<\sqrt{m+1}$。当 $a/b>\sqrt{m(m+1)}$ 时，半波数为 $m+1$；当 $a/b<\sqrt{m(m+1)}$ 时，半波数为 m。这可以从图 7.4.4 上得到验证。

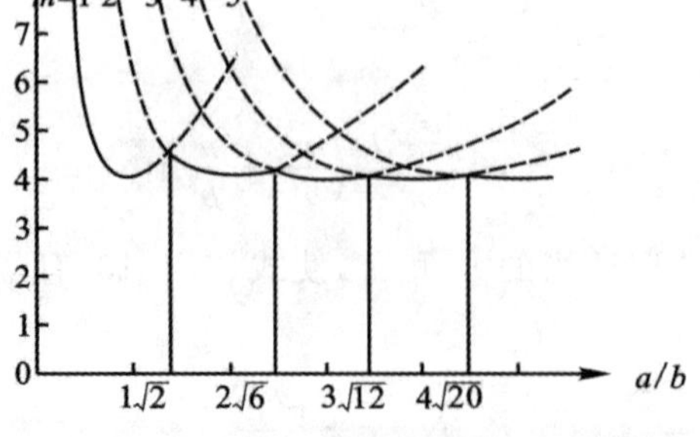

图 7.4.4　屈曲系数 k 和薄板长宽比(a/b)的关系

由图 7.4.4 可以看出：

(1)k 的最小值等于 4。

(2)当 $a/b\leqslant\sqrt{2}$ 时，最小临界载荷总是对应于 $m=1$，此时有

$$k=\left(\frac{b}{a}+\frac{a}{b}\right)^2$$

薄板沿压力方向的屈曲模态只有半个波长。当 $a/b\geqslant\sqrt{2}$ 时，起决定性部分的曲线都在 $k=4.0$ 到 $k=4.5$ 的范围内。在工程计算中，k 值的取法如下：

$$\frac{a}{b}\begin{cases}\leqslant 1, & k=\left(\dfrac{b}{a}+\dfrac{a}{b}\right)^2\\ \geqslant 1, & k=4\end{cases}$$

有了临界载荷 N_{cr}，就可以求临界应力，有

$$\sigma_{cr}=\frac{N_{cr}}{t}=k\,\frac{\pi^2 E}{12(1-\mu^2)}\frac{1}{(b/t)^2}$$

式中，t 为板厚；b 为受压边宽度。对于常用的金属来说，泊松比 $\mu=0.3$，于是有

$$\sigma_{cr}=0.9\,\frac{kE}{(b/t)^2} \tag{7.4.18}$$

上面讨论的是四边简支、单向受压矩形板的临界载荷。对于其他情况，也可得出与式(7.4.18)一样的公式，只是系数 k 值不同而已。系数 k 值取决于下列条件：

(1)载荷形式，例如受压或受剪；

(2)四边支持情况；

(3)板的边长比。

图 7.4.5 和表 7.4.1 给出了矩形板在不同载荷形式和支持情况下的 k 值。

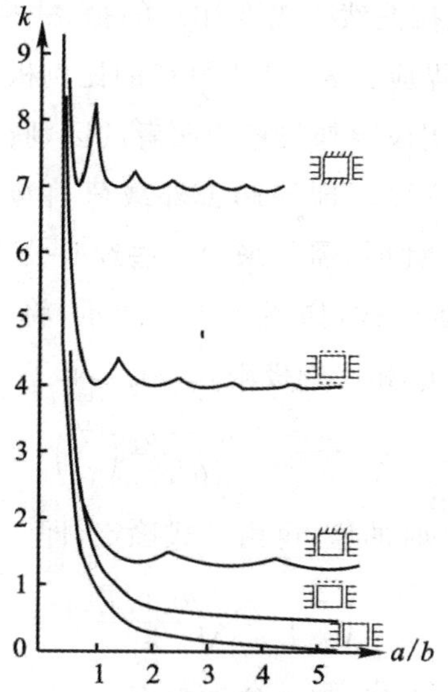

图 7.4.5　单向受压下，矩形板在不同边界条件下的 k 的取值

表 7.4.1　矩形薄板在几种不同情况下的临界应力

一	单向均布压力 $\sigma_{cr}=k\dfrac{0.9E}{(b/t)^2}$	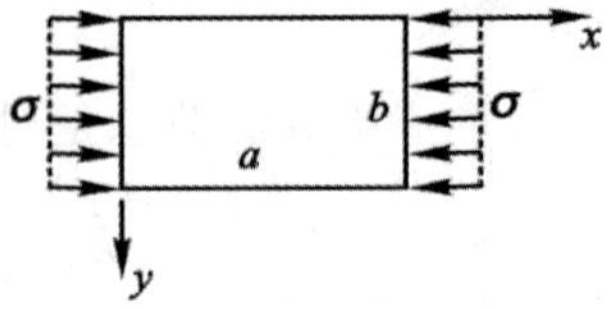
	支持情况	系数 k 值
	四边简支	当 $\dfrac{a}{b}\leqslant 1$ 时，$k=\left(\dfrac{a}{b}+\dfrac{b}{a}\right)^2$；当 $\dfrac{a}{b}\geqslant 1$ 时，$k=4$
	四边固支	当 $\dfrac{a}{b}=1$ 时，$k=9.5$；当 $\dfrac{a}{b}=3$ 时，$k=7.5$
	三边简支，与载荷平行的一边自由	$k=0.425+\dfrac{1}{(a/b)^2}$
二	四边受剪 $\sigma_{cr}=k\dfrac{0.9E}{(b/t)^2}$	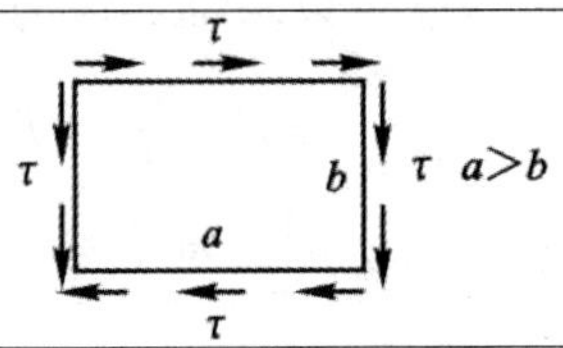
	四边简支	$k=5.6+\dfrac{3.78}{(a/b)^2}$
	四边固支	当 $\dfrac{a}{b}=1$ 时，$k=16.8$；当 $\dfrac{a}{b}=2$ 时，$k=11.7$；当 $\dfrac{a}{b}>3$ 时，$k=9.3$

7.4.3　超出比例极限后的临界应力

式(7.4.18)与欧拉杆受压失稳的临界应力公式类似。图 7.4.6 给出了按式(7.4.18)画出的 σ_{cr} 与 b/t 的关系曲线，也叫欧拉曲线。需要注意的是，式(7.4.18) 只在材料的线弹性范围内成立，即只适用于计算出的临界应力 σ_{cr} 低于材料的比例极限 σ_p 的情况。但是，板既有可能在比例极限内失稳，也可能在比例极限外失稳。两者的区别在于，前者失稳后，卸除外载荷，板会恢复原来的形状；而后者当失稳后，即使卸去外载荷，由于临界应力大于比例极限($\sigma_{cr}>\sigma_p$)，所以板仍然存在残余变形。此时，需要采用一些经验公式来确定临界应力。

常用的经验公式之一是直线公式，如图 7.4.6 所示，将比例极限以上部分曲线用直线代替，直线通过材料的极限压应力 σ_b 和比例极限 σ_p 两点，该直线方程为

$$\sigma_{cr}=\sigma_b-\frac{\sigma_b-\sigma_p}{(b/t)_p}\left(\frac{b}{t}\right) \tag{7.4.19}$$

式中，$(b/t)_p$ 是临界应力等于 σ_p 时的值，可由下式确定，即

$$\left(\frac{b}{t}\right)_p=\sqrt{\frac{0.9kE}{\sigma_p}}$$

这样算出的应力要比实际应力低，因此偏于安全。

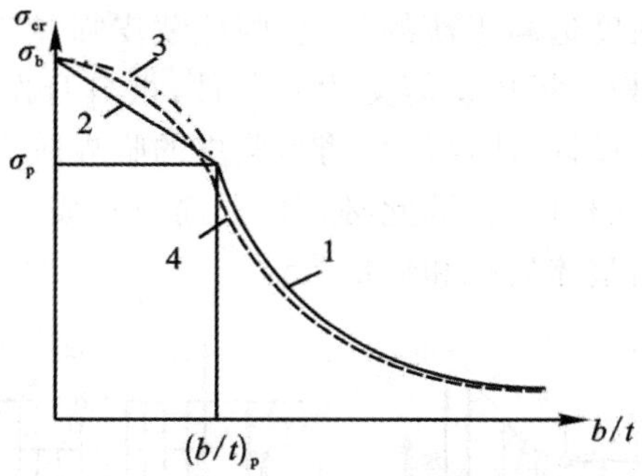

图 7.4.6　应力随 b/t 的变化曲线

1—式(7.4.18)；2—式(7.4.19)；3—式(7.4.20)；4—式(7.4.21)

由于直线与欧拉曲线连接不光滑，而实际上应该是光滑的，因此，有人建议用抛物线连接这两点，这样就可得到抛物线公式为

$$\sigma_{cr}=\sigma_b\left[1-\left(1-\frac{\sigma_p}{\sigma_b}\right)\frac{(b/t)^2}{(b/t)_p^2}\right] \tag{7.4.20}$$

另一常用的经验公式为

$$\sigma_{cr}=\sigma_b\frac{1+r}{1+r+r^2} \tag{7.4.21}$$

式中，$r=\sigma_b/\sigma_e$，$\sigma_e=\dfrac{0.9kE}{(b/t)^2}$。

式(7.4.21)是一个普遍公式，在比例极限以内或以外均适用，因此在实践中得到广泛应用。它所表示的曲线在比例极限以外接近抛物线公式(7.4.10)，在比例极限以下渐近于欧拉曲线公式(7.4.18)。以上的几种公式用曲线表示在图 7.4.6 中。为了方便设计人员查阅，《飞机设计员手册：第 4 册 强度计算和重量计算》中提供了对于常用材料，各种情况下板的临界应力曲线。

7.4.4　加筋板受压失稳后的应力分析——有效宽度概念

从式(7.4.18)～式(7.4.21)可以发现，矩形薄板临界应力和 t/b 以及 k 成正比。因此，要提高临界应力，可以增大厚度 t、减小板宽 b、增大屈曲系数 k。由于厚度增加会增加重量，因此不被采用。飞行器上往往采用加筋板来提高薄板临界应力。一种方法是在板的长度方向引入加强筋，将较宽的板分隔成若干较窄的板，这样既减小了板宽，又加强了边界支承(从表 7.4.1 可以看出，固支边界的 k 值比简支边界大得多)，而且加强筋也可以分担板的部分载荷。另一种方法是在板的宽度方向引入加强筋，将板分成很多宽的短柱，这样做的好处是减小了板的长宽比，加强了边界支承，不过载荷仍然由板承担。实践中，人们常常将两种方法混合使用，形成网格型的加筋板结构。图 7.4.7 表示的是加筋板件的典型结构。

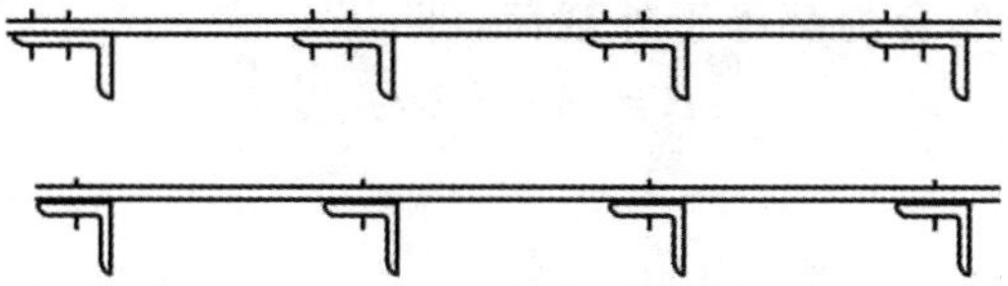

图 7.4.7　典型加筋板件

早期的加筋板中,加强筋的强度远高于薄的蒙皮,因此蒙皮临界应力远低于加强筋。这种加筋板可以将加强筋看成为一系列平板提供简支边界条件,板自身发生屈曲。后来出现了更高效的结构设计,就是调整加强筋设计,使得加强筋和蒙皮的临界应力水平相同。这样带来的问题就是蒙皮和加强筋失稳时会互相作用,因此必须把加筋板看成一个整体来考虑。这时,加筋板可能存在多种屈曲模态,包括整体失稳和局部失稳。

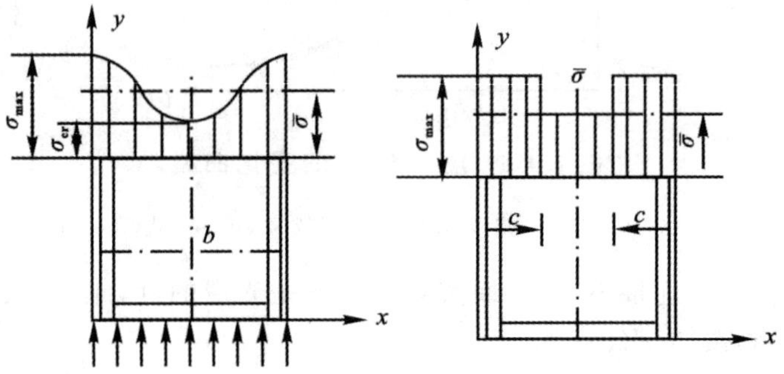

图 7.4.8　加筋板应力分布

(a)实际应力分布;(b)等效分布

对于纵向受压的平板,若其两侧边为自由边界,当板失稳后,该板就不能承受继续增加的外载荷,认为该板已达到破坏。但是,如果板四边支持在桁条上,一般来说,桁条的临界应力比板的临界应力高,因此板被桁条加强。当板件受压的平均应力小于板的临界应力时,板件的应力是均匀分布的。压应力随外载荷的增加而增大,直到平均应力等于板的临界应力,板开始出现压曲现象。因为板支持在桁条上,所以靠近桁条附近的板并不失稳,而可以承受增加的外载荷。这时板的应力分布是不均匀的,而是表现为图 7.4.8(a)所示的凹凸不均的分布。板的应力在桁条附近较集中,而离桁条较远的地方应力不再增加,大小仍为板的临界应力。若外载荷继续增加,桁条支持处的应力将不断增加,直到桁条应力达到临界值,这时才认为整个板件失去了承载能力。

板所受的总载荷为

$$P=\int_0^b \sigma t\,\mathrm{d}s \tag{7.4.22}$$

式中,t 为板厚;b 为板宽。

加筋板的应力的分布比较复杂,它与桁条对板所提供的支持程度以及板的几何参数有关。为计算方便,这里引入"有效宽度"概念。如图 7.4.8(b)所示,将分布在板宽度 b 上的真实应力用假想的均布应力代替,假想应力只在靠近桁条的宽度为 $2c(2c<b)$ 的范围均匀分布,大小等于板的最大应力 σ_{max},板其余部分应力为零。这个宽度 $2c$ 被称为板的"有效宽度"。还有一种办法,就是采用平均应力概念,即将真实的分布应力看成沿整个板宽的平均应力 $\bar{\sigma}$(见图 7.4.8(b)),两种分布应力的合力都等于外载荷,即

$$P=bt\bar{\sigma}=2ct\sigma_{max} \tag{7.4.23}$$

由上式可得

$$\varphi=\frac{2c}{b}=\frac{\bar{\sigma}}{\sigma_{max}} \tag{7.4.24}$$

式中,φ 叫作板的减缩系数,它是有效宽度与实际宽度之比,或等于平均应力与最大应力之比。

有效宽度 $2c$ 可由式(7.4.18)确定。如果取板的宽度等于 $2c$，其临界应力就等于 $\sigma_{\max}$，代入式(7.4.18)可得

$$\sigma_{\max}=\frac{0.9kE}{\left(\frac{2c}{t}\right)^2}$$

故得

$$2c=t\sqrt{\frac{0.9kE}{\sigma_{\max}}} \tag{7.4.25}$$

式中，k 的值取决于板边缘支持情况。

将式(7.4.25)代入式(7.4.23)，可得板的平均应力为

$$\bar{\sigma}=\frac{t\sqrt{0.9kE\sigma_{\max}}}{b}$$

进而可得

$$\sigma_{\max}=\frac{\bar{\sigma}^2}{\frac{0.9kE}{(b/t)^2}}=\frac{\bar{\sigma}^2}{\sigma_{cr}} \tag{7.4.26}$$

或写成

$$\bar{\sigma}=\sqrt{\sigma_{\max}\sigma_{cr}} \tag{7.4.27}$$

故减缩系数 φ 又可写为

$$\varphi=\frac{\bar{\sigma}}{\sigma_{\max}}=\sqrt{\frac{\sigma_{cr}}{\sigma_{\max}}} \tag{7.4.28}$$

由于板与桁条紧密结合在一起，由变形协调条件，两者连接处应变相同。若桁条与板的材料相同，则应力必然相同。此时，板的 $\sigma_{\max}$ 应等于桁条的应力 σ_{st}，则由式(7.4.28)可得

$$\varphi=\sqrt{\frac{\sigma_{cr}}{\sigma_{st}}} \tag{7.4.29}$$

若减缩系数 φ 已知，由式(7.4.24)可求得板的有效宽度 $2c=\varphi b$，因此，板件能承受的总载荷为

$$P=\sigma_{st}\sum(f+\varphi\, bt) \tag{7.4.30}$$

式中，f 为桁条的面积；σ_{st} 为桁条的应力；$\sum(f+\varphi\, bt)$ 为所有桁条的面积与板的有效面积之和。

例 7.1　试计算图 7.4.9(a)所示加筋板件的最大受压载荷。已知板的几何尺寸为 480mm×450mm×2mm，等距排列的桁条为等边角材 30mm×30mm×2mm，板与桁条材料相同，材料弹性系数为 $E=7\times10^6\ \mathrm{N/cm^2}$，材料的比例极限为 $\sigma_p=24\ 000\mathrm{N/cm^2}$。

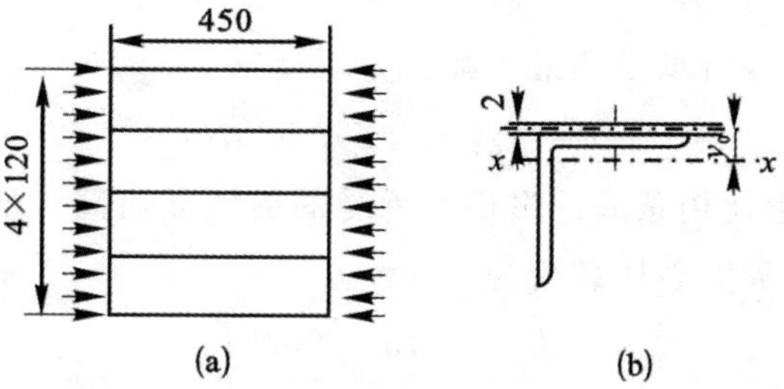

图 7.4.9　例 7.1 图

解 板的临界应力为

$$\sigma_{cr}=\frac{0.9kE}{(b/t)^2}=\frac{0.9\times4\times7\times10^6}{(12/0.2)}=7\ 000\mathrm{N/cm^2}$$

(1)根据桁条局部稳定性计算临界载荷。

由图 7.4.9(b),桁条的两缘板可看成三边简支一边自由的受压板,其 k 值由表 7.4.1 得

$$k=0.425+\frac{1}{(a/b)^2}=0.425+\frac{1}{(45/3)^2}=0.429$$

桁条局部失稳临界应力为

$$\sigma_{st}=\frac{0.9\times0.429\times7\times10^6}{(3/0.2)^2}=12\ 012\mathrm{N/cm^2}<\sigma_{pr}$$

蒙皮的减缩系数为

$$\varphi=\sqrt{\frac{\sigma_{cr}}{\sigma_{st}}}=\sqrt{\frac{7\ 000}{12\ 012}}=0.763$$

桁条截面积为

$$f=(3+2.8)\times0.2=1.16\mathrm{cm^2}$$

加劲板件可承受的最大载荷为

$$P=\sigma_{st}(5\times f+\varphi\times48\times0.2)=12\ 012\times(5\times1.16+0.763\times48\times0.2)=157\ 700\mathrm{N}$$

(2)根据桁条总稳定性计算临界载荷。

前面是根据桁条局部失稳临界应力求得的加劲板件最大承载力。下面根据桁条若发生总体失稳时计算板件的最大承载力。

借用已算出的板的减缩系数 $\varphi=0.763$ 计算板件横截面的有效面积 A、形心位置 y_0 以及截面对平行于板中心线的形心轴的惯性矩 J_x,则有

$$A=\sum(f+\varphi\,bt)=5\times1.16+0.763\times48\times0.2=13.125\mathrm{cm^2}$$

$$y_0=\frac{\sum f_iy_i}{A}=\frac{5\times(3\times0.2\times1.6+2.8\times0.2\times0.2)}{13.125}=0.408\mathrm{cm}$$

$$J_x=5\times\left[\frac{0.2\times3^3}{12}+3\times0.2\times(1.6-0.408)^2+2.8\times0.2\times(0.3-0.408)^2\right]+$$
$$0.763\times48\times0.2\times0.408^2=7.853\mathrm{cm^4}$$

$$\sigma_{cr总}=\frac{\pi^2EJ_x}{L^2A}=\frac{\pi^2\times7\times10^6\times7.853}{45^2\times13.125}=20\ 413\mathrm{N/cm^2}$$

根据总体失稳算得板件所承受的最大载荷为

$$P=\sigma_{cr总}A=267\ 923\mathrm{N}$$

可见,该板件总体失稳比桁条局部失稳所承受的最大载荷高。所以取桁条局部失稳时板件的最大承载为该结构的最大破坏载荷为

$$P_{max}=157\ 700\mathrm{N}$$

有时,已知板件承受的总载荷,此载荷由桁条和板共同承受,要求计算桁条的应力和板的减缩系数。

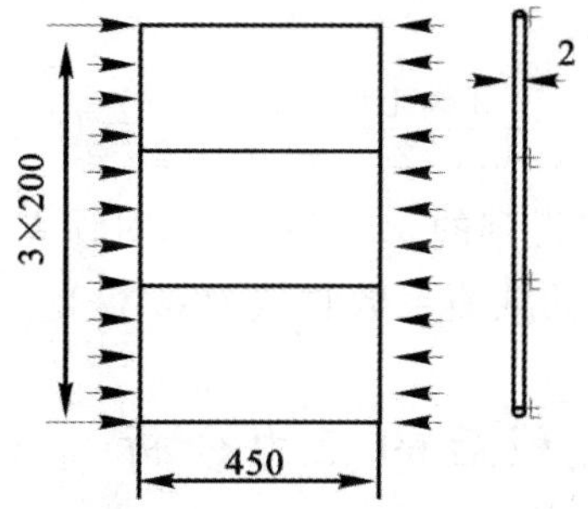

图 7.4.10　例 7.2 图

例 7.2　已知图 7.4.10 所示加筋板件受压力 $P=3\times10^5\,\text{N}$ 作用，桁条截面积 $f=3\text{cm}^2$，板与桁条的材料相同，其弹性系数 $E=7\times10^6\,\text{N/ cm}^2$，试求桁条的应力和板的减缩系数 φ。

解　板的临界应力为

$$\sigma_{\text{cr}}=\frac{0.9kE}{(b/t)^2}=\frac{0.9\times4\times7\times10^6}{(20/0.2)^2}=2\ 520\text{N/cm}^2$$

根据式(7.4.30)，桁条的应力 σ_{st} 为

$$\sigma_{\text{st}}=\frac{P}{4f+\varphi bt} \tag{1}$$

板的减缩系数 φ 为

$$\varphi=\sqrt{\frac{\sigma_{\text{cr}}}{\sigma_{\text{st}}}} \tag{2}$$

式(1)和式(2)相互耦合。可以用逐次逼近法解出桁条应力 σ_{st} 和板的减缩系数 φ。首先令 $\varphi^{(1)}=1$，也就是板没有失稳，代入式(1)，得到

$$\sigma_{\text{st}}^{(1)}=\frac{3\times10^5}{4\times3+1\times60\times0.2}=12\ 500\text{N/cm}^2$$

代入式(2)，得

$$\varphi^{(2)}=\sqrt{\frac{2\ 520}{12\ 500}}=0.449$$

代入式(1)，得

$$\sigma_{\text{st}}^{(2)}=\frac{3\times10^5}{4\times3+0.449\times60\times0.2}=172\ 530\text{N/cm}^2$$

代入式(2)，得

$$\varphi^{(3)}=\sqrt{\frac{2\ 520}{17\ 253}}=0.382$$

代入式(1)，得

$$\sigma_{\text{st}}^{(3)}=\frac{3\times10^5}{4\times3+0.382\times60\times0.2}=18\ 090\text{N/cm}^2$$

代入式(2)，得

$$\varphi^{(4)}=\sqrt{\frac{2\ 520}{18\ 090}}=0.372$$

代入式(1),得

$$\sigma_{st}^{(4)}=\frac{3\times10^5}{4\times3+0.372\times60\times0.2}=18\ 221\text{N/cm}^2$$

随着迭代次数增加,两次迭代得到的 σ_{st}^{i+1} 与 σ_{st}^{i} 相对误差为逐渐缩小。经过 4 次迭代,桁条应力收敛为 18 221 N/ cm^2,板的减缩系数收敛为 0.372。

7.4.5 加筋板受剪失稳后的应力分析——张力场梁概念

对于单独的受剪板,当板内剪应力达到临界应力 τ_{cr}时,板就失去稳定发生皱损。不过,在飞机结构中,平板常常以加筋蒙皮的形式存在,即板的四周边缘有桁条支持。在板受剪失稳后,由于加强筋的支持,整个加筋板仍能继续承受增加的外载荷,直到周围桁条破坏或者板被拉坏,板件才失去承载能力。

如图 7.4.11(a)所示薄壁梁,由上、下缘条、支柱和腹板组成。外载荷 P 在板内引起剪应力 τ 小于临界剪应力 τ_{cr} 时,即 $\tau<\tau_{cr}$,板是平的。外载荷 P 产生的弯矩由上、下缘条的轴向力来承担,外载荷由板的剪应力来承担,如图 7.4.11(b)所示。此时,板处于纯剪状态,在板的 45°方向有主应力 $\sigma_1=-\sigma_2=\tau$。这种受力状态称为"剪力场"状态。由剪应力来承担外载荷的薄壁梁,叫作"剪力场梁"。

当外载荷 P 继续增加,使得板内剪应力 $\tau=\tau_{cr}$ 时,板就失去稳定。这时,由于在板的主平面上的压应力 σ_2 的作用,而使板在其主应力 σ_1 的方向上形成大致互相平行的波纹,波纹的母线与 σ_1 的方向平行,与水平线成 α 角,称为波纹角,如图 7.4.12 所示。这时,板虽失稳,但是由于在板的四周有加强骨架的支持,板件仍能承受继续增加的外载荷。当 $\tau>\tau_{cr}$ 时,板的受力形式将发生变化。当外载 P 继续增加时,因板失去稳定,σ_2 大致保持不变,只有 σ_1 继续增加,板像斜条一样承受张力,这种受力状态称为"张力场" 状态。这种靠板的张力来承担外载荷的薄壁梁称为"张力场梁"。此时,由于 $|\sigma_1|>|\sigma_2|$,板四周的边框不但受到剪应力 τ 的作用,还受到正应力 σ_x 和 σ_y 作用(见图 7.4.12),使边框弯曲和产生附加轴力。张力场梁可能的破坏形式有:① σ_1 达到材料的破坏应力 σ_b 时,板被拉坏;②边框中应力达到材料比例极限时发生强度破坏;③边框失稳,使得整个薄壁梁失去承载能力。

综上所述,薄壁梁在板失稳前为剪力场梁,板失稳后变为张力场梁。

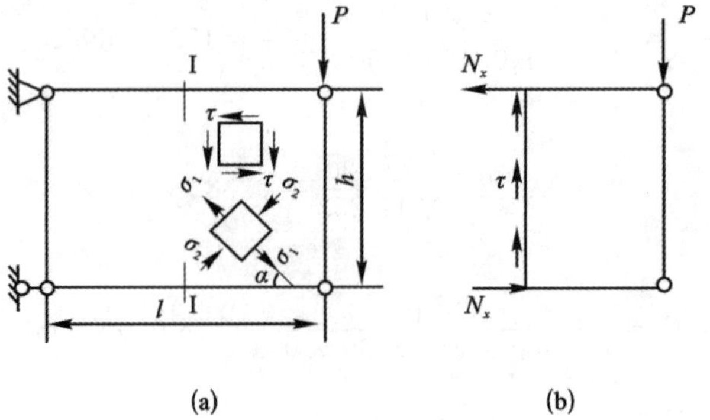

图 7.4.11 剪力场梁

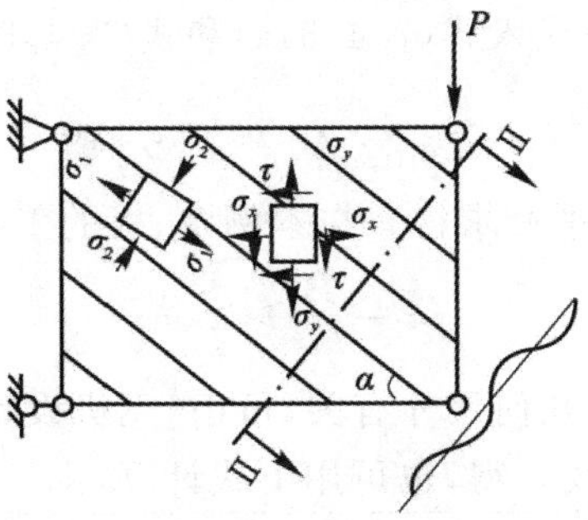

图 7.4.12　张力场梁

现在分析张力场梁的应力状态。设波纹角为 α，可以由图 7.4.13 所示的三角形微元体的平衡条件找出应力 σ_1，σ_2 和 σ_x，σ_y，τ 之间的关系。

由图 7.4.13(a)所示的三角形微元体的平衡条件，得

$$\sum x = 0, \qquad -\sigma_x t + \sigma_1 t\cos^2\alpha - \sigma_2 t\sin^2\alpha = 0$$

$$\sigma_x = \sigma_1 \cos^2\alpha - \sigma_2 \sin^2\alpha \tag{7.4.31a}$$

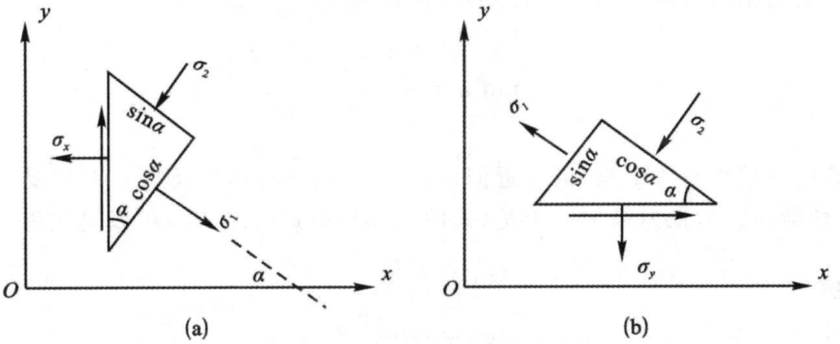

图 7.4.13　张力场梁中板元的平衡

$$\sum y = 0, \qquad \tau t - \sigma_1 t\cos\alpha\sin\alpha - \sigma_2 t\sin\alpha\cos\alpha = 0$$

$$\sigma_1 + \sigma_2 = 2\tau/\sin 2\alpha \tag{7.4.31b}$$

由图 7.4.13(b)所示的三角形微元体的平衡条件，得

$$\sum y = 0, \qquad \sigma_y t - \sigma_1 t\sin^2\alpha + \sigma_2 t\cos^2\alpha = 0$$

$$\sigma_y = \sigma_1 \sin^2\alpha - \sigma_2 \cos^2\alpha \tag{7.4.31c}$$

在板失稳前，为纯剪状态，根据材料力学知识，此时

$$|\sigma_1| = |\sigma_2| = \sigma, \quad \alpha = 45^\circ$$

代入式(7.4.31)，可得

$$|\sigma_1| = |\tau|, \quad \sigma_x = \sigma_y = 0$$

当板达到临界状态时，$\tau = \tau_{cr}$，$|\sigma_1| = |\sigma_2| = \sigma_{cr}$，由式(7.4.31(b))得

$$\sigma_2 = \frac{\tau_{cr}}{\sin 2\alpha} = \sigma_{cr} \tag{7.4.32}$$

板失稳后，板呈张力场状态，σ_2 不再变化，始终等于板失稳时的值(见式(7.4.32)，但 σ_1 仍然会随载荷增加，由式(7.4.31b)和式(7.4.32)得到拉应力为

$$\sigma_1 = \frac{2\tau - \tau_{cr}}{\sin 2\alpha} \tag{7.4.33}$$

将式(7.4.32)和式(7.4.33)代入式(7.4.31a)和式(7.4.31c),得到正应力 σ_x 和 σ_y:

$$\sigma_x = \tau\cot\alpha - \frac{\tau_{cr}}{\sin 2\alpha},\quad \sigma_y = \tau\tan\alpha - \frac{\tau_{cr}}{\sin 2\alpha} \tag{7.4.34}$$

式中,τ 是工作剪应力,由外载荷平衡求得。在本例中,板的工作剪应力为

$$\tau = \frac{P}{ht} > \tau_{cr}$$

波纹角 α 与薄壁梁的材料及几何尺寸有关,可由《飞机设计员手册:第 4 册 强度计算和重量计算》中的经验公式和试验曲线查得,也可用下式计算,即

$$\tan^4\alpha = \frac{1 + \dfrac{ht}{2f_{st}}\dfrac{E_0}{E_{st}}}{1 + \dfrac{lt}{2f_c}\dfrac{E_0}{E_c}} \tag{7.4.35}$$

式中,E_0,E_{st},E_c 分别为板、缘条、支柱的材料弹性系数。f_{st},f_c 分别为缘条、支柱的横截面积。当缘条和支柱非常刚硬时,由式(7.4.35)可得 $\alpha = 45°$。由薄壁梁试验可知,波纹角通常在 25°~50°之间。

当各元件采用相同材料时,式(7.4.35)可简化为

$$\tan^4\alpha = \frac{1 + \dfrac{ht}{2f_{st}}}{1 + \dfrac{lt}{2f_c}} \tag{7.4.36}$$

对于板的厚度较小的薄壁梁,可以近似地认为 $|\sigma_2| = \tau_{cr} \approx 0$,即板一开始受力就进入张力场状态,称这种梁为完全张力场梁。于是,式(7.4.33)和式(7.4.34)可以简化为

$$\left.\begin{aligned} \sigma_1 &= \frac{2\tau}{\sin 2\alpha} \\ \sigma_x &= \tau\cot\alpha \\ \sigma_y &= \tau\tan\alpha \end{aligned}\right\} \tag{7.4.37}$$

对于板较厚的情况,板开始受载时是剪力场梁,在板受剪失稳后转为张力场梁,这种薄壁梁称为非完全张力场梁(或部分张力场梁)。实际结构基本都是不完全张力场梁,按完全张力场梁公式得到的结果偏于保守(比较式(7.4.37)和式(7.4.34)),仅供初步设计使用。

薄壁梁绝大多数都是按张力场梁来计算的。由于张力场梁仍然是线弹性结构,因此在计算其内力时,常常将张力场梁的真实受力状态看成两种简单受力状态的叠加,如图 7.4.14 所示。

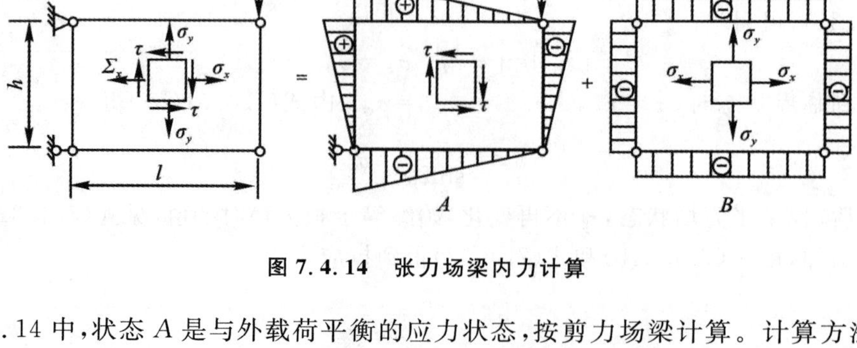

图 7.4.14 张力场梁内力计算

图 7.4.14 中,状态 A 是与外载荷平衡的应力状态,按剪力场梁计算。计算方法和未失稳

时一样。

状态 B 是由 σ_x 和 σ_y 作用的自平衡应力状态。计算方法为：首先由临界应力公式求出 τ_{cr}，并确定波纹角 α，然后由式(7.4.34)确定 σ_x 和 σ_y 。

如图 7.4.15(a)所示，将均布载荷 $q_y = \sigma_y t$ 作用在上下缘条上，使支柱受轴向压力 $N_y = \frac{1}{2}\sigma_y + l$。同理，如图 7.4.15(b)所示，将均布载荷 $q_x = \sigma_x t$ 作用在支柱上，使上下缘条受到轴向压力 $N_x = \frac{1}{2}\sigma_x th$ 。

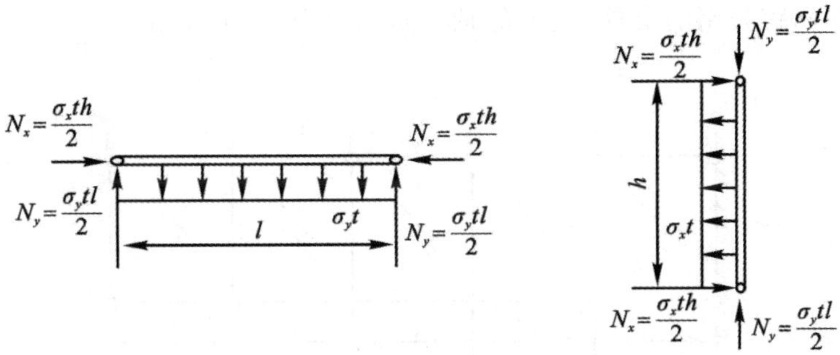

(a)　　(b)

图 7.4.15　缘条和支柱上附加轴力的计算

σ_x 和 σ_y 还会在支柱和缘条中产生局部弯矩。缘条和支柱像一个受均布载荷的双支点梁，其弯矩图如图 7.4.16(b)所示。在梁跨度中点弯矩最大。由此得到缘条和支柱上的最大弯矩和最大弯曲应力为

支柱：
$$M_{c,\max} = \frac{1}{8}\sigma_x th^2, \quad \sigma_{c,\max} = \frac{M_{c,\max}}{W_c}$$

缘条：
$$M_{n,\max} = \frac{1}{8}\sigma_y tl^2, \quad \sigma_{n,\max} = \frac{M_{n,\max}}{W_n}$$

式中，W_c 和 W_n 分别为支柱和缘条的抗弯断面系数。

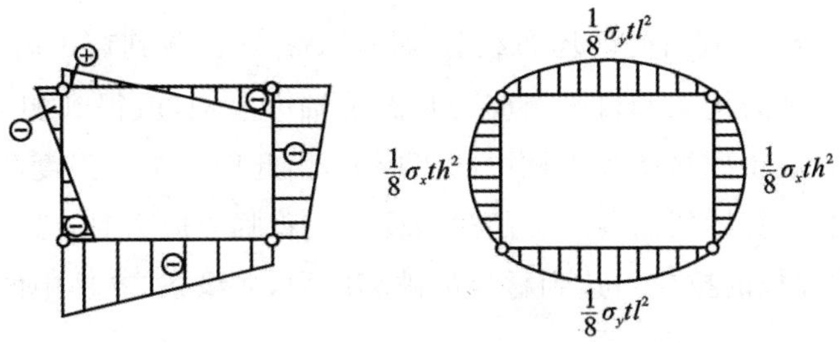

(a)　　(b)

图 7.4.16　缘条和支柱上的轴力和弯矩分布

(a)轴力；(b)弯矩

将缘条和支柱上的最大弯曲应力和前面得到的轴向应力相加，就得到状态 B 的最大

应力。

最后，将 A 和 B 两种状态的应力叠加，就得到缘条和支柱中的实际应力。

对于多跨薄壁梁，若 $\tau > \tau_{cr}$，则对该结构应进行张力场计算。图 7.4.17 所示多跨薄壁梁，由于各板尺寸相同，且只受载荷 P 作用，因此，各板剪应力 τ、临界剪应力 τ_{cr}、失稳后的波纹角 α 以及张力 σ_x，σ_y 都相同。首先求出剪力场梁的受力状态。然后进行张力场状态计算，每跨内的缘条和支柱的受力情况可以简化成图 7.4.15 所示的模型。可以求得：$N_y = \frac{1}{2}\sigma_y tl$，$N_x = \frac{1}{2}\sigma_x th$。对于相邻两跨公用的支柱，其上的轴力是两跨中 N_y 的叠加。

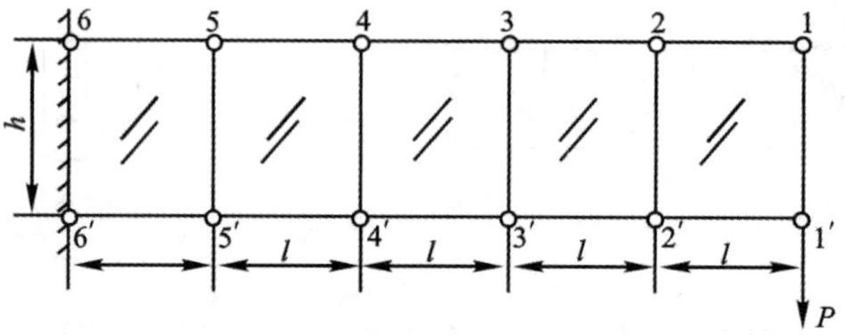

图 7.4.17　受集中力作用的多段等跨度薄壁梁

此外，还需要考虑 σ_x，σ_y 在缘条和支柱上产生的附加弯矩。梁的上下缘条将受到均布载荷 $\sigma_y t$ 的作用，如图 7.4.18(a) 所示，其局部弯矩可按材料力学中多支点边连续梁的三弯矩方程进行计算。如设缘条在支柱处为固支，其弯矩图如图 7.4.18(b) 所示，最大弯矩在支点处，弯矩为 $M_{n,\max} = -\sigma_y tl^2/12$，最大弯曲应力 $\sigma_{n,\max} = M_{n,\max}/W_n$。

支柱仍可认为是受均布载荷的双支点梁，其最大弯矩发生在杆的中点，其值为

$$M_{c,\max} = \frac{\sigma_x th^2}{8}$$

至于跨度中间的支柱，如杆 $2-2'$，$3-3'$，…，因左、右两相邻壁板的 σ_x，σ_x' 同时作用在支柱上，如图 7.4.18(c) 所示，其所受的均布载荷为 $(\sigma_x' - \sigma_x)t$。得到弯矩后，就不难求出相应的弯曲正应力。最后，将剪力场梁和自平衡应力状态的轴力叠加，就得到相应的轴向正应力，然后再叠加弯曲正应力，就得到缘条和支柱中的正应力，由此即可进行强度和稳定性校核。

对于薄壁结构，当计算的板的剪应力超过板受剪失稳临界应力时，必须进一步进行张力场计算。当张力场梁的腹板的拉应力达到材料的破坏应力，或缘条、支柱中的正应力达到材料的破坏应力时，就认为此梁已破坏。

在飞机设计中，为了减轻重量，提高结构承载效率，越来越多地采用了张力场梁。它可使腹板厚度较薄。但由于张力场受力使缘条受到了附加的轴力和局部弯曲应力，因此，缘条的截面面积应适当加大。此外，由于板壁受剪失稳出现波纹，其挠度较大，所以，在高速飞机以及对气动外形要求较高部位的蒙皮，不宜采用张力场的受力形式。

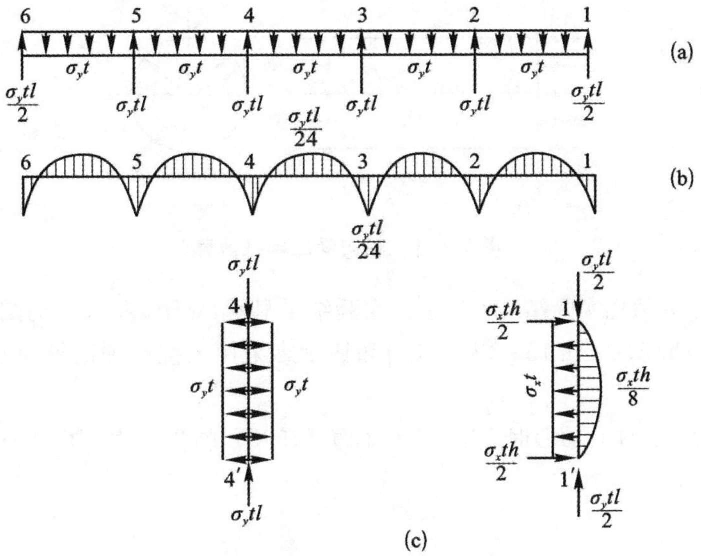

图 7.4.18　多段等跨度薄壁梁受力状态

(a)轴力;(b)弯矩;(c)支柱

7.5　圆柱薄壳的弹性屈曲

由于薄壳结构可以使充分利用材料,因此,在飞行器中获得广泛应用,如飞机的机身,火箭和导弹的弹身。与薄壁类似,当薄壳承受面内压应力时,也可能发生失稳(屈曲)。但是,一般来说,壳体抵抗屈曲的内力由于平板。

薄壳的稳定性分析仍可采用与薄板稳定性分析相同的方法,即静力法和能量法。不过,由于推导过程较为复杂,因此本节只给出一些实用的计算公式,并介绍其适用范围。

7.5.1　圆柱薄壳的轴压稳定性

如图 7.5.1 所示的半径为 r,长度为 l,壁厚为 t 的圆柱薄壳,两端简支,受到均匀轴向压力 P 作用。根据线性小挠度理论得到的临界应力表达式为

$$\sigma_{cr}=\frac{k\pi^2 E}{12(1-\mu^2)}\left(\frac{t}{l}\right)^2 \tag{7.5.1}$$

式中,μ 是材料泊松比。对于短柱壳($\frac{l^2}{rt}<1$),屈曲系数 $k=1$;对于中长柱壳($1<\frac{l^2}{rt}<100$),$k=\frac{4\sqrt{3}}{\pi^2}\frac{l^2\sqrt{(1-\mu^2)}}{rt}$,代入式(7.5.1)可得

$$\sigma_{cr}=\frac{E}{\sqrt{3(1-\mu^2)}}\frac{t}{r}=kE\frac{t}{r} \tag{7.5.2}$$

这表明,临界应力与壳体长度无关。对于常见金属,$\mu=0.3$,代入式(7.5.2),得到 $k=0.605$。

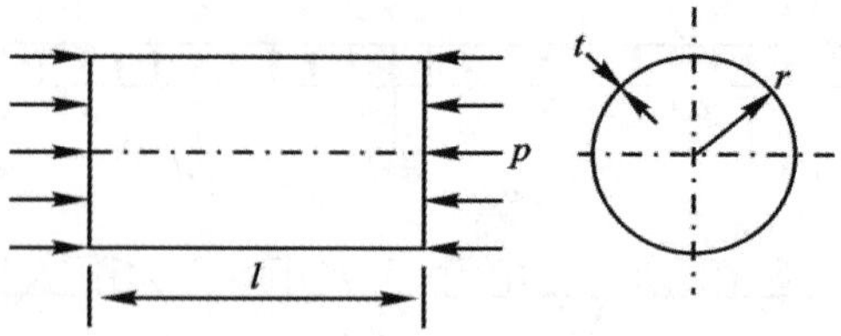

图 7.5.1　轴向受压圆柱薄壳

试验表明，这个 k 值比实际结果大很多。实验结果显示，对于 r/t 较小的圆柱薄壳，$k=0.3$，对于 r/t 较大的圆柱薄壳，$k=0.15$。冯·卡门和钱学森采用大挠度理论得到的 $k=0.18$，与实验结果非常接近。

当柱壳很长（$l^2/(rt)>100$）时，相当于压杆失稳问题，临界应力可由压杆欧拉公式得到，即

$$\sigma_{cr}=\frac{\pi^2 Er^2}{2l^2} \tag{7.5.3}$$

7.5.2　圆柱薄壳在纯弯情况下的稳定性

如图 7.5.2 所示的半径为 r，长度为 l，壁厚为 t 的圆柱薄壳在力矩 M 作用下弯曲。一侧受拉，一侧受压。由于壳壁很薄，可近似认为轴向应力沿壁厚均匀分布。理论分析和实验结果都表明，圆柱薄壳在纯弯状态下的临界应力和受轴压的情况相差不大，因此临界应力可按式（7.5.2）计算，相应的临界弯矩为

$$M_{cr}=\sigma_{cr}\pi r^2 t \tag{7.5.4}$$

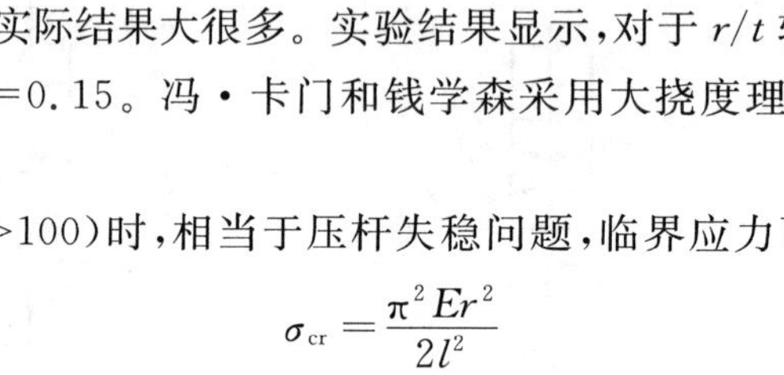

图 7.5.2　纯弯作用下的圆柱薄壳

7.5.3　圆柱薄壳在外压作用下的稳定性

如图 7.5.3 所示的半径为 r，长度为 l，壁厚为 t 的圆柱薄壳受到均布侧向外压 q 作用，在其周向产生 qr/t 的压应力，当外压大到一定程度时，圆柱薄壳就会屈曲。如果柱壳很长，则两端的边界约束对临界载荷的影响可以忽略，临界外压 q_{cr} 为

$$q_{cr}=\frac{E}{4(1-\mu^2)}\left(\frac{t}{r}\right)^3 \tag{7.5.5}$$

可见，临界外压与柱壳长度无关。

如果柱壳很短，那么两端的边界约束对载荷的影响就不能忽略，此时，可以采用如下公式计算临界外压：

$$q_{cr}=\frac{k\pi^2 E}{12(1-\mu^2)}\left(\frac{t}{l}\right)^2 \tag{7.5.6}$$

其中，屈曲系数 k 可由文献[1]查得。

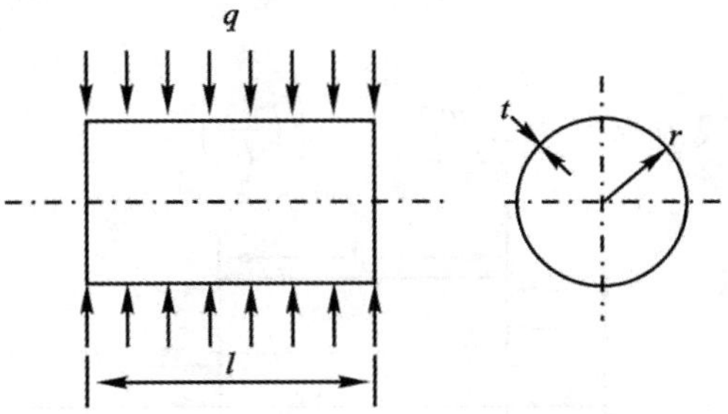

图 7.5.3　均匀外压作用下的圆柱薄壳

习题与思考题

7.1　已知图 E7.1 中的两端铰支薄壁杆件长度为 0.75m，剖面形状如图 E7.1 所示，面积为 1.5cm²，截面惯性半径为 1.2cm，材料的弹性模量 $E=7\times10^{10}$Pa，比例极限 $\sigma_P=2.35\times10^8$Pa，求杆件的临界应力。注意：图中尺寸单位为 mm。

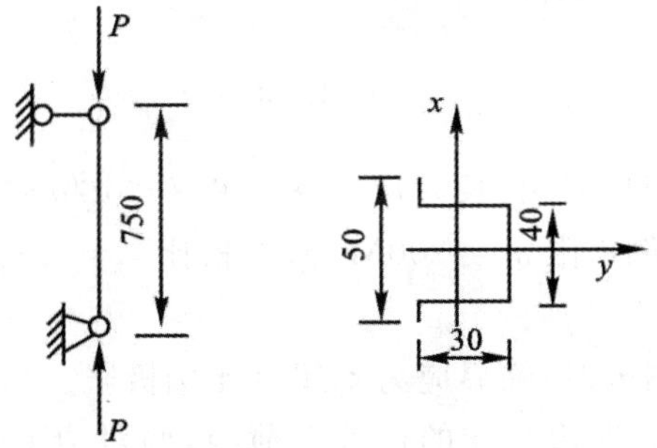

图　E7.1

7.2　图 E7.2 所示薄板 $OABC$，OA 和 OC 边简支，BC 边固支，AB 边自由，现在 OA 边上作用分布的弯矩 M。写出薄板的边界条件。

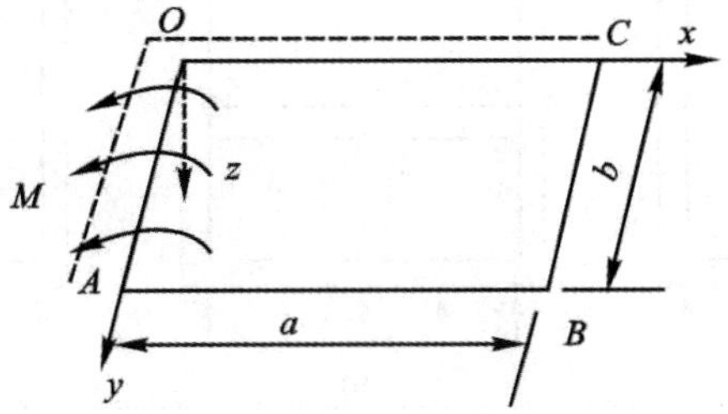

图　E7.2

7.3　如图 E7.3 所示矩形薄板，厚度为 t，平行于 x 轴的两边固支，平行于 y 轴的两边简支。现对板施加如图所示均布压应力 σ。

(1)求临界载荷;

(2)当 $a=2b$ 时,求对应于最小临界应力的半波 m 数(取最近的整数),以及最小临界应力。

假设板压曲后的挠曲线为 $w=\delta\sin\left(\frac{m\pi x}{a}\right)\sin^2\left(\frac{\pi y}{b}\right)$ 。

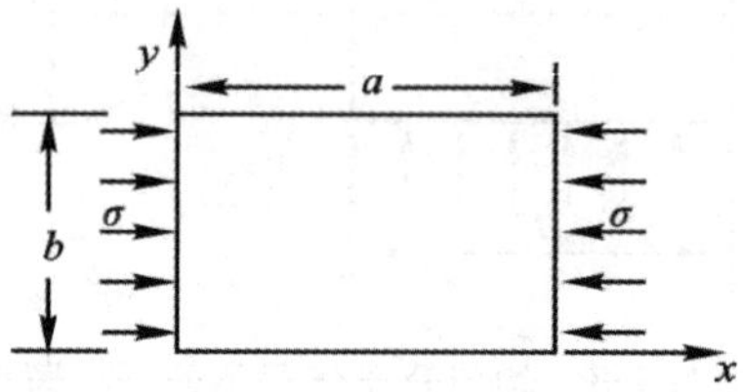

图　E7.3

7.4　如图 E7.4 所示板件,它由薄板和均布的 Z 型桁条组成。板件受均匀压应力作用。假设弹性模量 $E=70\text{GPa}$,压应力为 300MPa。求板件屈曲强度。假设图中尺寸单位为 mm。

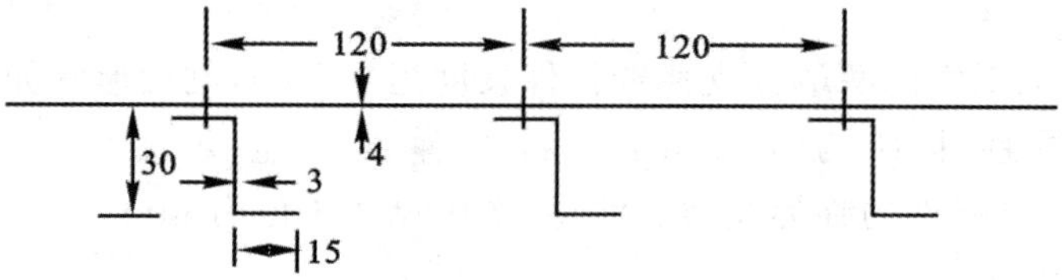

图　E7.4

7.5　一块四周简支的矩形薄板,长为 a,宽为 b,$0.7<a/b<1.4$。薄板单向受压,已知材料弹性模量 $E=210\text{GPa}$,比例极限 $\sigma_p=200\text{MPa}$,泊松比 $\mu=0.3$。求:

(1)板临界应力;

(2)薄板厚度在什么范围内时,临界应力不超过比例极限。

7.6　如图 E7.5(a)所示,四边简支的正方形薄板,两对边上受到均布纵向压力。为提高薄板临界载荷,拟在薄板中间布置一根支杆,问:支杆垂直于载荷方向放置(见图 E7.5(b))和平行于载荷方向放置(见图 E7.5(c)),临界载荷分别提高多少?

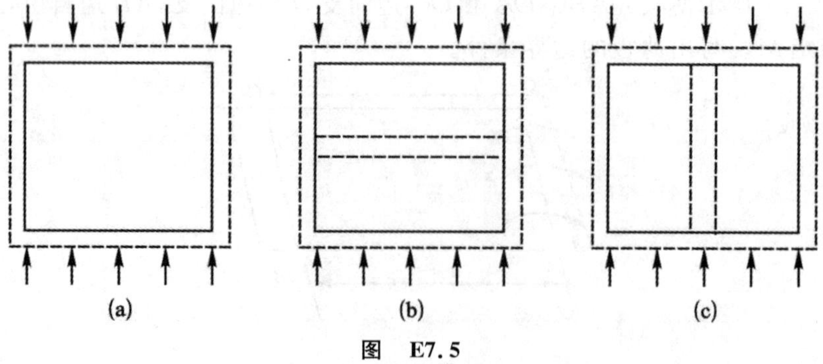

图　E7.5

7.7　如图 E7.6 所示薄壁梁,几何尺寸单位为 mm,各元件材料相同,弹性模量 $E=210\text{GPa}$,极限压应力 $\sigma_b=380\text{MPa}$,缘条截面积 $f_1=1.25\text{cm}^2$,抗弯断面系数 $W_1=1.25\text{cm}^3$,支

柱截面积 $f_1=0.64\text{cm}^2$，抗弯断面系数 $W_2=0.8\text{cm}^3$，壁板厚 $t=0.05\text{cm}$。板的自由端受集中载荷 $\rho=5\text{kN}$。求板的应力状态，以及缘条、支柱中的最大正应力。

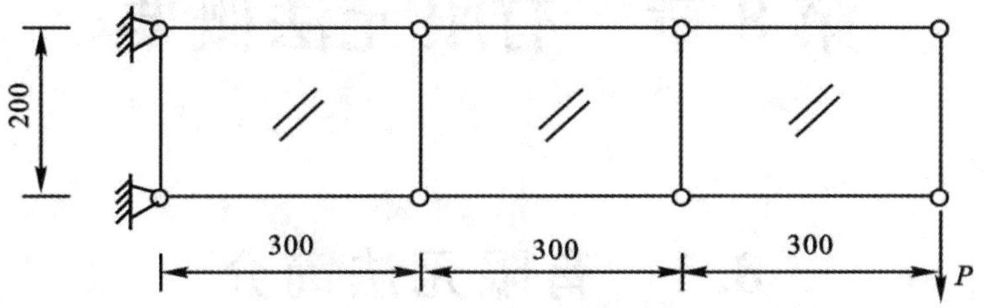

图　E7.6

第8章　有限元法概要

8.1　有限元法简介

有限元法(Finite Element Method, FEM)是经典Ritz法的发展。前面讨论了弹性力学问题的能量原理,它将弹性力学问题所对应的微分方程边值问题转化为泛函极值问题,即最小势能原理,从而可以采用Ritz法数值求解。Ritz法的关键步骤是选取自动满足位移边界条件的位移近似解,在经典Ritz法中,位移近似解是定义在整个弹性体上的全局函数,要使这样的全局函数在位移边界上满足给定的位移边界条件并非易事。有限元法主要的贡献在于,通过将弹性体划分为有限个几何形状较为简单的单元(element),利用单元上的插值,有效地解决了经典Ritz法中位移近似解构造的瓶颈问题,从而形成了一种简单、系统、通用的弹性力学问题数值解法。

有限元法的发展可从数学和力学方面叙述。数学方面,可追溯到1909年,利兹(W. Ritz)发表了有关数学物理方程变分原理的论文,将椭圆形数学物理方程连同边界条件(即边值问题),等价于一个能量积分的极值问题,然后用带有未知量的试探函数,使能量积分取极值,即将微分方程化作代数方程组求出近似解。试探函数实际上是能满足边界条件的一个假定位移场,它和有限元法中采用的插值函数是相通的,只不过它要求在全部积分域上连续和满足全部边界条件,所以在实际结构分析中很难得到满足。1943年库兰特(R. Courant)等人又进一步发挥了这一思想,他们在求扭转问题时,将整个剖面划分成若干小的三角形区域,然后在这些小区域上假定位移场,克服了位移场不能满足整个边界条件的困难。这就是有限元的初期思想。

真正促使有限元法产生和发展的是从事力学工作的工程师们,特别是从事航空结构分析的工程师。主要的奠基人阿吉里斯(J. H. Argyris),于1954至1955年在航空工程杂志上发表了一系列论文,采用了矩阵方法,按能量原理推导出平面应力板的单元刚度矩阵;特纳(M. J. Turner)、克劳夫(R. W. Clough),于1956年在纽约航空学会年会上发表论文,开始用三角形和矩形单元计算翼盒段结构的刚度和位移。他们都对有限元法的形成做了开创性工作。作为“有限元法”这样一个名称,则是克劳夫于1960年在发表的一篇论文中首先提出,并很快为世人公认。从此,有限元法成为连续体离散化的一种标准解法,被广泛深入研究,并得到迅猛的发展。

电子计算技术对有限元法的发展也起决定性影响。有限元法都须求解规模巨大的线性代数方程组,阶数高达数百万,没有高速、大容量电子计算机进行运算是很难解决的。因此,有限元法又称为“电子计算机化”分析方法。虽然有限元法的基本思想在20世纪40年代已提出,但直到50年代中期,电子计算机发展后,才提供了可靠的计算工具,开始有限元法的大发展时期。目前有限元法已经形成了许多大型软件,如美国的 ABQUS,ADINA,ANSYS,COSMOS 和 MARC,德国的 ASKA,英国的 PAFEC,法国的 SYSTUS 等。各种有限元软件的发展,进一步推广了有限元法的工程应用。目前有限元法的应用已遍及宇航、核、机电、化工、建筑、海洋等工业,是机械产品动、静、热特性分析的重要手段。早在 20 世纪 70 年代初期就有人给出结论:有限元法在产品结构设计中的应用,使机电产品设计产生革命性的变化,理论设计代替了经验类比设计。目前,有限元法仍在不断发展,理论上不断完善,各种有限元分析程序包的功能越来越强大,使用越来越方便。

8.2　有限元法基本原理

前面章节已经介绍了 Ritz 法,它是基于最小势能原理而形成的一种结构力学问题的数值解法。Ritz 法的核心是构造变形许可的位移试函数(近似解),即所选取的位移试函数必须满足位移边界条件。对一般的工程结构,由于结构几何外形和边界条件的复杂性,构造定义在整个结构上、又能自然满足位移边界条件的位移近似解并非易事,经典 Ritz 法的这一局限使得它难以应用于实际工程结构力学问题的分析。

有限元方法实质上是 Ritz 法的改进和发展,其主要贡献在于,彻底克服了经典 Ritz 法的上述缺陷。有限元法将求解区域划分为若干"单元",通过单元上的插值来构造位移函数的近似解,这样构造出的位移近似解可以很容易地满足复杂边界上的位移边界条件。有限元法和 Ritz 方法的实现过程基本相同,即包含以下 3 个主要步骤:

(1)构造位移近似解,其中的待定系数为节点位移,这一步是有限元法与 Ritz 法的主要区别所在;

(2) 应用最小势能原理,获得关于节点位移的线性方程组;

(3) 施加边界条件,求解线性方程组,得到节点位移,进而可以得到结构的应变和应力。

本节以弹性力学平面问题为例,讲述有限元法的基本原理。这些原理和结论具有一般性,通用于其他类型结构的分析,如杆梁结构、弯板和壳结构,以及一般的空间结构。

8.2.1　单元剖分

考虑图 8.2.1 所示的平面弹性体。由于形状复杂,很难按照 Ritz 法的要求,构造一组在内部连续、在位移边界上满足位移边界条件的位移近似解。有限元法解决该问题的重要突破在于:它将求解区域划分为若干个单元。以单元为单位可以很容易地构造变形许可的位移近似解。

有限元法的第一步是将求解区域(弹性体)划分为单元。平面问题常用三角形单元和四边形单元,其中,三角形单元最通用、最简便,所以这里以 3 节点三角形单元为例,四边形单元的实现过程类似。图 8.2.1 中,求解区域被划分为若干个三角形单元。其中,单元的角点(即三角形的顶点)称为节点(node),图中用正方形点标出。

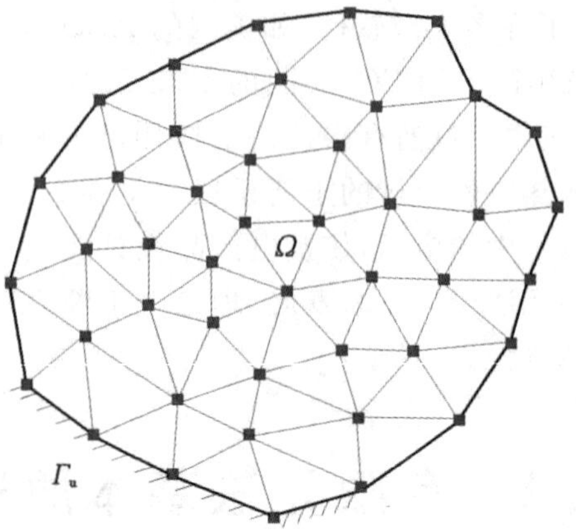

图 8.2.1　平面结构有限单元剖分

1. 单元和节点编号

将求解区域划分为单元之后，为了方便处理，需要对所有单元和节点分别进行编号。图 8.2.2 中，分别对 5 个单元和 6 个节点进行了编号，单元编号为黑字，写在单元中心位置，节点编号为带括号的字，写在相应节点附近。

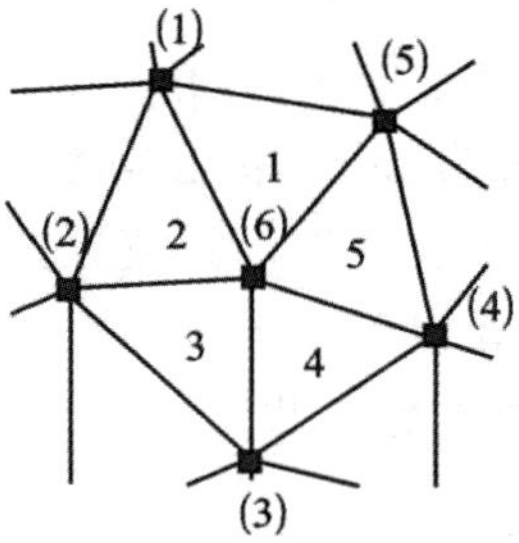

图 8.2.2　单元和节点编号

需要注意的是，单元和节点的编号顺序可以是任意的，不会影响分析结果。但是，后面将会看到，不同的编号会影响最终形成的线性方程组的系数矩阵的形式和线性方程组的求解效率，因此在 FEM 解决大规模工程问题中要予以考虑。

2. 单元划分的要求

一般地，有限元法中的单元划分有下述两个基本要求。

(1)单元角点不能在其他单元的边上。如图 8.2.3 中左图所示的单元划分是不允许的，因为其中单元 def 的一个角点 d 落在单元 abc 的边 ac 上，同样，角点 a 和 c 也落在单元边界 gd 和 dh 上。

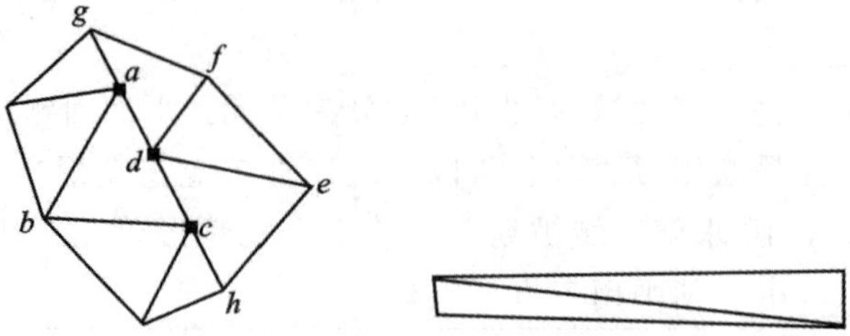

图 8.2.3　两种不合理的单元划分

(2)单元的形状要尽可能地接近正三角形。有一个角很小的情况称为单元畸形，如图 8.2.3 中右图所示的两个单元是畸形的。畸形单元的存在会影响有限元分析结果的精度，应尽量避免。

8.2.2　近似位移的构造

在获得单元剖分之后，就可以构造位移近似解。下面首先以一元函数的插值逼近来说明有限元法位移近似解的构造方法。

1. 一元函数的线性插值

数学中的 Lagrange 插值理论告诉我们，如果已知函数 $u(x)$ 在一系列点 $x_i(i=1,2,\cdots,n)$ 处的值 $u_i=u(x_i)$，则函数 $u(x)$ 可以用分段线性函数 $\bar{u}(x)$ 来近似，即

$$u(x)\approx\bar{u}(x)=u_1N_1(x)\cdots+u_nN_n(x)=\sum_{i=1}^{n}u_iN_i(x) \tag{8.2.1}$$

式中，$N_i(x)$为 Lagrange 插值函数，有限元法中又称为形函数(shape function)。线性插值对应的形函数被许多文献称为草帽函数(hat function)，因为它的图像像个草帽。图 8.2.4 中画出了 3 个线性插值形函数的图像，可以看出，$N_i(x)$是分段线性函数。

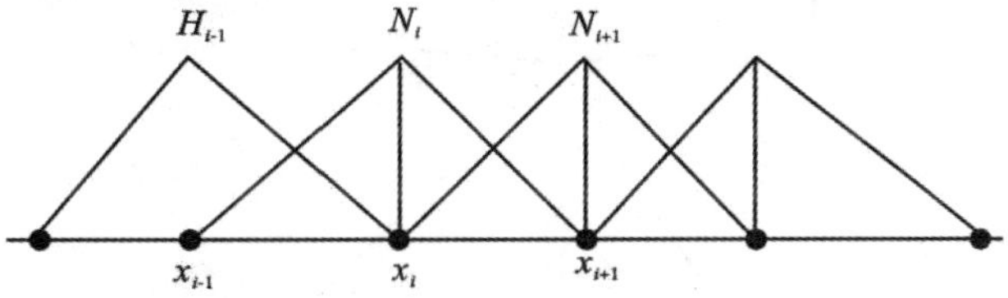

图 8.2.4　分段线性 Lagrange 插值函数

形函数 $N_i(x)$是数学上定义的，它的重要性质是：只与坐标 $x_i(i=1,\cdots,n)$有关，与被插值的函数 $u(x)$无关。因此，只要坐标 $x_i(i=1,\cdots,n)$给定，插值函数的形式就确定了。线性插值的形函数 $N_i(x)$的表达式为

$$N_i(x)=\begin{cases}\dfrac{x-x_{i-1}}{x_i-x_{i-1}}, & x\in[x_{i-1},x_i]\\[2ex] \dfrac{x-x_{i+1}}{x_i-x_{i+1}}, & x\in[x_i,x_{i+1}]\\[2ex] 0, & \text{其他}\end{cases} \tag{8.2.2}$$

可以看出，$N_i(x)$在 x_i 点处值为 1，而在其余插值点处值为 0。虽然这个性质是从上述线性插值函数的表达式中看出的，但所有高次(二次、三次等)Lagrange 插值函数都具有此性质。

式(8.2.1)给出的函数 $u(x)$和它的分段线性近似 $\bar{u}(x)$的关系如图 8.2.5 所示。

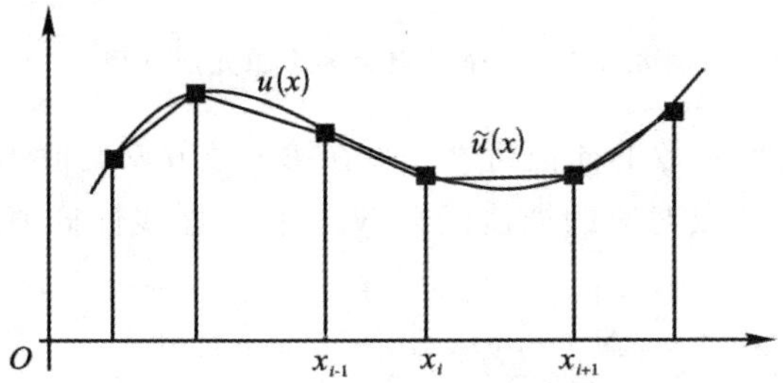

图 8.2.5　函数的分段线性插值逼近

注意，本问题中的坐标 $x_i(i=1,\cdots,n)$ 相当于函数 $u(x)$ 的定义区间 $[x_0, x_n]$ 的一个"单元划分"。在给定这种单元剖分之后，就可以按式(8.2.2)定义一组形函数 $N_i(x)(i=1,\cdots,n)$，它实质上是区间 $[x_0, x_n]$ 上的一组基函数，既然如此，定义在这个区间上的任意函数都可以用这组基函数的线性组合去近似，于是就有了式(8.2.1)中的函数 $u(x)$ 的近似展开式。

式(8.2.1)的另一个优良特点是：展开系数 u_i 就是函数在第 i 点上的值 $u(x_i)$。因此，可以想象，如果 Ritz 法中的位移按类似于式(8.2.1)的形式去展开，则待定系数就是要求的位移在节点上的值，后面会看到，这给位移边界条件的施加提供了方便。

2. 三角形单元上的线性插值

上述以一维情况为例说明，通过插值可以简便地构造任意函数的近似式。这个思想可以推广到二维(平面)问题之中。事实上，对于任意二维区域 Ω（见图 8.2.1)，在进行单元划分之后，都可以构造出一组形函数。

现考虑图 8.2.1 所示的问题，假设已经对单元和节点进行了编号。设有图 8.2.6 所示的单元 e，其 3 个节点的编号为 i,j,k，第 i 号节点的坐标为(x_i, y_i)。这里应注意，有限元法中通常规定：单元节点编号按逆时针方向进行。单元节点编号也可以用来表示单元，因此单元 e 也可称为"单元 ijk"。

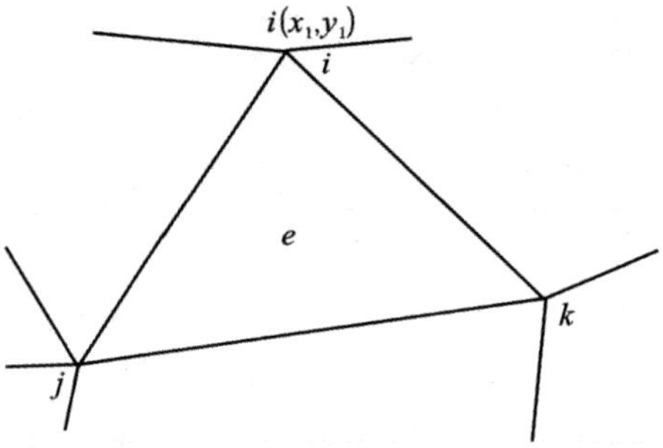

图 8.2.6 有限单元及其节点

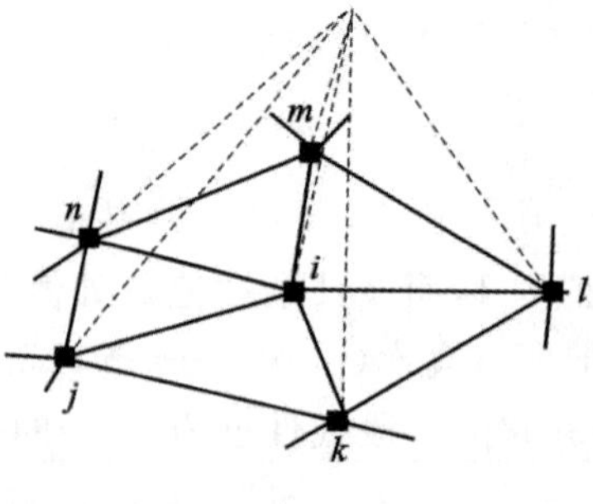

图 8.2.7 一个节点为多个单元所共用

按照上一节中总结的形函数的插值特性：N_i 在第 i 号节点处值为 1，而在其余插值点处值为 0，可以构造出与第 i 号节点对应的插值函数 N_i。仅考虑线性插值的情况，即在单元 e 上为线性函数。可假设

$$N_i^e(x,y)=a_i^e+b_i^e x+c_i^e y \tag{8.2.3}$$

式中，上标 e 表示各参数所对应的单元，下标为各参数所对应的节点，故 N_i^e 表示形函数在单元

e 上的表达式。由形函数的插值性质，有

$$\left.\begin{aligned} N_i^e(x_i, y_i) &= a_i^e + b_i^e x_i + c_i^e y_i = 1 \\ N_i^e(x_j, y_j) &= a_i^e + b_i^e x_j + c_j^e y_j = 0 \\ N_i^e(x_k, y_k) &= a_i^e + b_i^e x_k + c_i^e y_k = 0 \end{aligned}\right\} \tag{8.2.4}$$

上式写成矩阵形式为

$$\begin{bmatrix} 1 & x_i & y_i \\ 1 & x_j & y_j \\ 1 & x_k & y_k \end{bmatrix} \begin{bmatrix} a_i^e \\ b_i^e \\ c_i^e \end{bmatrix} = \begin{bmatrix} 1 \\ 0 \\ 0 \end{bmatrix} \tag{8.2.5}$$

当 3 个节点不重合时系数矩阵是可逆的，于是可以解出系数 a_i^e, b_i^e, c^e，从而确定出形函数 N_i 在单元 e 上的表达式。

这里应注意，节点 i 可能连接周围几个单元，如图 8.2.7 中 5 个单元共用了节点 i，因此节点 i 对应的形函数 N_i 是一个分片线性函数，它在节点 i 周围的 5 个单元上都是线性变化的，其值在节点 i 处为 1，而在其余节点 j, k, l, m, n 处均为 0。显然，N_i 的图像像个草帽，这也是“hat function”得名的由来。当然，按照式(8.2.3)、式(8.2.4)和式(8.2.5)只求出了在单元上的表达式，N_i 在周围其他单元上的表达式可以类似地求出。

按上述方法，就可以求出区域 Ω 内任意节点 $i=1,\cdots,M_K$（M_K 为总节点数目）所对应的形函数 $N_i(x,y)$。于是，对 Ω 上任意函数 $u(x,y)$ 可进行分段线性近似，有

$$u(x,y) = \sum_{i=1}^{M_K} u_i N_i(x,y) \tag{8.2.6}$$

式中，$u_i = u(x_i, y_i)$ 为函数 $u(x,y)$ 在节点 i 处的值。

8.2.3　建立 FEM 总体平衡方程

1. 位移插值

由以上分析可知，给定 Ω 的一种单元划分，则其上定义的任何函数都可以展开成式的形式。因此，弹性体的位移也可以展开成式(8.2.6)的形式，即

$$\left.\begin{aligned} u(x,y) &= \sum_{i=1}^{M_K} u_i N_i(x,y) \\ v(x,y) &= \sum_{i=1}^{M_K} v_i N_i(x,y) \end{aligned}\right\} \tag{8.2.7}$$

这样一来，待定系数和就是节点上的位移值。不难看出，要让式(8.2.7)给出的近似位移满足位移边界条件非常容易，只要让位移边界上的节点对应的展开系数和等于给定位移的值即可。这就说明，通过区域的单元剖分和插值，可以圆满地解决 Ritz 法在近似位移选取上存在的问题，这也正是 FEM 的精髓所在。

但是需要说明，下面在推导有限元法总体平衡方程时，先不考虑位移边界条件，而是认为所有边界都是应力边界。这样一来，实际位移边界上所存在的约束反力也被看成是结构所受的“外力”，因此，约束反力所做的功（未知量）也要计入系统的总势能之中。通过这种思路得到的总体平衡方程只与结构本身的单元划分形式有关，而与约束形式无关，因此，在对同一结构

进行不同边界条件下的有限元分析时，无须重复形成总体平衡方程，可以降低计算量。在得到总体平衡方程之后，可以根据实际约束情况施加位移边界条件，具体做法将在后面介绍。

2. 应用最小势能原理

在获得近似位移式(8.2.7)之后，有限元法的分析步骤和 Ritz 方法基本相同，但是在有限元法中所有推导过程常用矩阵形式来表示。本章把矩阵和列向量分别用粗体大写和小写字母表示。

(1)结构位移、应变和应力与节点位移的关系。有限元法的待求量是节点上的位移值。将所有 M_K 个节点的位移(u_i,v_i)，$i=1,\cdots$，写成列向量形式，记为

$$\boldsymbol{q}=\{u_1,v_1,u_2,v_2,\cdots,u_{M_k},v_{M_K}\}^{\mathrm{T}} \tag{8.2.8}$$

于是，弹性体上任意点的位移式(8.2.7)可写成

$$\boldsymbol{u}=\begin{Bmatrix}u\\v\end{Bmatrix}=\begin{bmatrix}N_1 & 0 & N_2 & 0 & \cdots & N_{M_K} & 0\\0 & N_1 & 0 & N_2 & \cdots & 0 & N_{M_K}\end{bmatrix}\boldsymbol{q}=\boldsymbol{Nq} \tag{8.2.9}$$

式中，$\boldsymbol{N}$ 为形函数矩阵，它建立了节点位移和结构上任一点位移的关系。上式可写成

$$\boldsymbol{u}=\boldsymbol{Nq} \tag{8.2.10}$$

位移的变分由式中的系数 u_1，v_1(即节点位移)的变化引起，即

$$\delta\boldsymbol{u}=\boldsymbol{N}\delta\boldsymbol{q} \tag{8.2.11}$$

设平面问题的应力和应变向量分别为

$$\boldsymbol{\sigma}=\{\sigma_x,\sigma_y,\tau_{xy}\}^{\mathrm{T}},\varepsilon=\{\varepsilon_x,\varepsilon_y,\gamma_{xy}\}^{\mathrm{T}}$$

有限元法中，需要将它们都用节点位移向量 q 来表示。由几何方程和式(8.2.10)可知

$$\boldsymbol{\varepsilon}=\begin{Bmatrix}\varepsilon_x\\\varepsilon_y\\\gamma_{xy}\end{Bmatrix}=\begin{bmatrix}\partial/\partial x & 0\\0 & \partial/\partial y\\\partial/\partial y & \partial/\partial x\end{bmatrix}\begin{Bmatrix}u\\v\end{Bmatrix}=\boldsymbol{Lu}=\boldsymbol{LNq}=\boldsymbol{Bq} \tag{8.2.12}$$

式中，$\boldsymbol{L}$ 为微分算子矩阵，矩阵 $\boldsymbol{B}=\boldsymbol{LN}$ 称为几何矩阵，它建立了结构应变场和节点位移之间的关系。

平面问题(包括平面应力和平面应变问题)的物理方程可以写成矩阵形式为

$$\boldsymbol{\sigma}=\boldsymbol{D\varepsilon} \tag{8.2.13}$$

式中，矩阵 $\boldsymbol{D}$ 为弹性系数矩阵。对于平面应力问题，将其物理方程

$$\left.\begin{aligned}\sigma_x&=\frac{E}{1-\mu^2}(\varepsilon_x+\mu\,\varepsilon_y)\\\sigma_x&=\frac{E}{1-\mu^2}(\varepsilon_y+\mu\,\varepsilon_x)\\\tau_{xy}&=\frac{E}{2(1+\mu)}\gamma_{xy}\end{aligned}\right\} \tag{8.2.14}$$

写成矩阵形式，不难得出

$$\boldsymbol{D}=\frac{E}{1-\mu^2}\begin{bmatrix}1 & \mu & 0\\\mu & 1 & 0\\0 & 0 & \dfrac{1-\mu}{2}\end{bmatrix} \tag{8.2.15}$$

对各向同性材料，$\boldsymbol{D}$ 为对称矩阵。对平面应变问题，也可按上面的方法写出其弹性矩阵的

形式，这里不再赘述。

将几何方程式(8.2.12)代入物理方程式(8.2.13)，可得到节点位移表示的应力为

$$\boldsymbol{\sigma} = \boldsymbol{DBq} \tag{8.2.16}$$

(2)系统总应变能。应变能密度为

$$\overline{U} = \frac{1}{2}(\sigma_x \varepsilon_x + \sigma_y \varepsilon_y + \tau_{xy}\gamma_{xy}) = \frac{1}{2}\boldsymbol{\sigma}^{\mathrm{T}}\boldsymbol{\varepsilon} \tag{8.2.17}$$

将应力、应变向量表达式式(8.2.16)和式(8.2.12)代入上式，则总应变能为

$$U = \int_{\Omega} \overline{U}\,\mathrm{d}\Omega = \frac{1}{2}\boldsymbol{q}^{\mathrm{T}} \underbrace{\left(\int_{\Omega} \boldsymbol{B}^{\mathrm{T}}\boldsymbol{DB}\,\mathrm{d}\Omega\right)}_{\boldsymbol{K}}\boldsymbol{q} = \frac{1}{2}\boldsymbol{q}^{\mathrm{T}}\boldsymbol{Kq} \tag{8.2.18}$$

式中

$$\boldsymbol{K} = \int_{\Omega} \boldsymbol{B}^{\mathrm{T}}\boldsymbol{DB}\,\mathrm{d}\Omega \tag{8.2.19}$$

称为系统总体刚度矩阵。后面将会看到 $\boldsymbol{K}$ 就是有限元法所形成的线性方程组的系数矩阵，因此矩阵 $\boldsymbol{K}$ 是有限元法的核心部分。由式(8.2.19)不难看出，$\boldsymbol{K}$ 是对称矩阵，因为

$$\boldsymbol{K}^{\mathrm{T}} = \int_{\Omega} (\boldsymbol{B}^{\mathrm{T}}\boldsymbol{DB})^{\mathrm{T}}\,\mathrm{d}\Omega = \int_{\Omega} \boldsymbol{B}^{\mathrm{T}}\boldsymbol{DB}\,\mathrm{d}\Omega = \boldsymbol{K} \tag{8.2.20}$$

根据这个性质，在计算机中存储时，就只需要存储上(或下)三角矩阵的元素，可以节省约 1/2 的存储空间。

(3)单元载荷所做的功。再来计算外力的功。这里要注意，前面已经提及，在形成总体平衡方程时认为结构所有边界为应力边界(即 $\Gamma = \Gamma_\sigma$)，实际位移边界上的约束反力所做的功也应计入外力的功，因此

$$\begin{aligned} W &= \int_{\Omega} (f_x u + f_y v)\,\mathrm{d}\Omega + \int_{\Gamma} (\overline{f}_y u + \overline{f}_y v)\,\mathrm{d}\Gamma = \\ &\int_{\Omega} [u, v]\begin{bmatrix} f_x \\ f_y \end{bmatrix}\mathrm{d}\Omega + \int_{\Gamma} [u, v]\begin{bmatrix} \overline{f}_y \\ \overline{f}_y \end{bmatrix}\mathrm{d}\Gamma \end{aligned} \tag{8.2.21}$$

应记住，在实际的位移边界 Γ_u 上的面力 $\overline{f}_x$ 和 $\overline{f}_y$ 即为约束反力，是未知量。引入外力向量

$$\boldsymbol{F} = \begin{bmatrix} f_x \\ f_y \end{bmatrix}, \quad \overline{\boldsymbol{F}} = \begin{bmatrix} \overline{f}_x \\ \overline{f}_y \end{bmatrix} \tag{8.2.22}$$

于是，式(8.2.21)可写为

$$W = \boldsymbol{q}^{\mathrm{T}} \underbrace{\left[\int_{\Omega} \boldsymbol{N}^{\mathrm{T}}\boldsymbol{F}\,\mathrm{d}\Omega + \int_{\Gamma} \boldsymbol{N}^{\mathrm{T}}\overline{\boldsymbol{F}}\,\mathrm{d}\Gamma\right]}_{\boldsymbol{P}} = \boldsymbol{q}^{\mathrm{T}}\boldsymbol{P} \tag{8.2.23}$$

式中，向量

$$\boldsymbol{P} = \int_{\Omega} \boldsymbol{N}^{\mathrm{T}}\boldsymbol{F}\,\mathrm{d}\Omega + \int_{\Gamma} \boldsymbol{N}^{\mathrm{T}}\overline{\boldsymbol{F}}\,\mathrm{d}\Gamma \tag{8.2.24}$$

称为等效节点(外)载荷向量。在面力和体力已知的单元上，$\boldsymbol{P}$ 中相应的元素可以按式(8.2.23)计算得到，而在位移边界上，由于面力(约束反力)未知，$\boldsymbol{P}$ 中对应的元素也是未知量。据此，总可以将 $\boldsymbol{P}$ 中已知的元素写在一起，而将剩余未知的元素写在一起，即 $\boldsymbol{P}$ 可以写成

$$\boldsymbol{P} = \begin{Bmatrix} \boldsymbol{P}_u \\ \overline{\boldsymbol{P}}_\sigma \end{Bmatrix} \tag{8.2.25}$$

式中，$\boldsymbol{P}_u$ 表示位移边界 Γ_u 上的节点力向量，它是未知的；$\overline{\boldsymbol{P}}_\sigma$ 是其余节点上的等效节点外力向

量，它可以由式(8.2.23)计算得到，是已知的(为方便记忆，已知量用上面带横线的字母表示)。

(4)总体平衡方程。系统总势能为

$$\Pi = U - W \tag{8.2.26}$$

将总应变能式(8.2.18)和外力功式(8.2.23)代入总势能表达式(8.2.26)，可得

$$\Pi = \frac{1}{2}\boldsymbol{q}^{\mathrm{T}}\boldsymbol{K}\boldsymbol{q} - \boldsymbol{q}^{\mathrm{T}}\boldsymbol{P} \tag{8.2.27}$$

总势能变分为

$$\delta\Pi = \frac{1}{2}\delta\boldsymbol{q}^{\mathrm{T}}\boldsymbol{K}\boldsymbol{q} + \frac{1}{2}\boldsymbol{q}^{\mathrm{T}}\boldsymbol{K}\delta\boldsymbol{q} - \delta\boldsymbol{q}^{\mathrm{T}}\boldsymbol{P} \tag{8.2.28}$$

由 $\boldsymbol{K}$ 的对称性，可得

$$\delta\boldsymbol{q}^{\mathrm{T}}\boldsymbol{K}\boldsymbol{q} = \boldsymbol{q}^{\mathrm{T}}\boldsymbol{K}\delta\boldsymbol{q} \tag{8.2.29}$$

故有

$$\delta\Pi = \delta\boldsymbol{q}^{\mathrm{T}}\boldsymbol{K}\boldsymbol{q} - \delta\boldsymbol{q}^{\mathrm{T}}\boldsymbol{P}$$

应用最小势能原理，有

$$\delta\Pi = \delta\boldsymbol{q}^{\mathrm{T}}(\boldsymbol{K}\boldsymbol{q} - \boldsymbol{P}) = 0 \tag{8.2.30}$$

于是可得

$$\boldsymbol{K}\boldsymbol{q} = \boldsymbol{P} \tag{8.2.31}$$

上式即为有限元法最终形成的线性方程组，称为有限元系统平衡方程或总体平衡方程，它建立了节点位移和外力之间的关系。其中，$\boldsymbol{K}$ 为总体刚度矩阵，其维数为总节点个数的 2 倍，即 $2M_K$；$\boldsymbol{P}$ 为 $2M_K$ 维等效节点载荷列向量。当给定单元剖分、形函数、问题特点(平面应力、平面应变)时，矩阵 $\boldsymbol{K}$ 和向量 $\boldsymbol{P}$ 就确定了。

3. 求解节点位移

需要注意，由于上述推导过程中没有考虑位移边界条件，结构存在刚体位移，因此无法由总体平衡方程式(8.2.31)唯一地确定节点位移 $\boldsymbol{q}$。由线性代数理论可知，总刚阵 $\boldsymbol{K}$ 应是奇异的，因为线性方程组式(8.2.31)要有无穷多解 $\boldsymbol{q}$，必须要求系数矩阵是奇异的。奇异性是有限元总体刚度矩阵的又一重要性质。当然，总刚阵的奇异性还有多种解释，例如可以由总刚阵元素的物理意义说明，它的所有行、列之和为零，请读者自己思考。

要获得唯一的位移解，需要考虑位移边界条件。下面说明在总体平衡方程中施加位移边界条件的方法。

有限元法中位移边界条件的施加非常简单：只要让位移边界 Γ_u 上的所有节点对应的展开系数 u_i 和 v_i 等于给定位移的值 $u_i = \bar{u}(x_i, y_i)$，$v_i = \bar{v}(x_i, y_i)$ 即可。与节点载荷向量 $\boldsymbol{P}$ 的分解式(8.2.25)类似，节点位移列向量 $\boldsymbol{q}$ 中的元素也可以分解成两部分，一部分包含位移边界 Γ_u 上的已知位移值，记为 $\boldsymbol{q}_u$，它由位移边界条件确定，其余部分包括应力边界上未知位移的值，记为 $\boldsymbol{q}_\sigma$。于是有

$$\boldsymbol{q} = \begin{Bmatrix} \boldsymbol{q}_u \\ \boldsymbol{q}_\sigma \end{Bmatrix} \tag{8.2.32}$$

根据式的分解，可以将总体平衡方程写成分解形式为

$$\begin{bmatrix} \boldsymbol{K}_{uu} & \boldsymbol{K}_{u\sigma} \\ \boldsymbol{K}_{\sigma u} & \boldsymbol{K}_{\sigma\sigma} \end{bmatrix} \begin{Bmatrix} \boldsymbol{q}_u \\ \boldsymbol{q}_\sigma \end{Bmatrix} = \begin{Bmatrix} \boldsymbol{P}_u \\ \overline{\boldsymbol{P}}_\sigma \end{Bmatrix} \tag{8.2.33}$$

即

$$\boldsymbol{K}_{\sigma\sigma}\boldsymbol{q}_\sigma = \overline{\boldsymbol{P}}_\sigma - \boldsymbol{K}_{\sigma u}\boldsymbol{q}_u \equiv \boldsymbol{P}'_\sigma \tag{8.2.34}$$

$$\boldsymbol{K}_{uu}\boldsymbol{q}_u + \boldsymbol{K}_{u\sigma}\boldsymbol{q}_\sigma = \boldsymbol{P}_u \tag{8.2.35}$$

式(8.2.34)是关于未知位移向量 $\boldsymbol{q}_\sigma$ 的线性方程组，由于 $\overline{\boldsymbol{P}}_\sigma$ 和位移向量 $\overline{\boldsymbol{q}}_u$ 是已知的，故右端向量是 $\boldsymbol{P}'_\sigma$ 已知的，因此求解式(8.2.34) 即可得到 $\boldsymbol{q}_\sigma$。不难理解，如果在近似位移式(8.2.7)中考虑位移边界条件，然后按 Ritz 法的过程，最终仍将得到式(8.2.34)。

解得 $\boldsymbol{q}_\sigma$ 之后，可由式(8.2.35) 计算位移边界上的约束反力 $\boldsymbol{P}_{\mathrm{u}}$。也可按式(8.2.10) 计算弹性体内任意点的位移，按式(8.2.12) 和式(8.2.16) 计算应变和应力。

8.3　有限元法的数值实现

由上一节介绍可知，有限元法求解弹性力学问题，首先要对弹性体进行单元剖分，然后通过单元上的插值来构造近似位移，再应用 Ritz 法即可得到等效节点载荷和节点位移的关系式，即总体平衡方程。本节要考虑的问题是，如何依据这些理论推导，获得一个通用的有限元分析步骤和程序，可以在计算机上方便地实现。

有限元法数值实现的关键是总刚阵 $\boldsymbol{K}$ 和等效节点载荷向量 $\boldsymbol{P}$ 的计算，本节分别进行讨论。

8.3.1　总刚阵的计算

式(8.2.20)从原理上给出了总体刚度矩阵 $\boldsymbol{K}$ 的计算方法：

$$\boldsymbol{K} = \int_\Omega \boldsymbol{B}^{\mathrm{T}}\boldsymbol{D}\boldsymbol{B}\,\mathrm{d}\Omega \tag{8.3.1}$$

但是，在实际编程计算中，直接依据这个公式计算总刚阵往往比较麻烦。下面借助单元划分的思路介绍 $\boldsymbol{K}$ 的常规计算方法。

设结构 Ω 划分成的单元数目为 M_E，则

$$\boldsymbol{K} = \sum_{e=1}^{M_E}\int_e \boldsymbol{B}^{\mathrm{T}}\boldsymbol{D}\boldsymbol{B}\,\mathrm{d}\Omega \tag{8.3.2}$$

注意，在不混淆概念的情况下，后面将把单元 e 和它的编号同时用 e 表示。式(8.3.1)将 Ω 上的积分分解为单元 e 上的积分。因此计算时要确定被积函数 $\boldsymbol{B}^{\mathrm{T}}\boldsymbol{D}\boldsymbol{B}$ 在单元 e 上的表达式。弹性矩阵 $\boldsymbol{D}$ 与单元无关，只有几何矩阵 $\boldsymbol{B}$ 与节点和单元有关。因此需要写出 $\boldsymbol{B}$ 在单元上的表达式，记为 $\boldsymbol{B}^e$。

为此，再来考虑图 8.2.6 所示的情况。单元 e 由节点 i,j,k 组成。由 $\boldsymbol{B}=\boldsymbol{L}\boldsymbol{N}$，可知应 $\boldsymbol{B}^e$ 为

$$\boldsymbol{B}^e = \boldsymbol{L}\boldsymbol{N}^e \tag{8.3.3}$$

式中，$\boldsymbol{N}^e$ 为单元 e 所对应的形函数矩阵，有

$$\boldsymbol{N}^e = \begin{bmatrix} \cdots & N_i^e & 0 & \cdots & N_j^e & 0 & \cdots & N_k^e & 0 & \cdots \\ \cdots & 0 & N_i^e & \cdots & 0 & N_j^e & \cdots & 0 & N_k^e & \cdots \end{bmatrix} \tag{8.3.4}$$

$$\qquad\quad 2i+1 \quad 2i+2 \qquad\quad 2j+1 \quad 2j+2 \qquad\quad 2k+1 \quad 2k+2$$

式中，除写成数值的列之外其余各列均为 0 元素，矩阵下面标出了非零列的序号，N_i^e 表示节点 i 对应的形函数在单元 e 上的值，它的表达式为

$$N_i^e(x,y)=a_i^e+b_i^e x+c_i^e y$$

于是有

$$\boldsymbol{B}^e=\begin{bmatrix}\partial/\partial x & 0\\ 0 & \partial/\partial y\\ \partial/\partial y & \partial/\partial x\end{bmatrix}\begin{bmatrix}\cdots & N_i^e & 0 & \cdots & N_j^e & 0 & \cdots & N_k^e & 0 & \cdots\\ \cdots & 0 & N_i^e & \cdots & 0 & N_j^e & \cdots & 0 & N_k^e & \cdots\end{bmatrix}=$$

$$\begin{bmatrix}\cdots & \dfrac{\partial N_i^e}{\partial x} & 0 & \cdots & \dfrac{\partial N_j^e}{\partial x} & 0 & \cdots & \dfrac{\partial N_k^e}{\partial x} & 0 & \cdots\\ \cdots & 0 & \dfrac{\partial N_i^e}{\partial y} & \cdots & 0 & \dfrac{\partial N_j^e}{\partial y} & \cdots & 0 & \dfrac{\partial N_k^e}{\partial y} & \cdots\\ \cdots & \dfrac{\partial N_i^e}{\partial y} & \dfrac{\partial N_i^e}{\partial x} & \cdots & \dfrac{\partial N_j^e}{\partial y} & \dfrac{\partial N_j^e}{\partial x} & \cdots & \dfrac{\partial N_k^e}{\partial y} & \dfrac{\partial N_k^e}{\partial x} & \cdots\end{bmatrix}=$$

$$\begin{bmatrix}\cdots & b_i^e & 0 & \cdots & b_j^e & 0 & \cdots & b_k^e & 0 & \cdots\\ \cdots & 0 & c_i^e & \cdots & 0 & c_j^e & \cdots & 0 & c_k^e & \cdots\\ \cdots & c_i^e & b_i^e & \cdots & c_j^e & b_j^e & \cdots & c_k^e & b_k^e & \cdots\end{bmatrix} \tag{8.3.5}$$

不难看出，单元 e 对应的几何矩阵 $\boldsymbol{B}^e$ 只与该单元的节点坐标有关，为常值矩阵。在有限元法中为讨论方便，引入扩展的单元刚度矩阵（简称单刚），有

$$\boldsymbol{K}^e=\int_e \boldsymbol{B}^{\mathrm{T}}\boldsymbol{D}\boldsymbol{B}\,\mathrm{d}\Omega=\Delta^e t^e[\boldsymbol{B}^e]^{\mathrm{T}}\boldsymbol{D}\boldsymbol{B}^e \tag{8.3.6}$$

式中，Δ^e 和 t^e 分别为单元 e 的厚度和面积。显然，在知道单元 e 的节点坐标后，单刚阵 $\boldsymbol{K}^e$ 可以计算出来。由式(8.3.2)可知，总刚阵为

$$\boldsymbol{K}=\sum_{e=1}^{N_E}\boldsymbol{K}^e \tag{8.3.7}$$

所以，在分别计算出每个单元的单刚阵之后，系统的总刚阵可以求和得到。

为了进一步方便有限元分析，可以将式(8.3.5)给出的(扩展的)单元几何矩阵 $\boldsymbol{B}^e$ 写成

$$\boldsymbol{B}^e=\underbrace{\begin{bmatrix}b_i^e & 0 & b_j^e & 0 & b_k^e & 0\\ 0 & c_i^e & 0 & c_j^e & 0 & c_k^e\\ c_i^e & b_i^e & c_j^e & b_j^e & c_k^e & b_k^e\end{bmatrix}}_{\bar{\boldsymbol{B}}^e}\times$$

$$\underbrace{\begin{matrix} & 2i+1 & 2i+2 & & 2j+1 & 2j+2 & & 2k+1 & 2k+2 & \\ \Bigg[\cdots & 1 & 0 & \cdots & 0 & 0 & \cdots & 0 & 0 & \cdots\Bigg. \\ \cdots & 0 & 1 & \cdots & 0 & 0 & \cdots & 0 & 0 & \cdots \\ \cdots & 0 & 0 & \cdots & 0 & 0 & \cdots & 0 & 0 & \cdots \\ \cdots & 0 & 0 & \cdots & 0 & 1 & \cdots & 0 & 0 & \cdots \\ \Bigg.\cdots & 0 & 0 & \cdots & 0 & 0 & \cdots & 0 & 1 & \cdots\Bigg]_{6\times 2}\end{matrix}}_{\boldsymbol{R}^e}\ NK=$$

$$\bar{\boldsymbol{B}}^e\boldsymbol{R}^e \tag{8.3.8}$$

式中，$\bar{\boldsymbol{B}}^e$ 为单元几何矩阵，$\boldsymbol{R}^e$ 为单元 e 的扩展矩阵。由式(8.3.5)不难看出

$$\bar{\boldsymbol{B}}^e=\begin{bmatrix}\partial/\partial x & 0\\ 0 & \partial/\partial y\\ \partial/\partial y & \partial/\partial x\end{bmatrix}\underbrace{\begin{bmatrix}N_i^e & 0 & N_j^e & 0 & N_k^e & 0\\ 0 & N_i^e & 0 & N_j^e & 0 & N_k^e\end{bmatrix}}_{\bar{\boldsymbol{N}}^e}=\boldsymbol{L}\bar{\boldsymbol{N}}^e \tag{8.3.9}$$

式中，$\bar{\boldsymbol{N}}^e$ 为单元 e 上的形函数矩阵，它的维数是 2×6，它与 $\boldsymbol{N}^e$ 的关系为

$$\boldsymbol{N}^e=\bar{\boldsymbol{N}}^e\boldsymbol{R}^e \tag{8.3.10}$$

可见，单元几何矩阵 $\bar{\boldsymbol{B}}^e$ 只与单元的节点坐标有关。扩展矩阵 $\boldsymbol{R}^e$ 由单元 e 的节点编号而确定，它本质上是一种矩阵变换，将矩阵 $\bar{\boldsymbol{B}}^e$ 中的元素按节点编号“投放”到 $\boldsymbol{B}^e$ 的对应位置上，因为它将一个“小”矩阵 $\bar{\boldsymbol{B}}^e$ 扩展成一个“大”矩阵 $\boldsymbol{B}^e$，所以称其为扩展矩阵。

将式(8.3.8)代入单刚阵计算式(8.3.5)，可得

$$\boldsymbol{K}^e=[\boldsymbol{R}^e]^{\mathrm{T}}\underbrace{(\Delta^e t^e[\bar{\boldsymbol{B}}^e]^{\mathrm{T}}\boldsymbol{D}\bar{\boldsymbol{B}}^e)}_{\bar{\boldsymbol{K}}^e}\boldsymbol{R}^e=[\boldsymbol{R}^e]^{\mathrm{T}}\bar{\boldsymbol{K}}^e\boldsymbol{R}^e \tag{8.3.11}$$

式中，矩阵 $\bar{\boldsymbol{K}}^e$ 称为单元刚度矩阵，显然，它的维数是 6×6，只与单元 e 属性（材料参数、节点坐标）有关。式(8.3.11)给出了如何由单刚 $\bar{\boldsymbol{K}}^e$ 得到扩展单刚 $\boldsymbol{K}^e$ 的方法。现在详细解释这个扩展方法。

仍以如图 8.2.6 所示的单元 e 为例，按照节点 i,j,k 可以将的单刚 $\bar{\boldsymbol{K}}^e$ 写成 3×3 的分块矩阵，有

$$\bar{\boldsymbol{K}}^e=\begin{bmatrix}\boldsymbol{K}_{ii}^e & \boldsymbol{K}_{ij}^e & \boldsymbol{K}_{ik}^e\\ \boldsymbol{K}_{ji}^e & \boldsymbol{K}_{jj}^e & \boldsymbol{K}_{jk}^e\\ \boldsymbol{K}_{ki}^e & \boldsymbol{K}_{kj}^e & \boldsymbol{K}_{kk}^e\end{bmatrix} \tag{8.3.12}$$

每个子块 $\boldsymbol{K}_{ij}^e$ 是 2×2 的矩阵，于是扩展后的单刚 $\bar{\boldsymbol{K}}^e$ 为

$$\boldsymbol{K}^e=\begin{bmatrix} & i & & j & & k & \\ \ddots & 0 & \cdots & 0 & \cdots & 0 & \iddots\\ 0 & K_{ii}^e & 0 & K_{ij}^e & 0 & K_{ik}^e & 0\\ \vdots & 0 & \ddots & 0 & \iddots & 0 & \vdots\\ 0 & K_{ji}^e & 0 & K_{jj}^e & 0 & K_{jk}^e & 0\\ \vdots & 0 & \iddots & 0 & \ddots & 0 & \vdots\\ 0 & K_{ki}^e & 0 & K_{kj}^e & 0 & K_{kk}^e & 0\\ \iddots & 0 & \cdots & 0 & \cdots & 0 & \ddots\end{bmatrix} \tag{8.3.13}$$

于是，有限元总刚阵的计算可按照以下步骤进行：

(1)先对每个单元 e，按 $\bar{\boldsymbol{K}}^e=\Delta^e t^e[\bar{\boldsymbol{B}}^e]^{\mathrm{T}}\boldsymbol{D}\bar{\boldsymbol{B}}^e$ 形成单元刚度矩阵 $\bar{\boldsymbol{K}}^e$。这一步称为单元分析。它只考虑单元 e，而不考虑 e 的节点在总的节点编号中的位置。

(2)再按式(8.3.12)，将单刚 $\bar{\boldsymbol{K}}^e$ 进行“扩展”，形成扩展单刚 $\boldsymbol{K}^e$。这一步是根据单元节点的编号而进行扩展的。

(3)最后，再对所有单元的扩展单刚 $\boldsymbol{K}^e$ 进行求和，即式(8.3.7)，得到总刚阵 $\boldsymbol{K}$。

这里要指出总刚阵 $\boldsymbol{K}$ 的另一个重要性质：稀疏性，即虽然 $\boldsymbol{K}$ 是 $2M_K$ 维方阵，但其中非零元素的数目与总节点个数 M_K 为同一量级 $O(M_K)$。这是因为 $\boldsymbol{K}$ 是由 M_K 个 $\boldsymbol{K}^e$ 叠加而成的，由 $\boldsymbol{K}^e$ 的结构式(8.3.13)可知，$\boldsymbol{K}$ 中第 i 行子块中仅包含“少数”几个非零的子块，而且这个数目与节点总数目无关。事实上，第 i 行子块中的非零子块就是与第 i 个节点相邻的几个节点所对应的

子块。以图 8.2.2 所示的情况为例，节点(6)周围有 5 个节点，那么中节点(6)所对应的行(和列)中就只有这 5 个节点所对应的列(和行)是非零的子块，其余子块都是 0。由单元剖分可知，无论结构多么复杂，划分的单元数目多么庞大，每个节点周围的节点数目都只有少数几个(一般为 6 或 7 个)。

稀疏性是有限元系数矩阵的重要特征，它大大提高了有限元法处理大规模问题的能力，使其成为目前工程上应用最为广泛和深入的一种数值方法。

8.3.2 等效节点载荷的计算

由式(8.2.24)，有

$$\boldsymbol{P}=\int_{\Omega}\boldsymbol{N}^{\mathrm{T}}\boldsymbol{F}\mathrm{d}\Omega+\int_{\Gamma}\boldsymbol{N}^{\mathrm{T}}\overline{\boldsymbol{F}}\mathrm{d}\Gamma$$

由于结构 Ω 已被剖分为单元，则

$$\boldsymbol{P}=\sum_{e=1}^{M_E}\left(\int_{e}[\boldsymbol{N}^e]^{\mathrm{T}}\boldsymbol{F}^e\mathrm{d}\Omega+\int_{\Gamma e}[\boldsymbol{N}^e]^{\mathrm{T}}\overline{\boldsymbol{F}}^e\mathrm{d}\Gamma\right)$$

利用单元的形函数矩阵代替扩展的形函数矩阵，即将式(8.3.10)代入上式，可得

$$\boldsymbol{P}=\sum_{e=1}^{M_E}[\boldsymbol{R}^e]^{\mathrm{T}}\underbrace{\left(\int_{e}[\overline{\boldsymbol{N}}^e]^{\mathrm{T}}\boldsymbol{F}^e\mathrm{d}\Omega+\int_{\Gamma e}[\overline{\boldsymbol{N}}^e]^{\mathrm{T}}\overline{\boldsymbol{F}}^e\mathrm{d}\Gamma\right)}_{\overline{\boldsymbol{P}}^e}=$$

$$\sum_{e=1}^{M_E}\underbrace{[\boldsymbol{R}^e]^{\mathrm{T}}\overline{\boldsymbol{P}}^e}_{\boldsymbol{P}^e}=\sum_{e=1}^{N_E}\boldsymbol{P}^e \tag{8.3.14}$$

式中，$\overline{\boldsymbol{P}}^e$ 为单元 e 上的等效节点载荷向量，它只与单元 e 所受的体力 $\boldsymbol{F}^e$ 和单元边界上的面力 $\overline{\boldsymbol{F}}^e$ 有关。$\boldsymbol{P}^e$ 为扩展的单元节点载荷向量，和刚度矩阵的扩展方法相同，请读者自行考虑。

8.3.3 线性方程组的求解

获得总体平衡方程式(8.2.31)之后，可以按式(8.2.34)施加位移边界条件，得到关于未知位移的线性方程组 $\boldsymbol{K}_{\sigma\sigma}\boldsymbol{q}_{\sigma}=\boldsymbol{P}_{\sigma}'$。它的一般形式为

$$\boldsymbol{Ax}=\boldsymbol{b} \tag{8.3.15}$$

式中，$\boldsymbol{A}$ 为 $n\times n$ 的系数矩阵。线性方程组式(8.3.15)的求解方法很多，总的分为两大类：直接解法和迭代解法。直接解法就是直接(显式或隐式地)计算系数矩阵 $\boldsymbol{A}$ 的逆矩阵，然后 $\boldsymbol{x}=\boldsymbol{A}^{-1}\boldsymbol{b}$，其缺点是计算量巨大，为 $O(n^3)$ 量级，因此无法用于 n 很大的大规模计算。迭代解法包括高斯 - 赛德尔方法、GMRES 方法等，它首先给定初始解 $\boldsymbol{x}_0$，然后通过迭代计算 $\boldsymbol{Ax}_{k-1}(k=1,2,\cdots)$，获得新的近似解 $\boldsymbol{x}_k$，当 $\boldsymbol{x}_k$ 满足精度要求时停止迭代。这种方法的优点是计算量较小，一般为 $O(M_k)$，其中 k 为总迭代次数，M 为系数矩阵 $\boldsymbol{A}$ 的非零元素数目。由于有限元法的系数矩阵 $\boldsymbol{K}_{\sigma\sigma}$ 是稀疏的，非零元素数目为 $O(M_K)$，因此迭代求解的计算量就是 $O[k(M_K]$。

迭代解法是求解大规模方程组的主要方法，其计算量与迭代次数有关，而收敛所需要的迭

代次数则与系数矩阵 **A** 的性态有关，性态好时，迭代次数较少，性态不好(ill-conditioned)时，迭代收敛很慢甚至永远无法收敛。对大量工程实际问题，矩阵 **A** 的性态往往不好，解决这个问题的方法是想办法改善系数矩阵的性态，在数值计算中通常通过对系数矩阵的预处理(preconditioning)来改善矩阵性态。例如，可以构造一个矩阵 $\boldsymbol{M}$，使原系统式(8.3.15)变为

$$\boldsymbol{A}'\boldsymbol{x}=\boldsymbol{b}',\quad \boldsymbol{A}'=\boldsymbol{MA},\quad \boldsymbol{b}'=\boldsymbol{Mb} \tag{8.3.16}$$

并使新的系数矩阵 $\boldsymbol{A}'$ 的性态较好，从而达到减少迭代次数的目的。系数矩阵的预处理一直以来都是线性方程组求解方面的研究热点，已经提出了大量预处理方法，有兴趣的读者可以自己查阅相关文献。

线性方程组的解法有大量的源程序可以利用，请读者在使用时自己查找、调试、调用。

8.3.4　从单元平衡方程到总体平衡方程

以上从 Ritz 法入手，推导了有限元法的总体平衡方程。而后，讨论了有限元法的实现问题，主要是总刚阵和等效节点载荷的计算，以及线性方程组的求解。总刚阵和等效节点载荷的计算都可以通过对每一个单元的分析来实现，这就是为什么在一般文献中有限元法的讨论总是由单元分析入手的原因。

单元分析的主要任务就是建立每个单元的平衡方程，即单元节点位移和等效节点力的关系为

$$\overline{\boldsymbol{K}}^e\overline{\boldsymbol{q}}^e=\overline{\boldsymbol{P}}^e \tag{8.3.17}$$

这个关系也可以由最小势能原理得到，后面将介绍几种常用单元的单元平衡方程推导过程。

显然，如果整个结构是平衡的，则每个单元也应是平衡的(静止的)；反之，如果每个单元都是平衡的，则整个结构也应是平衡的。前者说明，由总体平衡方程可以推出每个单元的平衡方程，正是因为这个原因，前面我们从总刚阵和等效节点载荷的计算中推出了单刚和单元节点载荷的计算。而后者则说明，由每个单元的平衡方程式(8.3.17)也可以推出总体平衡方程。

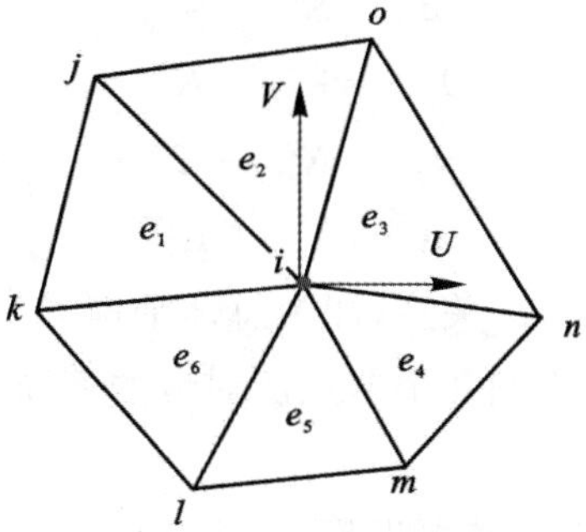

图 8.3.1　节点平衡关系

为说明这一点，考虑图 8.3.1 所示的情况。节点 i 由 6 个单元 $e_1,\cdots,e_6$ 所共用，i 处的等效节点载荷为 $\{U,V\}^{\mathrm{T}}$。对周围的每个单元，都可以写出式(8.3.7)的单元平衡方程，而这 6 个单元平衡方程中都包含关于节点 i 的平衡关系式。以单元 e_1 为例，平衡方程式(8.3.17)可写成分块的形式，即

$$\begin{bmatrix} \bar{\boldsymbol{K}}_{ii}^{e1} & \bar{\boldsymbol{K}}_{ij}^{e1} & \bar{\boldsymbol{K}}_{jk}^{e1} \\ \bar{\boldsymbol{K}}_{ji}^{e1} & \bar{\boldsymbol{K}}_{jj}^{e1} & \bar{\boldsymbol{K}}_{jk}^{e1} \\ \bar{\boldsymbol{K}}_{ki}^{e1} & \bar{\boldsymbol{K}}_{kk}^{e1} & \bar{\boldsymbol{K}}_{kk}^{e1} \end{bmatrix} \begin{bmatrix} \boldsymbol{q}_i^{e1} \\ \boldsymbol{q}_j^{e1} \\ \boldsymbol{q}_k^{e1} \end{bmatrix} = \begin{bmatrix} \bar{\boldsymbol{P}}_i^{e1} \\ \bar{\boldsymbol{P}}_j^{e1} \\ \bar{\boldsymbol{P}}_k^{e1} \end{bmatrix} \tag{8.3.18}$$

式中,关于节点 i 上节点力 $\bar{\boldsymbol{P}}_i^{e1}$ 的关系式为

$$\begin{bmatrix} \bar{\boldsymbol{K}}_{ii}^{e1} & \bar{\boldsymbol{K}}_{ij}^{e1} & \bar{\boldsymbol{K}}_{ik}^{e1} \end{bmatrix} \begin{bmatrix} \boldsymbol{q}_i^{e1} \\ \boldsymbol{q}_j^{e1} \\ \boldsymbol{q}_k^{e1} \end{bmatrix} = \bar{\boldsymbol{P}}_i^{e1} \tag{8.3.19}$$

同理,可以写成其余 5 个单元上节点力 $\bar{P}_i^{e2},\cdots,\bar{P}_i^{e6}$ 的关系式。这里应注意,对每一个单元 $e\in\{e_1,\cdots,e_6\}$ 而言,其他单元在点处对它的反力(属于内力)也包含在节点力向量 $\bar{\boldsymbol{P}}_i^{e}$ 中。由节点处受力平衡可知

$$\bar{\boldsymbol{P}}_i^{e1} + \bar{\boldsymbol{P}}_i^{e2} + \cdots + \bar{\boldsymbol{P}}_i^{e6} = \begin{bmatrix} U \\ V \end{bmatrix} = \boldsymbol{P}_i \tag{8.3.20}$$

式中,$\boldsymbol{P}_i$ 表示总体等效节点载荷向量 $\boldsymbol{P}$ 中与节点所对应的力的分量。为简化分析,假设图 8.3.1 中节点 $i,j,\cdots,o$ 是连续编号的,则总节点位移向量写成

$$\boldsymbol{q} = \{\cdots \quad \boldsymbol{q}_i \quad \boldsymbol{q}_j \quad \boldsymbol{q}_k \quad \boldsymbol{q}_l \quad \boldsymbol{q}_m \quad \boldsymbol{q}_n \quad \boldsymbol{q}_o \quad \cdots\}^{\mathrm{T}}$$

由式(8.3.19)和式(8.3.20)可知

$$\boldsymbol{K}_i \boldsymbol{q} = \boldsymbol{P}_i \tag{8.3.21}$$

式中,$\boldsymbol{K}_i$ 为总刚阵 $\boldsymbol{K}$ 的第 i 行子块,有

$$\boldsymbol{K}_i = \{\boldsymbol{0} \quad \boldsymbol{K}_{ii} \quad \boldsymbol{K}_{ij} \quad \boldsymbol{K}_{ik} \quad \boldsymbol{K}_{il} \quad \boldsymbol{K}_{im} \quad \boldsymbol{K}_{in} \quad \boldsymbol{K}_{io} \quad \boldsymbol{0}\}^{\mathrm{T}} \tag{8.3.22}$$

$$\begin{aligned} \boldsymbol{K}_{ii} &= \bar{\boldsymbol{K}}_{ii}^{e1} + \bar{\boldsymbol{K}}_{ii}^{e2} + \cdots + \bar{\boldsymbol{K}}_{ii}^{e6} \\ \boldsymbol{K}_{ij} &= \bar{\boldsymbol{K}}_{ij}^{e1} + \bar{\boldsymbol{K}}_{ij}^{e2} \\ \boldsymbol{K}_{ik} &= \bar{\boldsymbol{K}}_{ik}^{e1} + \bar{\boldsymbol{K}}_{ik}^{e6} \\ \boldsymbol{K}_{il} &= \bar{\boldsymbol{K}}_{il}^{e5} + \bar{\boldsymbol{K}}_{il}^{e2} \\ \boldsymbol{K}_{im} &= \bar{\boldsymbol{K}}_{im}^{e4} + \bar{\boldsymbol{K}}_{im}^{e5} \\ \boldsymbol{K}_{in} &= \bar{\boldsymbol{K}}_{in}^{e3} + \bar{\boldsymbol{K}}_{in}^{e4} \\ \boldsymbol{K}_{io} &= \bar{\boldsymbol{K}}_{io}^{e2} + \bar{\boldsymbol{K}}_{io}^{e3} \end{aligned}$$

对所有节点都写成式(8.3.21)的关系,即为总体平衡方程。从式(8.3.22)也可以看出,总刚阵的第 i 行子块中,仅有 i 节点周围几个节点所对应的列非零,其余列都是 0 块矩阵,说明总刚阵是稀疏的。

于是,可以总结出有限元分析的基本步骤:

(1)单元剖分,节点和单元编号,确定单元参数,包括材料参数、节点坐标等,确定形函数;

(2)进行单元分析,计算单元刚度矩阵和等效节点载荷,形成总体平衡方程;

(3)施加边界条件,求解总体平衡方程;

(4)后处理,计算位移、应变、应力等。

总结起来,前面以平面问题为例,从 Ritz 法推导出了 FEM 的总体平衡方程,以及总刚阵 $\boldsymbol{K}$ 和节点载荷向量 $\boldsymbol{P}$ 的计算方法。可以清楚地看出,FEM 是经典 Ritz 法的推广;也可以清楚

地看出，为什么 FEM 的实现总是从单元分析入手的。事实上，许多文献都是按照上述的 4 步，从单元分析入手来介绍 FEM 的。

下节将分别针对几种常见的工程结构，通过单元分析，建立相应的单元刚度矩阵。这些刚阵在结构分析中的用法与上一节相同，就不再赘述了。

8.4　几种常用的单元介绍

本节介绍几种简单、常用的有限单元。它们的单元平衡方程的推导过程具有代表性，可以推广到其他类型单元的情况。

8.4.1　杆单元及桁架结构分析

桁架结构是由若干杆件，通过铰链相互连接形成的承力结构，如图 8.4.1 所示。由于采用铰链连接，每根杆仅传递轴向力，因此都是二力杆。桁架结构的分析比较简单，可以采用结构力学中的力法和位移法来进行。本节介绍如何采用有限元法进行桁架结构的分析。其核心是将每一个二力杆，用杆单元来模拟。本节讨论的平面杆单元是有限元法中最为简单的一种单元，但其单元平衡方程的建立过程和结构分析过程，却代表了有限元分析的共同特征。

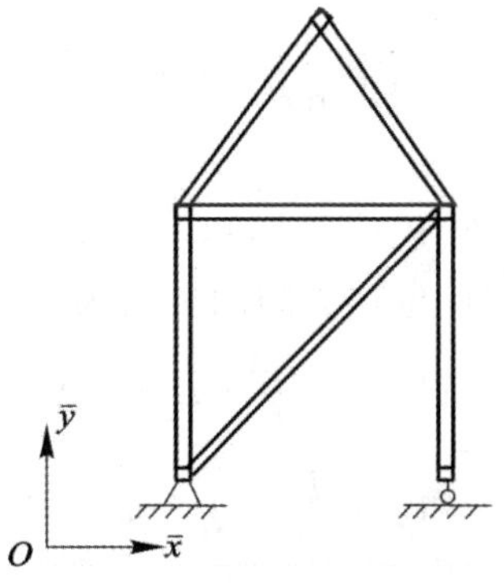

图 8.4.1　平面桁架结构

1. 杆单元的平衡方程

图 8.4.1 所示的平面桁架结构中，每个杆件都是二力杆，每个铰链均可能发生沿两个坐标方向的位移。本节只考虑各杆的截面积 A 和弹性模量 E 为常值的情况。一个桁架结构中，各个杆件几何尺寸、弹性参数和方位是不同的，在有限元分析中，通常是将每个杆件作为一个单元，先对每个杆件单元建立一个局部坐标系，获得局部坐标系下的单元刚度矩阵、节点位移和载荷向量之后，再通过坐标变换，到得实际桁架结构的平衡方程。实际结构所在的坐标系成为总体坐标系，本节用 Oxy 表示。

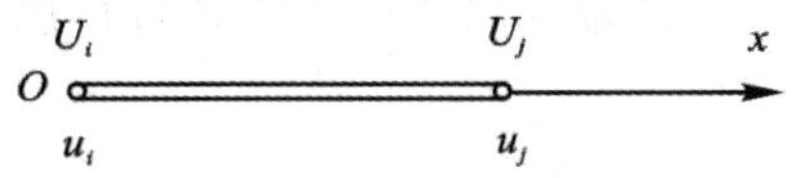

图 8.4.2　杆单元局部坐标系

图 8.4.2 所示为一个杆单元的模型，设单元长度为 L，截面积为 A，材料弹性模量为 E。杆的两个端点(铰链)为节点，编号为 i 和 j，局部坐标轴 Ox 由 i 指向 j。杆单元承受轴向力 U，发生轴向位移 u，因此每个节点有一个轴向自由度。杆件仅有一个应变 ε_x 和一个应力 σ_x 。

杆单元的节点位移和节点力向量分别为

$$\begin{aligned}\boldsymbol{q}^e &= \{u_i \quad u_j\}^{\mathrm{T}} \\ \boldsymbol{P}^e &= \{U_i \quad U_j\}^{\mathrm{T}}\end{aligned} \tag{8.4.1}$$

力和位移均以沿局部坐标轴正向为正。

有限元单元分析的目的是建立节点位移向量和节点力向量之间的关系，即单元平衡方程。一般地，当单元平衡关系比较复杂时，单元平衡方程要利用最小势能原理和 Ritz 法来建立，但杆单元的情况比较简单，这里根据弹性力学的基本方程来建立。

图 8.4.2 所示杆件的受力和位移，是标准的弹性力学一维问题，可以从平衡方程、几何方程和物理方程 3 个方面建立其控制方程。由于不考虑体力，它所对应平衡方程为

$$\frac{\partial \sigma_x}{\partial x} = 0$$

即应力 σ_x 为常量。考虑到单元节点处的受力 U_i 和 U_j (边界条件)，不难得到

$$\left.\begin{aligned}\sigma_x &= \frac{U_j}{A} \\ U_i + U_j &= 0\end{aligned}\right\} \tag{8.4.2}$$

几何方程为

$$\varepsilon_x = \frac{\mathrm{d}u}{\mathrm{d}x} = \frac{u_j - u_i}{L} \tag{8.4.3}$$

物理方程为

$$\sigma_x = E\varepsilon_x \tag{8.4.4}$$

由以上 3 式可得出节点力和节点位移之间的关系为

$$U_i = -\frac{EA}{L}(u_j - u_i)$$

$$U_j = \frac{EA}{L}(u_j - u_i)$$

写成矩阵形式即为

$$\boldsymbol{K}^e \boldsymbol{q}^e = \boldsymbol{P}^e \tag{8.4.5}$$

式中，$\boldsymbol{K}^e$ 为单元刚度矩阵，则有

$$\boldsymbol{K}^e = \frac{EA}{L}\begin{bmatrix} 1 & -1 \\ -1 & 1 \end{bmatrix} \tag{8.4.6}$$

显然，单元刚度矩阵只与单元本身的物理和几何参数有关，而与参与分析的桁架结构的受力、约束等无关。单刚中元素 k_{ij} 的物理意义为：要使 j 节点的位移为"1"，其余节点的位移为零，需要在 i 节点处所施加的力。根据这个物理意义还可以归纳出单刚的其他性质，如对角线元素为正、奇异性、每行每列元素之和为零，等等，请读者自行思考。

2. 节点位移的坐标变换

杆单元的平衡方程式(8.4.5)是在单元局部坐标系中建立的，而在桁架结构分析时，需要总体坐标系下的单元平衡方程，它可以由式(8.4.5)经坐标变换得到。这里首先考虑节点位移

的坐标变换。

图 8.4.3 所示为总体坐标系中任一杆单元，它的局部坐标轴 Ox 与总体坐标系中 $O\bar{x}$ 轴的夹角为 θ。总体坐标系中每个节点应该有两个位移分量，分别沿总体系的两个坐标轴方向，用 $\bar{u}$ 和 $\bar{v}$ 表示。总体坐标系中，杆单元的节点位移向量为

$$\bar{\boldsymbol{q}}^e = \{\bar{u}_i, \bar{v}_i, \bar{u}_j, \bar{v}_j\}^{\mathrm{T}} \tag{8.4.7}$$

本节字母上面带横线表示总体系中的量。

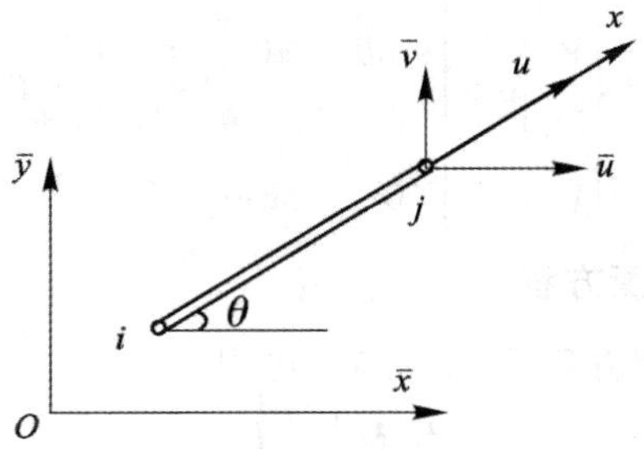

图 8.4.3　总体坐标系中杆单元的位移

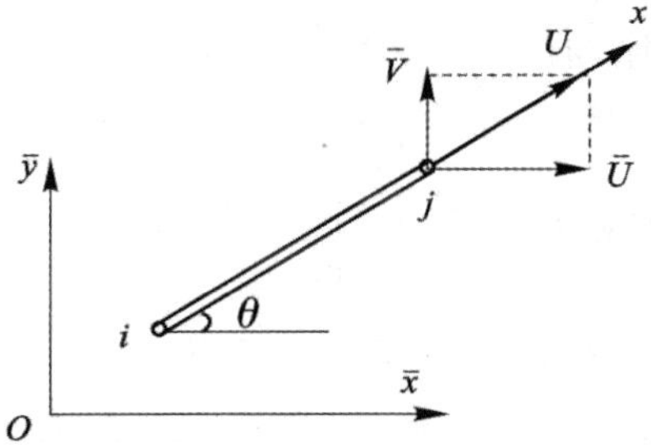

图 8.4.4　总体坐标系中杆单元的受力

杆单元节点 i 在单元坐标系下的位移为 u_i，在总体坐标系下的位移为 $\{\bar{u}_i, \bar{v}_i\}^{\mathrm{T}}$。由于 u_i 是总体位移 $\{\bar{u}_i, \bar{v}_i\}^{\mathrm{T}}$ 在杆轴向的分量，因此 u_i 可以用 $\{\bar{u}_i, \bar{v}_i\}^{\mathrm{T}}$ 表示为

$$u_i = \bar{u}_i\cos\theta + \bar{v}_i\sin\theta \underbrace{\begin{bmatrix}\cos\theta & \sin\theta\end{bmatrix}}_{[T_0]} \begin{Bmatrix}\bar{u}_i \\ \bar{v}_i\end{Bmatrix} \tag{8.4.8}$$

这里应注意，总体位移 $\{\bar{u}_i, \bar{v}_i\}^{\mathrm{T}}$ 与轴向位移 u_i 并不等效，因为总体位移还可能存在垂直于轴向的分量，只是这部分位移是刚体位移，与单元平衡方程无关，在杆单元分析中不考虑。于是，单元坐标系下的节点位移可写成

$$\boldsymbol{q}^e = \begin{Bmatrix}u_i \\ u_j\end{Bmatrix} = \underbrace{\begin{bmatrix}\cos\theta & \sin\theta & 0 & 0 \\ 0 & 0 & \cos\theta & \sin\theta\end{bmatrix}}_{\boldsymbol{T}} \begin{Bmatrix}\bar{u}_i \\ \bar{v}_i \\ \bar{u}_j \\ \bar{v}_j\end{Bmatrix} = \boldsymbol{T}\bar{\boldsymbol{q}}^e \tag{8.4.9}$$

式中，$\boldsymbol{T}$ 为坐标转换矩阵，它由单元在总体系中的方位角 θ 来确定。

3. 节点力的坐标变换

总体坐标系中，杆单元的每个节点受两个方向上的力，因此节点力向量为

$$\bar{\boldsymbol{P}}^e = \{\bar{U}_i, \bar{V}_i, \bar{U}_j, \bar{V}_j\}^{\mathrm{T}} \tag{8.4.10}$$

单元节点力的坐标变换方法与节点位移的变换方法基本类似，所不同的是，杆的轴向力 U 和总体系下的力 $\{\bar{U},\bar{V}\}^{\mathrm{T}}$ 是等价的（见图 8.4.4），则有

$$\begin{Bmatrix}\bar{U}\\ \bar{V}\end{Bmatrix}=\begin{Bmatrix}U\cos\theta\\ U\sin\theta\end{Bmatrix} \tag{8.4.11}$$

故得

$$\bar{\boldsymbol{P}}^{e}=\begin{Bmatrix}\bar{U}_i\\ \bar{V}_i\\ \bar{U}_j\\ \bar{V}_j\end{Bmatrix}=\begin{bmatrix}\cos\theta & 0\\ \sin\theta & 0\\ 0 & \cos\theta\\ 0 & \sin\theta\end{bmatrix}\begin{Bmatrix}U_i\\ U_j\end{Bmatrix}=\boldsymbol{T}^{\mathrm{T}}\boldsymbol{P}^{e} \tag{8.4.12}$$

4. 总体坐标系下的单元平衡方程

将式(8.4.9)代入单元平衡方程式(8.4.5)，可得

$$\boldsymbol{K}^{e}\boldsymbol{T}\bar{\boldsymbol{q}}^{e}=\boldsymbol{P}^{e}$$

上式两端同左乘以 $\boldsymbol{T}^{\mathrm{T}}$，并结合式(8.4.12)，可得总体坐标系中的单元平衡方程为

$$\boldsymbol{K}^{e}\bar{\boldsymbol{q}}^{e}=\bar{\boldsymbol{P}}^{e} \tag{8.4.13}$$

式中，$\bar{\boldsymbol{K}}^{e}$ 为总体坐标系下的单刚，有

$$\bar{\boldsymbol{K}}^{e}=\boldsymbol{T}^{\mathrm{T}}\boldsymbol{K}^{e}\boldsymbol{T}=\frac{EA}{L}\begin{bmatrix}cc & cs & -cc & -cs\\ cs & ss & -cs & -ss\\ -cc & -cs & cc & cs\\ -cs & -ss & cs & ss\end{bmatrix} \tag{8.4.14}$$

式中，$c=\cos\theta,s=\sin\theta$ 。

8.4.2　梁单元及钢架结构分析

平面杆单元是最简单的一种单元，只能用来模拟轴向受力、变形的结构件，如铰接桁架。但是，对于图 8.4.5 所示的钢架结构，用杆单元无法模拟，因为 3 个构件之间是固连的，能传递力矩，而杆单元无法传递力矩。这种结构的分析，用梁单元最为方便。梁单元和杆单元的主要区别是：梁单元能发生横向位移，传递力矩。

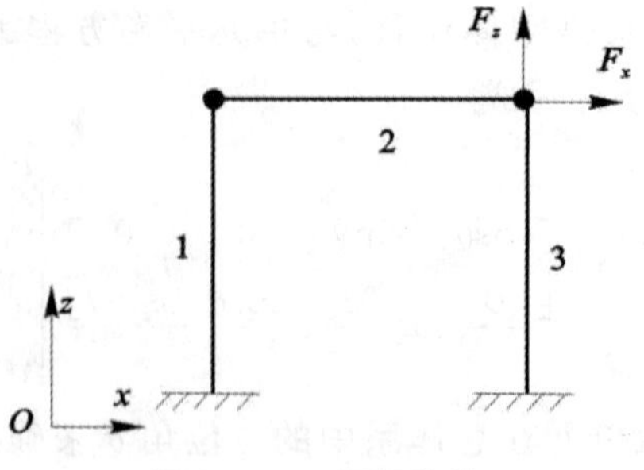

图 8.4.5　钢架结构

1. 平面梁单元的概念

平面梁单元，是指受力和变形只发生在一个平面内的梁单元，将这个平面称为单元的主平

面。图 8.4.6 所示为平面内的标准梁单元，截面积为 A、长度为 l、弹性模量为 E、截面绕 y 轴的惯性矩为 I_y。图中的梁单元有以下特点：

(1) 轴线沿 x 轴；

(2) 有两个节点；

(3) 每个节点有 3 个自由度：位移 u，w 和绕 y 轴的转角 θ，其中，θ_y 以沿 y 轴正向为正；

(4) 每个节点受 2 个力 U 和 W，1 个绕 y 轴的力矩 M_y 。

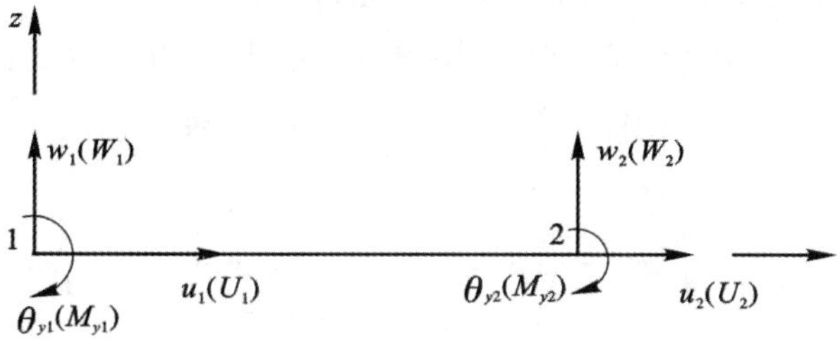

图 8.4.6　平面梁单元模型

本节考虑基于经典梁理论的梁单元，即不考虑横向（ w 向）剪切变形和满足平截面假设。长梁能很好地满足这个假设。当梁的长度相对梁的高度较小时，不考虑横向剪切变形就会带来较大的误差，就需要基于更高阶的梁理论（如 Timoshenko 梁理论）来构造梁单元，有兴趣的读者可以自行查阅相关文献。

在小挠度情况下，梁的弯曲变形和轴向拉压变形是相互独立的，因此图 8.4.6 所示的梁单元在 U，W 和 M_y 共同作用下的变形可以看成是以下两种变形的叠加：

(1) U 作用下的拉压变形；

(2) W 和 M_y 作用下的弯曲变形。

梁在轴向力 U 作用下将产生轴向位移 u，这实质上是杆单元的情况，因此，轴向力 U 和位移 u 的关系由杆单元的平衡关系给出。现在介绍梁单元受 W 和 M_y 作用时的情况，有限元中成为梁的弯曲单元，简称梁弯元。

2. 梁弯元的刚度矩阵

弯曲变形时梁单元的节点位移和节点力分别为

$$\left.\begin{aligned}\boldsymbol{q}^e &= \{w_1 \quad \theta_{y1} \quad w_2 \quad \theta_{y2}\}^{\mathrm{T}} \\ \boldsymbol{P}^e &= \{W_1 \quad M_{y1} \quad W_2 \quad M_{y2}\}^{\mathrm{T}}\end{aligned}\right\} \tag{8.4.15}$$

(1)位移函数和形函数。构造一种单元，关键是选择单元位移函数。梁单元有 4 个节点自由度，可以确定 4 个未知量，因此位移函数可选为 3 次多项式

$$w = a + bx + cx^2 + dx^3 \tag{8.4.16}$$

其中，a，b，c，d 为待定系数。有限元法中通常要把单元位移表示成节点位移的形式。为此先由平截面假设，得出梁上一点的转角为

$$\theta_y = -\frac{\mathrm{d}w}{\mathrm{d}x} = -b - 2cx - 3dx^2 \tag{8.4.17}$$

将节点位移关系代入式(8.4.16)和式(8.4.17)，可得

$$\left.\begin{array}{l} w_1=a \\ w_2=a+bl+cl^2+dl^3 \\ \theta_{y1}=-b \\ \theta_{y2}=-b-2cl-3dl^2 \end{array}\right\} \Rightarrow \left.\begin{array}{l} a=w_1 \\ b=-\theta_{y1} \\ c=\dfrac{1}{l^3}(3w_2-2w_1+2\theta_{y1}l\theta_{y2}l) \\ d=\dfrac{1}{l^3}(2w_1-2w_2+2\theta_{y1}l\theta_{y2}l) \end{array}\right\} \tag{8.4.18}$$

将系数 $a,\cdots,d$ 的表达式代入式(8.4.16)并整理,可得

$$w=w_1N_1+\theta_{y1}N_2+w_2N_3+\theta_{y2}N_4=$$
$$[N_1 \quad N_2 \quad N_3 \quad N_4]\boldsymbol{q}^e=\boldsymbol{N}\boldsymbol{q}^e \tag{8.4.19}$$

式中

$$\left.\begin{array}{l} N_1=1-\dfrac{3}{l^3}x^2+\dfrac{2}{l^3}x^3, \quad N_2=-x+\dfrac{2}{l}x^2-\dfrac{1}{l^2}x^3 \\ N_3=\dfrac{3}{l^2}x^2-\dfrac{2}{l^3}x^3, \quad N_4=\dfrac{1}{l}x^2-\dfrac{1}{l^2}x^3 \end{array}\right\} \tag{8.4.20}$$

(2)单元刚度矩阵。下面由最小势能原理建立梁单元的平衡方程。梁的轴向位移为

$$u(x,z)=\theta_y z$$

轴向应变为

$$\varepsilon_x=\frac{\partial u}{\partial x}=z-\frac{\partial^2}{\partial x^2}w=-z\frac{\partial^2}{\partial x^2}\boldsymbol{N}\boldsymbol{q}^e=z\boldsymbol{B}\boldsymbol{q}^e \tag{8.4.21}$$

式中,几何矩阵

$$\boldsymbol{B}=-\frac{\partial^2}{\partial x}\boldsymbol{N}=\left[\frac{6}{l^2}-\frac{12x}{l^3} \quad -\frac{4}{l}+\frac{6x}{l^2} \quad -\frac{6}{l^2}+\frac{12x}{l^3} \quad -\frac{2}{l}+\frac{6x}{l^2}\right]$$

梁的应力为

$$\sigma_x=E\varepsilon_x=zE\boldsymbol{B}\boldsymbol{q}^e \tag{8.4.22}$$

梁单元的总应变能为

$$U=\frac{1}{2}\int_0^l\int_A\sigma_x^{\mathrm{T}}\varepsilon_x\,\mathrm{d}A\mathrm{d}l=$$
$$\frac{1}{2}[\boldsymbol{q}^e]^{\mathrm{T}}\left(\int_0^l\int_A Ez^2\boldsymbol{B}^{\mathrm{T}}\boldsymbol{B}\mathrm{d}A\mathrm{d}l\right)\boldsymbol{q}^e=$$
$$\frac{1}{2}[\boldsymbol{q}^e]^{\mathrm{T}}\underbrace{\left(EI_y\int_0^l\boldsymbol{B}^{\mathrm{T}}\boldsymbol{B}\mathrm{d}l\right)}_{\boldsymbol{K}^e}\boldsymbol{q}^e \tag{8.4.23}$$

外力的功为

$$W=[\boldsymbol{P}^e]^{\mathrm{T}}\boldsymbol{q}^e \tag{8.4.24}$$

由最小势能原理 $\delta(U-W)=0$,可得梁的平衡方程 $\boldsymbol{K}^e\boldsymbol{\delta}^e=\boldsymbol{P}^e$,其中单元刚度矩阵为

$$\boldsymbol{K}^e=EI_y\int_0^l\boldsymbol{B}^{\mathrm{T}}\boldsymbol{B}\mathrm{d}l \tag{8.4.25}$$

将 $\boldsymbol{B}$ 的表达式代入并计算积分,可得

$$
\boldsymbol{K}^e=\begin{bmatrix}
\frac{12EI_y}{l^3} & -\frac{6EI_y}{l^2} & -\frac{12EI_y}{l^3} & -\frac{6EI_y}{l^2}\\
-\frac{6EI_y}{l^2} & \frac{4EI_y}{l} & \frac{6EI_y}{l^2} & \frac{2EI_y}{l}\\
-\frac{12EI_y}{l^3} & -\frac{6EI_y}{l^2} & \frac{12EI_y}{l^3} & \frac{6EI_y}{l^2}\\
-\frac{6EI_y}{l^2} & -\frac{2EI_y}{l} & \frac{6EI_y}{l^2} & \frac{4EI_y}{l}
\end{bmatrix} \tag{8.4.26}
$$

3. 平面梁单元的单元刚度矩阵

以上推导了横向力 W 和弯矩 M_y 作用下，梁发生弯曲变形时的单元刚度矩阵。梁在轴向力 U、横向力 W 和弯矩 M_y 共同作用下发生复合变形时的刚度矩阵可以由式(8.4.25)和式(8.4.26)叠加得到，即

$$
\boldsymbol{K}^e=\begin{bmatrix}
\frac{EA}{l} & 0 & 0 & -\frac{EA}{l} & 0 & 0\\
0 & \frac{12EI_y}{l^3} & -\frac{6EI_y}{l^2} & 0 & -\frac{2EI_y}{l^3} & -\frac{6EI_y}{l^2}\\
0 & -\frac{6EI_y}{l^2} & \frac{4EI_y}{l} & 0 & \frac{6EI_y}{l^2} & \frac{2EI_y}{l}\\
-\frac{EA}{l} & 0 & 0 & \frac{EA}{l} & 0 & 0\\
0 & -\frac{12EI_y}{l^3} & \frac{6EI_y}{l^2} & 0 & \frac{12EI_y}{l^3} & \frac{6EI_y}{l^2}\\
0 & -\frac{6EI_y}{l^2} & \frac{2EI_y}{l} & 0 & \frac{6EI_y}{l^2} & \frac{4EI_y}{l}
\end{bmatrix} \tag{8.4.27}
$$

相应的节点位移和节点力为

$$
\boldsymbol{q}^e=\{u_1 \quad w_1 \quad \theta_{y1} \quad u_2 \quad w_2 \quad \theta_{y2}\}^{\mathrm{T}}
$$

$$
\boldsymbol{P}^e=\{U_1 \quad W_1 \quad M_{y1} \quad U_2 \quad W_2 \quad M_{y2}\}^{\mathrm{T}} \tag{8.4.28}
$$

对于杆单元和梁弯元的情况，也不难写出一般平面梁单元的形函数矩阵，有

$$
\boldsymbol{N}=\begin{bmatrix}
1-\frac{1-x}{l} & 0 & 0 & \frac{x}{l} & 0 & 0\\
0 & N_1 & N_2 & 0 & N_3 & N_4
\end{bmatrix} \tag{8.4.29}
$$

4. 梁单元的等效节点载荷

采用平面梁单元进行结构分析时，通常遇到 3 种形式的外力，分别是分布力、集中力和集中力矩。依据静力等效的原理，可以将它们转化到节点上。下面给出这 3 种外力向节点载荷转化的公式。

(1)分布力。设分布力沿 x 和 z 轴的分量为 $q_x(x)$ 和 $q_z(x)$，则由外力功的方法以及节点载荷计算公式(8.2.25)可知，等效节点载荷的表达式为

$$
\boldsymbol{P}^e=\int_0^l \boldsymbol{N}^{\mathrm{T}}\begin{Bmatrix} q_x \\ q_z \end{Bmatrix}\mathrm{d}x \tag{8.4.30}
$$

式中，形函数矩阵 $\boldsymbol{N}$ 由式(8.4.29)给出。特别地，当 $q_x=0, q_z=-q$ 并作用于全跨时

$$\boldsymbol{P}^e=\left\{0 \quad -\frac{1}{2}ql \quad \frac{1}{12}ql^2 \quad 0 \quad -\frac{1}{2}ql \quad -\frac{1}{12}ql^2\right\}^{\mathrm{T}}$$

(2)集中力。设作用于单元坐标 x_C 处的集中力为$\{F_x \quad F_y\}^{\mathrm{T}}$,则等效节点载荷为

$$\boldsymbol{P}^e=[\boldsymbol{N}(x_C)]^{\mathrm{T}}\begin{Bmatrix}F_x\\F_z\end{Bmatrix} \tag{8.4.31}$$

(3)集中力矩。当梁上 x_C 点作用集中力矩 M_y 时,这个力矩只对 z 向的节点力有贡献。力矩所做的虚功为

$$W_M=M_y\theta_y=-M_y\frac{\mathrm{d}w}{\mathrm{d}x}=-M_y\frac{\mathrm{d}}{\mathrm{d}x}\boldsymbol{N}\boldsymbol{q}^e \tag{8.4.32}$$

所以集中力矩转化成节点载荷的公式为

$$\boldsymbol{P}^e=-\frac{\mathrm{d}}{\mathrm{d}x}\boldsymbol{N}\bigg|_{x=x_C}M_y=$$

$$\begin{bmatrix}0 & \dfrac{6x(l-x)}{l^3} & \dfrac{(1-x)(1-3x)}{l^2} & 0 & -\dfrac{6x(1-x)}{l^3} & -\dfrac{x(2l-3x)}{l^2}\end{bmatrix}^{\mathrm{T}}_{x=x_C}M_y \tag{8.4.33}$$

5. 平面梁元的坐标转换

前面所述的梁单元的刚度矩阵和等效节点载荷都是在单元局部坐标系中建立的,在具体应用时,需要将它们转化到总体坐标系中。下面首先建立节点位移和节点力在两个坐标系中的转化关系。

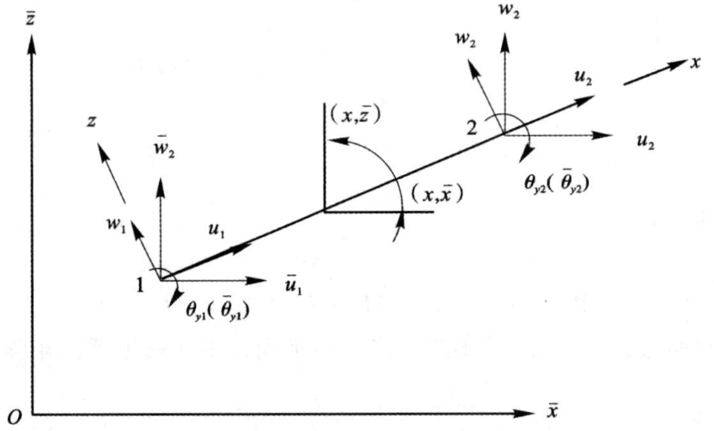

图 8.4.7 平面梁单元的坐标变换

图 8.4.7 给出了梁单元的局部坐标系 xz 与总体坐标系 $\bar{x}\bar{z}$ 的关系。显然,角位移在两个坐标系下是相等的,即有

$$\theta_y=\bar{\theta}_y \tag{8.4.34}$$

线位移有如下述关系

$$\begin{Bmatrix}u\\w\end{Bmatrix}=\begin{bmatrix}\cos(x,\bar{x}) & \cos(x,\bar{z})\\\cos(z,\bar{x}) & \cos(z,\bar{z})\end{bmatrix}\begin{Bmatrix}\bar{u}\\\bar{w}\end{Bmatrix} \tag{8.4.35}$$

于是,节点位移的转换关系为

$$
\boldsymbol{q}^e=\begin{Bmatrix}u_1\\w_1\\\theta_{y1}\\u_2\\w_2\\\theta_{y2}\end{Bmatrix}=\begin{bmatrix}\cos(x,\bar{x}) & \cos(x,\bar{z}) & 0 & 0 & 0 & 0\\\cos(z,\bar{x}) & \cos(z,\bar{z}) & 0 & 0 & 0 & 0\\0 & 0 & 1 & 0 & 0 & 0\\0 & 0 & 0 & \cos(x,\bar{x}) & \cos(x,\bar{z}) & 0\\0 & 0 & 0 & \cos(z,\bar{x}) & \cos(z,\bar{z}) & 0\\0 & 0 & 0 & 0 & 0 & 1\end{bmatrix}\begin{Bmatrix}\bar{u}_1\\\bar{w}_1\\\bar{\theta}_{y1}\\\bar{u}_2\\\bar{w}_2\\\bar{\theta}_{y2}\end{Bmatrix}=\boldsymbol{T}\boldsymbol{q}^e
$$

(8.4.36)

同理，节点力转换关系为

$$\boldsymbol{P}^e=\boldsymbol{T}\bar{\boldsymbol{P}}^e \tag{8.4.37}$$

这里应注意，转换矩阵 $\boldsymbol{T}$ 是正交的，即 $\boldsymbol{T}^{\mathrm{T}}=\boldsymbol{T}^{-1}$。

局部坐标系下的单元平衡方程为

$$\boldsymbol{K}^e\boldsymbol{q}^e=\boldsymbol{P}^e \tag{8.4.38}$$

将式(8.4.36)和式(8.4.37)代入上式，并利用 T 的正交性可得

$$\underbrace{\boldsymbol{T}^{\mathrm{T}}\boldsymbol{K}^e\boldsymbol{T}}_{\boldsymbol{K}^e}\bar{\boldsymbol{q}}^e=\bar{\boldsymbol{P}}^e \tag{8.4.39}$$

总体坐标系下的单元刚度矩阵为

$$\bar{\boldsymbol{K}}^e=\boldsymbol{T}^{\mathrm{T}}\boldsymbol{K}^e\boldsymbol{T} \tag{8.4.40}$$

总结起来，采用梁单元解题的基本步骤如下：

(1)形成单元坐标系下的单刚和节点力；

(2)写成每个单元的转换矩阵，计算总体坐标系下的单刚和节点力；

(3)形成总刚阵和总节点力，施加边界条件，求解。

8.4.3　平面单元

根据弹性力学的总结，工程中的平面问题大致分为两类：平面应力问题和平面应变问题。平面问题所对应的弹性力学微分方程边值问题，也可以由有限元方法简便地求解。本章前面几节以平面问题的有限元法为例，介绍了有限元法的基本理论和数值实现方法。本节主要以平面三节点三角形单元为例，介绍平面等参元的建立方法以及等效节点载荷的转化公式。当然平面问题的分析还有大量其他单元可以选用，如六节点曲边三角形单元、四节点四边形单元、八节点曲边四边形单元等等，但其单元平衡方程的建立过程与本节所介绍的基本相同，只是参考单元上的形函数有所不同而已。甚至，本节所介绍的方法在空间问题等参元的推导中也是通用的，有兴趣的读者可以参考相关文献，对比学习。

1. 参考单元和位移插值

将一个平面结构划分单元，从中拿出任意一个单元进行分析。图 8.4.8 中左边的单元就是这样一个单元，由于它是从实际物理结构中取出的，称为物理单元，图中还给出了相应的物理坐标系或称总体坐标系。为方便讨论，物理单元的 3 个节点编号为 1—2—3。通过本章第 8.2.2 节的方法，可以直接计算出每个节点所对应的形函数，从而构造单元近似位移。但是对

复杂的单元,这种方法比较麻烦。这里介绍一种通过坐标变换计算节点形函数,进而构造单元位移的方法,通过这种方法构造的单元称为等参数单元,简称等参元。

图 8.4.8 中右图为参考坐标系 $O\xi\eta$ 和参考单元,三角形单元的参考单元通常选为图中所示的直角边长为 1 的标准三角形,3 个节点 1—2—3 也按图中顺序编号。关于物理单元和参考单元,应注意两点。首先,结构中的物理单元有若干个,但参考单元只有一个,也就是说,所有物理单元都通过某种映射关系而投影到参考单元上,将这个映射关系记为

$$\left.\begin{aligned} x &= x(\xi,\eta) \\ y &= y(\xi,\eta) \end{aligned}\right\} \tag{8.4.41}$$

其次,物理单元的节点和参考单元的节点必须一一对应。之所以将物理单元的节点编号也用 1—2—3,就是为了强调,两个单元上序号相同的节点是一一对应的。当然,实际物理单元的节点编号可以是任意的 i,j,k,这就需要读者自己规定一个对应关系,比如,$i-1,j-2,k-3$ 这种对应关系可以是任意的,但是一旦固定下来,整个有限元分析中要保持不变。

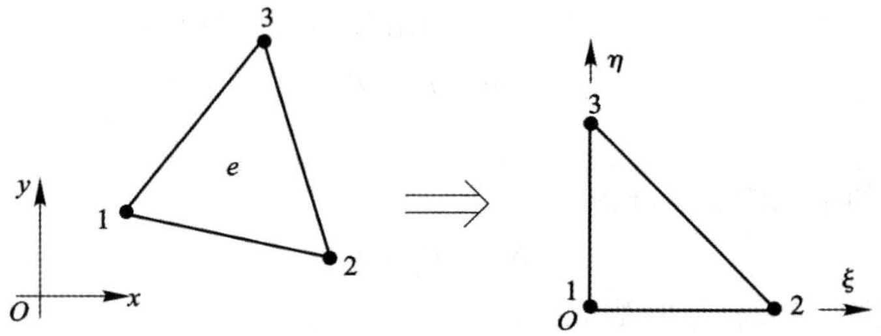

图 8.4.8　平面三节点三角形等参元的物理单元和参考单元

通过参考单元上的插值,可以方便地构造单元位移。为此,需要首先计算参考单元上的形函数。对图 8.4.8 中右图所示的参考单元,不难求得其 3 个节点所对应的线性插值的形函数为

$$\left.\begin{aligned} N_1 &= 1-\xi-\eta \\ N_2 &= \xi \\ N_3 &= \eta \end{aligned}\right\} \tag{8.4.42}$$

在等参元中,以上形函数有两个作用,一是构造式(8.4.41)所表示的坐标变换关系,即

$$\left.\begin{aligned} x &= \sum_{i=1}^{3} x_i N_i(\xi,\eta) \\ y &= \sum_{i=1}^{3} y_i N_i(\xi,\eta) \end{aligned}\right\} \tag{8.4.43}$$

式中,(x_i,y_i) 为物理单元的节点坐标。要注意,上式用到了物理单元和参考单元节点的对应关系。该式建立了从物理单元到参考单元的一个线性一一映射,已知物理单元上一点的坐标 (x,y) 可以通过上式找到它在参考单元上的投影点 (ξ,η),反之亦然。事实上,将式(8.1.42)代入式(8.4.43)即可得到

$$\begin{bmatrix} x \\ y \end{bmatrix} - \begin{bmatrix} x_1 \\ y_1 \end{bmatrix} = \begin{bmatrix} x_2-x_1 & x_3-x_1 \\ y_2-y_1 & y_3-y_1 \end{bmatrix} \begin{bmatrix} \xi \\ \eta \end{bmatrix} \tag{8.4.44}$$

只要物理单元的 3 个节点不重合，上式中的系数矩阵就可逆，因此 (x,y) 和 (ξ,η) 可以相互转换。

等参元形函数的第二个作用是构造单元位移。尽管引入了参考坐标系 $O\xi\eta$，位移函数 $u(x,y)$ 和 $v(x,y)$ 仍是总体坐标系下的位移，只不过，通过参数方程式(8.4.43)可以将它们写成 ξ 和 η 的(复合)函数，即

$$\left.\begin{aligned} u(x,y) &= u[x(\xi,\eta),y(\xi,\eta)] \equiv u(\xi,\eta) \\ v(x,y) &= v[x(\xi,\eta),y(\xi,\eta)] \equiv v(\xi,\eta) \end{aligned}\right\} \tag{8.4.45}$$

现在，$u(\xi,\eta)$ 和 $u(\varepsilon,\eta)$ 成了定义在参考单元上的函数，因此可以用参考单元上的形函数来插值近似，有

$$\left.\begin{aligned} u(\xi,\eta) &= \sum_{i=1}^{3} u_i N_i(\xi,\eta) \\ v(\xi,\eta) &= \sum_{i=1}^{3} v_i N_i(\xi,\eta) \end{aligned}\right\} \tag{8.4.46}$$

由关系式(8.4.45)不难看出，$u_i = u(\xi_i,\eta_i)$，$v_i = v(\xi_i,\eta_i)$ 仍为物理单元上第 i 个节点的位移。式(8.4.46)是将位移表示为参考坐标的形式，因此在后面推导单元刚度矩阵时，要考虑坐标变换，这是因为应力、应变等参数都是在物理坐标系下定义的。

单元节点位移和节点载荷向量为

$$\boldsymbol{q}^e = \{u_1 \quad v_1 \quad u_2 \quad v_2 \quad u_3 \quad v_3\}^{\mathrm{T}}$$
$$\boldsymbol{P}^e = \{U_1 \quad V_1 \quad U_2 \quad V_2 \quad U_3 \quad V_3\}^{\mathrm{T}}$$

按位移插值式(8.4.46)，单元位移函数可写成

$$\boldsymbol{d} = \begin{Bmatrix} u \\ v \end{Bmatrix} = \underbrace{\begin{bmatrix} N_1(\xi,\eta) & 0 & N_2(\xi,\eta) & 0 & N_3(\xi,\eta) & 0 \\ 0 & N_1(\xi,\eta) & 0 & N_2(\xi,\eta) & 0 & N_3(\xi,\eta) \end{bmatrix}}_{\boldsymbol{N}(\xi,\eta)} \boldsymbol{q}^e \tag{8.4.47}$$

式中，$\boldsymbol{d}$ 为物理单元内任一点的位移，经过参数化之后，它变成了参考坐标 (ξ,η) 的函数，但节点位移 $\boldsymbol{q}^e$ 仍是物理坐标系中的位移。

这里要附带说明，在等参元中坐标变换和单元位移的构造采用了同一组形函数，即式(8.4.42)，这也正是“等参数单元”得名的缘由。既然有等参数单元，也就有“不等”参数的单元，在这些单元的推导中，坐标变换和单元位移的构造采用不同的形函数。根据坐标变换和单元位移中形函数的不同阶次，还有超参元和次参元之分，有兴趣的读者可自行查阅相关文献。

2. 单元平衡方程

下面依据最小势能原理推导单元平衡方程。首先，求单元的应变和应力。设应力和应变向量分别为

$$\boldsymbol{\sigma} = \{\sigma_x, \sigma_y, \tau_{xy}\}^{\mathrm{T}}, \quad \boldsymbol{\varepsilon} = \{\varepsilon_x, \varepsilon_y, \gamma_{xy}\}^{\mathrm{T}}$$

它们都可以由节点位移向量 $\boldsymbol{q}^e$ 来表示。由几何方程和式(8.4.47)可知

$$\boldsymbol{\varepsilon} = \begin{bmatrix} \varepsilon_x \\ \varepsilon_y \\ \gamma_{xy} \end{bmatrix} = \underbrace{\begin{bmatrix} \partial/\partial x & 0 \\ 0 & \partial/\partial y \\ \partial/\partial y & \partial/\partial x \end{bmatrix}}_{\boldsymbol{L}} \begin{bmatrix} u \\ v \end{bmatrix} = \boldsymbol{L}\boldsymbol{d} = \boldsymbol{L}\boldsymbol{N}\boldsymbol{q}^e = \boldsymbol{B}\boldsymbol{q}^e \tag{8.4.48}$$

其中，几何矩阵 $\boldsymbol{B}$ 可写成 $\boldsymbol{B}=[\boldsymbol{B}_1 \quad \boldsymbol{B}_2 \quad \boldsymbol{B}_3]$，有

$$\boldsymbol{B}_i=\begin{bmatrix}\dfrac{\partial N_i}{\partial_x} & 0\\ 0 & \dfrac{\partial N_i}{\partial_y}\\ \dfrac{\partial N_i}{\partial_y} & \dfrac{\partial N_i}{\partial_x}\end{bmatrix},\quad i=1,2,3$$

由于形函数是参考坐标 $\xi\eta$ 的函数，可以看成是总体坐标 xy 的复合函数，因此有

$$\left.\begin{aligned}\frac{\partial N_i}{\partial_\xi}=\frac{\partial N_i}{\partial_x}\frac{\partial x}{\partial_\xi}+\frac{\partial N_i}{\partial_y}\frac{\partial y}{\partial_\xi}\\ \frac{\partial N_i}{\partial_\eta}=\frac{\partial N_i}{\partial_x}\frac{\partial x}{\partial_\eta}+\frac{\partial N_i}{\partial_y}\frac{\partial y}{\partial_\eta}\end{aligned}\right\} \tag{8.4.49}$$

写成矩阵形式

$$\begin{bmatrix}\dfrac{\partial N_i}{\partial_\xi}\\ \dfrac{\partial N_i}{\partial_\eta}\end{bmatrix}=\begin{bmatrix}\dfrac{\partial x}{\partial_\xi} & \dfrac{\partial y}{\partial_\xi}\\ \dfrac{\partial x}{\partial_\eta} & \dfrac{\partial y}{\partial_\eta}\end{bmatrix}\begin{bmatrix}\dfrac{\partial N_i}{\partial_x}\\ \dfrac{\partial N_i}{\partial_y}\end{bmatrix}=\boldsymbol{J}\begin{bmatrix}\dfrac{\partial N_i}{\partial_x}\\ \dfrac{\partial N_i}{\partial_y}\end{bmatrix} \tag{8.4.50}$$

式中，$\boldsymbol{J}$ 为坐标变换式(8.4.43)的 Jacobi 矩阵，有

$$\boldsymbol{J}=\begin{bmatrix}\dfrac{\partial x}{\partial_\xi} & \dfrac{\partial y}{\partial_\xi}\\ \dfrac{\partial x}{\partial_\eta} & \dfrac{\partial y}{\partial_\eta}\end{bmatrix}=\begin{bmatrix}\sum\limits_{i=1}^{3}x_i\dfrac{\partial N_i}{\partial_\xi} & \sum\limits_{i=1}^{3}y_i\dfrac{\partial N_i}{\partial_\xi}\\ \sum\limits_{i=1}^{3}x_i\dfrac{\partial N_i}{\partial_\eta} & \sum\limits_{i=1}^{3}y_i\dfrac{\partial N_i}{\partial_\eta}\end{bmatrix}=$$

$$\begin{bmatrix}-1 & 1 & 0\\ -1 & 0 & 1\end{bmatrix}\begin{bmatrix}x_1 & y_1\\ x_2 & y_2\\ x_3 & y_3\end{bmatrix}=\begin{bmatrix}x_{21} & y_{21}\\ x_{31} & y_{31}\end{bmatrix} \tag{8.4.51}$$

式中，$x_{ij}=x_i-x_i$，有

$$\begin{gathered}|\boldsymbol{J}|=x_{21}y_{31}-y_{21}x_{31}=2\Delta\\ \boldsymbol{J}^{-1}=\frac{1}{|\boldsymbol{J}|}\begin{bmatrix}y_{31} & -y_{21}\\ -x_{31} & x_{21}\end{bmatrix}\end{gathered} \tag{8.4.52}$$

于是，由式(8.4.50)，得

$$\begin{bmatrix}\dfrac{\partial N_i}{\partial_x}\\ \dfrac{\partial N_i}{\partial_y}\end{bmatrix}=\boldsymbol{J}^{-1}\begin{bmatrix}\dfrac{\partial N_i}{\partial_\xi}\\ \dfrac{\partial N_i}{\partial_\eta}\end{bmatrix}=\frac{1}{|\boldsymbol{J}|}\begin{bmatrix}y_{31} & -y_{21}\\ -x_{31} & x_{21}\end{bmatrix}\begin{bmatrix}\dfrac{\partial N_i}{\partial_\xi}\\ \dfrac{\partial N_i}{\partial_\eta}\end{bmatrix} \tag{8.4.53}$$

故得

$$\begin{bmatrix}\dfrac{\partial N_1}{\partial_x}\\ \dfrac{\partial N_1}{\partial_y}\end{bmatrix}=\frac{1}{2\Delta}\begin{bmatrix}y_{23}\\ x_{32}\end{bmatrix}=\begin{bmatrix}\dfrac{\partial N_2}{\partial_x}\\ \dfrac{\partial N_2}{\partial_y}\end{bmatrix}=\frac{1}{2\Delta}\begin{bmatrix}y_{31}\\ x_{13}\end{bmatrix},\quad\begin{bmatrix}\dfrac{\partial N_3}{\partial_x}\\ \dfrac{\partial N_3}{\partial_y}\end{bmatrix}=\frac{1}{2\Delta}\begin{bmatrix}y_{12}\\ x_{21}\end{bmatrix} \tag{8.4.54}$$

从而可得几何矩阵表达式

$$\boldsymbol{B}=\frac{1}{2\Delta}\begin{bmatrix} y_{23} & 0 & y_{31} & 0 & y_{12} & 0 \\ 0 & x_{32} & 0 & x_{13} & 0 & x_{21} \\ x_{32} & y_{23} & x_{13} & y_{31} & x_{21} & y_{12} \end{bmatrix} \tag{8.4.55}$$

由物理方程可知

$$\boldsymbol{\sigma}=\boldsymbol{D}\boldsymbol{\varepsilon}=\boldsymbol{D}\boldsymbol{B}\boldsymbol{q}^{e} \tag{8.4.56}$$

式中，矩阵 $\boldsymbol{D}$ 为弹性系数矩阵。对于平面应力问题，将其物理方程

$$\left.\begin{aligned} \sigma_x &= \frac{E}{1-\mu^2}(\varepsilon_x+\mu\varepsilon_y) \\ \sigma_x &= \frac{E}{1-\mu^2}(\varepsilon_y+\mu\varepsilon_x) \\ \tau_{xy} &= \frac{E}{2(1+\mu)}\gamma_{xy} \end{aligned}\right\} \tag{8.4.57}$$

写成矩阵形式，不难得出

$$\boldsymbol{D}=\frac{E}{1-\mu^2}\begin{bmatrix} 1 & \mu & 0 \\ \mu & 1 & 0 \\ 0 & 0 & \dfrac{1-\mu}{2} \end{bmatrix} \tag{8.4.58}$$

对各向同性材料，$\boldsymbol{D}$ 为对称矩阵。对平面应力问题，也可按上面的方法写出其弹性矩阵的形式，这里不再赘述。

下面求系统总势能

$$\Pi=U-W \tag{8.4.59}$$

应变能密度为

$$\overline{U}=\frac{1}{2}\boldsymbol{\sigma}^{\mathrm{T}}\boldsymbol{\varepsilon}=\frac{1}{2}\boldsymbol{q}^{e}\boldsymbol{B}^{\mathrm{T}}\boldsymbol{D}\boldsymbol{B}\boldsymbol{q}^{e} \tag{8.4.60}$$

则总应变能为

$$U=\int_{\Omega}\overline{U}\,\mathrm{d}\Omega=\frac{1}{2}\{\boldsymbol{q}^{e}\}^{\mathrm{T}}\underbrace{\int_{\Omega}\boldsymbol{B}^{\mathrm{T}}\boldsymbol{D}\boldsymbol{B}\,\mathrm{d}\Omega}_{\boldsymbol{K}^{e}}\{\boldsymbol{q}^{e}\} \tag{8.4.61}$$

式中

$$\boldsymbol{K}^{e}=\int_{\Omega}\boldsymbol{B}^{\mathrm{T}}\boldsymbol{D}\boldsymbol{B}\,\mathrm{d}\Omega=\int_{0}^{1}\int_{0}^{1-\xi}\boldsymbol{B}^{\mathrm{T}}\boldsymbol{D}\boldsymbol{B}t\mid\boldsymbol{J}\mid\mathrm{d}\xi\mathrm{d}\eta=t\Delta\boldsymbol{B}^{\mathrm{T}}\boldsymbol{D}\boldsymbol{B} \tag{8.4.62}$$

式中，t 为单元厚度。上式即为 3 节点三角形单元的刚度矩阵的一般计算式。

节点力 $\boldsymbol{P}^{e}$ 所做的功为

$$W=\{\boldsymbol{q}^{e}\}^{\mathrm{T}}\boldsymbol{P}^{e} \tag{8.4.63}$$

于是，系统总势能为

$$\Pi=\frac{1}{2}\{\boldsymbol{q}^{e}\}^{\mathrm{T}}\boldsymbol{K}^{e}\boldsymbol{q}^{e}-\{\boldsymbol{q}^{e}\}^{\mathrm{T}}\boldsymbol{P}^{e}$$

由 $\delta\Pi=0$，可得单元平衡方程为

$$\boldsymbol{K}^e \boldsymbol{q}^e = \boldsymbol{P}^e \tag{8.4.64}$$

3. 节点载荷转化

平面结构有限元模型中通常存在下述几种载荷形式(见图 8.4.9)。

1)直接作用于单元节点的集中力,如图 8.4.9 中的节点 i。实际上,所有没有作用集中力的节点,都可以看成是这种情况,只是其上的集中力为 0 而已。

2)作用于单元内部的集中力,如单元 e_3。

3)作用于单元边界的分布力,如单元 e_2 的一个边界。

4)作用于单元上的分布力,如单元 e_1。

第一种情况无需转化,节点 i 上的外力就是总节点力中的相应元素值。后面 3 种情况的载荷不在单元节点上,需要转化到节点上去。节点载荷转化遵循静力等效原则,亦即转化前后的两组载荷在单元任意虚位移上的功应是相等的。这一点从 Ritz 法的推导过程中也能看出。下面分别讨论这 3 种情况的节点载荷转化方法。

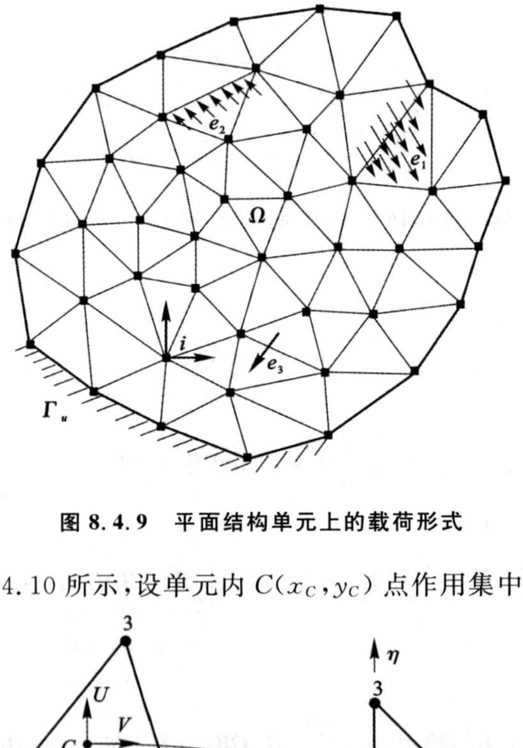

图 8.4.9 平面结构单元上的载荷形式

(1)集中力。如图 8.4.10 所示,设单元内 $C(x_C, y_C)$ 点作用集中力

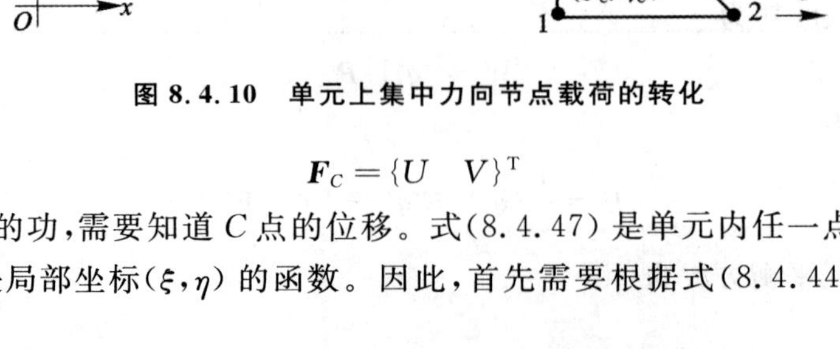

图 8.4.10 单元上集中力向节点载荷的转化

$$\boldsymbol{F}_C = \{U \quad V\}^{\mathrm{T}}$$

要求 $\boldsymbol{F}_C$ 所做的功,需要知道 C 点的位移。式(8.4.47)是单元内任一点位移的表达式,但是其中的形函数是局部坐标(ξ, η)的函数。因此,首先需要根据式(8.4.44)计算物理单元中

$C(x_C, y_C)$ 点在参考单元中的坐标 $C(\xi_C, \eta_C)$ 。之后，即可由式(8.4.47)得到

$$\boldsymbol{F}_C = \begin{bmatrix} u_C \\ v_C \end{bmatrix} = \boldsymbol{N}(\xi_C, \eta_C)\boldsymbol{q}^e \tag{8.4.65}$$

标准节点载荷向量为

$$\boldsymbol{P}^e = \{U_1 \quad V_1 \quad U_2 \quad V_2 \quad U_3 \quad V_3\}^{\mathrm{T}} \tag{8.4.66}$$

由两组力 $\boldsymbol{P}^e$ 和 $\boldsymbol{F}_C$ 在虚位移 $\boldsymbol{\delta q}^e$ 上所做的功相等，可得

$$\boldsymbol{\delta}\{\boldsymbol{q}^e\}^{\mathrm{T}}\boldsymbol{P}^e = \boldsymbol{\delta}\{\boldsymbol{q}^e\}^{\mathrm{T}}[\boldsymbol{N}(\xi_C, \eta_C)]^{\mathrm{T}}\boldsymbol{F}_C \tag{8.4.67}$$

所以，集中力的等效节点载荷计算式为

$$\boldsymbol{P}^e = [\boldsymbol{N}(\xi_C, \eta_C)]^{\mathrm{T}}\boldsymbol{F}_C \tag{8.4.68}$$

(2)单元体力。如图 8.4.11 所示，单元上作用分布力 $\boldsymbol{Q} = \{q_x \quad q_y\}^{\mathrm{T}}$ 。它所做的功为

$$\int_{\Omega}\{u \quad v\}\begin{bmatrix} q_x \\ q_y \end{bmatrix}\mathrm{d}\Omega = \boldsymbol{\delta}\{\boldsymbol{q}^e\}^{\mathrm{T}} t\int_0^1\int_0^{1-\xi}[\boldsymbol{N}(\xi, \eta)]^{\mathrm{T}}\begin{bmatrix} q_x \\ q_y \end{bmatrix}|\boldsymbol{J}|\,\mathrm{d}\xi\mathrm{d}\eta \tag{8.4.69}$$

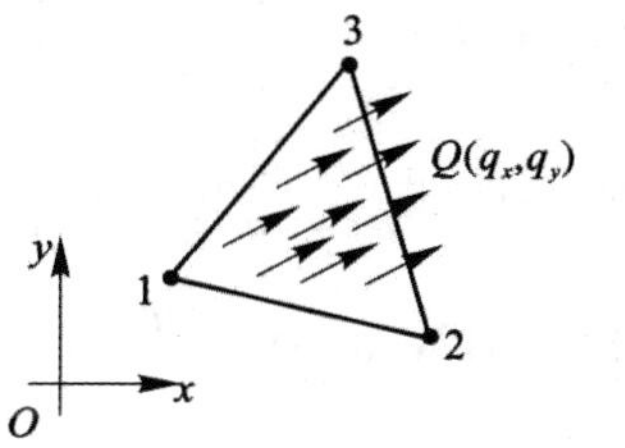

图 8.4.11　单元体力向节点载荷的转化

显然，等效节点载荷计算式为

$$\boldsymbol{P}^e = t\int_0^1\int_0^{1-\xi}[\boldsymbol{N}(\xi, \eta)]^{\mathrm{T}}\begin{bmatrix} q_x \\ q_y \end{bmatrix}|\boldsymbol{J}|\,\mathrm{d}\xi\mathrm{d}\eta \tag{8.4.70}$$

一般地，单元上的分布载荷 q_x 和 q_y 都是物理坐标 x，y 的函数，因此在应用上式时应先依据单元参数方程式(8.4.43)将其转变成参考坐标的函数。

(3) 单元边界面力。如图 8.4.12 所示，单元边界 1－3 上作用分布力 $\boldsymbol{Q} = \{q_x \quad q_y\}^{\mathrm{T}}$。很显然，$\boldsymbol{Q}$ 只对节点 i 和 j 上的节点载荷有贡献。由于单元边界 $i-j$ 为两个单元 e 和 f 所共用，在计算节点载荷时既可以选取单元 e，又可以选取单元 f，两者的结果相同，这里选取单元 e 。

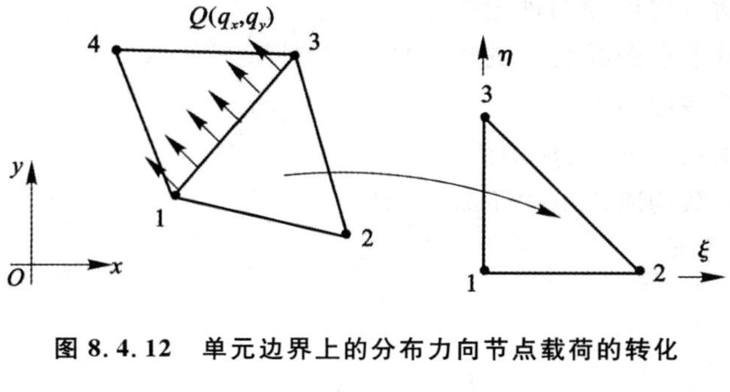

图 8.4.12　单元边界上的分布力向节点载荷的转化

$\boldsymbol{Q}$ 所做的功可表示为

$$\int_{\overline{13}}\{u \quad v\}\begin{bmatrix} q_x \\ q_y \end{bmatrix}\mathrm{d}s = \boldsymbol{\delta}\{\boldsymbol{q}^e\}^{\mathrm{T}}\int_{\overline{13}}[\boldsymbol{N}(\xi, \eta)]^{\mathrm{T}}\begin{bmatrix} q_x \\ q_y \end{bmatrix}\mathrm{d}s \tag{8.4.71}$$

因此，边界上 l 的分布力 $\boldsymbol{Q}=\{q_x \quad q_y\}^{\mathrm{T}}$ 的等效节点载荷的一般表达式为

$$\boldsymbol{P}^e=\int_l[\boldsymbol{N}(\xi,\eta)]^{\mathrm{T}}\begin{bmatrix}q_x\\q_y\end{bmatrix}\mathrm{d}s \tag{8.4.72}$$

式中，l 表示物理单元的边界，$[\boldsymbol{N}(\xi,\eta)]$ 为 l 所在单元的形函数矩阵，$\mathrm{d}s$ 为物理单元中的线元。

物理单元中的边界 1－3 在参考坐标系中的方程为 $\xi=0,\eta\in[0,1]$。下面把式(8.4.72)中的积分转化到参考坐标系中。首先，转化积分线元 $\mathrm{d}s$，要用到边界 1－3 的方程。可分两种情况：

1）当边界 1－3 不平行于 y 轴时，其斜率为 $k=\dfrac{y_3-y_1}{x_3-x_1}$，此时

$$\mathrm{d}s=\sqrt{1+k^2}\,\mathrm{d}s=\sqrt{1+k^2}\,\frac{\mathrm{d}s}{\mathrm{d}\eta}\mathrm{d}\eta=J_{21}\sqrt{1+k^2}\,\mathrm{d}\eta \tag{8.4.73}$$

则有

$$\boldsymbol{P}^e=\int_0^1[\boldsymbol{N}(0,\eta)]^{\mathrm{T}}\begin{bmatrix}q_x\\q_y\end{bmatrix}J_{21}\sqrt{1+k^2}\,\mathrm{d}\eta \tag{8.4.74}$$

2）当边界 1－3 平行于 y 轴时，$\mathrm{d}s=\mathrm{d}y=\dfrac{\mathrm{d}s}{\mathrm{d}\eta}\mathrm{d}\eta=J_{22}\mathrm{d}\eta$，则有

$$\boldsymbol{P}^e=\int_0^1[\boldsymbol{N}(0,\eta)]^{\mathrm{T}}\begin{bmatrix}q_x\\q_y\end{bmatrix}J_{22}\mathrm{d}\eta \tag{8.4.75}$$

同样，单元边界上的分别载荷 q_x 和 q_y 都是物理坐标 x,y 的函数，因此在应用上式时应先依据单元参数方程式(8.4.43)将其转变成参考坐标的函数。

习题与思考题

8.1　试简要阐述有限元分析的基本步骤。

8.2　单元刚度系数的物理意义是什么？单元刚度矩阵有哪些特点？

8.3　有限元总体刚度矩阵奇异性的含义有哪些？

8.4　有限元法和经典 Ritz 法有何异同？

8.5　有限元平衡方程推导的理论依据是什么？

8.6　有限元等效节点载荷转化的理论依据是什么？

8.7　形函数有哪些性质？

8.8　什么是形函数矩阵、几何矩阵？

8.9　单元位移函数的阶次取决于哪些条件？

8.10　什么是等参元？

参 考 文 献

［1］ 薛明德，向志海.飞行器结构力学基础.北京：清华大学出版社，2009.

［2］ Allen H D，Haisler W E. Introduction to Aerospace Structural Analysis. NY：John Wiley & Sons，1985.

［3］ 王生楠，李亚智，黄其青，等.飞行器结构力学.西安：西北工业大学出版社，1998.

［4］ 黄其青，王生楠.结构力学基础.西安：西北工业大学出版社，2001.

［5］ 丁锡洪.结构力学.北京：航空工业出版社，1991.

［6］ 龚尧南.结构力学.北京：北京航空航天大学出版社，2005.

［7］ 余旭东，徐超，郑晓亚.飞行器结构设计.西安：西北工业大学出版社，2010.

［8］ 郦正能.飞行器结构学.北京：北京航空航天大学出版社，2005.

［9］ Argyris J H ，Kelsey S. Energy Theorems and Structural Analysis. NY：Plenum Press，1968.

［10］ 龙驭球，包世华.结构力学教程.北京：高等教育出版社，2001.

［11］ Samuelsson A，Zienkiewicz O C. History of the stiffness method. Int. J. Numer. Meth. Engng，2006，67：149-157.

［12］ Paul D，Pratt D. History of Flight Vehicle Structures 1903-1990. Journal of Aircraft，2004，41(5)：969-977.

［13］ 杨迪雄.结构力学发展的早期历史和启示.力学与实践，2007，29(6)：83-87.

［14］ 周锡勤，张存道.证明虚功原理的一种新方法.华北电力大学学报，1997(3)：74-78.

［15］ 史治宇，丁锡洪. 飞行器结构力学.北京：国防工业出版社，2013.

［16］ 梁立孚，宋海燕，李海波. 飞行器结构力学.北京：宇航出版社，2012.

［17］ 李廉锟. 结构力学.北京：高等教育出版社，2010.

［18］ 王勖成. 有限元法.北京：清华大学出版社，2003.

［19］ Timoshenko S P，Goodier J N. Theory of Elasticity. NY：McGraw-Hill，1970.

［20］ Timoshenko S P，Gere J M. Theory of Elastic Stability. NY：McGraw-Hill，1961.

［21］ Durka Frank，Nageim Hassan Al，Morgan W，et al. Structural Mechanics：Loads，Analysis，Materials and Design of Structural Elements. 7th ed. NJ：Prentice Hall，2010.

［22］ Megson T H G. Aircraft Structures for Engineering Students. 5th ed. Amsterdam：Elsevier Ltd，2013.

［23］ Perry D J，Azar J J. Aircraft Structures. 2nd ed. NY：McGraw-Hill，1982.

［24］ Lakshmi Narasaiah G. Aircraft Structures. FL：CRC Press，2011.

［25］ Hibbeler R C. Mechanics of Materials. 7th ed. NJ：Prentice Hall，2008.

［26］ 崔德刚.结构稳定性设计手册.北京：航空工业出版社，2006.

参考文献